21世纪高职高专规划教材

计算机组装与维护

仇伟明　编著

中国水利水电出版社
www.waterpub.com.cn

内 容 提 要

本书全面系统地介绍了计算机硬件的组装、维护和软件的安装、调试等相关知识。详细讲述了计算机各个组成部件（如主板、CPU、内存、软驱、光驱、硬盘、显卡、显示器、键盘、鼠标、机箱、电源、声卡）和计算机外部设备等配件的结构、工作原理、型号及选购方法，以及计算机组装、CMOS 设置、硬盘的初始化、软件的安装与设置等内容。此外，还用大量实例讲述了计算机常见的软硬件故障的判断与处理方法等知识。

本书适合作为高职高专院校计算机专业及其相关专业的教材，也可供从事计算机组装与维护工作的专业技术人员选用。

图书在版编目（CIP）数据

计算机组装与维护 / 仇伟明编著. —北京：中国水利水
电出版社，2008
21 世纪高职高专规划教材
ISBN 978 - 7 - 5084 - 5281 - 4

Ⅰ. 计… Ⅱ. 仇… Ⅲ.①电子计算机—组装—高等学校：
技术学校—教材②电子计算机—维修—高等学校：技术
学校—教材 Ⅳ. TP30

中国版本图书馆 CIP 数据核字（2008）第 012575 号

书　　名	21 世纪高职高专规划教材 **计算机组装与维护**	
作　　者	仇伟明　编著	
出版发行	中国水利水电出版社（北京市三里河路 6 号　100044） 网址：www. waterpub. com. cn E - mail：sales@ waterpub. com. cn 电话：(010) 63202266（总机）、68367658（营销中心）	
经　　售	北京科水图书销售中心（零售） 电话：(010) 88383994、63202643 全国各地新华书店和相关出版物销售网点	
排　　版	中国水利水电出版社微机排版中心	
印　　刷	北京市兴怀印刷厂	
规　　格	184mm×260mm　16 开本　20.5 印张　456 千字	
版　　次	2008 年 11 月第 1 版　2008 年 11 月第 1 次印刷	
印　　数	0001—3500 册	
定　　价	**34.00 元**	

前　言

　　近几年来，随着我国经济的高速发展，国内的高等职业教育也得到了迅速的发展。为了适应我国高职高专院校计算机及相关专业在新形势下的教学需要，根据中国水利水电出版社关于编写高职高专院校实用性教材和精品教材的指导思想与原则编写了本书。本书在组织安排课程内容上从当前高职高专院校计算机类专业的实际教学要求出发，以培养学生具有一定的计算机操作与维护技能为目标，注重理论与实践的有机结合，全面突出了实用性、易用性和指导性。

　　本书共 16 章。第一部分为计算机的硬件组成（第一章～第十二章），主要讲述了计算机各个组成部件的有关知识和参数指标，并提供了有关部件的选购策略；第二部分为计算机组装、BIOS 设置及硬盘初始化与软件的安装（第十三章和第十四章），主要讲述了计算机的硬件组装、BIOS 参数设置、硬盘的分区和格式化、操作系统软件及设备驱动程序和应用软件的安装；第三部分为计算机的维护与维修方法（第十五章和第十六章），主要讲述了计算机维护与维修的方法和计算机及其外部设备的维修实例。本书总学时数约为 70 学时，教学形式由课堂讲授、多媒体演示和实验实训 3 部分组成，原则上课堂讲授与实验实训的学时数按 1:1 的比例安排，各校可根据实际情况对总学时数进行恰当增减。通过对本书的学习，学生应系统掌握计算机常用的维护维修方法、技巧以及各种工具软件的使用方法，具备根据用户需要来确定计算机各部件配置并予以选购和独立进行组装的能力，同时可以动手解决主机及外部设备常见的软硬件故障。

　　本书由无锡商业职业技术学院仇伟明老师编写并最终定稿，由浙江工业大学胡同森教授担任主审。在全书编写过程中还得到了闫莉莉、吴培佳、陆黎明、冯浩等老师的大力支持和协助。本书参考了许多国内外有关计算机组装与维护方面的文献以及公开的资料，在此向帮助本书编写的所有老师和资料撰写者致以谢意。

　　由于计算机技术的发展日新月异，新产品、新技术、新知识不断涌现，加之编者水平有限，时间仓促，书中不妥之处，衷心希望广大读者批评指正。

　　注：本书所提到的计算机，除非特别说明，一律均指 PC 机。

编　者

2008 年 10 月

目　录

前言

第一章　计算机基础知识……………………………………………………1
　　第一节　计算机的工作原理………………………………………………1
　　第二节　计算机的分类……………………………………………………2
　　第三节　计算机的系统组成………………………………………………4
　　布莱斯·帕斯卡小传………………………………………………………7
　　习题…………………………………………………………………………8

第二章　主板…………………………………………………………………10
　　第一节　主板的结构与组成………………………………………………10
　　第二节　主板的类型………………………………………………………22
　　第三节　主板的选购………………………………………………………24
　　查尔斯·巴贝奇小传………………………………………………………25
　　习题…………………………………………………………………………25

第三章　中央处理器（CPU）………………………………………………27
　　第一节　CPU 的发展简介…………………………………………………27
　　第二节　CPU 的主要性能指标……………………………………………31
　　第三节　CPU 的接口和安装………………………………………………32
　　第四节　CPU 的超频与锁频………………………………………………36
　　阿达·奥古斯塔小传………………………………………………………36
　　习题…………………………………………………………………………37

第四章　内存…………………………………………………………………38
　　第一节　内存简介…………………………………………………………38
　　第二节　内存的分类和技术指标…………………………………………38
　　第三节　内存条的选购与安装……………………………………………44
　　格雷斯·霍波小传…………………………………………………………52
　　习题…………………………………………………………………………53

第五章　外部存储设备………………………………………………………54
　　第一节　硬盘………………………………………………………………54
　　第二节　软驱与软盘………………………………………………………61
　　第三节　光驱与光盘………………………………………………………63

第四节　优盘与移动硬盘 ……………………………………………………… 69

冯·诺依曼小传 ………………………………………………………………… 74

习题 …………………………………………………………………………………… 75

第六章　显卡与显示器 ………………………………………………………… 77

第一节　显卡 ………………………………………………………………………… 77

第二节　显示器 …………………………………………………………………… 85

阿兰·图林小传 …………………………………………………………………… 92

习题 …………………………………………………………………………………… 93

第七章　键盘与鼠标 …………………………………………………………… 95

第一节　键盘 ………………………………………………………………………… 95

第二节　鼠标 ……………………………………………………………………… 101

西蒙·克雷小传 ………………………………………………………………… 106

习题 ………………………………………………………………………………… 107

第八章　机箱与电源 ………………………………………………………… 108

第一节　机箱 ……………………………………………………………………… 108

第二节　电源 ……………………………………………………………………… 111

唐·埃斯特奇小传 ……………………………………………………………… 118

习题 ………………………………………………………………………………… 118

第九章　声卡与音箱 ………………………………………………………… 120

第一节　声卡 ……………………………………………………………………… 120

第二节　音箱 ……………………………………………………………………… 129

拉里·罗伯茨小传 ……………………………………………………………… 132

习题 ………………………………………………………………………………… 132

第十章　网卡与调制解调器 ……………………………………………… 134

第一节　网卡 ……………………………………………………………………… 134

第二节　调制解调器 …………………………………………………………… 139

文特·赛尔夫小传 ……………………………………………………………… 144

习题 ………………………………………………………………………………… 145

第十一章　扫描仪与数码相机 …………………………………………… 147

第一节　扫描仪 …………………………………………………………………… 147

第二节　数码相机 ……………………………………………………………… 152

伊凡·苏泽兰小传 ……………………………………………………………… 156

习题 ………………………………………………………………………………… 157

第十二章　打印机 …………………………………………………………… 158

第一节　打印机概述 …………………………………………………………… 158

第二节　针式打印机 …………………………………………………………… 159

第三节　喷墨打印机 ………………………………………………………… 162

第四节　激光打印机 ………………………………………………………… 165

第五节　打印机的安装 ……………………………………………………… 169

罗伯特·诺伊斯小传 ………………………………………………………… 173

习题 ………………………………………………………………………… 174

第十三章　计算机组装与 BIOS 设置 …………………………………… 175

第一节　计算机组装 ………………………………………………………… 175

第二节　BIOS 的设置 ……………………………………………………… 185

马西安·T·霍夫小传 ……………………………………………………… 199

习题 ………………………………………………………………………… 199

第十四章　硬盘的初始化与软件的安装 ………………………………… 201

第一节　硬盘的初始化 ……………………………………………………… 201

第二节　系统软件、设备驱动程序和应用软件的安装 …………………… 243

约翰·V·阿塔那索夫小传 ………………………………………………… 276

习题 ………………………………………………………………………… 277

第十五章　计算机的维护与维修方法 …………………………………… 279

第一节　计算机系统故障的产生原因 ……………………………………… 279

第二节　计算机系统故障的检查诊断步骤和原则 ………………………… 280

第三节　常用维修方法和工具软件 ………………………………………… 282

第四节　计算机日常维护的注意事项 ……………………………………… 285

第五节　杀毒软件与防火墙的应用及计算机病毒的防治 ………………… 286

肯·奥尔森小传 …………………………………………………………… 299

习题 ………………………………………………………………………… 300

第十六章　计算机及其外设的维修实例 ………………………………… 302

第一节　主机的维修实例 …………………………………………………… 302

第二节　外设的维修实例 …………………………………………………… 306

第三节　综合性故障维修实例 ……………………………………………… 312

罗伯特·梅特卡尔夫小传 ………………………………………………… 318

习题 ………………………………………………………………………… 318

参考文献 …………………………………………………………………… 320

第一章　计算机基础知识

➡ **本章要点**
- 计算机的工作原理
- 计算机的分类
- 计算机的系统组成

➡ **本章学习目标**
- 了解冯·诺依曼计算机的设计思想
- 了解计算机的时代划分
- 了解微型计算机的发展概况
- 熟悉微型计算机的硬件组成
- 熟悉微型计算机的软件组成

第一节　计算机的工作原理

电子计算机无疑是人类历史上最伟大的发明之一。人类从原始社会学会使用工具到现代社会经历了 3 次大的产业革命：农业革命、工业革命、信息革命。而信息革命就是以计算机技术与通信技术的发展和普及为代表的。从 17 世纪欧洲出现近代科学算起，到今天差不多有 400 年的历史。与人类历史发展的长河相比时间虽然短暂，但是这 400 年的发展速度是人类以前几十万年的历史无法比拟的。尤其是进入了信息革命以后，人类社会更是以突飞猛进的速度发展着。目前，人类社会已经进入了高速发展的后现代时代，计算机科学和技术发展之快，是其他任何技术都无法相提并论的。

一、现代计算机的奠基人——冯·诺依曼

谈到计算机的工作原理，还必须从被称为"电子计算机之父"的美籍匈牙利人冯·诺依曼说起。1933 年，他与爱因斯坦一起被聘为普林斯顿大学高等研究院的第一批终身教授。冯·诺依曼教授在数学界、物理学界以及计算机科学等领域均作出了巨大贡献，因此被称为 20 世纪最伟大的科学家之一。1946 年美国宾夕法尼亚大学成功地研制出世界上第一台电子计算机 ENIAC，在 ENIAC 尚未投入运行前，冯·诺依曼就看出这台机器致命的缺陷，其主要弊端是程序与计算相分离。程序指令存放在机器的外部电路里，需要计算某个题目时，必须首先用人工接通数百条线路，这需要几十人干好多天，之后才可进行几分钟的运算。冯·诺依曼决定起草一份新的设计报告，对电子计算机进行脱胎换骨的改造。他把新机器的方案命名为"离散变量自动电子计算机"，英文缩写是"EDVAC"。

二、计算机史上著名的"101 页报告"

1945 年 6 月，冯·诺依曼与戈德斯坦、勃克斯等人联名发表了一篇长达 101 页纸的报告，直到今天，仍然被认为是现代计算机科学发展里程碑式的文献。报告明确规定出计算机的五大部件，并描述了五大部件的功能和相互关系。这五大部件包括：输入数据和程序的输入设备、记忆程序和数据的存储器、完成数据加工处理的运算器、控制程序执行的控制器以及输出处理结果的输出设备。用二进制替代十进制运算以充分发挥电子器件的工作特点，从而使结构紧凑且更通用化。EDVAC 方案的革命意义在于"存储程序"，程序也被他当作数据存进了机器内部，以便计算机能自动一条接着一条地依次执行指令。后来人们把这种"存储程序"体系结构的机器统称为"诺依曼机"。他提出的现代计算机的体系结构，奠定了现代计算机科学发展的理论基石。

自冯·诺依曼设计的 EDVAC 计算机开始，直到今天的多媒体计算机为止，计算机一代又一代地诞生和发展。在这个过程中，任何一台计算机都没能够脱离"诺依曼机"体系结构的思想。冯·诺依曼为现代计算机的发展指明了方向。当然，随着人工智能和神经网络计算机的发展，"诺依曼机"一统天下的格局将被打破，但冯·诺依曼对于在计算机发展过程中作出的巨大贡献，永远也不会被忘记。

三、计算机的工作原理——冯·诺依曼理论的要点

（1）预先编制计算程序，然后由计算机按照人们事前制定的计算顺序来执行数值计算工作。

（2）数字计算机的数制采用二进制，把需要的程序和数据送至计算机中，按照程序顺序执行。

（3）必须具有长期记忆程序、数据，保存中间结果及运算最终结果的能力。

（4）能够完成各种算术、逻辑运算和数据传送等数据加工处理的能力。

（5）能够根据需要控制程序走向，并能根据指令控制机器的各部件协调操作。

（6）能够按照要求将处理结果输出给用户。

第二节 计算机的分类

一、计算机的时代划分

1946 年 2 月，第一台真正意义上的数字电子计算机（ENIAC）在美国宾夕法尼亚大学研制成功。它由美国物理学家约翰·莫奇莱（John W.Mauchly）教授和普雷斯珀·埃克特（J.Presper Eckert）博士负责，出于弹道数据的计算需要，从 1943 年开始研制的。它的诞生标志着新的工业革命的开始，从此，世界文明进入了一个崭新时代。

ENIAC 于 1946 年 2 月 15 日正式通过验收并投入运行，一直服役到 1955 年。这台计算机占地约 170 m^2，重约 30 t，约有 18000 个电子管，用十进制计算，每秒运算 5000 次，功率 25kW。ENIAC 计算机最主要的缺点是存储容量太小，只能存放 20 个字长为 10 位的十进制数，基本上不能存储程序，要用线路连接的方法来编排程序，每次解题都要依靠人工改接连线来编程序，准备时间远远超过实际计算时间。

计算机诞生 60 多年来，发展极为迅速，更新换代非常快，人类科技史上还没有哪一个

学科可以与电子计算机的发展相提并论。人们根据计算机的性能和当时的硬件技术状况，将计算机的发展分成几个阶段，每一阶段在技术上都是一次新的突破，在性能上都是一次质的飞跃。

1. 第一阶段：电子管计算机（1946～1957 年）

这一阶段的主要特点是：

（1）采用电子管作为基本逻辑部件，体积大，耗电量大，寿命短，可靠性差，成本高。

（2）采用电子射线管作为存储部件，容量很小，后来外存储器使用了磁鼓存储信息，扩充了部分容量。

（3）输入输出装置落后，主要使用穿孔卡片，速度慢，容易出错，使用十分不便。

（4）没有系统软件，只能用机器语言和汇编语言编程。

这一代计算机主要用于科学计算，典型的机器有 ENIAC（1946）、EDVAC（1952）、IBM701（1952）等。

2. 第二阶段：晶体管计算机（1958～1964 年）

这一阶段的主要特点是：

（1）采用晶体管作为基本逻辑部件，体积减小，重量减轻，能耗降低，成本下降，计算机的可靠性和运算速度均得到提高。

（2）普遍采用磁芯作为内存储器，采用磁盘/磁鼓作为外存储器。

（3）开始有了系统软件（监控程序），提出了操作系统概念，出现了高级语言。

这一代计算机由于高级语言的出现，应用领域大大拓展，不仅用于科学计算，还用于数据处理和事物处理，并逐渐用于工业控制，典型机器有 IBM7090、IBM7040、CDC6600 等。

3. 第三阶段：中、小规模集成电路计算机（1965～1969 年）

这一阶段的主要特点是：

（1）采用中、小规模集成电路作为各种逻辑部件，从而使计算机体积更小，重量更轻，耗电更省，寿命更长，成本更低，运算速度有了更大的提高。

（2）采用半导体存储器作为主存，取代了原来的磁芯存储器，使存储器容量以及存取速度有了大幅度的提高，增加了系统的处理能力。

（3）系统软件有了很大发展，出现了分时操作系统，多用户可以共享计算机软硬件资源。

（4）在程序设计方面采用了结构化程序设计，为研制更加复杂的软件提供了技术上的保证。

这一代计算机不仅用于科学计算，还用于企业管理、自动控制、辅助设计和辅助制造等领域，典型机器有 IBM360、IBM370 系统等。

4. 第四阶段：大规模、超大规模集成电路计算机（1970 年至今）

这一阶段的主要特点是：

（1）基本逻辑部件采用大规模、超大规模集成电路，使计算机体积、重量、成本均大幅度降低，出现了微型机。

（2）作为主存的半导体存储器，其集成度越来越高，容量越来越大。外存储器除广泛使用软、硬磁盘外，还引进了光盘。

（3）各种使用方便的输入输出设备相继出现。

（4）软件产业高度发达，各种实用软件层出不穷，极大地方便了用户。

（5）计算机技术与通信技术相结合，计算机网络把世界紧密地联系在一起。

（6）多媒体技术崛起，计算机集图像、图形、声音、文字处理于一体，在信息处理领域掀起了一场革命，与之对应的信息高速公路正在紧锣密鼓地筹划实施当中。

这一代计算机的应用已经涉及人类生活和国民经济的各个领域，在办公自动化、数据库管理、图像识别、语音识别、专家系统等众多领域大显身手，并且进入了家庭。在此阶段，除了传统的大型主机和小型机外，又出现了为数众多的微型机和工作站，此外还出现了超级计算机。

从 20 世纪 80 年代开始，美国、日本、欧洲等发达国家都宣布开始新一代计算机的研究。普遍认为新一代计算机应该是智能型的，它能模拟人的智能行为，理解人类的自然语言，并继续向着微型化、网络化方向发展。

到目前为止，我们使用的各类计算机通称为第四代计算机。

二、微型计算机的发展概况

计算机的种类很多，主要有巨型计算机、大型计算机、小型计算机和微型计算机。其中微型计算机（简称**微机**）具有体积小、重量轻、价格便宜、耗电少、可靠性高、通用性和灵活性强等突出特点，深受人们的喜爱。再加上超大规模集成电路技术的突飞猛进，使微型计算机的技术得到了极其迅速的发展和非常广泛的应用。到目前为止，价格昂贵的大型计算机主要用于科学研究、经济管理等重大领域（如科研院所、通信网络、银行等部门），而微机则进入了人们日常工作和生活的各个领域。

微机是以微处理器为核心再配上半导体存储器、输入/输出接口电路、系统总线及其他逻辑电路所组成。微机的出现，为计算机技术的发展和普及开辟了崭新的道路，是计算机科学技术发展史上的一个新的里程碑。

目前世界上的**微机**产品主要有两大系列，其中最大的是 IBM—PC 及其兼容机系列，其次是由 Apple（苹果计算机）公司制造的与 IBM—PC 不兼容的 Apple—Macintosh 苹果机系列。我国生产的**微机**大部分是 IBM—PC 兼容机，如"联想"、"长城"、"方正"、"清华同方"等计算机。另外，人们习惯于将由计算机生产厂家制造的**微机**称为品牌机，如国外的"IBM"、"DELL"、"HP"，国内的"联想"、"长城"等；而由自己动手组装（DIY）的**微机**称为兼容机。

第三节 计算机的系统组成

一个完整的计算机系统是由硬件系统和软件系统两大部分组成的，如图 1-1 所示。

一、硬件和软件

1. 硬件

计算机硬件是构成计算机的物质基础，是那些看得见、摸得着的各种物理器件，如元器件、电路板等。这些物理器件大都是由集成度很高的大规模或超大规模集成电路构成。计算机进行信息交换、处理、存储等操作都是在软件的控制下通过硬件实现的，没有硬件，软件就失去了其发挥作用的"舞台"。

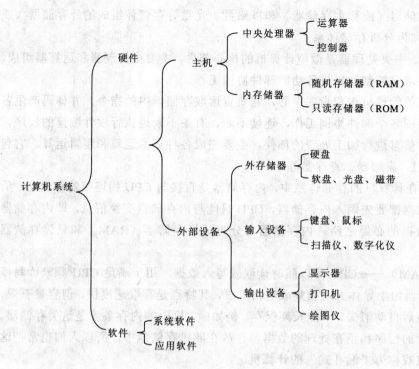

图 1-1 计算机系统的组成

2. 软件

计算机软件是为了运行、管理和维护计算机系统而编写的各种程序的总和，它使计算机能够快速、高效、准确地工作，是整个计算机的灵魂。计算机软件包括系统软件和应用软件。系统软件由计算机的设计者或专门的软件公司提供，包括操作系统、计算机监控管理程序、程序设计语言等。应用软件是由软件公司及用户利用各种程序设计软件编制的、用来解决各种实际问题的程序。

二、硬件系统

遵循冯·诺依曼计算机体系结构的理论，计算机的硬件由运算器、控制器、存储器、输入设备、输出设备五大部件组成。在现代计算机模型中，为了使其结构更加紧凑、合理，便于工业化、模块化生产，将其分为主机和外部设备两大块，但仍然保留着"诺依曼机"的基本模型。

1. 主机

从功能上讲，主机包括中央处理器和内存储器。

存储器是为了满足计算机的存储记忆的功能，而设置的存储程序和数据的部件。存储器类似于一个大仓库，其内部划分了若干个存储单元，每一个存储单元按顺序编号，其编号称为单元地址；每一个存储单元以 1 个字节（1Byte，即 8 位二进制数）为单位存放数据；CPU 根据单元地址，通过地址译码器找到相应的存储单元，写入或读取存储单元的内容，完成对存储单元的读、写操作。

在现代计算机模型中，为了满足存取速度和存取空间容量的不同要求，分别采用了半导体存储体和磁介质存储体的不同存储器结构，所以，存储器又被划分成以半导体大规模集成电路组成的内存储器（或称主存储器）和以磁盘、光盘等存储体组成的外存储器（或称辅助存储器），统称为分级存储体系。

（1）中央处理器。中央处理器是微型计算机的核心部件，主要由控制器和运算器组成，它按照程序指令的要求来控制计算机各功能部件协调工作。

控制器是计算机的管理机构和指挥中心，它负责读取存储器中的指令，并译码产生各种控制信号，统一指挥各个部件协调工作，连续不断、有条不紊地执行软件编排的程序。

运算器是一个对信息进行加工处理的部件，主要完成各种算术运算和逻辑运算。它包括算术逻辑单元 ALU、累加器、寄存器等。

（2）内存储器。在计算机的存储体系中，内存储器是直接与 CPU 相连接的存储器，所有要执行的程序和数据都要先调入内存储器，CPU 只能与内存储器交换信息，即内存储器是 CPU 处理外部数据的必经之路。内存储器还分为随机存储器（RAM）和只读存储器（ROM）。

随机存储器（RAM）——CPU 可以随时读取或写入数据，用于满足 CPU 频繁读写操作的要求。随机存储器由半导体大规模集成电路组成，其特点是存取速度快，但容量有限，所存储的信息在断电后自动消失，不能长期保存。例如：主板中的内存条就是这类存储器。因为计算机中要运行的程序和正在处理的数据都存放在随机存储器中，所以人们也常把这种存储结构的计算机戏称为"漏斗式"的计算机。

只读存储器（ROM）——CPU 只能从中读取数据，而不能够写入数据，主要为满足一些固定程序存储的要求，其中存放的信息永久保存不会丢失。例如：主板中的 BIOS 程序就存放在只读存储器中。

2. 外部设备

计算机中除了主机以外的所有硬件设备都属于外部设备，其作用是辅助主机工作，为主机提供足够大的外部存储空间，提供各种同主机进行信息交换的手段。它包括外存储器、输入和输出设备。

（1）外存储器。在计算机系统中，外存储器的作用主要是满足大容量和长期保存信息的要求，一般采用磁、光、电子等存储体，其速度较慢。常使用的外存储器主要有软盘、硬盘、光盘、可移动 U 盘等。

（2）输入设备。键盘、鼠标是计算机的基本输入设备，用户利用键盘输入各种程序和数据，鼠标是如今视窗操作系统最直接的操作方式，除此之外，扫描仪、数字化仪也是一般常用的输入设备。

（3）输出设备。输出设备的作用是将计算机处理的结果输出给用户。计算机的常用输出设备为显示器和打印机。显示器可以将计算机的运行状态直观地显示在屏幕上，是作为人机对话的主要界面。打印机可以将处理结果以纸质的方式输出，便于用户存档保存。

三、软件系统

软件是计算机系统的重要组成部分，主要指计算机程序及有关程序的技术文档资料。两者中更为重要的是程序，它是计算机正常工作最重要的因素。在不太严格的情况下，可认为程序就是软件。硬件与软件是相互依存的，软件依赖于硬件，而硬件则需在软件支配下才能有效地工作。在现代，软件技术变得越来越重要，有了软件，用户面对的将不再是物理计算机，而是一台抽象的逻辑计算机。人们可以不必过多的了解计算机本身，便可以采用更加方便、有效的手段使用计算机。从这个意义上来说，软件是用户与机器的接口。

计算机软件系统根据用途可分为两大类：系统软件和应用软件。

1. 系统软件

系统软件是计算机系统必备的软件，主要功能是管理、监控和维护计算机资源（包括硬件和软件），以及开发应用软件。这类软件一般与具体应用无关，是在系统一级上提供的服务。系统软件一般包括操作系统、语言处理程序和数据库管理系统等。

（1）操作系统。操作系统是最底层的系统软件，它是对硬件功能的首次扩充，是用户和计算机之间的接口，也是其他系统软件和应用软件能够在计算机上运行的基础。它主要用来对计算机系统中的各种软、硬件资源进行统一的管理和调度，是系统软件中最重要的一种，也是系统软件的核心。

目前，使用最多的是 Microsoft 公司开发的 Windows 98、Windows 2000、Windows XP Professional 等操作系统。

（2）语言处理程序。语言处理程序有汇编程序、编译程序、解释程序等。它的作用是把我们所编写的源程序转换成计算机能识别并执行的程序。如汇编语言、Fortran、Pascal、C、Basic 等。

（3）数据库管理系统。计算机要处理的数据往往相当庞大，使用数据库管理系统（Database Management Systems，DBMS）可以有效地实现数据信息的存储、更新、查询、检索、通信控制等。计算机上常用的数据库管理系统有 Oracle 公司的 Oracle 9i、IBM 公司的 DB2 及微软公司的 SQL Server。

2. 应用软件

应用软件是指某个特定领域中的某种具体应用，即供最终用户使用的软件，如财务报表软件、数据库应用软件等。值得注意的是，系统软件和应用软件之间并无严格的界限，随着计算机应用的普及，应用软件也在向标准化、商业化的方向发展，并将其纳入软件库中。这些软件库既可看成是系统软件，也可视为应用软件。

应用软件一般有两类：一类是为特定需要而开发的实用软件，如会计核算软件、订票系统、工程预算软件、辅助教学软件等；另一类则是为了方便用户使用而提供的一种软件工具，又称"工具软件"，如用于文字处理的 Word、用于辅助设计的 AutoCAD 和用于平面设计的 PhotoShop 等。

布莱斯·帕斯卡小传

布莱斯·帕斯卡，1623 年出生在法国中部克勒蒙市。3 岁丧母，由父亲抚育成人。8 岁随父迁居巴黎，显露出对科学研究浓厚的兴趣。在 12 岁独自发现了"三角形的内角和等于 180 度"后，开始师从父亲学习数学。1639 年，帕斯卡撰写出了一篇出色的数学论文《论圆锥曲线》，数学家德札尔格非常欣赏帕斯卡的才华，把这个曲线命名为"帕斯卡神秘六线形"，并亲自担任了帕斯卡的教师。

　　除了发明第一台计算机外，帕斯卡在诸多领域内都有所建树。后人在介绍他时，说他是数学家、物理学家、哲学家、流体动力学家和概率论的创始人。帕斯卡还发明了注射器，改进了气压计，创造出了水压机。他甚至还是文学家，其文笔优美的科学文章和散文在法国极负盛名。可惜，长期从事的艰苦研究损害了他的健康，帕斯卡于 1662 年英年早逝，当时年仅 39 岁。

　　在他撰写的哲学名著《思想录》里，帕斯卡留给世人一句名言："人只不过是一根芦苇，是自然界最脆弱的东西，但他是一根有思想的芦苇。"科学界铭记着帕斯卡的成就，国际单位制规定"压强"的单位为"帕斯卡"，是因为他率先提出了描述液体压强性质的"帕斯卡定律"。计算机领域更不会忘记帕斯卡的贡献，1971 年面世的 Pascal 语言，也是为了纪念这位先驱，使帕斯卡的英名长留在计算机时代里。

习　题

一、判断题（正确的在括号内画"√"，错的画"×"）

1．在冯·诺依曼体系结构中，程序和数据不能存放在同一存储体中，彼此分开、单独存放。（　　）

2．外存中的信息可直接送 CPU 处理。（　　）

3．计算机外部设备是除 CPU 以外的所有其他计算机设备。（　　）

4．软件系统包括系统软件和应用软件，数据库管理系统属于应用软件。（　　）

二、填空题

1．1946 年美国宾夕法尼亚大学成功地研制了世界上第一台电子计算机 ENIAC，它最致命的缺陷是＿＿＿＿＿＿＿、＿＿＿＿＿＿＿两分离。

2．一个完整的计算机系统是由＿＿＿＿＿＿＿和＿＿＿＿＿＿两部分组成的。

3．计算机的外设是指＿＿＿＿＿＿、＿＿＿＿＿＿和＿＿＿＿＿＿。

4．计算机软件是为了运行、管理和维护计算机系统而编写的各种程序及有关程序的技术文档资料，它包括＿＿＿＿＿＿和＿＿＿＿＿＿。

三、单项选择题

1．晶体管计算机是第（　　）代计算机。

　　A．1　　　　　　　B．2　　　　　　　C．3　　　　　　　D．4

2．通常人们所说的计算机系统是指（　　）。

　　A．硬件和固定件　　　　　　　　　　B．计算机的 CPU

　　C．系统软件和数据库　　　　　　　　D．计算机的硬件系统和软件系统

3．计算机软件系统一般包括（　　）和应用软件。

　　A．管理软件　　　B．工具软件　　　C．系统软件　　　D．编辑软件

4．以下属于系统软件的有（　　）。

　　A．操作系统　　　　　　　　　　　　B．编译程序

　　C．解释程序　　　　　　　　　　　　D．驱动程序

5．鼠标是（　　）。

A．输出设备　　　　　　　　B．输入设备

C．存储器设备　　　　　　　D．显示设备

四、简答题

1．简述冯·诺依曼计算机的设计思想。

2．简述计算机发展的历程。

3．简述计算机系统的组成。

第二章　主　板

➡ **本章要点**
- 主板的结构和组成
- 主板的分类
- 主板的选购

➡ **本章学习目标**
- 了解主板的结构
- 掌握主板的组成
- 了解主板的分类
- 了解主板的选购

第一节　主板的结构与组成

主板又叫主机板（Main Board）、系统板（System Board）或母板（Mother Board），它安装在机箱内，是计算机最基本的也是最重要的部件之一，它包含有决定整个系统计算能力和速度的电路。特别重要的是，它包含了组成系统的核心微处理器和控制设备。

一、主板的结构

打开计算机机箱后会看见一块很大的电路板，上面连接着许多板块和元件，这块电路板就是主板。主板上安装有 CPU、内存、显卡、声卡、网卡等设备，通过主板上的连线，CPU 控制着计算机中的其他部件协同工作。

从外观上看，主板是一块矩形的印刷电路板，在电路板上分布着各种电容、电阻、芯片、插槽等元器件，包括 BIOS 芯片、I/O 控制芯片、键盘接口、面板控制开关接口、各种扩充插槽、直流电源的供电插座、CPU 插座等。有的集成主板上还集成了音效芯片或显示芯片等，如图 2-1 所示。

二、主板的组成

由于主板是计算机中各种设备的连接载体，而这些设备的接口各不相同，因此主板上除了有芯片组，各种 I/O 控制芯片，还有各种设备的接口。一般有以下部分：

1 个 CPU 插座，3～5 个 PCI 插槽，1 个 AGP 或 PCI—E 插槽，1 个 CNR/AMR 插槽，2～4 个内存 SIMM/DIMM 插槽，2 个 IDE 或 SATA 接口，软驱接口，串行口，1 个并行口，1 个 PS/2 键盘口，1 个 PS/2 鼠标口，多个 USB 接口，可擦写 BIOS，控制芯片组等组成。

（一）芯片组

1. 芯片组的功能

芯片组（Chipset）是主板的核心组成部分。在计算机界称设计芯片组的厂家为 Core

Logic，Core 的中文意思是核心或中心，由此可见其重要性。对于主板而言，芯片组几乎决定了这块主板的功能，进而影响到整个计算机系统性能的发挥，芯片组是主板的灵魂。芯片组性能的优劣，决定了主板性能的好坏与级别的高低。

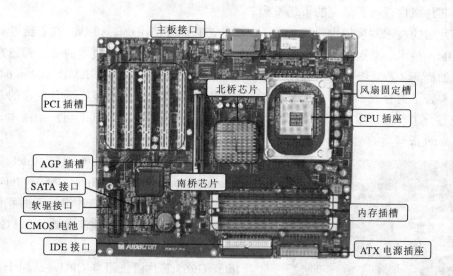

主板接口
北桥芯片
风扇固定槽
CPU 插座
PCI 插槽
AGP 插槽
SATA 接口
软驱接口
CMOS 电池
IDE 接口
南桥芯片
内存插槽
ATX 电源插座

图 2-1　主板结构

芯片组（Chipset）是主板的核心组成部分，几乎决定着主板的全部功能，按照在主板上的排列位置不同，通常将芯片组分为北桥芯片和南桥芯片。

北桥芯片是 CPU 与外部设备之间联系的纽带，负责控制主板支持 CPU 的种类、主板的系统总线频率、内存类型和最大容量、显卡插槽规格等；南桥芯片则负责扩展槽的种类与数量、扩展接口的类型和数量（如 USB2.0，IEEE1394，串行口，并行口，笔记本计算机的 VGA 输出接口）、控制设备的中断、各种总线和系统的传输性能等，其作用是让所有的数据都能有效传递。北桥芯片的集成度较高，工作量较大，而且速度也较快，因此发热量比南桥芯片要大，所以现在多数主板生产厂商在北桥芯片上都加装了散热片或风扇，以免其因过热而损坏。

2. 芯片组简述

目前能够生产芯片组的厂家有 Intel（美国）、VIA（中国台湾）、SiS（中国台湾）、ULI（中国台湾）、AMD（美国）、NVIDIA（美国）、ATI（加拿大）、ServerWorks（美国）、IBM（美国）、HP（美国）等为数不多的几家，其中以 Intel（英特尔）和 NVIDIA 以及 VIA 的芯片组最为常见。在台式机的 Intel 平台上，Intel 自家的芯片组占有最大的市场份额，而且产品线齐全，高、中、低端产品以及整合型产品都有，其他的芯片组厂商 VIA、SIS、ULI，以及最新加入的 ATI 和 NVIDIA 几家加起来都只能占有比较小的市场份额，除 NVIDIA 之外的其他厂家主要的发展方向是在中低端和整合领域，NVIDIA 则只具有中、高端产品，缺乏低端产品，产品线都不完整。在 AMD 平台上，AMD 自身通常是扮演一个开路先锋的角色，产品少，市场份额也很小。VIA 以前占有着 AMD 平台芯片组最大的市场份额，但现在却受到后起之秀 NVIDIA 的强劲挑战，后者凭借其 nForce2、nForce3 以及现在的 nForce4 系列芯片组的强大性能，成为了 AMD 平台最优秀的芯片组产品，进而从 VIA 手里夺得了许多市场份额，目前已经成为 AMD 平台上市场占用率最大的芯片组厂商。SiS 与 ULI 依旧是扮演配角，主要也是在中、低端和整合领域发展。在笔记本计算机、服务器/工作站方面，Intel 平台具有绝对的优势，所以 Intel 自家的笔记本计算机芯片组、服务器/工作站芯片组也占据了最大的市场份额。

芯片组的技术发展较快，从 ISA、PCI、AGP 到 PCI-Express、从 ATA 到 SATA 以及 Ultra DMA 技术、双通道内存技术和高速前端总线等，每一次新技术的进步都带来了计算机性能的提高。芯片组的技术也在向着高整合性的方向发展，例如 AMD Athlon 64 CPU 内部已经整合了内存控制器，大大降低了芯片组厂家设计产品的难度，而且现在的芯片组产品已经整合了音频、网络、SATA、RAID 等功能，很大程度上降低了用户的成本。

3. Intel 公司芯片组

图 2-2　Intel G965 芯片

Intel 公司有 Intel i850、Intel i845、Intel i865、Intel i875、Grantsdale、Intel G965、Intel E8501、Intel 5000P、Intel 5000V、Intel 5000X 等芯片组。下面我们简单了解一下 Intel G965 芯片组的性能参数，Intel G965 芯片组如图 2-2 所示。

Intel G965 芯片组采用单 CPU，适用于台式机，其北桥芯片功能特性如下：

可支持 Intel Celeron D、Pentium 4、Pentium 4 EE、Pentium D、Pentium EE、Core 2 Duo 类型的 CPU，CPU 插槽为 Socket775；支持超线程技术；前端总线频率（MHz）为 533/800/1066MHz；采用 DDR2 内存，内存最高传输标准为 DDR2 800，内存模组数为 4，最大内存容量为 8GB，支持双通道内存，但不支持 ECC 校验功能；显卡采用 PCI Express X16，不支持多显卡技术，可集成显卡，集成显卡特性有：Intel Graphics Media Accelerator X3000，支持硬件 T&L，支持 DirectX 10 和 OpenGL 1.5，支持 Intel Clear Video Technology（英特尔清晰视频技术）和 H.264 硬件解码，支持 HDMI（Hi-Definition Multimedia Interface，高清晰多媒体接口）多媒体影音输出接口。

南桥芯片功能特性如下：标准南桥芯片为 82801HB（ICH8）或 82801HR（ICH8R）或 82801HDH（ICH8DH），不支持 IDE 接口，支持 SATA II 接口 4（ICH8）个或 6（ICH8R 和 ICH8DH）个；提供 10 个 USB 2.0 接口；集成 HD Audio 声卡；集成 RAID 功能；集成 10/100/1000Mbit/s 网卡。

4．VIA 公司芯片组

VIA 公司有 KT333 和 P4X333、P4X400、PT800、VIA CN800、VIA CX700M、VIA P4M900、VIA PT890 等芯片组。

以上简单描述了 Intel G965 片组，VIA、SiS、ULI、AMD、NVIDIA、ATI 等公司的芯片组及功能特性就不再详细讲述，可参考其产品功能说明书。

（二）CPU 插座

CPU 插座又称为 CPU 的接口，是用于连接 CPU 的专用插座，而且还是连接 CPU 的唯一桥梁，没有它，计算机就不能工作。对应于不同架构的 CPU，与主板连接的插座类型各不相同。主板上安装 CPU 的插座类型可分为 Socket 系列和 Slot 系列等。

（1）Socket 系列 CPU 插座采用 ZIF（Zero Insert Force，零阻力式）标准。在插座旁边有一个杠杆，拉起杠杆，CPU 的每一个针脚就可以轻松地插进插座的每一个孔位，然后把杠杆压回原来的位置，就可将 CPU 固定住，Socket 插座如图 2-3 所示。

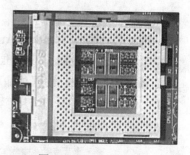

图 2-3　Socket 插座

Socket 系列中的 Socket 370 主板可搭配 Intel Pentium Ⅲ、新 Celeron（赛扬）系列等类型的 CPU。Socket 478 主板适于搭配 Intel Pentium 4、Celeron 4 系列等类型的 CPU。

AMD Athlon 家族中的 Duron 和 Athlon XP 采用的就是 Socket A 接口。

（2）Slot 系列是采用一种插槽的形式，看上去像主板上常见的扩展槽一样。如图 2-4 所示。

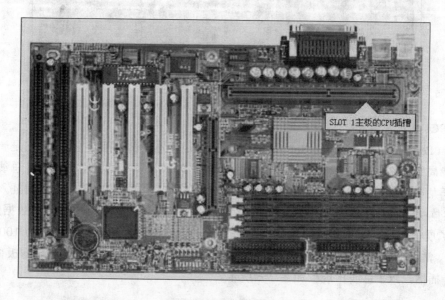

图 2-4　Slot 插槽

Slot 架构又分为 Slot 1、Slot 2 和 Slot A 3 种，Slot 1、Slot 2 用于早期的 Intel CPU，Slot A 用于 AMD 公司的 K7（Athlon）CPU。

（三）总线扩展槽

总线是计算机中传输数据信号的通道。总线扩展槽是用于扩展计算机功能的插槽，用来连接各种功能插卡。用户可以根据自己的需要在扩展槽上插入各种用途的插卡，如显示卡、声卡、网卡、防病毒卡等，以扩展微型计算机的各种功能。任何插卡插入扩展槽后，就可以通过系统总线与 CPU 连接，在操作系统的支持下实现即插即用。这种开放的体系结构为用户组合各种功能设备提供了方便。

主板上常见的总线扩展槽有 ISA 和 PCI、AGP/PCI-E、AMR/CNR/ACR 和比较少见的 WI-FI，VXB，以及笔记本计算机专用的 PCMCIA 等。

1. ISA 总线扩展槽

ISA（Industry Standard Architecture）意思是"工业标准体系结构"，是 IBM 公司在 PC 机中最早推出的一种总线标准。该标准定义了一条系统总线标准，数据总线宽度为 16 位，工作频率为 8MHz，数据传输率最高为 8Mbit/s。该扩展槽颜色为黑色，一些较老的设备，如 ISA 声卡、解压卡、网卡等都插在 ISA 扩展槽中。目前 ISA 总线扩展槽已经被淘汰，ISA 总线扩展槽如图 2-5 所示。

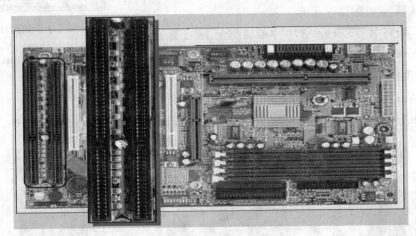

图 2-5　ISA 总线扩展槽

2. PCI 总线扩展槽

PCI（Peripheral Component Interconnect）意思是"外设部件互连总线"，它是一个先进的高性能局部总线（支持多个外设）。PCI 用于解决外部设备接口的总线。PCI 总线是一种不依附于某个具体处理器的局部总线。从结构上看，PCI 是在 CPU 和外设之间插入的一级总线，具体由一个桥接电路实现对这一层的管理，并实现上下之间接口以协调数据的传送。同 ISA 扩展槽相比，PCI 插槽的长度更短，颜色一般为白色，通常工作频率为 100MHz 或 133MHz。常见的 PCI 卡有显示卡、声卡、PCI 接口的 SCSI 卡和网卡等。一般主板内有 3～5 个 PCI 插槽，PCI 总线扩展槽如图 2-6 所示。

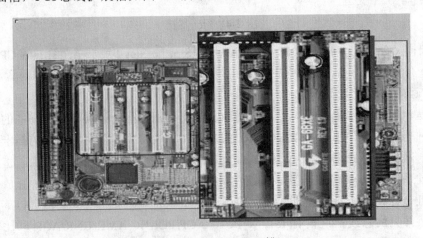

图 2-6　PCI 总线扩展槽

3．AGP/PCI-E 总线接口插槽

（1）AGP（Accelerated Graphics Port）意思是"图形加速端口"，用于在主存与显卡的显示内存之间建立一条新的数据传输通道，不需经过 PCI 总线就将影像和图形数据直接传送到显示子系统。这样就能突破由于 PCI 总线形成的系统瓶颈，从而达到高性能 3D 图形的描绘功能。AGP 标准可以让显卡通过专用的 AGP 接口调用系统主内存做显示内存，是一种解决显卡板载显示内存不足的廉价解决方案。AGP 专门用于高速处理图像。AGP 不是一种总线，因为它是点对点连接，即连接控制芯片和 AGP 显示卡的。

AGP 插槽的形状与 PCI 扩展槽相似，为褐色，如图 2-7所示。AGP 只能插显卡，因此在主板上 AGP 接口只有一个。目前 AGP 端口标准已经由原来的 AGP 1X 发展到 AGP 8X，其对应的数据传输率为 266Mbit/s、266Mbit/s×8，现在主板大都采用 AGP 8X 接口，配合 AGP 8X 的显示卡，大大提高了计算机的 3D 处理能力。

图 2-7　AGP 总线扩展槽

（2）PCI-E 是最新的总线和接口标准 PCI Express。PCI Express（以下简称 PCI-E）采用了目前业内流行的点对点串行连接，比起 PCI 以及更早期的计算机总线的共享并行架构，能够为每一块设备分配独享通道带宽，不需要在设备之间共享资源，不需要向整个总线请求带宽，而且可以把数据传输率提高到一个很高的频率，达到 PCI 所不能提供的高带宽。相对于传统 PCI 总线在单一时间周期内只能实现单向传输，PCI-E 的双单工连接能提供更高的传输速率和质量，它们之间的差异跟半双工和全双工类似，PCI Express 插槽如图 2-8 所示。

图 2-8　PCI Express 插槽

PCI-E 的接口根据总线位宽不同而有所差异，包括 X1、X4、X8 以及 X16，而 X2 模式将用于内部接口而非插槽模式。PCI-E 规格从 1 条通道连接到 32 条通道连接，有非常强的伸缩性，可满足不同系统设备对数据传输带宽不同的需求。此外，较短的 PCI-E 卡可以插入较长的 PCI-E 插槽中使用，PCI-E 接口还能够支持热插拔，这也是个不小的飞跃。PCI-EX 1250MB/s 的传输速度已经可以满足主流声效芯片、网卡芯片和存储设备对数据传输带宽的需求，但是远远无法满足图形芯片对数据传输带宽的需求。因此，用于取代 AGP接口的 PCI-E 接口位宽为 X16，能够提供 5GB/s 的带宽，即便有编码上的损耗但仍能够提供约为 4GB/s 左右的实际带宽，远远超过 AGP 8X 的 2.1GB/s 的带宽。

尽管 PCI-E 技术规格允许实现 X1（250MB/s），X2、X4、X8、X12、X16 和 X32 通道规格，但是依目前形式来看，PCI-E X1 和 PCI-E X16 已成为 PCI-E 主流规格，同时很多芯片组厂商在南桥芯片当中添加对 PCI-E X1 的支持，在北桥芯片中添加对 PCI-E X16的支持。除去提供极高数据传输带宽之外，PCI-E 因为采用串行数据包方式传递数据，所以其接口每个针脚可以获得比传统 I/O 标准更多的带宽，这样就可以降低 PCI-E 设备生产成本和体积。

PCI Express 总线具有灵活的扩展性和低电源消耗，并有电源管理功能、支持设备热拔插和热交换、支持 QoS 链接配置和公证策略、支持同步数据传输，同时具有数据包和层协议架构，每个物理链接含有多点虚拟通道，可保持端对端和链接级数据完整性。具有错误处理和先进的错误报告功能、使用小型连接节约空间、减少串扰、在软件层保持与 PCI 兼容等特点。这个总线将全面取代现行的 PCI 和 AGP，最终实现总线标准的统一。

4．AMR/CNR/ ACR 接口插槽

（1）AMR（Audio Modem Riser，声音和调制解调器插卡）规范，它是 1998 年英特尔公司发起并号召其他相关厂商共同制定的一套开放工业标准，旨在将数字信号与模拟信号的转换电路单独做在一块电路卡上。因为在此之前，当主板上的模拟信号和数字信号同处在一起时，会产生互相干扰的现象。而 AMR 规范就是将声卡和调制解调器功能集成在主板上，同时又把数字信号和模拟信号隔离开来，避免相互干扰。这样做既降低了成本，又解决了声卡与 Modem 子系统在功能上的一些限制。由于控制电路和数字电路能比较容易集成在芯片组中或主板上，而接口电路和模拟电路由于某些原因（如电磁干扰、电气接口不同）难以集成到主板上。因此，英特尔公司就专门开发出了 AMR 插槽，如图 2-9 所示，目的是将模拟电路和 I/O 接口电路转移到单独的 AMR 插卡中，其他部件则集成在主板上的芯片组中。AMR 插槽的位置一般在主板上 PCI 插槽（白色）的附近，比较短（大约只有

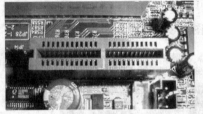

图 2-9　AMR 插槽

5cm），外观呈棕色。可插接 AMR 声卡或 AMR Modem 卡，不过由于现在绝大多数整合型主板上都集成了 AC 97 音效芯片，所以 AMR 插槽主要是与 AMR Modem 配合使用。但由于 AMR Modem 卡比一般的内置软 Modem 卡更占用 CPU 资源，使用效果并不理想，而且价格上也不比内置 Modem 卡占有多大优势，故 AMR 插槽很快被 CNR 所取代。

（2）为顺应宽带网络技术发展的需求，弥补 AMR 规范设计上的不足，英特尔适时推出了 CNR（Communication Network Riser，通信网络插卡）标准。与 AMR 规范相比，新的 CNR 标准应用范围更加广泛，它不仅可以连接专用的 CNR Modem，还能使用专用的家庭电话网络（Home PNA），并符合 PC 2000 标准的即插即用功能。最重要的是，它增加了对 10/100M 局域网功能的支持，以及提供对 AC 97 兼容的 AC-Link、SMBus 接口和 USB（1.X 或 2.0）接口的支持。另外，CNR 标准支持 ATX、Micro ATX 和 Flex ATX 规格的主板，但不支持 NLX 形式的主板（AMR 支持）。从外观上看，CNR 插槽与 AMR 插槽比较相似（也呈棕色），但前者要略长一点，而且两者的针脚数也不相同，所以 AMR 插槽与 CNR 插槽无法兼容。CNR 支持的插卡类型有 Audio CNR、Modem CNR、USB Hub CNR、Home PNA CNR、LAN CNR 等。但市场对 CNR 的支持度不够，相应的产品很少，所以大多数主板上的 CNR 插槽基本没有被利用，CNR 插槽如图 2-10 所示。

（3）ACR 是 Advanced Communiation Riser（高级通信插卡）的缩写，它是 VIA（威盛）公司为了与英特尔的 AMR 相抗衡而联合 AMD、3Com、Lucent（朗讯）、Motorola（摩托

罗拉）、NVIDIA、Texas Instruments 等世界著名厂商于 2001 年 6 月推出的一项开放性行业技术标准，其目的也是为了拓展 AMR 在网络通信方面的功能。ACR 不但能够与 AMR 规范完全兼容，而且定义了一个非常完善的网络与通信的标准接口。ACR 插卡可以提供诸如 Modem、LAN（局域网）、Home PNA、宽带网（ADSL、Cable Modem）、无线网络和多声道音效处理等功能，ACR 插槽如图 2-11 所示。ACR 插槽大多都设计放在原来 ISA 插槽的地方。ACR 插槽采用 120 针脚设计，兼容普通的 PCI 插槽，但方向正好与之相反，这样可以保证两种类型的插卡不会混淆。ACR 和 CNR 标准都包含了 AMR 标准的全部内容，但这两者并不兼容，甚至可以说是互相排斥（这也是市场竞争的恶果）。两者最明显的差别是，CNR 放弃了原有的基础架构，即放弃了对 AMR 标准的兼容，而 ACR 标准在增加了众多新功能的同时保留了与 AMR 的兼容性。但与 CNR 一样，市场对 ACR 的支持度不够，相应的产品很少，所以大多数主板上的 ACR 插槽也基本没有被利用。

图 2-10　CNR 插槽

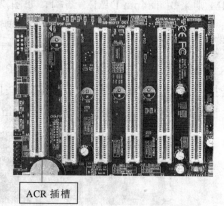

ACR 插槽

图 2-11　ACR 插槽

（四）内存插槽

内存插槽是主板上用来固定内存条的插槽，主要有 SIMM 插槽、DIMM 插槽和 RIMM 插槽 3 种形式。SIMM 插槽配合使用 SDRAM 内存，为 168 线；DIMM 插槽配合使用 DDR 内存，多为 184 线；184 线 RIMM 插槽专门配合 RDRAM 内存使用。

内存插槽的作用是安装内存条。插槽的线数与内存条的引脚数一一对应，线数越多插槽越长。所谓多少"线"是指内存条与主板插接时有多少个接点。

目前市场上主板的 SDRAM 内存插槽为 168 线，通常这种插槽的颜色为黑色且较长，位于 CPU 插座的下方，它可支持 PC 100 或 PC 133（PC 150 和 PC 166 是 PC 133 内存的延伸）内存规范。而 DDR 内存插槽为 184 线，可支持 DDR 200、DDR 266、DDR 333、DDR 400 内存规范。

（1）SIMM（Single In-line Memory Module，单边接触内存模组）。内存条通过金手指（引脚）与主板连接，内存条正反两面都带有金手指。金手指可以在两面提供不同的信号，也可以提供相同的信号。SIMM 是一种两侧金手指都提供相同信号的内存结构，如图 2-12 所示，它多用于早期的 FPM 和 EDD DRAM，最初一次只能传输 8bit 数据，后来逐渐发展出 16bit、32bit 的 SIMM 模组，其中 8bit 和 16bit SIMM 使用 30pin 接口，32bit 的则使用 72pin 接口。在内存发展进入 SDRAM 时代后，SIMM 逐渐被 DIMM 技术取代。

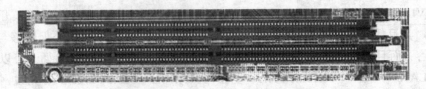

图 2-12　168 针 SIMM 插槽

（2）DIMM（Dual In-line Menory Modules，双边接触内存模组）。DIMM 与 SIMM 相当类似，不同的只是 DIMM 的金手指两端不像 SIMM 那样是互通的，它们各自独立传输信号，因此可以满足更多数据信号的传送需要。同样采用 DIMM，SDRAM 的接口与 DDR 内存的接口也略有不同。SDRAM DIMM 为 168pin DIMM 结构，金手指每面为 84Pin，金手指上有两个卡口，用来避免插入插槽时，错误的将内存反向插入而导致烧毁，DDR DIMM 则采用 184pin DIMM 结构，如图 2-13 所示，金手指每面有 92Pin，金手指上只有一个卡口。卡口数量的不同，是二者最为明显的区别。DDR2 DIMM 为 240pin DIMM 结构，金手指每面有 120pin，与 DDR DIMM 一样金手指上也只有一个卡口，但是卡口的位置与 DDR DIMM 稍微有一些不同，因此 DDR 内存是插不进 DDR2 DIMM 的，同理 DDR2 内存也是插不进 DDR DIMM 的，因此在一些同时具有 DDR DIMM 和 DDR2 DIMM 的主板上，不会出现将内存插错插槽的问题。240pin DDR2 DIMM 插槽如图 2-14 所示。

图 2-13　184 针 DIMM 插槽

图 2-14　240 针 DDR2 DIMM 插槽

（3）RIMM 是 Rambus 公司生产的 RDRAM 内存所采用的接口类型，RIMM 内存与 DIMM 的外型尺寸差不多，金手指同样也是双面的。RIMM 有 184pin 的针脚，在金手指的中间部分有两个靠得很近的卡口。RIMM 非 ECC 版有 16 位数据宽度，ECC 版则都是 18 位宽。RDRAM 是（Rambus Dynamic Random Access Memory）总线式动态随机存储器，如图 2-15 所示。由于其高昂的价格以及 Rambus 公司的专利许可限制，一直未能成为市场主流，其地位被相对廉价而性能同样出色的 DDR SDRAM 迅速取代，市场份额很小，此类内存在市场很少见到。

（五）BIOS

BIOS（Basic Input Output System）即"基本输入输出系统"，是集成在主板上的一个 ROM 芯片，它保存着计算机系统中最重要的基本输入/输出程序、系统信息设置、POST 自检和系统自举程序，并反馈诸如设备类型、系统环境等信息。现在的 BIOS 中还加入了电源管理、CPU 参数调整、系统监控、PNP（即插即用）、病毒防护等功能，BIOS 的功能也因此变得越来越强大。

图 2-15　RDRAM 内存

　　BIOS 芯片可以说是主板的管家，主板内所有的信息都由它来管理。在启动系统时，系统要对计算机内部的设备进行自检，检查是否存在错误，这些便由 BIOS 程序来完成。BIOS 程序是一个用于计算机启动时检测和初始化各个硬件的特殊程序。一旦 BIOS 正常检测和初始化完后就能正常进入工作状态，否则计算机会将错误信息显示在屏幕上或通过喇叭报警。打开计算机电源后，屏幕上将显示 BIOS 程序中的有关信息，该信息包括 BIOS 的名称、版本号、BIOS 检测到的 CPU 类型以及提示进入 BIOS 设置等信息。

　　早期主板上的 BIOS 通常采用 EPROM 芯片，一般用户无法更新版本，现在 BIOS 芯片都采用闪速只读存储器（Flash ROM），用户可用专用软件或在线随时升级。BIOS 中的内容一旦破坏，主板将不能工作。CIH 病毒主要攻击 BIOS，所以各大主板厂商对 BIOS 采用了多种保护措施，如采用双 BIOS 技术，在主板上装有两片 BIOS，当主 BIOS 被病毒破坏之后，后备 BIOS 就自动生效工作。

　　CMOS 是互补金属氧化物半导化的缩写，本意是指制造大规模集成电路芯片用的一种技术或用这种技术制造出来的芯片，在这里其实是指主板上一块可读写的存储芯片。它存储了计算机系统的时钟信息和硬件配置信息等，共计 128 个字节。系统加电引导时，要读取 CMOS 信息，用来初始化机器各个部件的状态。它靠系统电源或后备电池来供电，关闭电源信息不会丢失。

　　由于 CMOS 与 BIOS 都跟计算机系统设置密切相关，所以才有 CMOS 设置与 BIOS 设置的说法，CMOS 是系统存放参数的地方，而 BIOS 中的系统设置程序是完成参数设置的手段。因此，准确的说法是通过 BIOS 设置程序对 CMOS 参数进行设置。现在都将 CMOS 设置程序做到了 BIOS 芯片中，在开机时通过特定的功能按键（如"DEL"键）就可以进入 BIOS 设置程序方便地对系统进行设置。

　　（六）软驱接口插座

　　主板上的软驱接口一般为一个 34 针双排插座，标注为 Floppy、FDC 或 FDD。一些主板为了方便用户正确插入电缆插头，把未使用的第 5 针取消，形成了不对称的 33 针软驱接口插座以区分连接方向。现在基本不使用。

　　（七）IDE／SATA 接口插座

　　1．IDE 接口插座

　　IDE 的英文全称为"Integrated Drive Electronics"，即"电子集成驱动器"，它的本意是指把"硬盘控制器"与"盘体"集成在一起的硬盘驱动器。把盘体与控制器集成在一起的做法减少了硬盘接口的电缆数目与长度，数据传输的可靠性得到了增强，硬盘制造起来变得更容易，因为硬盘生产厂商不需要再担心自己的硬盘是否与其他厂商生产的控制器兼容。对用户而言，硬盘安装起来也更为方便。IDE 这一接口技术从诞生至今就一直在不断发展，性能也不断的提高，拥有价格低廉、兼容性强的特点。

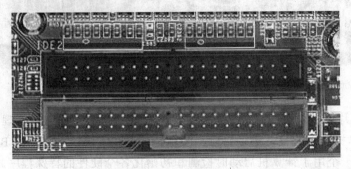

图 2-16　主板 IDE 接口

IDE 接口为 40 针双排插座，使用 40 线数据线与 IDE 硬盘驱动器或光盘驱动器相连接，如图 2-16 所示。现在为提高数据传输的可靠性，改用 80 针的排线（保留了与原有的 40 针排线的兼容，增加了 40 条地线）。主板上都有两个 IDE 设备接口，分别标注为 IDE1 或 Primary IDE 和 IDE2 或 Secondary IDE。一些主板为了方便用户正确插入电缆插头，取消了未使用的第 20 针，形成了不对称的 39 针 IDE 接口插座，以区分连接方向。有的主板还在接口插针的四周加了围栏，其中一边有个小缺口，标准的电缆插头只能从一个方向插入，避免了错误的连接方式。

IDE 代表着硬盘的一种类型，但在实际应用中，人们也习惯用 IDE 来称呼最早出现的 IDE 类型硬盘 ATA-1，这种类型的接口随着接口技术的发展已经被淘汰了，而其后发展分支出更多类型的硬盘接口，比如 ATA、Ultra ATA、DMA、Ultra DMA 等接口都属于 IDE 硬盘。

2．SATA 接口插座

使用 SATA（Serial ATA）口的硬盘又叫串口硬盘。2001 年，由 Intel、APT、Dell、IBM、希捷、迈拓这几大厂商组成的 Serial ATA 委员会正式确立了 Serial ATA 1.0 规范，2002 年，虽然串行 ATA 的相关设备还未正式上市，但 Serial ATA 委员会已抢先确立了 Serial ATA 2.0 规范。Serial ATA 采用串行连接方式，串行 ATA 总线使用嵌入式时钟信号，具备了更强的纠错能力，与以往相比其最大的区别在于能对传输指令（不仅仅是数据）进行检查，如果发现错误会自动矫正，这在很大程度上提高了数据传输的可靠性。串行接口还具有结构简单、支持热插拔的优点。

Serial ATA 仅用 4 支针脚就能完成所有的工作，分别用于连接电缆、连接地线、发送数据和接收数据，同时这样的架构还能降低系统能耗和减小系统复杂性，主板 SATA 接口如图 2-17 所示。

SATA 的具体特性将在存储器章节中描述。

（八）电源接口

主板、键盘和所有接口卡都由电源插座供电。主板上的电源插座共有两种规格，AT

规格和 ATX 规格。

AT 规格是一种较为传统的插座规格，现基本上不使用。

ATX 是目前广泛使用的电源插座规格，ATX 电源插座是 20 芯双列插座，具有防插错结构，如图 2-18 所示。如果插头拿反了就插不进去，所以不必担心会烧毁主板。在软件的配合下，ATX 电源可以实现软件关机、键盘开机，Modem 远程唤醒等电源管理功能。

图 2-17　主板 SATA 接口

图 2-18　ATX 电源接口

（九）其他功能芯片

1．板载网卡芯片

板载网卡是将网卡芯片集成主板上。板载网卡芯片以速度来分可分为 10/100Mbit/s 自适应网卡和千兆网卡；以网络连接方式来分可分为普通网卡和无线网卡；以芯片类型来分可分为芯片组内置的网卡芯片（某些芯片组的南桥芯片，如 SiS963）和主板所附加的独立网卡芯片（如 Realtek 8139 系列）。部分高档家用主板、服务器主板还提供了双板载网卡。

板载网卡芯片主要生产商是英特尔，3Com，Realtek，VIA 和 SIS 等等。

2．AC 97 标准（Audio Codec 97）声卡芯片

早期的声卡，由于其集成度不高，声卡上散布了大量元器件，后来随着技术和工艺水平的提高，出现了单芯片的声卡，只用一块芯片就可以完成所有的声卡功能。

1996 年 6 月，主板芯片组领域占有举足轻重位置且市场占有率第一的 Intel 公司、声卡业界的龙头老大新加坡的创新科技公司（CREATIVE LABS）、在 MIDI 领域享有盛誉的日本 YAMAHA 公司、芯片组制造大厂美国国家半导体公司、及专门制造信息处理器系统的美国 ANALONG DEVICES 公司 5 家.PC 领域中颇具知名度和权威性的软硬件公司共同提出了一种全新思路的芯片级 PC 音源结构，即 AC97 标准（Audio Codec 97）。

（十）其他外设接口

扩展接口是主板上用于连接各种外部设备的接口。通过这些扩展接口，可以把打印机，外置 Modem，扫描仪，闪存盘，MP3 播放机，DC，DV，移动硬盘，手机，写字板等外部设备连接到计算机上。而且通过扩展接口还能实现计算机间的互连。

主板的扩展接口有 PS/2 鼠标、键盘接口、串行接口（Serial Port：COM 接口），并行接口（Parallel Port：LPT 接口），RJ-45 接口、通用串行总线接口（USB），音频接口连接器等，如图 2-19 所示。

（1）PS/2 鼠标、键盘接口。用来接键盘、鼠标。

（2）串行接口。简称串口，也就是 COM 接口，是采用串行通信协议的扩展接口。串口的出现是在 1980 年前后，数据传输率是 115～230kbit/s，串口一般用来连接鼠标和外置

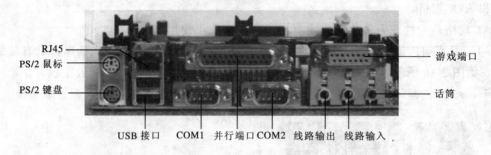

RJ45
PS/2 鼠标
PS/2 键盘

游戏端口

话筒

USB 接口　COM1　并行端口 COM2　线路输出　线路输入

图 2-19　外设接口

Modem 以及老式摄像头和写字板等设备，目前部分新主板已取消该接口。

（3）并行接口。并行接口，简称并口，也就是 LPT 接口，是采用并行通信协议的扩展接口。并口的数据传输率比串口快 8 倍，标准并口的数据传输率为 1Mbit/s，一般用来连接打印机、扫描仪等。所以并口又被称为打印口。

（4）网卡接口（RJ-45）。可用双绞线将 RJ-45 接口连接到网络设备如交换机进行联网。

（5）USB。是英文 Universal Serial Bus 的缩写，中文含义是"通用串行总线"。它不是一种新的总线标准，而是应用在 PC 领域的接口技术。目前主板中主要是采用 USB2.0 标准，传输速度是 480Mbit/s。USB 用一个 4 针插头作为标准插头，最多可以连接 127 个外部设备，并且不会损失带宽。USB 需要主机硬件、操作系统和外设 3 个方面的支持才能工作。目前的主板一般都采用支持 USB 功能的控制芯片组，主板上也安装有 USB 接口插座，而且除了背板的插座之外，主板上还预留有 USB 插针，可以通过连线接到机箱前面作为前置 USB 接口以方便使用。USB 具有传输速度快，使用方便，支持热插拔，连接灵活，独立供电等优点，可以连接鼠标、键盘、打印机、扫描仪、摄像头、闪存盘、MP3 机、手机、数码相机、移动硬盘、外置光软驱、USB 网卡、ADSL Modem、Cable Modem 等几乎所有的外部设备。

（6）音频接口。可用来连接麦克风或音箱，进行声音输入或输出。

三、主板的作用

主板是整个计算机内部结构的基础，不管是 CPU、内存、显示卡还是鼠标、键盘、声卡、网卡都要通过主板来连接并协调工作。若主板不好，一切插在它上面的部件的性能都不能充分发挥出来。如果把 CPU 看成是计算机的大脑，那么主板就是计算机的身躯。当拥有了一个性能优异的大脑（CPU）后，同样也需要一个健康强壮的身体（主板）来运作。CPU 通过主板上的连线来控制计算机中的其他部件协同工作。

第二节　主板的类型

由于主板是计算机中各种设备的连接载体，而这些设备接口各不相同，而且主板本身也有芯片组，各种 I/O 控制芯片，扩展插槽，扩展接口，电源插座等元器件，因此制定一个标准以协调各种设备的关系是必须的。所谓主板结构就是根据主板上各元器件的布局排列方式、尺寸大小、形状、所使用的电源规格等制定出的通用标准，所有主板厂商都必须遵循。

主板根据其结构可分为 AT、Baby-AT、ATX、Micro ATX、LPX、NLX、Flex ATX、EATX、WATX 以及 BTX 等类型。其中，AT 和 Baby-AT 是多年前的老主板结构，现在已经被淘汰；而 LPX、NLX、Flex ATX 则是 ATX 的变种，多见于国外的品牌机，国内尚不多见；EATX 和 WATX 则多用于服务器/工作站主板；ATX 是目前市场上最常见的主板结构，扩展插槽较多，PCI 插槽数量 4～6 个，大多数主板都采用此结构；Micro ATX 又称 Mini ATX，是 ATX 结构的简化版，就是常说的"小板"，扩展插槽较少，PCI 插槽数量在 3 个或 3 个以下，多用于品牌机并配备小型机箱；而 BTX 则是英特尔制定的最新一代主板结构。

图 2-20 AT 主板

一、AT 主板

AT 主板首先应用在 IBM PC 机上，后来发展为 Baby-AT 结构，相对于 AT 主板来说，增大了主板面积，整个元器件的布局也更合理、更紧凑，还同时支持 AT/ATX 电源。AT 主板结构如图 2-20 所示。

二、ATX 主板

ATX 主板广泛应用于家用计算机，比 AT 主板设计更为先进、合理，与 ATX 电源结合得更好，ATX 主板比 AT 主板要大一点，软驱和 IDE 接口都被移到了主板中间，键盘和鼠标接口也由 COM 接口换成了 PS/2 接口，并且直接将 COM 接口、打印接口和 PS/2 接口集成在主板上。ATX 主板结构如图 2-21 所示。

三、Micro ATX 主板

Micro ATX 主板是 ATX 规格的一种改进，它已成为市场上主板结构的主流。该主板尺寸更小，降低了主板的制造成本，但也相应减少了主板上的 I/O 扩展槽。它采用了新的设计标准，减少了电源消耗，从而节约能源。Micro ATX 主板结构如图 2-22 所示。

图 2-21 ATX 主板

图 2-22 Micro ATX

四、NLX 主板

NLX 主板通过重置机箱内的各种接口，将扩展槽从主机板上分割开，把板卡移到主板边上，为较大的处理器留下了更多的空间，使机箱内的通风散热更加良好，系统扩展、升级和维护也更方便。节约的空间可将更多的多媒体扩展卡直接集成到主板上，从而降低成本。在许多情况下，所有的电线和电缆，包括电源在内，都能被连到板卡上，主板通过 NLX 指定的接口插到板卡上。因此，可以不拆卸电缆、电源，就能拆卸配件，但需使用专用的 NLX 电源。

五、BTX 主板

BTX 是英特尔提出的新型主板架构 Balanced Technology Extended 的简称，是 ATX 结构的替代者，这类似于前几年 ATX 取代 AT 和 Baby-AT 一样。革命性的改变是新的 BTX 规格能够在不牺牲性能的前提下做到体积最小。新架构对接口、总线、设备将有新的要求。重要的是目前所有接线凌乱，充满噪音的 PC 机将很快过时。当然，新架构仍然提供某种程度的向后兼容，以便实现技术革命的顺利过渡。

BTX 具有如下特点：支持 Low-profile，即窄板设计，系统结构将更加紧凑；针对散热和气流的运动，对主板的线路布局进行了优化设计；主板的安装将更加简便，机械性能也将经过最优化设计。而且，BTX 提供了很好的兼容性。

目前已经有数种 BTX 的派生版本推出，根据板型宽度的不同分为标准 BTX（325.12 mm），microBTX（264.16 mm）、Low-profile 的 picoBTX（203.20 mm），以及未来针对服务器的 Extended BTX。而且，目前流行的新总线和接口，如 PCI Express 和串行 ATA 等，在 BTX 架构主板中得到了很好的支持。

新型 BTX 主板将通过预装的 SRM（支持及保持模块）优化散热系统，特别是对 CPU 而言。另外，散热系统在 BTX 的术语中也被称为热模块。一般来说，该模块包括散热器和气流通道。目前已经开发的热模块有两种类型，即 full-size 及 Low-profile。得益于新技术的不断应用，将来的 BTX 主板还将完全取消传统的串口、并口、PS/2 等接口。

第三节 主 板 的 选 购

目前市场上主机板的生产厂商和品牌非常多，价格差别甚大，质量也参差不齐，但是所能提供的功能却类似。接下来我们从普通用户的角度来了解一下选择主板要关注的因素。

一、根据需要选购

根据需要选购（即按需选购）。例如，对计算机的性能要求较高，则可选择支持超线程技术、双通道内存、多个 SATA 接口、RAID 模式、板载千兆网络接口的主板，以充分发挥计算机的性能。如果用计算机只是为了文书处理、上网等简单应用，则可选择价格低廉的主板。

二、注重性价比

在选购主板时也需要注重性价比。性能越高，速度越快，价格越低，则是较好的选择对象。普通用户难以进行主板专业测试，最好从性能、速度、价格上做直观地比较，以得到更高的性价比。

三、注重主板的做工和用料

由于主板市场竞争激烈，主板做工也有好有坏，可通过以下几方面了解主板。一是看主板做工是否精细，各焊点接合处及波峰焊点是否工整简洁，走线是否简洁清晰；二是看主板元件的质量是否过关；三是看设计结构是否符合未来升级安装的需要、结构布局是否合理，是否利于安装其他配件和散热器件；四是看主板是否通过相应的安全标准测试；五是看主板产品包装和相关配件，其各种连接线、驱动盘、保修卡等是否齐全；六是看各种媒体对你所要了解、选购主板的测试比较与评论。

四、兼容性

对兼容性的考察有其特殊性，因为它很可能并不是主板的品质问题。例如，有时主板不能使用某个功能卡或者外部设备，可能是功能卡或者外部设备的本身设计就有缺陷。不过从另一个方面看，兼容性问题基本上是简单的有和没有，而且一般通过更换其他硬件也可以得到解决。对于自己动手组装计算机的用户来说，兼容性是必须考虑的因素。

五、升级和扩充

购买主板的时候或多或少需要考虑计算机和主板将来升级扩展的能力，尤其是扩充内存和增加扩展卡，一般主板插槽越多，扩展能力就越好，不过价格也更贵。

六、技术支持和售后服务

主要是看厂商对产品的技术支持、售后服务如何，大的厂商往往有比较固定的代理商，能够提供比较好的售后服务。

查尔斯·巴贝奇小传

查尔斯·巴贝奇，一位富有的银行家的儿子，1792 年出生在英格兰西南部的托格茅斯。巴贝奇继承了相当丰厚的遗产，但他把金钱都用于科学研究。童年时代的巴贝奇显示出了极高的数学天赋，考入剑桥大学后，他发现自己掌握的代数知识甚至超过了老师。他于 1817 年获硕士学位，1928 年受聘担任剑桥大学"卢卡辛讲座"数学教授，这是只有牛顿等科学大师才能获得的荣誉。

巴贝奇在 1820 年创建剑桥大学分析学会；1827 年出版了从 1 到 108000 的《对数表》；1831 年，他领导建立英国科学进步协会；1832 年出版《机械制造经济学》；1834 年创立伦敦统计学会；1864 年出版《一个哲学家的生命历程》。

除了差分机和分析机之外，巴贝奇一生还有许多发明，如铁路排障器、功率计、统一邮资规范、格林尼治时间信号、日光摄影光学望远镜等。

1871 年，在他离开人世的时候，有人把他的大脑用酒精保存起来，想经过若干年后，用更先进的技术来研究他大脑保存的精神。在靠近月球的北极，有一个陨石坑被命名为"巴贝奇坑"，科学界将永远缅怀他的功绩。1977 年，为了研究信息革命的历史，美国建立了巴贝奇研究所（简称 CBI）。

习　　题

一、判断题（正确的在括号内画"√"，错误的画"×"）

1. 北桥芯片是控制外设的输入输出的。（　　）

2．DDR 内存，多为 168 线。（　　　）

3．IDE 接口为 34 针双排针插座。（　　　）

4．AT 是目前广泛使用的电源插座规格。（　　　）

5．RJ-45 接口连接到网络设备如交换机进行联网。（　　　）

二、填空题

1．主板上都有_____个 IDE 设备接口。

2．主板上硬盘接口一般有 IDE 接口或_____接口。

3．PCI Express 采用了目前业内流行的点对点_____连接。

三、选择题

1．Serial ATA 仅用（　　　）支针脚就能完成所有的工作。

    A．1   B．2   C．3   D．4

2．USB 接口最多可以连接（　　　）个外部设备。

    A．125   B．126   C．127   D．128

3．USB2.0 标准，传输速度是（　　　）Mbit/s。

    A．60   B．120   C．240   D．480

4．CPU 的接口插座主要分为 Socket 和（　　　）接口。

    A．Slot   B．Slot A   C．Slot 1   D．Slot 2

四、简述题

1．简述主板有哪些部件组成。

2．常见的主板芯片组有哪些？

3．PCI Express 总线具有哪些特点？

第三章 中央处理器（CPU）

本章要点
- CPU 的发展
- CPU 的主要性能指标
- CPU 的接口和安装
- CPU 的超频与锁频

本章学习目标
- 了解 CPU 的发展
- 掌握 CPU 的主要性能指标
- 了解 CPU 的接口和安装
- 了解 CPU 的超频与锁频

第一节 CPU 的发展简介

中央处理器 CPU（Central Processing Unit）是一块超大规模集成电路芯片，它的内部是由几十万个（Intel 80386）到几千万个（Intel Pentium 4）晶体管元件组成的十分复杂的电路，其中包括运算器、寄存器、控制器和总线（数据总线、控制总线、地址总线）等。它通过执行指令来进行运算和控制系统，它是整个计算机系统的核心。

CPU 是整个计算机系统最高的执行单位，它负责计算机系统指令的执行、算术运算与逻辑运算、数据存储、传送以及输入/输出的控制。

CPU 是计算机系统的心脏，计算机特别是微型计算机的快速发展过程，实质上就是CPU 从低级向高级、从简单向复杂发展的过程。

PC 兼容机使用最多的 CPU 是 Intel、AMD 公司生产的产品。针对不同的消费群体，随着技术的发展，两家公司都将产品细化，推出了多款 CPU，最大限度地满足用户的需要。接下来我们从 CPU 的生产商、CPU 的字长、CPU 的核数等角度来了解 CPU 的发展。

一、CPU 的生产商

1．Intel CPU 发展简介

Intel 译为英特尔，是面向个人计算机 CPU 芯片的最大制造商之一。它生产的 CPU 具有速度快、稳定性好、兼容性强等特点。

Intel 公司的 CPU 产品比较丰富，涵盖了从台式机到笔记本的所有高中低端 CPU。Intel 的 CPU 主要分为 4 个系列，Pentium 主要面向中高端领域，而 Celeron 则主要面向低端领域，XEON 主要面向服务器领域，另外还有适合笔记本电脑使用的 Intel 移动式 Celeron M、

Pentium M 以及迅驰平台。

1971 年，Intel 公司推出了世界上第一块 4 位微处理器 4004。

1978 年 6 月，Intel 公司推出了 16 位微处理器 Intel 8086。

1979 年 6 月，Intel 公司推出了 Intel 8088。

1982 年，Intel 公司推出全 16 位微处理器芯片 Intel 80286。

1985 年 10 月，Intel 公司推出全 32 位微处理器芯片 Intel 80386。

1989 年 4 月，Intel 公司推出 Intel 80486。

1993 年，Intel 公司推出 Intel Pentium。

1994 年，Intel 公司推出 Intel Pentium Pro。

1997 年 1 月 8 日，Intel 公司推出 Intel Pentium MMX。

1997 年 5 月 7 日，Intel 公司推出 Intel Pentium Ⅱ。

1998 年，Intel 公司推出面向低端用户的微处理器 Celeron CPU。

1999 年 2 月 26 日，Intel 公司推出了 Pentium Ⅲ。

2000 年 3 月 29 日，Intel 公司推出了 Celeron Ⅱ。

2000 年 6 月，Intel 公司又推出了 Pentium 4 CPU。

2001 年 8 月 28 日，Intel 公司正式发布了代号为 Willamette 的 P4 CPU。

2002 年 1 月 7 日，Intel 公司正式发布了代号 Northwood 的 P4 CPU，起始频率 2GHz。

P4 的类型主要有 Pentium 4 CPU、Pentium 4 CPU A 系列、Pentium 4 CPU B 系列、Pentium 4 CPU C 系列、Pentium 4 CPU EE 系列、Celeron 4 CPU，如图 3-1 和图 3-2 所示。

图 3-1　Pentium 4 CPU C 系列

图 3-2　Pentium 4 CPU EE 系列

2006 年 7 月 27 日，Intel 公司正式发布双核心处理器的核心类型 Conroe。

2. AMD CPU 发展简介

AMD 译为超微，是个人计算机 CPU 的另一个制造商。在 AMD Athlon 之前，其 CPU 的性能一直无法与 Intel 公司的 CPU 相比，而 AMD 后来推出的 Athlon CPU 一改性能不佳的毛病，在多媒体领域和商用领域等多方面全面超越对手。

AMD 公司早期只做台式机的 CPU，现在也开始生产笔记本电脑的 CPU。针对低端市场，AMD 公司发布了 Duron CPU，在中高端市场上，AMD 公司有 Athlon XP 和 Athlon 64，在笔记本电脑领域，有 Athlon M 处理器。

1997 年 4 月 2 日，AMD 公司抢在 Intel 发布 PII CPU 之前推出 AMD K6 处理器。

1999 年 2 月 22 日，AMD 公司发布 K6—III 400MHz CPU。

1999 年 6 月 23 日，AMD 公司推出 AMD Athlon（K7）处理器。

2001 年 10 月 8 日，AMD 公司宣布推出 Athlon XP 处理器系列。

2002 年 3 月，AMD 公司正式展示其基于 Thoroughbred 核心的 Athlon XP 2800+处理器，采用 0.13μm 制造工艺。不久又发布了 Barton 核心的 Athlon XP 处理器。

2003 年 9 月，AMD 公司发布了对计算机发展具有革命意义的新一代处理器——Athlon 64 以及 Athlon 64 FX（2003 年 4 月 22 日，AMD 发布了针对企业级用户的 64 位处理器——Opteron），而这 3 种 64 位处理器分别是用在普通台式计算机、高性能计算机以及高端的服务器上的。

2005 年 4 月，AMD 公司发布在桌面平台上的第一款双核心处理器的核心类型 Manchester，如图 3-3 所示。

图 3-3　AMD Barron 核心 Athlon XP

2006 年 5 月底，AMD 公司发布的第一种 Socket AM2 接口双核心 Athlon 64 X2 和 Athlon 64 FX 的核心类型 Windsor，如图 3-4 所示。

二、CPU 的字长发展简介

按照 CPU 的字长（即 CPU 一次能够处理的信息长度）可以分为：8 位微处理器、16 位微处理器、32 位微处理器以及 64 位微处理器等。

目前，Intel 公司和 AMD 公司都成功研发了 64 位 CPU，不过 Intel 将 64 位 CPU 定位于高端服务器，暂时还没有面向家庭用户。而 AMD 公司已开始将 64 位 CPU 同时推向高端领域和家庭用户。AMD 的 Athlon 64、Athlon 64 FX、Opteron 几种 64 位处理器分别是用在普通台式计算机、高性能计算机以及高端的服务器上，AMD 的几种 64 位处理器如图 3-5 所示。

图 3-4　AMD Athlon64

图 3-5　AMD　64 位 CPU

三、CPU 的核数发展简介

双核处理器是指在一个处理器上集成两个运算核心，从而提高计算能力。"双核"的概念最早是由 IBM、HP、Sun 等支持 RISC 架构的高端服务器厂商提出的，不过由于 RISC 架构的服务器价格高、应用面窄，没有引起广泛的注意。

最近逐渐热起来的"双核"概念，主要是指基于 X86 开放架构的双核技术。在这方面，起领导地位的厂商主要有 AMD 和 Intel 两家。其中，两家的思路又有不同。AMD 从一开始设计时就考虑到了对多核心的支持。所有组件都直接连接到 CPU，消除系统架构方面的挑战和瓶颈。两个处理器核心直接连接到同一个内核上，核心之间以芯片速度通信，进一步降低了处理器之间的延迟。而 Intel 采用多个核心共享前端总线的方式。专家认为，AMD 的架构更容易实现双核以至多核，Intel 的架构会遇到多个内核争用总线资源的瓶颈问题。

Intel 公司和 AMD 公司的 CPU 都经历从单核到双核，双核到四核，四核到未来多核的发展过程。Intel 推出的台式机双核心处理器有 Pentium D、Pentium EE（Pentium Extreme Edition）和 Core Duo 3 种类型。Athlon 64 X2 系列双核心 CPU 有 Manchester、Toledo、Windsor。

第二节　CPU 的主要性能指标

CPU 性能指标较多，在此简单地介绍几个参数。

一、字长

CPU 的字长通常是指其数据总线宽度，单位是二进制位（bit）。它是 CPU 处理数据能力的重要指标，反映了 CPU 能够处理的数据宽度、精度和速度等，因此常以字长位数来称呼 CPU。

二、主频

主频也叫时钟速度（Clock Speed），表示在 CPU 内数字脉冲信号振荡的速度。主频是 CPU 内核运行时的时钟频率，即 CPU 的时钟频率。主频越高，CPU 在一个时钟周期内所能完成的指令数也就越多，CPU 的运算速度也就越快。主频的单位是 MHz、GHz，它是衡量 CPU 速度的重要指标，通常标注在 CPU 表面的型号中。为了将较高主频的 CPU 与较低时钟频率的主板相匹配，CPU 主频采用了较低的输入时钟频率和在其内部倍频到主时钟频率的方法。CPU 输入时钟称为外频，即主板系统总线的频率。CPU 主频的高低与 CPU 的外频和倍频有关，其计算公式为：主频=外频×倍频。

三、外频

外频又称外部时钟频率，即主板系统总线的频率。外频越高，CPU 的运算速度越快。外频是制约系统性能的重要指标。目前 CPU 的外频主要有 66MHz、100MHz、133MHz 和 200MHz。

四、倍频

倍频指 CPU 的主频和系统总线（外频）间相差的倍数。在相同的外频下，倍频越高，主频就越高。

在早期没有倍频的概念，CPU 的主频和系统总线的速度一样。随着计算机技术的发展，内存、主板和硬盘等硬件设备逐渐跟不上 CPU 速度的发展，而 CPU 的速度理论上可以通过倍频无限提升。

五、内部 Cache

为了解决主机中低速内存与高速 CPU 的速度不匹配，加快 CPU 对内存的访问速度，采用了在 CPU 和内存间插入高速缓冲存储器（Cache）的方法，弥补速度上的差异。高速缓冲存储器简称缓存。

CPU 的缓存分为两种，即 L1 Cache（一级缓存）和 L2 Cache（二级缓存）。由于高速缓存的容量和结构对 CPU 的性能影响较大，因此 CPU 生产厂商纷纷力争加大高速缓存的容量。不过高速缓存均由静态 RAM 组成，结构较复杂，且成本也较高，因此以前的 CPU 内部只集成了 L1 Cache，而把 L2 Cache 放置在主板上。后来 Intel 推出了双独立总线结构，将 L2 Cache 也集成到了 CPU 内部，但只能以 CPU 速度一半的频率工作。现在，Intel 公司与 AMD 公司已经成功地将 L2 Cache 集成在 CPU 内部并以与 CPU 相同的速度工作，称为全速二级高速缓存。

Intel 公司生产的 Pentium 4 至尊版 CPU，其核心频率高达 3.06GHz，L1 Cache 为 32KB，L2 Cache 为 512KB，另外将 L3 Cache 也集成到了 CPU 中，其容量为 2MB。随着技术的发展，Cache 越来越大，现在 Intel 有些双核处理器的 L2 Cache 达到了 4MB。

第三节　CPU 的接口和安装

CPU 需要通过某个接口与主板连接才能进行工作。CPU 经过这么多年的发展，采用的接口方式有引脚式、卡式、触点式、针脚式等。而目前 CPU 的接口都是针脚式接口，对应到主板上就有相应的插槽类型。不同类型的 CPU 具有不同的 CPU 插槽，因此选择 CPU，就必须选择带有与之对应插槽类型的主板。主板 CPU 插槽类型不同，在插孔数、体积、形状上就都有变化，所以不能互相接插。CPU 的接口插槽类型主要有 Socket 接口、Slot 接口。

一、Socket 接口

1．Socket 7 插座

Socket 在英文里就是插座的意思，Socket 7 也被叫做 Super 7，如图 3-6 所示。最初是英特尔公司为 Pentium MMX 系列 CPU 设计的插座，后来英特尔放弃 Socket 7 接口转向 Slot 1 接口，AMD、VIA、ALI、SiS 等厂商仍然沿用此接口，直至发展出 Socket A 接口。该插座基本特征为 321 插孔，系统使用 66MHz 的总线。Super 7 主板增加了对 100MHz 外频和 AGP 接口类型的支持。

图 3-6　Socket 7 插座

Super 7 采用的芯片组有 VIA 公司的 MVP3、MVP4 系列，SiS 公司的 530、540 系列及 ALI 的 Aladdin V 系列等主板产品。对应 Super 7 接口 CPU 的产品有 AMD K6-2、K6-Ⅲ、Cyrix M2 及一些其他厂商的产品。

2．Socket 370 插座

Socket 370 插座具有 370 个插孔。主要适用于 Intel 的 Celeron 系列，PentiumⅢ的 Coppermine 系列，可以支持 66MHz、100MHz 和 133MHz 外频。Socket 370 主板多为采用 Intel ZX、BX、i810 芯片组的产品，其他厂商有 VIA Apollo Pro 系列、SiS 530 系列等。最初认为，Socket 370 的 CPU 升级能力可能不会太好，所以 Socket 370 的销量总是不如 Slot 1 接口的主板。但在英特尔推出的"铜矿"和"图拉丁"系列 CPU，Socket 370 接口的主板一改低端形象，逐渐取代了 Slot 1 接口。

3．Socket A 插座

Socket A 接口，也叫 Socket 462，是 AMD 公司 Athlon XP 和 Duron 处理器的插座标准。

Socket A 接口具有 462 插孔，可以支持 133MHz 外频。如同 Socket 370 一样，降低了制造成本，简化了结构设计。

4．Socket 423 插座

具有 423 个插孔，是 Intel 于 2000 年底发布的 Willamette 核心 Pentium 4 1.3～1.8GHz 处理器的专利，需要搭配专门的 i850 芯片组及 RAMBUS 内存。

5．Socket 478 插座

随着 DDR 内存的流行，英特尔又开发了支持 SDRAM 及 DDR 内存的 i845 芯片组，CPU 插座也改成了 Socket 478，具有 478 个插孔。

6．Socket AM2 插座

Socket AM2 插座是 2006 年 5 月底发布的支持 DDR2 内存的 AMD 64 位桌面 CPU 的接口标准，具有 940 根 CPU 针脚，支持双通道 DDR2 内存。目前采用 Socket AM2 接口的有低端的 Sempron、中端的 Athlon 64、高端的 Athlon 64 X2 以及顶级的 Athlon 64 FX 等全系列 AMD 桌面 CPU。

7．Socket 939 插座

Socket 939 插座是 Athlon 64 处理器所采用的接口类型，针脚数为 939 针。支持 Socket 939 处理器的主板只需要 4 层 PCB，使用普通 DDR 内存。

8．Socket 940 插座

Socket 940 插座是 Athlon 64 处理器所采用的接口类型，针脚数为 940 针。Socket 940 接口的处理器支持双通道 ECC 内存,支持 Socket 940 处理器的主板必须采用 6 至 9 层 PCB，必须采用带 ECC 校验的 DDR 内存。

9．Socket 754 插座

Socket 754 插座是 Athlon 64 处理器所采用的接口类型,针脚数为 754 针。Socket 754 接口处理器支持单通道内存。

10．Socket S1 插座

Socket S1 是 2006 年 5 月底发布的支持 DDR2 内存的 AMD 64 位移动 CPU 的接口标准，具有 638 根 CPU 针脚，支持双通道 DDR2 内存，这是与只支持单通道 DDR 内存的移动平台原有的 Socket 754 接口之间的最大区别。目前采用 Socket S1 接口的有低端的 Mobile Sempron 和高端的 Turion 64 X2。

二、Slot 接口

1．Slot 1 插槽

这是 Intel 在推出 Pentium Ⅱ 时提出的一种规范，如图 3-7 所示。Slot 1 插槽是一个狭长的 242 引脚的插槽，占据的空间较大，CPU 安装起来有点费劲。Slot 1 可以支持采用 SEC（单边接触）封装技术的 Pentium Ⅱ、Pentium Ⅲ和 Celeron 处理器。

2．Slot 2 插槽

采用该接口的 CPU 主要是用于高端工作站和服务器的 Intel Xeon（至强）系列，在家用机和普通商用机中并不多见。

3．Slot A 插槽

从外观上看，Slot A 和 Slot 1 很相似，其安装就像是把 Slot 1 旋转 180°，但两者的电

器性能并不兼容。Slot A 适用于 AMD Athlon 处理器。

Slot CPU 插座

图 3-7　Slot 1 插槽

三、新型 CPU 接口（LGA775）

Socket 775 又称为 Socket T，目前采用此种插座的 CPU 有 LGA775 封装的单核心 Pentium 4、Pentium 4 EE、Celeron D，以及双核心的 Pentium D 和 Pentium EE 等。Core 架构的 Cornoe 核心处理器也继续采用 Socket 775 插座。Socket 775 插座与目前广泛采用的 Socket 478 插座明显不同，非常复杂，没有 Socket 478 插座那样的 CPU 针脚插孔，取而代之的是 775 根有弹性的触须状针脚（其实是非常纤细的弯曲的弹性金属丝），通过与 CPU 底部对应的触点相接触而获得信号。因为触点有 775 个，比以前的 Socket 478 的 478 针脚增加不少，封装的尺寸也有所增大，为 37.5mm×37.5mm。另外，与以前的 Socket 478/423/370 等插座采用工程塑料制造不同，Socket 775 插座为全金属制造，原因在于这种新的 CPU 的固定方式对插座的强度有较高的要求，并且新的 prescott 核心的 CPU 功率增加很多，CPU 的表面温度也提高不少，金属材质的插座比较耐得住高温。在插座的盖子上还卡着一块保护盖。

Socket 775 插座其内部的触针非常柔软和纤薄，如果在安装的时候用力不当就非常容易造成触针的损坏；其针脚实在是太容易变形了，相邻的针脚很容易搭在一起，而短路有时候会引起烧毁设备的可怕后果。此外，过多地拆卸 CPU 也将导致触针失去弹性进而造成硬件方面的彻底损坏，这是其目前的最大缺点。

目前，采用 Socket 775 插座的主板数量并不太多，主要是 Intel 915/925 系列芯片组主板，也有采用比较成熟的老芯片组，例如 Intel 865/875/848 系列以及 VIA PT800/PT880 等芯片组的主板。随着 Intel 加大 LGA775 平台的推广力度，Socket 775 插座最终将会取代 Socket 478 插座，成为 Intel 平台的主流 CPU 插座，Socket 775 插座如图 3-8 所示。

四、CPU 的安装

1．Intel CPU 的安装

目前 Intel 的 CPU 都采用 Socket 插座，它是方形多针角零插拔力插座，插座上有一根拉杆，在安装和更换 CPU 时只要将拉杆向上拉出，就可以轻易地插进或取出 CPU 芯片了。安装过程的具体操作如下。

（1）将 CPU 插座的手柄拉起来，如图 3-9 所示。

（2）将 CPU 的缺口对准 CPU 插座的缺口后缓慢

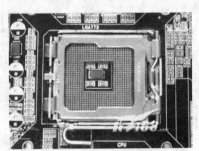

图 3-8　Socket 775 插座

地插入，如图 3-10 所示。

图 3-9 拉手柄

图 3-10 放置 CPU

（3）确认 CPU 完全插入了 CPU 插座，并且 CPU 针脚无弯曲，如图 3-11 所示。

（4）待 CPU 插座完全插入后，将 CPU 插座的手柄压下，使 CPU 和插座紧密接触，如图 3-12 所示。

图 3-11 检查 CPU

图 3-12 压手柄

（5）将 CPU 散热风扇的扣具扣在 CPU 的插座上面，并观察散热片是否与 CPU 接触良好，防止散热效果不良，如图 3-13 所示。最后将 CPU 散热风扇的插口插在主板上。

图 3-13 装风扇

2．AMD CPU 的安装

AMD 的 CPU 都采用 Socket A 插座，安装 AMD 的 CPU 和安装 Intel CPU 的过程相似，这里不再赘述。

第四节　CPU 的超频与锁频

一、超频

超频是指在倍频一定的情况下，通过提高 CPU 外频来提高 CPU 的运行速度；在外频一定的情况下，提高倍频也可以达到目的。所谓的"超频"，就是通过提高外频或倍频实现主频的提高。超频不仅仅针对 CPU 的工作频率，还可以针对其他配件，如显卡、内存条，只要有时钟频率起作用的地方，就都有超频的可能。

目前 CPU 的频率越来越快，通常不提倡对 CPU 进行超频来提高系统性能，这会造成 CPU 过热、使用寿命减少、系统运行混乱甚至 CPU 被烧毁。

在进行超频时，必须注意以下几点：

（1）超频后，计算机应能顺利开机并能够直接进入系统，在这期间并没有任何不稳定的情况。

（2）当顺利进入系统后，必须能顺利运行应用程序，而且这些程序必须能够稳定且持续地使用一段比较长的时间，使用期间并没有不稳定的情况或者死机的情况发生。

在掌握了超频的利弊和原理，并且准备好了相关的工具及配件后，就可以对 CPU 进行超频了，超频主要分为软件超频和跳线超频两大类。

1. 软件超频

这种超频方法很方便，只需在计算机开机后进入主板 BIOS 设置，选择其中有关 CPU 设置项，调整关于 CPU 的外频和倍频的参数就可以对其进行超频。如果超得过高，CPU 将无法工作，这时只要对主板的 CMOS 进行放电处理就可恢复原来的工作频率。

2. 硬件超频

硬件超频是指利用主板上的跳线，强迫 CPU 工作在更高的频率下来达到超频的目的。如果在利用硬件超频后，计算机无法开机（也许能开机，但显示器无法接收到信号）或者无法通过 BIOS 自检。这时若要回到原来的工作频率，可将主板上的跳线重新插回到原来的位置即可。

二、锁频

CPU 锁频（CPU Locking）是把 CPU 的倍频锁在特定的数字，不能调节，不能任意的超频或降频，是生产厂家在生产时已经设定好的。目前 CPU 的锁频还只限于锁倍频，锁倍频也分为两种情况：一是锁住了最高倍频，但可以向下调整；二是锁住了某一倍频，不能调高也不能调低。Intel 的 CPU 有不少被锁频，而 AMD 则只有后期推出的 CPU 被锁频。

阿达·奥古斯塔小传

阿达·奥古斯塔，1815 年生于伦敦，她是英国著名诗人拜伦的女儿。因父母婚姻破裂，出生 5 星期后就一直跟随父亲生活。母亲安娜·密尔班克是位业余数学爱好者，阿达没有继承父亲诗一般的浪漫热情，却继承了母亲的数学才能。

阿达 19 岁嫁给了威廉·洛甫雷斯伯爵，因此，史书上也称她为洛甫雷斯伯爵夫人。由于巴贝奇晚年因咽喉几乎不能说话，介绍分析机的文字主要由阿达替他完成。阿达的生命是短暂的，她对计算机的预见超前了一个世纪以上。阿达也死于 36 岁，与她父亲拜伦相似。根据她的遗愿，她被葬于诺丁汉郡其父亲身边。

美国国防部据说花了 10 年的时间，把所需软件的全部功能混合在一种计算机语言中，希望它能成为军方千种计算机的标准。1981 年，这种语言被正式命名为 ADA（阿达）语言，人们赞誉她是"世界上第一位软件工程师"。

习 题

一、判断题（正确的在括号内划"√"错误的划"×"）

1. Intel 公司推出了 8 位微处理器 Intel 8086。（　　）
2. Intel 80386 是 32 位计算机。（　　）
3. 现在的 CPU 只有 32 位的。（　　）
4. Socket 775 是 AMD 公司标准。（　　）
5. Socket 478 插座表示插座上有 478 个插孔。（　　）

二、填空题

1. 主板上都有_____ 个 IDE 设备接口。
2. CPU 一次能够处理的信息长度称为_____。
3. PCI Express 采用了目前业内流行的点对点_____连接。

三、单项选择题

1. PC 兼容机使用最多的 CPU 是（　　）、AMD 公司生产的产品。
   A. VIA B. SiS C. Core D. Intel
2. （　　）适用于 AMD Athlon 处理器。
   A. Slot 1 B. Slot 2 C. Slot A D. Slot B
3. Intel 的 Conroe 属于（　　）核心处理器。
   A. 单 B. 双 C. 4 D. 多

四、简答题

1. 简述 CPU 有哪些接口。
2. 简述 CPU 有哪些主要性能指标。

第四章 内 存

 **本章要点**
- 内存的简介
- 内存的分类
- 内存的技术指标
- 内存条的选购
- 内存条的安装

本章学习目标
- 了解什么是内存
- 熟悉内存的分类
- 了解内存的技术指标
- 熟悉内存条选购的原则
- 掌握内存条的安装方法

第一节 内 存 简 介

存储器是计算机的重要组成部分，存储器可分为主存储器（Main Memory，简称主存）和辅助存储器（Auxiliary Memory，简称辅存）。主存储器又称内存储器（简称内存），内存具有速度快、价格高、容量小的特点，负责直接与 CPU 交换指令和数据。辅助存储器又称外存储器（简称外存），外存速度慢、价格低、容量大，可以用来保存程序和数据。外存通常是磁性介质，常见的外存如硬盘、软盘、磁带或光盘等，能长期保存信息，并且不依赖于电来保存信息。内存作为计算机硬件的必要组成部分之一，其地位越来越重要，内存的容量与性能已成为衡量计算机整体性能的一个决定性标志。而现在的主存一般是指半导体集成电路存储器。那主存和内存有什么关系呢？我们可以这么认为：主存就是广义的内存。

第二节 内存的分类和技术指标

一、内存的分类

内存泛指计算机系统中存放数据与指令的半导体存储单元。内存是一组或多组具有数据输入/输出和数据存储功能的集成电路，根据其存储信息的特点，主要有两种基本类型。第一种类型是 RAM（Random Access Memory，随机存取存储器），它允许程序通过指令随机地读写其中的数据。第二种是 ROM（Read Only Memory，只读存储器），只读存储器强调其只读性,这种内存里面存放一次性写入的程序和数据,只能读出,不能写入。还有 Cache(高速缓冲存储器)等。由于 RAM 是其中最重要的存储器,整个计算机系统的内存容量主要由它的容量决定,于是人们习惯性地将 RAM 直接称为内存,而后两种,则称为 ROM 和 Cache。在微型计算机系统中,主存储器和高速缓冲存储器主要采用随机存取存储器。

1. 随机存储器 RAM

RAM 主要用来存放系统中正在运行的程序、数据和中间结果,以及用于与外部设备交换的信息。它的存储单元根据需要可以读出,也可以写入。但是它只能用于暂时存放信息,一旦关闭电源,或者发生断电,其中的数据便会丢失。现在的 RAM 多数都是采用 MOS 型半导体电路,它分为静态 RAM(SRAM)和动态 RAM(DRAM)两大类。静态 RAM 是靠双稳态触发器来记忆信息的,动态 RAM 则是靠 MOS 电路中的栅极电容来记忆信息的。所谓动态是指当把数据写入 DRAM 后,由于栅极电容上的电荷会产生泄漏,经过一段时间,数据就会丢失,因此需要设置一个刷新电路,定时给予刷新,以此来保持数据的连续性。由于设置了刷新操作,动态 RAM 的存取速度比静态 RAM 要慢的多。但是,动态 RAM 比静态 RAM 集成度高、功耗低,从而成本也低,适合于做大容量存储器,所以主存通常采用动态 RAM,而高速缓存(Cache)则普遍使用静态 RAM。

(1)SDRAM(Synchronous DRAM)。SDRAM 的中文名字是"同步动态随机存储器",它是 PC100 和 PC133 规范所广泛使用的内存类型,其接口为 168 线的 DIMM 类型(这种类型的接口内存插板的两边都有数据接口触片),最高速度可达 5 ns,工作电压 3.3V。SDRAM 与系统时钟同步,以相同的速度同步工作,即在一个 CPU 周期内完成数据的访问和刷新,因此数据可在脉冲周期开始传输。SDRAM 也采用多体(Bank)存储器结构和突发模式,大大提高了数据传输率,最大可达 133MHz。SDRAM 内存条的外观如图 4-1 所示。

图 4-1 SDRAM 内存条

(2)DDR SDRAM(Double Data Rate SDRAM)。看其名字就知道 DDR 就是双倍数据传输率(Double Data Rate),DDR SDRAM 就是双倍数据传输率的 SDRAM,它是更先进的 SDRAM,其外观如图 4-2 所示。SDRAM 只在时钟周期的上升沿传输指令、地址和数据,而 DDR SDRAM 的数据线有特殊的电路,可以让它在时钟的上下沿都传输数据。DDR 内存在 DRAM 阵列和数据线之间有一个称为 DQS 的特殊逻辑部件,这个部件产生闪频信号,使得数据输出与外部时钟信号同步,这样,数据在输出时不必等待下一个时钟的上升沿,转而以 DQS 信号为依据,在时钟的下沿也同步地输出数据。简单的说,就是用 DQS 信号来增加一个特殊的"时钟上沿",而这个"时钟上沿"与外部时钟的下沿相对应,以实现在时钟上下沿写入。所以 DDR 在每个时钟周期可以传输两个字节，而 SDRAM 只能传输一个字节。DDR 的标称和 SDRAM 一样采用频率。现在 DDR 的运行频率主要有 100MHz、133MHz、166MHz、200MHz 四种，由于 DDR 内存具有双倍速率传输数据的特性，因此在 DDR 内存的标识上采用了工作频率×2 的方法，也就是 DDR200、DDR266、DDR333、DDR400。

图 4-2　DDR SDRAM 内存条

DDR266 包括 DDR266A 和 DDR266B 两种标准。DDR266A 要求在 133MHz 的频率下 $CL=2$ 时稳定运行，而 $CL=2.5$ 的时候在 143MHz 稳定运行；而 DDR266B 要求相对宽松，比 DDR200 强不了多少，只要在 133MHz 时用 $CL=2.5$ 稳定运行就可以了，而 $CL=2$ 时只要在 100MHz 稳定运行。由此可见，DDR266A 比 DDR266B 的性能强不了多少，选购时要特别重视。

DDR SDRAM 与普通的 SDRAM 的另一个比较明显的不同点在于电压，普通 SDRAM 的额定电压为 3.3V，而 DDR SDRAM 则为 2.5V，更低的电压意味着更低的功耗和更小的发热量。在物理结构上，DDR SDRAM 采用 184 针，SSTL2 的电气接口，金手指部分只有一个缺槽，与 SDRAM 的模块并不兼容。

（3）RDRAM。RDRAM（Rambus DRAM）是 Rambus 公司开发出的具有系统带宽、芯片到芯片接口设计的新型 DRAM，应该准确地称其为 DRDRAM（Direct Rambus DRAM，存储器总线式动态随机存取存储器）。它能在很高的频率范围内通过一个简单的总线传输数据。Rambus 引入了 RISC（精简指令集）的技术，依靠其极高的工作频率，通过减少每个周期的数据量来简化操作。RDRAM 的运行频率比 SDRAM 和 DDR 要高很多。从 300MHz、600MHz、800MHz 到 1066MHz，因为比较高的工作频率，发热量比较大，因此，在 RDRAM 内存表面都会贴上金属散热片。图 4-3 就是我们在市场上经常看到的 RDRAM 内存条。

Rambus 通过上升、下降沿分别触发，使原有的 400MHz 的频率转变为 800MHz。其带宽为 1.6GB/s。其管脚数为 184，使用 2.5V 电压。Rambus 要求 RIMM 槽中必须全部插满，空余的 RIMM 槽要用专用的 Rambus 终结器插满。

图 4-3　RDRAM 内存条

RDRAM 常见的型号有 PC600、PC700、PC800 3 种，RDRAM 可以像 DDR 一样在时钟信号的上下沿都可以传输信息。其数据通道接口带宽较低，只有 16 位。RDRAM 和 SDRAM、DDR 相比较，最大优势在于可以提供更大的内存和带宽。以 PC800 为例，实际运行频率为 400MHz，而内存带宽为 800×2Byte=1.6GB/s，而且 RDRAM 还支持双通道技术。

2. 只读存储器 ROM

只读存储器（ROM）是计算机厂商用特殊的装置把内容写在芯片中，是只能读取、不能随意改变内容的一种存储器，一般用于存放固定的程序。存储在 ROM 中的数据理论上是永久的，即使在关机后，保存在 ROM 中的数据也不会丢失。因此 ROM 常用于存储微型机的重要信息，如主板上的 BIOS 等，ROM 又分为一次写 ROM 和可改写的 EPROM（Erasable Programmable ROM）。与一般的 ROM 相比，EPROM 可以用特殊的装置擦除和重写它的内容。只读存储器通常又分为 ROM、PROM、EPROM、EEPROM 和 Flash Memory 等类型。

（1）ROM。标准的 ROM，用于存储不随外界的因素变化而永久性保存的数据。在 ROM 中，信息是被永久性融刻在 ROM 单元中的，不可能将其中的信息改变。

（2）PROM（Programmable ROM），即可编程 ROM，允许一次性的向其中写入数据，一旦信息被写入 PROM 后，数据也将被永久性融刻其中，不能再将其中的信息改变。

（3）EPROM（Erasable Programmable ROM），即可擦写、可编程 ROM，它可以通过特殊的装置（通常是紫外线），反复擦除，并重写其中的信息。

（4）EEPROM（Electrically Erasable Programmable ROM），即可擦写、可编程 ROM，可以使用电信号来对其进行擦写。因此便于对其中的信息升级，常用于存放系统的程序和数据。

（5）Flash Memory，即闪存存储器，又称闪存。它是目前取代传统 EPROM 和 EEPROM 的主要非挥发性存储器。目前主板上的 BIOS 都使用 Flash Memory。它采用一种非挥发性存储技术，若不对其施加大电压进行擦除，可一直保持其状态，在不加电状态下，可以安全保存信息达 10 年。它的存取时间仅为 30 ns，并具有体积小、高密度、低成本和抗振性能好的优点，是目前为数不多的同时具有大容量、高速度、非易失性、可在线擦写特性的存储器。Flash Memory 除用于系统的 BIOS 外，在移动存储器和集线器、路由器等网络设备中也得到了广泛应用。

二、内存的技术指标

1. 内存的基本单位及换算

存储器是具有"记忆"功能的设备，这种设备用具有两种稳定状态的物理器件来表示二进制数码"0"和"1"，又称为记忆元件或记忆单位。记忆元件可以是磁芯、半导体触发器、MOS 电路或电容器等。位（bit）是二进制数的最基本单位，也是存储器存取信息的最小单位，8 位二进制数称为一个字节（Byte），可以由一个字节或若干个字节组成一个字（Word），字长等于运算器的位数。若干个记忆单位组成一个存储单元，大量的存储单元的集合组成一个存储体（Memory Bank）。为了区分存储体内的存储单元，必须将它们逐一进行编号，称为地址。地址与存储单元之间一一对应，且是存储单元的唯一标志。应注意存储单元的地址和它里面存放的内容完全是两回事。

（1）位（bit）。位（b）是二进制数的最基本单位，也是存储器存储信息的最小单位。如十进制数中的 14 在计算机中就是用 1110 来表示，1110 中的一个 0 或一个 1 就是一个位。

（2）字节（Byte）。8 位二进制数称为一个字节（B），内存容量即是指具有多少字节，字节是计算机中最常用的单位。一个字节等于 8 位，即 1B=8bit。

存储器可以容纳的二进制信息量称为存储量。在计算机中，凡是涉及到数据量的多少时，用的单位都是字节，内存也不例外。不过在数量级方面与普通的计算方法有所不同，1024 字节为 1KB（而不是通常的 1000 为 1K），1024KB 为 1MB，更高数量级用 1GB=1024MB 表示。目前，一般计算机的内存大小都以"MB"作为基本的计数单位。

（3）内存的单位换算。现在计算机的内存容量都很大，一般都以千字节、兆字节、吉字节或更大的单位来表示。常用的内存单位及其换算如下：

千字节（KB，Kilo Byte）：1KB=1024B

兆字节（MB，Mega Byte）：1MB=1024KB

吉字节（GB，Giga Byte）：1GB=1024MB

太字节（TB，Tera Byte）：1TB=1024GB

各个单位的关系如下：

1TB =1024GB

=1024×1024MB

=1024×1024×1024KB

=1024×1024×1024×1024B

=1024×1024×1024×1024×8bit

2．内存的质量指标

今天，内存技术发展的速度之快，容量之大已经远远超过了人们的想象。内存又称为 DRAM，包括有 EDO DRAM、SDRAM、DDR、RDRAM 等，目前 SDRAM 是市场上的主流产品。SDRAM 内存的技术指标一般包括引脚数、容量、速度、奇偶校验等。内存条通常有 16MB、32MB、64MB、128MB、256MB 等容量级别。内存条有无奇偶校验位是人们常常忽视的问题，奇偶校验对于保证数据的正确读写起到很关键的作用。在考验内存的质量时，我们一般注意以下几个指标：

（1）引脚数。这是内存电路板上的引脚连线，又称金手指，所谓的内存条是多少"线"，就是指内存条与主板插接时有多少接触点，有 30 线、72 线、168 线、184 线和 240 线。其中 SDRAM 内存接口类型的引脚数是 168 线。30 线内存条的数据宽度为 8bit；72 线内存条的数据宽度为 32bit；168 线内存条的数据宽度为 64bit。

一般主板的内存安装插座分为几个组（Bank），每个组中有 2～4 个内存安装插座，可安装 2～4 个内存条。286 和 386SX 及 486SLC 类 CPU 只有 16 位数据线，使用 30 线的内存条时，由于每条可以提供 8 位有效数据，因此系统主板的内存条安装数量通常为 2 的倍数。386DX 和 486DX 微处理器有 32 位数据线，一次要存取 32 位数据。用 30 线内存条时，需要安装 4 的倍数；如果主板上安装的是 72 线的内存条插座，由于 72 线的内存条一次就可以提供 32 位有效数据，所以只安装一条也能正常工作。

30 线和 72 线内存条采用单列内存模块 SIMM（Single Inline Memory Module）。168 线内存条采用双列内存模块 DIMM（Double Inline Memory Module）。

（2）内存容量：这一指标是人们比较关心的，因为它将直接制约系统的整体性能。内存通常有 32MB、64MB、128MB、256MB、512MB，1GB 等容量级别，其中 256MB、512MB 内存已成为当前的主流配置，而较高配置的微型机内存容量已高达 1GB、2GB。

（3）接口类型。目前内存的主要接口类型是 184（DDR 内存）和 168（SD 内存）。线的 DIMM 类型接口。DIMM 这种类型接口内存插板的两边都有数据接口触片，一般是 84 针或 92 针，双边共 84×2=168 针或 92×2=184 针，所以通常把这种内存称为 168/184 线内存。

（4）系统时钟周期（t_{CK}）、最大延迟时间（t_{AC}）和 CAS 延迟时间（CL）。t_{CK}（TCLK）系统时钟周期，代表 SDRAM 所能运行的最大频率。数字越小说明 SDRAM 芯片所能运行的频率就越高。例如，PC100 SDRAM，其芯片上的标识-10 代表了它的运行时钟周期为 10ns，即可以在 100MHz 的外频下正常工作。大多数内存标号的尾数表示的就是 t_{CK} 周期。PC133 标准要求 t_{CK} 的数值不大于 7.5ns。最大延迟时间 t_{AC}（Access Time from CLK）是最大 CAS 延迟时的最大输入时钟数，PC100 规范要求在 CL=3 时 t_{AC} 不大于 6ns。目前大多数 SDRAM 芯片的存取时间为 5ns、6ns、7ns、8ns 或 10ns。

CAS 的延迟时间 CL（CAS Latency）是纵向地址脉冲的反应时间，它关系着内存的反应速度，也就是代表着内存 CAS 信号需要经过多少个时钟周期（Clock）后，才能稳定地被读取或写入。目前 SDRAM 的 CAS 延迟时间大部分为 2 或 3，即它在读取数据时的延迟时间，可以是 2 个时钟周期，也可以是 3 个时钟周期，当然数值越小，读取数据速度越快。例如，PC100 的 SDRAM 当其 CL=3 时，t_{AC} 要小于 6ns，t_{CK} 的值要小于 10ns。对同一内存的 CL 设置不同时，t_{CK} 和 t_{AC} 的值是不会相同的。总延迟时间可按下式计算：

总延迟时间=系统时间周期 t_{CK}×CL 模式数+存取时间（t_{AC}）

（5）数据宽度和带宽。内存的数据宽度是指内存同时传输数据的位数，单位是位（bit）。内存带宽指内存的数据传输速度。内存带宽总量是在理想状态下一组内存在一秒内所能传输的最大数据容量。计算公式为：

内存带宽总量（MB）=最大时钟速频率（MHz）×总线宽度（bits）×每时钟数据段数量/8

（6）内存电压。早期的 FPM 内存和 EDO 内存均使用 5V 电压，而 SDRAM 使用 3.3V 电压，DDR SDRAM 和 RDRAM 使用 2.5V 电压。DDRII 内存工作电压从 DDR 的 2.5V 下降到 1.8V。

（7）错误检查与校正（ECC）。ECC（Error Check Correct，错误检查与校正）校验功能，不但使内存具有数据检查的能力，而且使内存具备数据错误修正功能。具有 ECC 功能的内存，用 4bit 来检查 8bit 的数据是否正确。当 CPU 读取数据时，若有 1 个 bit 的数据错误，则 ECC 就会根据原先存在 4bit 中的检验数据，来定位哪个 bit 错误，而且会将错误数据加以校正。带有 ECC 功能内存的成本较高，且要求主板的芯片组支持 ECC 功能，目前 ECC 内存主要用于服务器或高档微型机中。

（8）奇偶校验（Parity）。为检验内存存取过程中是否准确无误，每 8 位容量配备 1 位作为奇偶校验位，配合主板上的奇偶校验电路，对存取的数据进行正确校验，这需要在内存条上额外加装一块芯片。现在大多数主板上可以使用带奇偶校验或不带奇偶校验两种内存条，但不能同时用两种内存条校验，如果机器可正常引导，则说明内存条带奇偶校验，如果屏幕上出现奇偶校验错的提示后死机，则说明内存不带奇偶校验。

（9）SPD。从 PC100 标准开始，内存条上就装有一个称为 SPD（Serial Presence Detect，串行存在探测）的小芯片。SPD 一般位于内存条正面右侧，它是 1 个 8 针 SDIC 封装（3mm× 4mm）256 字节的 EEPROM 版本等信息。当开机时，支持 SPD 功能的主板 BIOS 就会读取

SPD 中的信息，按照读取的值来设置内存的存取时间。当然，这些情况只是在内存参数设置为 By SPD 的情况下才可以实现。

除此以外，内存的性能指标还可以用存储器的可靠性和性价比衡量。存储器的可靠性用平均故障间隔时间 MTBF 来衡量。MTBF 可以理解为两次故障之间的平均时间间隔。MTBF 越长，表示可靠性越高，即保持正确工作能力越强。性能主要包括存储器容量、存储周期和可靠性 3 项内容。性能/价格比是一个综合性指标，对于不同的存储器有不同的要求。对于外存储器，要求容量极大，而对缓冲存储器则要求速度非常快，容量不一定大。因此性能/价格比是评价整个存储器系统很重要的指标。

第三节 内存条的选购与安装

一、内存条的选购

内存在计算机中有着举足轻重的作用，内存容量的大小和质量的高低，将直接影响计算机的整体性能，内存的选购要根据主板上的内存插槽来确定。

（一）内存的选择

选择内存时一般从以下几个方面考虑。

1. 明确用途

选购内存前一定要明确用途，如果只是做一些简单的文字处理或是其他不需处理大量数据的工作，可选择价廉、容量较小的内存。若需要上网、处理大量数据、运行大型软件（如数据库及图像处理软件），那就选择质优、容量较大的内存。否则计算机会经常"死机"或出现一些莫名其妙的错误。

2. 品牌与市场

不要把生产内存芯片的厂商和真正生产内存条的厂商搞混。目前多以内存芯片的厂商来命名内存，比如内存条上是现代内存颗粒的就将它称为现代内存，其实这是错误的观念。内存分为 3 种，一种是原厂内存，原厂内存指的是如 SAMSUNG，NEC，HYUNDAI 等内存。另一种是品牌内存，品牌内存是一些有规模的大厂购买内存颗粒而加工制造有品质的内存，通常性能上也有着不俗的表现，例如 KINGMAX（胜创科技）等。还有就是我们常见的杂牌"组装"内存了。他们的做法与品牌内存基本无异，但做工通常比较粗糙，要购买这类的内存需要一定的经验。这些内存出自台湾或大陆公司，无论在所用的芯片上还是内存的制造工艺上都有一些差距，但同时也使成本有所下降，这也是目前市场上最多的内存。

3. 认清标识、鉴别质量、防止假冒伪劣的产品

购买时要仔细检查内存颗粒的字迹是否清晰，有无质感，这是一个非常重要也是最基本的一步，如果感觉字迹不清晰，用力擦拭后字迹明显模糊，那么就很有可能是经过打磨的内存。其次，观察内存颗粒上的编号、生产日期等信息。如果是旧内存的话生产日期会比较早，而编号如果有错误的话也很有可能是假冒打磨的内存。另外要观察电路板，电路板印刷质量是否整洁，有无毛刺等；金手指是否明显有经过插拔所留下的痕迹，如果有，则很有可能是二手内存。

4. 注意保护

选购和运输中注意保护也是很重要的。在猛烈的振动和撞击的情况下，都可能导致内存条折寿甚至报废。比如说一根内存条可以在正常情况下以 $CL=3$ 稳定运行在 133MHz 频率下，但是不小心摔了一下后，可能在 $CL=3$ 时只能运行在 100MHz 频率下了，这都是可能的。所以防止振动和撞击很重要。还有一点就是静电对内存条的危害，人体或某些物品（尤其是电器产品）带的静电也很有可能将内存的芯片击伤、击坏，所以尽量用柔软、防静电的物品包裹内存条，注意用手触摸时要先触摸一下导体，使手上的静电放出，轻拿轻放。

（二）选购内存的注意事项

1. 内存的容量

对于内存的容量当然越大越好，但考虑价格、够用、实用的原则，现在一般用户最好配备 512MB 内存。

2. 内存的质量

内存质量的好坏，主要从以下几方面来看：

（1）内存颗粒的质量。内存颗粒的品牌非常多，我们选用内存时要选择较大厂商生产的内存颗粒，如韩国的三星和现代、中国台湾的胜创科技、宇瞻、金邦，以及美国的 Micron 的内存颗粒质量都不错。但内存颗粒的品牌并非是内存条的品牌，只是表示内存条上所用颗粒的品牌。

（2）PCB 电路板的质量。PCB 电路板是内存条的主体，其质量的好坏，对内存条主机板的兼容性等起着重要的作用。拿到一根内存条，首先要看的是 PCB 板的大小、颜色，以及板材的厚度（4 层还是 6 层）等。好的电路板，外观看上去颜色均匀、表面光滑、边缘整齐无毛边，采用 6 层板结构且手感较重。

（3）内存条的制造工艺。这是可以通过肉眼区别的，质量好的内存条外观看上去颜色均匀，表面光滑，边缘整齐无毛边，且无虚焊、无搭焊，SPD，电阻的焊接也很整齐，内存条的引脚，就是人们常说的"金手指"一定要光亮整齐，没有褪焊现象，从这些细节中可以大致判断出一根内存条质量的好坏。

（4）注意辨认内存上的标识。在正规生产条件下，内存条所用的芯片应该是同一型号的产品，只允许在生产批次上有微小的差别，而对于品牌型号来讲，不允许有差别。总体上说，在内存芯片的标识中通常包括厂商名称、单片容量、芯片类型、工作速度、生产日期等内容，其中还可能有电压、容量系数和一些厂商的特殊标识在里面。

（5）内存的性能标准。时钟频率：它代表了 DDR 所能稳定运行的最大频率。存取时间：它代表了读取数据所延迟的时间。CAS 的延迟时间：这是批纵向地址脉冲的反应时间，也是在一定频率下衡量支持不同规范的内存的重要标志之一，用 CAS Latency（CL）来衡量，DDR 的 CL 值最小为 2。

目前奔腾级以上的主板一般设置有 72 线的 SIMM 插槽或 168 线的 DIMM 插槽，并都支持 SDRAM、FP/EDO DRAM。有些 PⅡ主板可能只设置有 168 线的 DIMM 插槽，只支持 168 线的 SDRAM 和 EDO DRAM，而不支持 FP DRAM 的所谓普通内存。

计算机的程序必须先装入内存后才能运行，因此内存的大小，质量的好坏直接影响程序的运行。前面已讲到，早期的主板，多采用双列直插的内存芯片，但这种内存芯片要占用很多主板空间，且不便于内存的增容。为了节省主板空间和加强配置的灵活性，现在的主板多采用内存条（即 SIMM 或 DIMM）结构。内存条一般有 256KB、512KB、1MB、4MB、8MB、16MB 和 32MB 等几种，同样容量的内存条可以有不同数量的内存片，如 8MB 的内存条有 4 片（每片 2MB），8 片（每片 1MB），16 片（每片 512KB）等几种，其中有些内存条设有奇偶校验位，是否有奇偶校验位由芯片的位数决定，如为 9 位，则有一位奇偶校验位，8 位的芯片没有奇偶校验位。

内存的读写速度与 CPU 的工作速度相适应，486 机要求内存的读写速度不小于 70 ns，而 Pentium 机则要求其速度更高。

（三）常见的内存品牌

目前，生产内存的厂家较多，市面上常见的质量较可靠的牌子有：Goldstar（韩国的高士达公司）、Toshiba（日本的东芝公司）、Fujitus、OKI、NEC（日本的电气公司）、PanaSonic（日本的松下公司）、SANYO（日本的三洋公司）、VITELIC、Hyundai、NMB、HITACHI、SAMSUNG、MICRON 等。

1. "现代"系列

我们在市场中见到的"现代"内存，其实并不是现代原厂的品牌产品，而是一些厂商使用了现代的芯片，经过加工而成的杂牌内存条。目前市场上的现代内存条共有 3 种，一种编号为 T7J，这是一种 PC100 内存，它的 CL 数值可以达到 2，速度为 10ns；另一种编号为 TJK，它的性能和 T7J 差不多，只是 CL 为 3；T75 则是一种 PC133 内存，也是北京中关村价格最便宜的 PC133 内存，速度为 7.5ns，CL 为 3，厂家宣称它最高工作频率可以达到 150MHz。现代杂牌内存条整体来说多数产品的兼容性以及电气性能都不错，同时使用的稳定性也比较好，目前在市场中占据了将近半数的份额。但是，也有一些"小作坊"加工的现代内存，存在许多问题。大家在选购时，还要格外注意，尽可能去一些知名的销售商处购买，以免给自己带来不必要的麻烦。

2. Kingmax

Kingmax 内存以优异的性能在广大用户心中已经树立起了良好的形象，现在 Kingmax 品牌就代表着高性能和优秀品质。Kingmax DDR 内存做工精良、性能出众、运行稳定。

Kingmax 内存以其优秀的超频性能在发烧友中享有很好的口碑，Kingmax 内存芯片采用了其专利的 TinyBGA 技术封装，在同样的体积下，它的存储容量是同类内存条的 2～3 倍，它可以提高内存的稳定性，减少电信号干扰。由于这种封装形式的内存颗粒体积较普通的内存颗粒要小 1/2，所以，所产生的热量也相比普遍内存要小得多，由此所带来的好处也是显而易见的。在较低的温度下，内存可以比较稳定地工作。这种内存工艺独特，所以基本没有假货。目前市场上销售的 Kingmax 内存条全部为 PC133 标准的。Kingmax 内存在市场上也比较好卖，它受到了超频爱好者的欢迎。

3. Winward

Winward 对内存市场而言，还是一支"生力军"。近期，Winward 通过与 Kingmax 进行技术合作，获得了 TinyBGA 封装技术的使用权。Winward 内存使用了 HY 的芯片，并采用 TinyBGA 技术进行封装，生产工艺流程规范严格，结合了 Kingmax 和现代的共同优势，使 Winward 内存的性能优于杂牌 HY 条,因此 Winward 生产的内存质量是十分可靠的。Winward 内存,PC100 的称为银豹,PC133 的是金豹,做工精美,质量很好。经市场验证,PC100 的 Winward 内存竟然可以在 150 外频下工作。同时价位和普通现代内存差不多,具备了价廉物美的特点,适用于广大普通用户,是内存选购的首选。

4. 金邦

GEIL(金邦)也是市场上的畅销货,它以"量身定做"而闻名,它采用了 BLP 的封装技术,芯片使用了 0.20μm 的制造工艺,并采用了金黄色的线路板,再加上内存芯片上有汉字"金"字,人称"金条"。它的另外一个特点就是固定的 6 层板,固定的 $CL=2$ 的工作模式等。

在市场上,现代、Kingmax、Winward 内存条几乎包办了整个内存市场,除它们之外,我们还可以见到一些 Kingston、Kinghorse、Micron、三星原装条、Acer 原装条、小影霸超频用内存条等产品。三星和 Acer 内存条都是号称原厂生产,不过价格都比较贵。小影霸超频条是磐英公司推出的一种发烧型的内存条,采用三星的芯片,CL 为 3,专门用于超频。

(四)内存条的选购原则

总之在选购内存条的时候一定要根据需要、考虑性能选择适用的内存条。一般在选购时应遵循下列原则。

1. 按需购买

选购内存应当量力而行。如今主流的计算机配机方案中,B12M 和 1G 是两个标准的配置。512M 内存是入门计算机用户的"够用"选择,而 1G 内存对于现在的计算机配置方案来说,应该属于那种"好用"的配机方案了,它已能满足现今包括 Windows 2000 在内的操作系统及 3D 游戏或发挥硬件性能的基本需求。加上现在内存便宜,所以最好推荐 1G 的内存。

2. 认准内存类型

SDRAM 是市场上的主流产品,占据了绝大部分市场,不过大家要小心别买错了。现在很多人认为 168 线内存就是 SDRAM,这是不对的,因为同样有 168 线的 EDO DRAM。其实 168 线的 EDO DRAM 还是可以一眼看出来的,最明显的一点是 EDO DRAM 芯片的针脚比较少,标准的 16M SDRAM 的针脚为 44 根,而 16M EDO DRAM 的针脚为 28 根,疏密程度明显不同;64M SDRAM 的针脚为 54 根,而 EDO DRAM 的针脚为 32 根或 44 根,针脚不是连续排列,因此中间会留下几个针脚的空隙。

3. 注意 Remark

有些"作坊"把低档内存芯片上的标识打磨掉,从新再写上一个新标示,从而把低档产品当高档产品卖给用户,这种情况就叫"Remark"。由于要打磨或腐蚀芯片的表面,一般都会在芯片的外观上表现出来。正宗的芯片表面一般都很有质感,有光泽或荧光感。如果觉得芯片的表面色泽不纯甚至比较粗糙、发毛,那么这颗芯片的表面一定是受到了磨损。

4. 仔细察看电路板

电路板的做工要求板面要光洁,色泽均匀;元件焊接要求整齐划一,绝对不允许错位;焊点要均匀有光泽;金手指要光亮,不能有发白或发黑的现象;板上应该印刷有厂商的标识。常见的劣质内存经常是芯片标识模糊或混乱,电路板毛糙,金手指色泽晦暗,电容歪歪扭扭如手焊一般，焊点不干净利落。

5. 售后服务

目前我们最常看到的情形是用橡皮筋将内存扎成一捆进行销售，用户得不到完善的咨询和售后服务，也不利于内存品牌形象的维护。目前部分有远见的厂商已经开始完善售后服务渠道，如 Winward，自身拥有完善的销售渠道，切实保障了消费者的权益。选择良好的经销商，一旦购买的产品在质保期内出现质量问题，只需及时去更换即可。

二、内存条的安装

安装好 CPU 后，接下来就要开始安装内存条了。在安装内存条之前，可以在内存说明书上查阅主板可支持的内存类型、可以安装内存的插槽数、支持的最大容量等。虽然这些都是很简单的，但是你知道不同内存条是如何区分的吗？你知道 EDO RAM 内存为什么必须成对才能使用吗？你知道 RDRAM 内存插槽的空余位置为何要插满终结器才能使用吗？这些都是安装内存条所必须了解的。内存的安装随系统的不同而不同，即是采用的 SIMM 内存条，还是 DIMM 内存条。不同的内存条必须安装在内存的专用内存插槽上。

（一）内存插槽的主要类型

应用在台式计算机的内存插槽主要有：SIMM、DIMM 和 RIMM，这些都会在主板的内存插槽边上，以及主板说明书上标识出来。

（1）SIMM（Single In-Line Memory Module，单边接触内存模组）是 486 及其较早的 PC 机中常用的内存插槽。SIMM 内存插槽主要有两种型态：30pin 和 72pin。30pin 的单面内存条是用来支持 8 位的数据处理量。72pin 的单面内存条是用来支持 32 位的数据处理量。因此，例如一次可处理 64 位的英特尔奔腾系列的中央处理器，你需要 8 条 30pin 或 2 条 72pin 的内存条来支持它。在 486 以前，大多采用 30pin 的 SIMM 插槽，或者与 72pin 的 SIMM 插槽并存；而在 Pentium 中，应用更多的则是 72pin 的 SIMM 接口，或者是与 DIMM 插槽并存。

（2）DIMM（Dual In-Line Memory Module，双边接触内存模组）内存插槽是指这种类型接口内存的插板的两边都有数据接口触片，这种接口模式的内存通常为 84pin 或 92pin，但由于是双边的，所以一共有 84×2=168pin 或 92×2=184pin 接触。DIMM 内存插槽支持 64 位数据传输，使用 3.3V 电压。

（3）RIMM（Rambus In-Line Memory Module）内存插槽就是支持 Direct RDRAM 内存条的插槽。RIMM 有 184pin，数据的输出方式为串行，与现行使用的 DIMM 模块 168pin，并列输出的架构有很大的差异。

目前主板上内存条的插槽主要是 184 针的 DIMM 插槽，使用的是 184 线的 DDR 内存条。DIMM 内存条的安装比较简单，但 DIMM 内存条很长，安装时要小心，不要太用力，以免损坏主板。

（二）内存的种类和外观

先着重介绍内存的种类及其外观，以对它们进行分辨，这也是大家在装机过程中必须了解的。从内存型态上看，常见的内存有：FPM RAM、EDO RAM、SDRAM、DDR RAM、Rambus DRAM 如图 4-4 所示。从外观上看，它们之间的差别主要在于长度和引脚的数量，以及引脚上对应的缺口。

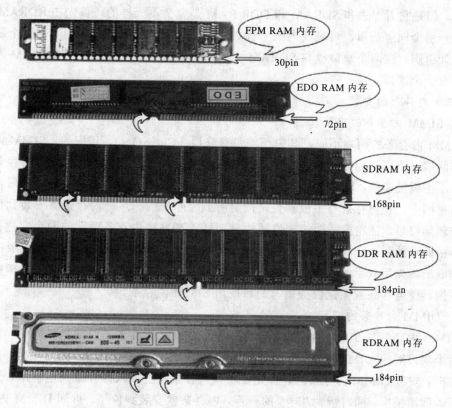

图 4-4　内存条的型态

　　FPM RAM 主要流行在 286、386 时代，当时使用的是 30pin 的 FPM RAM 内存，容量只有 1MB 或 2MB。而在 486 时代，及少数 586 计算机也使用 72pin 的 FPM RAM 内存。EDO RAM 主要应用在 486、586 时代，也有 72pin 和 168pin 之分。从外形上看，30pin 的 FPM RAM 内存的长度最短，72pin 的 FPM RAM 和 EDO RAM 内存的长度稍长一些，而168pin 和 EDO RAM 内存与大家常见的 SDRAM 内存是基本一样的。这几种内存很容易就可以在长度和引脚的数量上区分开来。只不过这些内存如今基本上已经销声匿迹了。由于EDO RAM 与 FPM RAM 内存的数据总线宽度均为 32bit，而奔腾及其以上级别的数据总线宽度都是 64bit。因此，要想在奔腾及其以上级别的计算机中使用这些内存条，就必须同时使用两根同样的内存条。成对的两根内存条最好使用相同型号、相同容量的。

　　最常见到的 SDRAM 内存具有 168 个引脚，引脚上有两个不对称的缺口。在 SDRAM内存的两侧，还可以发现各有一个缺口。如果是 PC100/133 SDRAM，会在内存条上包含一个 8 针的 SPD 芯片，这是识别 PC100/133 内存的一个必要条件和重要标志。但是大家也要注意，有 SPD 芯片不一定代表这根 SDRAM 内存就是 PC100/133，但如果没有则肯定不是。

　　再来比较 DDR RAM 与 SDRAM 有什么不同。从外形上看，DDR RAM 和传统的 SDRAM区别并不很大，它们的金手指具有相同的总长度。但是，DDR RAM 内存具有 184 个引脚，引脚上也只有一个小缺口。另外，在 DDR RAM 内存的两侧，各有两个缺口。

　　Rambus DRAM（也称为 RDRAM）内存的引脚也跟 DDR RAM 内存一样，采用 184

个引脚。但是它看上去和 SDRAM 和 DDR RAM 是完全不一样的。首先在 RDRAM 的外面包裹着一层金属屏蔽罩，可减少电磁干扰。大家注意看它的引脚，在中间的两个缺口附近没有设计引脚，这两个缺口也与 SDRAM 上的两个缺口是不一样的。在 RDRAM 内存的两侧，各有一个缺口。

（三）内存条的安装

1．SIMM 内存条的安装

SIMM 内存条的两端不同，其中一端带有缺口（Cut－Out），相应的，SIMM 内存条插座槽的两端也不同，因此只能从一个方向将内存条插入其插座槽中。首先将内存条按正确方向对准主板插座槽，以斜 45°角左右将 SIMM 内存条插入内存条插座槽。然后将内存条压入插座槽中，使内存条与主板垂直，同时听到"咔"的一声，内存条就安装到位了。内存条安装到位后，插座槽两端的定位插销分别插入 SIMM 内存条两端的两个定位孔中，同时插座槽两端的两个金属弹片也分别将内存条卡住。如要将 SIMM 内存条从主板的内存条插座槽取出，先用双手的姆指向外压插座槽两端的小金属弹片，同时用双手食指把内存条向外扳倒，使内存条脱离定位插销，最后取出 SIMM 内存条。

2．DIMM 内存条的安装

DIMM 内存条与 SIMM 内存条的两端不同，DIMM 内存条的两端是相同的，它的引脚上有两个缺口对应 DIMM 插座槽上的两个凸出物，这两个缺口用于识别 DIMM 内存条插入的方向。安装 DIMM 内存条时，首先要将该内存条垂直插入内存条插座槽中，然后将内存条压入插座槽中，同时听到"咔"的一声，内存条就安装到位了。拆卸 DIMM 内存条时，用手将内存条插槽两端的卡子向外掰开，内存条就弹出来了。想流畅地运行 Windows XP，安装一根 256MB 的内存条是必不可少的，具体的方法如下：

首先将需要安装内存对应的内存插槽两侧的塑胶夹脚（通常也称为"保险栓"）往外侧扳动，使内存条能够插，如图 4-5 所示。

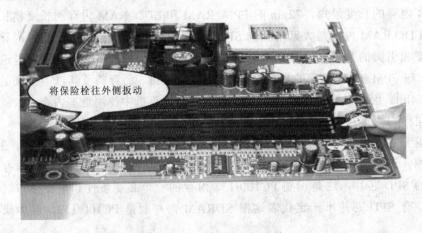

将保险栓往外侧扳动

图 4-5 往外侧扳动保险栓

拿起内存条，然后将内存条引脚上的缺口对准内存插槽内的凸起，如图 4-6 所示，或者按照内存条的金手指边上标示的编号 1 的位置对准内存插槽中标示编号 1 的位置。

最后稍微用点用力，垂直地将内存条插到内存插槽并压紧，直到内存插槽两头的保险栓自动卡住内存条两侧的缺口，如图 4-7 所示。

图 4-6 将内存条对准内存插槽

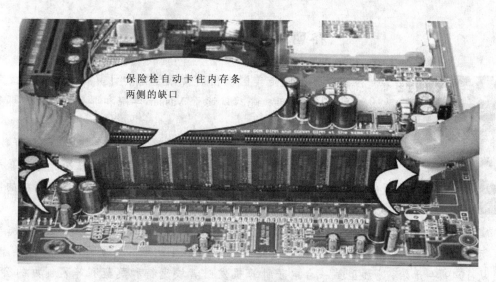

图 4-7 将内存条垂直插入内存插槽

　　在任何一块支持 RDRAM 的内存上，你都能够看到 RIMM 内存插槽是成对出现。因为 RDRAM 内存条是不能够单独使用一根的，它必须是成对的出现。RDRAM 要求 RIMM 内存插槽中必须都插满，空余的 RIMM 内存插槽中必须插上传接板（也称"终结器"），这样才能够形成回路，如图 4-8 所示。

　　内存作为计算机的重要部件之一，其性能的好坏与否直接关系到计算机是否能够正常稳定的工作，所以我们在选购计算机时一定要选购质量和性能优良的内存条，以减少在以后的使用过程中因为内存条故障频频而影响我们的工作。

　　由于内存条直接与 CPU 和外部存储器交换数据，其使用频率相当高，再加上内存条是超大规模集成电路，其内部的晶体管有一个或少数几个损坏就可能影响计算机的稳定工作，同时表现出的故障现象也不尽相同，所以给我们的维修工作带来一定的难度。

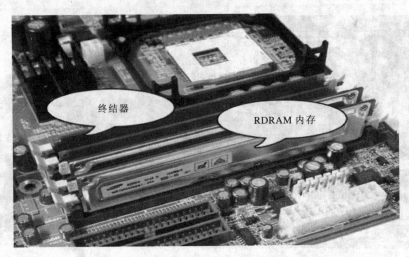

图 4-8　RDRAM 内存

格雷斯·霍波小传

　　格雷斯·霍波是美国杰出的女数学家和计算机语言领域的带头人。她生于 1906 年，先后就读于 Vassar 学院和耶鲁大学，是耶鲁大学第一位女数学博士。

　　霍波的父亲是保险经济人，母亲是一位家庭主妇，但很爱好数学。她的双亲希望长女霍波像儿子一样接受教育。霍波从小就像男孩那样爱摆弄机械电器，7 岁那年，为了弄清闹钟的原理，曾把家中的闹钟一连拆散了 7 架。

　　霍波大学毕业后留校教书。1943 年日军偷袭珍珠港后，她加入海军预备队，以海军中尉军衔，受命参加哈佛大学计算机项目，成功地为 Mark I 计算机编写了大量程序。

　　从 1949 年开始，她加盟第一台电子计算机发明者埃克特和莫契利等人创办的公司，为第一台储存程序的商业电子计算机 UNIVAC 编写软件。1952 年，霍波研制成功第一个编译程序 A－0。1959 年，在五角大楼的支持下，她领导一个工作小组又成功地研制出商用编程语言 COBOL。

　　20 世纪 50 年代的计算机储存器价格非常昂贵，为了节省内存空间，霍波开始采用 6 位数表示日期，即年、月、日各两位，随着 COBOL 语言影响日愈扩大，这一习惯被沿用下来，到 2000 年前居然变成了危害巨大的"千年虫"，这是她始料不及的。

　　1986 年，已获得少将军衔的霍波，以 80 岁高龄从海军退休，继续担任 DEC 公司资深顾问。为表彰她对美国海军的贡献，一艘驱逐舰被命名为"格雷斯号"，加里佛利亚海军数据处理中心也改称霍波服务中心。

　　霍波一生还获得许多殊荣，如计算机科学年度人物奖、国家技术奖等。1971 年，为了纪念现代数字计算机诞生 25 周年，美国计算机学会特别设立了"格雷斯·霍波奖"，颁奖给当年最优秀的 30 岁以下的青年计算机工作者。

霍波少将逝世于 1992 年元旦。葬在阿灵顿国家公墓，她身边放满了勋章。她是世界妇女的楷模，也是计算机界崇拜的偶像人物。

习　　题

一、**判断题**（正确的在括号内画"√"，错误的画"×"）

1．常用内存芯片的速度为几到几十纳秒，此数值越大速度越快。（　　）

2．ECC 采用 4bit 校验码，不具备数据纠错能力。（　　）

3．RAM 存储器与 ROM 不同，它只能读不能写。（　　）

4．RDRAM 和 DDR 内存条使用的插槽为 168 脚。（　　）

5．RDRAM 通过 RamBus 总线传输数据，它可以支持 400MHz 总线。（　　）

6．DDR266 采用 PC—2100 存储器。（　　）

二、**填空题**

1．按工作原理分类，计算机的内存分为随机存储器 RAM 和_____。

2．SRAM 在实际生产时，一个存储单元需要_____晶体管和_____电阻组成。

3．内存条是由_____存储芯片组成的。

4．关机后存储数据会丢失的存储器是_____。

5．30 线内存条在 32 位 PC 机上必须 4 条一组使用，因为它每条的数据宽度为____位。

6．168 线内存条在 Pentium 以上计算机上可以单条使用，因为它的数据宽度为____位。

7．常见的内存单位有_____、_____、_____和_____。

三、**单项选择题**

1．内存条是由（　　）存储芯片组成的。

　　A．DRAM　　　　　　　　　B．SRAM

　　C．ROM　　　　　　　　　　D．CMOS RAM

2．下列各种 RAM 中，内有用于 PC 内存条的是（　　）。

　　A．EDO RAM　　　　　　　B．VRAM

　　C．FPM RAM　　　　　　　D．SDRAM

3．EPROM 的擦除条件是（　　）。

　　A．加电使之升温　　　　　　B．加 12V 电压

　　C．紫外线照射　　　　　　　D．加 5V 电压

四、**简答题**

1．简述内存的分类及技术指标。

2．简述 SRAM 存储器的特点。

3．简述选择内存条时要注意的因素。

第五章 外部存储设备

➡ **本章要点**
- 硬盘的工作原理及接口技术
- 硬盘的选购与安装
- 光驱的分类及特点
- 各类光驱的选购与安装
- 优盘与移动硬盘的选购

➡ **本章学习目标**
- 了解 5 类外部存储设备的工作原理
- 熟悉 5 类外部存储设备的性能与技术指标
- 掌握 5 类外部存储设备的选购原则与安装
- 能根据自己的实际需求选择适用的产品

第一节 硬 盘

硬盘（Hard Disk），简称 HD，是个人计算机中最主要的储存设备，是安装在主机内部可移动的储存设备，容量大小可储存至数百 GB 的数据，速度也较其他外部存储设备快。现在的硬盘转速则高达 5400～15000r/min。第一个硬盘是于 1956 年由 IBM 所制造的 Ramac，它由 50 个 24 英寸的磁盘构成，容量却只有 5MB。

一、硬盘的结构

硬盘作为计算机最重要的外部存储设备，形成了整个电脑系统的数据存储中心。我们运行计算机时使用的程序和数据绝大部分都存储在硬盘上。如今，硬盘正在以越来越大的容量，越来越快的速度和越来越低廉的价格来满足广大用户在外存储设备方面的要求。

现在绝大多数硬盘在结构上都是采用由美国科学家温彻斯特发明的"温彻斯特"（Winchester）技术。其核心就是：磁盘片被密封、固定并且不停地高速旋转，磁头悬浮于盘片上方沿磁盘径向移动，并且不和盘片接触。

1. 硬盘的组成结构

目前，最常用的是应用于台式机的 3.5 英寸硬盘和应用于笔记本的 2.5 英寸硬盘。它们的结构基本相同，从外面看，主要由接口、控制电路板、固定盖板等组成，如图 5-1 所示。内部主要由高速浮动磁头组件、磁头驱动机构、磁盘盘片和主轴电机等组成，如图 5-2 所示。

盘座　磁盘介质　　磁头　　音圈架

图 5-1　硬盘外部结构　　　　　图 5-2　硬盘内部结构

2. 硬盘的逻辑结构

硬盘一般是由一片或几片均匀涂满磁介质的圆形薄膜，即盘片（platter）叠加而成。每个盘片都有两个面，数据信息就存储在每个面的磁介质上，每个面都有一个读写磁头（Heads）。如果有 n 个盘片，就有 $2n$ 个面，对应 $2n$ 个磁头，从 0，1，2 开始编号。磁头在读写硬盘时，依靠磁盘的高速旋转引起的空气动力效应悬浮在盘面上，与盘面的距离保持在不到 1μm 处。由于磁盘是旋转的，因此连续写入的数据是排列在盘面上的一个圆周上，通常就称这样的圆周为一个磁道（Track）。对于同一个磁道来说，磁头是不动的，盘片套在主轴电机上，在电机带动下高速旋转来完成在同一磁道的不同位置的数据存取。对于不同的磁道，则由磁头改变径向位置来定位磁道。每个盘片被划分成若干个同心圆磁道。每个盘片的划分规则通常是一样的。这样每个盘片的半径均为固定值 R 的同心圆，也就是磁道号相同的磁道合起来，在逻辑上形成了一个以主轴电机为轴的柱面（Cylinders），从外至里编号为 0，1，2，…一般说来，一个磁道上可以容纳数 KB 的数据，但是系统读写时往往并不需要一次读写那么多，因此，每个盘片上的每个磁道又被划分为几十个扇区（Sector），通常的容量是 512Byte，并按照一定规则编号为 1，2，3，…一个硬盘又形成 Cylinders×Heads×Sector 个扇区。需要注意的是，这里所提到的磁道、柱面、扇区都只是虚拟的概念，并非真正在硬盘上划道。

二、硬盘的性能指标

（一）容量

硬盘的容量是以 MB（兆）和 GB（千兆）为单位的，早期的硬盘容量低下，大多以 MB（兆）为单位，而现今硬盘技术飞速的发展，数百 GB 容量的硬盘也以进入到家庭用户的手中。硬盘的容量有 40GB、60GB、80GB、100GB、120GB、160GB 和 200GB，硬盘技术还在继续向前发展，更大容量的硬盘还将不断推出。

（二）单碟容量

单碟容量是硬盘相当重要的参数之一，在一定程度上决定着硬盘的档次高低。硬盘是由多个存储碟片组合而成的，而单碟容量就是一个存储碟所能存储的最大数据量。硬盘单碟容量的增加不仅仅可以带来硬盘总容量的提升，而且也有利于生产成本的控制，提高硬盘工作的稳定性。单碟容量的提高使单位面积上的磁道条数也有所提高，这样硬盘寻道时间也会有所下降。另外单碟容量的增加也能在一定程度上节省产品成本。举个例子来说，同样的 120GB 的硬盘，如果采用单碟 40GB 的盘片，那么将要有 3 张盘片和 6 个磁头；而采用单碟容量 80GB 的盘片，那么只需要两张盘片和 3 个磁头，这样就能在尽可能节省更多的成本的条件下提高硬盘的总容量。

（三）转速

转速是指硬盘电机主轴的转速。它以每分钟硬盘盘片的旋转圈数来表示，单位是 r/min（转/分钟），目前常见的硬盘转速有 5400r/min，7200r/min 和 10000r/min 等，最高已达到 15000r/min。理论上，转速越高，硬盘性能相对就越好，因为较高的转速能缩短硬盘的平均等待时间并提高硬盘的内部传输速率。

（四）平均寻道时间

平均寻道时间是了解硬盘性能至关重要的参数之一。指硬盘在盘面上移动读写头至指定磁道寻找相应目标数据所用的时间，它描述硬盘读取数据的能力，单位是 ms（毫秒），时间越短用户获得所需数据的时间就越少，表示产品的性能越好。

（五）内部数据传输率

内部数据传输率是指硬盘磁头与缓存之间的数据传输率，简单地说就是硬盘将数据从盘片上读取出来，然后存储在缓存内的速度。内部传输率可以明确表现出硬盘的读写速度，它的高低才是评价一个硬盘整体性能的决定性因素，它是衡量硬盘性能的真正标准。有效地提高硬盘的内部传输率才能对磁盘子系统的性能有最直接、最明显的提升。

（六）外部数据传输率

外部数据传输率一般也称为突发数据传输或接口传输率。是指硬盘缓存和电脑系统之间的数据传输率，也就是计算机通过硬盘接口从缓存中将数据读出交给相应的控制器的速率。

（七）缓存

缓存是硬盘控制器上的一块内存芯片，具有极快地存取速度，它是硬盘内部存储和外界接口之间的缓冲器，是硬盘与外部总线交换数据的场所。由于硬盘的内部数据传输速度和外界传输速度不同，缓存在其中起到一个缓冲的作用。当硬盘存取零碎数据时需要不断地在硬盘与内存之间交换数据，如果有大缓存，则可以将那些零碎数据暂存在缓存中，减小外系统的负荷，也提高了数据的传输速度。在接口技术已经发展到一个相对成熟的阶段时，缓存的大小与速度是直接关系到硬盘的传输速度的重要因素，能够大幅度地提高硬盘整体性能。

（八）接口类型

接口是硬盘与主机系统的连接模块，接口的作用就是将硬盘数据缓存内的数据传输到电脑主机内存或其他应用系统中。不同的接口类型会有不同的最大接口带宽，从而在一定程度上影响着硬盘传输数据的快慢。

从整体的角度上，硬盘接口分为 IDE、SATA、SCSI 和光纤通道四种，IDE 接口硬盘多用于家用产品中，也部分应用于服务器，SCSI 接口的硬盘则主要应用于服务器市场，而光纤通道只在高端服务器上，价格昂贵。SATA 是种新生的硬盘接口类型，还正处于市场普及阶段，在家用市场中有着广泛的前景。在 IDE 和 SCSI 的大类别下，还可以分出多种具体的接口类型，又各自拥有不同的技术规范，具备不同的传输速度，比如 ATA100 和

SATA、Ultra160 SCSI 和 Ultra320 SCSI 都代表着一种具体的硬盘接口，各自的速度差异也较大。

1．IDE 接口

IDE 的英文全称为 Integrated Drive Electronics，即电子集成驱动器，它的本意是指把"硬盘控制器"与"盘体"集成在一起的硬盘驱动器。把盘体与控制器集成在一起的做法减少了硬盘接口的电缆数目与长度，数据传输的可靠性得到了增强，硬盘制造起来变得更容易，因为硬盘生产厂商不需要再担心自己的硬盘是否与其他厂商生产的控制器兼容。对用户而言，硬盘安装起来也更为方便。IDE 这一接口技术从诞生至今就一直在不断发展，性能也不断的提高，其拥有的价格低廉、兼容性强的特点，为其造就了其他类型硬盘无法替代的地位。图 5-3 为主板 IDE 接口。

2．SATA 接口

使用 SATA（Serial ATA）口的硬盘又叫串口硬盘，是未来 PC 机硬盘的趋势。第一代 SATA 已经逐渐普及，其理论最高传输速率可达到 150Mbit/s。线缆长度大约 3.3 尺（1m）。Serial ATA 采用串行连接方式，串行 ATA 总线使用嵌入式时钟信号，具备了更强的纠错能力，与以往相比其最大的区别在于能对传输指令（不仅仅是数据）进行检查，如果发现错误会自动矫正，这在很大程度上提高了数据传输的可靠性。串行接口还具有结构简单、支持热插拔的优点。图 5-4 为 SATA 硬盘电源接头。

图 5-3　主板 IDE 接口

图 5-4　SATA 硬盘电源接头

3．SCSI 接口

SCSI 的英文全称为"Small Computer System Interface"（小型计算机系统接口），是同 IDE（ATA）完全不同的接口，IDE 接口是普通 PC 的标准接口，而 SCSI 并不是专门为硬盘设计的接口，是一种广泛应用于小型机上的高速数据传输技术。SCSI 接口具有应用范围广、多任务、带宽大、CPU 占用率低，以及热插拔等优点，但较高的价格使得它很难如 IDE 硬盘般普及，因此 SCSI 硬盘主要应用于中、高端服务器和高档工作站中。图 5-5 为工业标准内部 68 针 SCSI 接口（母口），一般用于内部 SCSI 设备。

图 5-5　工业标准内部 68 针 SCSI 接口(母口)

4．光纤通道

光纤通道的英文拼写是 Fibre Channel，和 SCSI 接口一样，光纤通道最初也不是为硬盘设计开发的接口技术，是专门为网络系统设计的，但随着存储系统对速度的需求，才逐渐应用到硬盘系统中。光纤通道硬盘是为提高多硬盘存储系统的速度和灵活性才开发的，它的出现大大提高了多硬盘系统的通信速度。光纤通道的主要特性有：热插拔性、高速带宽、远程连接、连接设备数量大等。

光纤通道是为像服务器这样的多硬盘系统环境而设计，能满足高端工作站、服务器、海量存储子网络、外设间通过集线器、交换机和点对点连接进行双向、串行数据通信等系统对高数据传输率的要求。

三、硬盘选购

目前市场上的硬盘主要包括台式机硬盘、笔记本硬盘和服务器硬盘三大类。

台式机硬盘不断向大容量、高速度、低噪音的方向发展，单碟容量逐渐提高，主流转速也达到 7200r/min，甚至还有了 10000r/min 的 SATA 接口硬盘。

笔记本强调的是其便携性和移动性，因此笔记本硬盘在体积、稳定性、功耗上有很高的要求，而且防震性能好，目前主流的笔记本硬盘转速通常在 5400r/min。

服务器硬盘在性能上的要求要远远高于台式机硬盘，这是由服务器大数据量、高负荷、高速度等要求所决定的，因此它的转速和容量都远远超过前面两种硬盘。

作为数据存储的主要载体，硬盘的质量和性能都需要可靠的保证，在日常选购中，经常看到一些消费者只注重硬盘的品牌和容量，而往往忽视其他方面。其实，与硬盘相关的其他几大参数对硬盘质量和档次的影响也是极大的。因此在选购时要注意以下几个事项。

1. 硬盘接口

对于一般的家庭用户来说，选购 IDE 或 SATA 接口的硬盘是完全足够的了。而 SCSI 硬盘以高传输速度和稳定性著称，因此对于一些追求高速和性能稳定的工作站和服务器来说，SCSI 硬盘则是最佳选择。

2. 硬盘容量和单碟容量

容量是硬盘的第一性能指标，早期以 MB 为单位，目前以 GB 为单位。现在的各种软件对硬盘空间的需求是越来越大。先不说一些大型游戏或者诸如 WIN XP 等的耗硬盘大户，即便是现在最流行的诸如 RM 和 MPEG 4 格式的音乐，也动辄要几十、上百 MB 的容量。所以，购买大容量的硬盘已经成了现今的趋势。目前计算机的主流配置硬盘容量都在 80GB 以上。

除了看硬盘容量之外，单碟容量也是我们必须参考的一个标准。单碟容量越大，就可以用更少的盘片实现更大的容量，从而有效地降低成本，其系统可靠性也就越好。从另一角度来看，相同容量的硬盘所使用的盘片数越少，磁头的寻道动作和移动距离减少，从而使相对平均寻道时间减少，平均寻道时间是选购硬盘时一个很重要的参考指标，这个值越小越好。例如，单碟 40GB 5400 转的 U6 硬盘，比起以前的一些 7200 转的硬盘性能都要好，就是因为单碟容量巨大的缘故了。目前市面上的硬盘主流已经过渡到单碟 80GB，而且目前希捷已经推出了单碟容量为 100GB 的硬盘产品。

3. 硬盘转速（主轴转速）

转速在很大程度上决定了整个硬盘的速度。市面上主流的 IDE 硬盘有 5400r/min 和 7200r/min 两种，至于 SCSI 硬盘的主轴转速可达 7200～10000r/min，而最高转速的 SCSI

硬盘转速高达 15000r/min。高转速意味着硬盘的平均寻道时间短，能够迅速找到需要的磁道和扇区，因此硬盘的转速越快，其传输速度也就越快，硬盘的整体性能也随之越高。

4. 缓存容量

缓存可以加快硬盘的读取及写入速度。理论上硬盘的缓存越大越好，目前主流硬盘的数据缓存为 4MB，但 WD、希捷、MAXTOR 也有不少 8MB 缓存的产品，而在 SCSI 硬盘中最高的缓存现在已经达到了 16MB。缓存容量较大的硬盘在存取零散文件时具有很大的优势。

5. 噪声和防震技术

虽然噪声不是评价硬盘性能的标准，但如果经常听到一阵阵噪声，毕竟不是令人舒心的事。而且硬盘的盘片非常脆弱，如遇剧烈震动极有可能造成坏道，影响硬盘的使用，因此硬盘的抗震性能也显得尤为重要。液态轴承马达可以有效地降低因金属摩擦而产生的噪声、电机转速过快和发热过高等问题。同时，液态轴承还能有效地减小震动，使硬盘的抗震能力由一般的 120g 左右提高到 1000g 以上，从而提高了硬盘的使用寿命和可靠性。这对笔记本电脑来说尤为重要。另外，因为普通 IDE 接口的硬盘所采用的是铝基板作为盘片的，由于表面上是坑坑洼洼所以在高速运转的时候会发出噪音，如果使用的是玻璃基板的硬盘你就会拥有更多的宁静。而且玻璃盘片运转起来比较平稳，散热快，抗震性能高。在这方面"蓝色巨人"IBM 的玻璃硬盘非常突出，目前 IBM 所有 7200 转的硬盘都是玻璃盘片的。

6. 品牌与售后服务

硬盘的品牌也是用户在选购时比较关注的一个问题。现在市面上比较常见的硬盘品牌有希捷（Seagate）、迈拓（Maxtor）、西部数据（Western Digital）、日立（HITACHI）、三星（SAMSUNG）等。这几家硬盘制造厂商在市场上都有相当高的知名度。硬盘由于读写操作比较频繁，所以保修问题显得非常重要。一般的硬盘都会提供 3 年质保（1 年包换、2 年保修），而有些硬盘如希捷 7200.9 提供了 5 年质保的服务。所以用户在购买硬盘的时候一定要到正规的商家购买，并询问详细的售后服务条款。千万不要购买水货，因为水货不但没有质保，而且由于进货渠道的关系，极有可能比正规代理的硬盘更易损坏。只有这样，当硬盘出问题的时候才能保障自己的合法权益。

四、硬盘的安装

（一）IDE 硬盘的安装

硬盘的硬件安装工作跟电脑中其他配件的安装方法一样，用户只须有一点硬件安装的经验，一般都可以顺利安装硬盘。单硬盘安装是很简单的，现总结出如下四步：

1. 准备工作

安装硬盘，工具是必需的，所以螺丝刀一定要准备一把。另外，最好事先将身上的静电放掉，只需用手接触一下金属体即可（例如水管、机箱等）。

2. 跳线设置

在 PC 机中，只能用其中的一块硬盘来启动系统，因此如果连接了多块硬盘则必须将它们区分开来，为此硬盘上提供了一组跳线来设置硬盘的模式。跳线的设置有三种模式，即单机（Spare）、主盘（Master）和从盘（Slave）。硬盘在出厂时，一般都将其默认设置为主盘，跳线连接在"Master"的位置，如果你的计算机上已经有了一个作为主盘的硬盘，现在要连接一个作为从盘。那么，就需要将跳线连接到"Slave"的位置。

3. 硬盘固定

连好线后，就可以用螺丝将硬盘固定在机箱上，注意有接线端口的那一个侧面向里，另一头朝向机箱面板。一般硬盘面板朝上，而有电路板的那个面朝下。

4. 正确连线

硬盘连线包括电源线与数据线两条，两者谁先谁后无所谓。对于电源的连接，注意图 5-6 中电源接口上的小缺口，在电源接头上也有类似的缺口，这样的设计是为了防止电源插头插反了。至于数据线，现在有两种，早期的数据线都是 40 针 40 芯的电缆，而自 ATA/66 就改用 40 针 80 芯的接口电缆，如图 5-6 所示。连接时，一般将电缆红线的一端插入硬盘数据线插槽上标有"1"的一端，另一端插入主板 IDE 口上也标记有"1"的那端。数据线插反不要紧，如果开机硬盘不转的话（听不到硬盘读取的响声），多半是插反了，那时将其旋转 180°后插入即可。

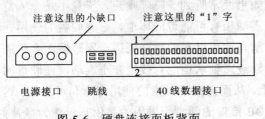

注意这里的小缺口　　注意这里的"1"字

电源接口　　跳线　　40 线数据接口

图 5-6　硬盘连接面板背面

（二）多个 IDE 硬盘安装与设置

主板上一个 IDE 接口可以接两块硬盘（即主从盘），而主板有两个 IDE 口即 IDE1 和 IDE2，所以理论上，一台个人电脑可以连接 4 块硬盘。如果你使用适配卡，那就可以连接更多硬盘。对于多硬盘的安装，归根到底就是双硬盘安装，因为 IDE1 与 IDE2 上的硬盘安装是完全一样的。下面笔者重点介绍双硬盘的安装方法及其注意事项，一般来说，双硬盘安装有如下几个步骤。

1. 准备工作

在开始安装双硬盘前，用户需要先考虑几个问题。首先是机箱内空间是否充足，因为机箱托架上能安装的配件非常有限，如果你安装了双光驱或者一个光驱一个刻录机，那想再安排第二块硬盘的空间就有些困难。其次是电源功率是否够用，如果电脑运行时，电源功率不足，经常会导致硬盘磁头连续复位，这样对硬盘的损伤是显而易见的，而且长期电源功率不足，对电脑其他配件的正常运行也非常不利。

2. 主从设置

主从设置虽然很简单，但可以说是双硬盘安装中最关键的。一般来说，性能好的硬盘优先选择作为主盘，而将性能较差的硬盘挂作从盘。例如两块硬盘，一块是 7200r/min，另一块是 5400r/min，那么最好方案就是将 7200r/min 的硬盘设置为主，5400r/min 的硬盘设置为从。现在市场上的硬盘正面或反正一般都印有主盘（Master）、从盘（Slave）及由电缆选择（Cable Select）的跳线方法，按照图 5-7 和图 5-8 就能正确进行硬盘跳线，假如你的硬盘上没有主从设置图例，那可以查相关资料得到跳线方法（例如到该品牌硬盘厂商的官方网站查找）。

3. 硬盘固定

接下来，也是最后一步，用十字螺丝刀打开机箱，在空闲插槽中挂上已经设置好主、从盘跳线的硬盘，并将硬盘用螺丝钉固定牢固。如图 5-8 所示。

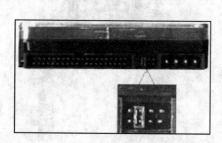

图 5-7 硬盘主盘设置

图 5-8 硬盘从盘设置

4. 硬盘连线

双硬盘安装中的硬盘连接方法与单硬盘完全一样，即正确连接电源线、数据线即可。如果硬盘是支持 ATA/66 以上的接口类型，那就需要 40 针 80 芯的专用接口电缆，如图 5-10 所示。

经过上面介绍的四个步骤，双硬盘即可正确安装。在双硬盘的连接时，这里再提一

图 5-9 双硬盘的接线

些注意事项：第一、最好将两块硬盘分别接在主板上的两个 IDE 口上，而不要同时串在一个 IDE 口上，此时就不需要进行主从盘设置；第二、如果用户还有如光驱、刻录机等设备，那最好将两块硬盘连接在同一根硬盘线上，这样的做法是不让光驱的慢速影响到快速的硬盘。

第二节 软驱与软盘

一、软驱

软盘驱动器（Floppy Disk），即软驱。它是读取 3.5 英寸或 5.25 英寸软盘的设备。现今最常用的是 3.5 英寸的软驱，如图 5-10 所示，可以读写 1.44MB 的 3.5 英寸软盘。软驱的用途是向软盘读写文件，实现程序、数据的携带与交换。
软驱分内置和外置两种。内置软驱使用专用的 FDD 接口，而外置软驱一般用于笔记本电脑，使用 USB 接口。

软驱的主要组成有：控制电路板、马达、磁头定位器和磁头，磁头下各有一个。它的工作过程是这样的：马达带动软盘的盘片转动，转速大概为 300r/min，磁头定位器是一个很小的步进马达，它负责把磁头移动到正确的磁道，由磁头完成读写操作。由此可见，软驱的读写速度与其他存储设备相比就显得很慢了。

由于软驱自身的局限性（读写速度慢，容量小、数据安全性差等）阻碍了它的发展，

目前软驱有被其他设备取代的趋势。但是由于软驱是计算机的标准设备，在各种操作系统下无需额外安装驱动程序就可以使用，同时价格低廉，在很多情况下软驱有其独到的便利之处，因此目前计算机上仍然普遍带有软驱。

图 5-10　标准 3.5 英寸的软盘驱动器

图 5-11　软盘

二、软盘

软盘，如图 5-11 所示，都有一个塑料外壳，它的作用是保护里边的盘片。盘片也是由一种塑料物构成，上涂有一层由铁氧化物构成的磁性材料，这与录音机中使用的磁带有点相似。它是记录数据的介质。在外壳和盘片之间有一层保护层，防止外壳对盘片的磨损。

当软盘被插入软驱时，它的读写孔被打开，磁头通过这个位置和盘片接触。与硬盘不同，软驱磁头在读写操作时是接触磁片的。软驱旋转盘片并通过磁头来读写盘片上的信息，写的过程是以电脉冲将磁头下方磁道上那一点磁化，而读的过程则将磁头下方磁道上那一点的磁化信息转化为电信号，并通过电信号的强弱来判断为“0”还是“1”。软盘携带方便、易于保存，有 5.25 英寸和 3.5 英寸两种规格，3.5 英寸软盘容量为 1.2MB 和 1.44MB。1.2MB 软盘和 5.25 英寸盘基本上被淘汰了，目前使用的软盘都是 1.44MB 的 3.5 英寸软盘。

软盘提供了一种简单的写保护方法，3.5 英寸软盘是靠一个方块来实现的，拨下去，打开方孔就是写保护了。反之就是打开写保护，这时可以往文件里面写入数据。

写保护是个非常有用的功能，可防止误写操作，也可避免病毒对它的侵害。在使用时，最好将一些存有重要数据的软盘设置成写保护状态。

在使用软盘时，需要注意：不要划伤盘片，盘片不能变形、不能受高温、不能受潮、不要靠近磁性物质等。

软盘作为一种移动存储设备，几乎与计算机同步成长，在计算机的发展史上起过举足轻重的作用。但它有很多缺点，随着计算机的发展，这些缺点逐渐明显：容量太小，读写速度慢，寿命和可靠性差，数据易丢失等。与现在的主流移动存储设备如优盘、移动硬盘等比起来，软盘在这些性能上实在是望尘莫及。如今能够使用软盘的地方已经越来越少，最常见的就是当系统崩溃时用来引导电脑，修复系统。一台新组装的电脑，常常需要分区和格式化等，这时有一张系统启动盘，通过软盘驱动器即可轻易地实现。

三、软驱的选购与安装

软驱的选购相对于电脑中其他部件来说比较简单，只要选择一个好品牌，之后仔细看一下产品包装是否符合要求，外壳是否有破损，商标印刷是否清晰即可放心购买。软驱因为用得比较少，目前市场上流通的品牌也比较少，较为常见的有 Sony（索尼）、MITSUMI（美上美/米苏米）、DGC（世纪大吉）等。

软驱和硬盘一样，通过数据线和电脑主板实现数据传输。软驱和数据线连接时，要先连接软驱电源线，因为软驱的电源线是有定位键的，易于辨认，然后再连接数据线。

安装软驱比较简单，可以分以下 3 步：

（1）首先取下机箱的前面板用于安装软驱的挡板，然后将软驱反向从机箱前面板装进机箱的 3.5 英寸槽位，如图 5-12 所示。确认软驱与机箱的前面板对齐后，再上紧螺丝。

图 5-12　将软驱反向装入机箱 3.5 英寸槽位

（2）再将 34 针扁平数据线的扭曲一端插入软驱的 34 针接口中，如图 5-13 所示。

（3）将 34 针扁平数据线的另一端插入主板的软驱插槽中，数据线红边一端也要对应插入主板软驱插槽与软驱上标记有 Pin1 的位置中，如图 5-14 所示。

图 5-13　将数据线一端插入软驱接口

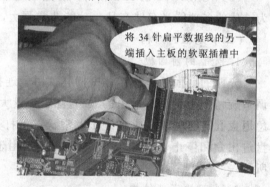

图 5-14　将数据线另一端插入主板

第三节　光驱与光盘

一、光驱

光驱，即光盘驱动器，是用来读写光盘上数据的设备，是计算机的标准配置。光驱存储产品一直在 IT 行业和用户中占有十分重要的地位，它的高存储容量、数据持久性、安全

图 5-15　光驱

性一直深受广大用户的青睐。随着多媒体技术被大量应用在各个领域，尤其是用户对于海量存储和高画质高音质的需求，传统观念中的光驱，即 CD-ROM 由于其产品技术的极限到达，已经逐渐退出主流市场。而 DVD 光驱的技术不断成熟，将会逐步代替 CD-ROM。如图 5-15 为一款明基光驱。

（一）光驱的种类

（1）CD-ROM。CD-ROM（Compact Disk-Read Only Memory，只读光盘驱动器）又称为致密盘只读存储器，是光盘存储设备的先驱。可以读取各种 CD 光盘上的数据，但是不可写，也不能读取 DVD 类光盘。

（2）DVD-ROM。DVD-ROM 是一种容量更大、运行速度更快的新一代光存储技术，现已成为计算机的主流配置。DVD-ROM 光驱可以读取普通 CD 光盘和 DVD 光盘，但是不能对光盘进行刻录写入。

（3）CD-R/ RW。CD-R/ RW 即通常所说的光盘刻录机。CD-R（CD-Recordable）光驱可以对 CD 进行一次性刻写，而 CD-RW（CD-Rewritable）光驱允许对 CD 进行多次重复擦写。当然此类光驱也能读取 CD-ROM 中的内容。

（4）DVD 刻录机。DVD 刻录机就是用来刻录 DVD 光盘的刻录机，又分 DVD+R、DVD-R、DVD+RW、DVD-RW（W 代表可反复擦写）和 DVD-RAM，是 DVD 技术领域重要的一次革命。采用 DVD 光盘为存储介质，实现了大容量反复擦写的可能。刻录机的外观和普通光驱差不多，只是其前置面板上通常都清楚地标识着写入、复写和读取 3 种速度。

（5）COMBO。COMBO 俗称"康宝"，是一种集合了 CD-ROM、DVD-ROM 和 CD-R/ RW 为一体的多功能光存储产品，功能非常强大，又称全能光驱。

（二）光驱的结构

1. 光驱的前面板

光驱的前面板包括：耳机插孔，用于连接耳机或音箱，可输出 Audio CD 音乐；音量调节旋钮，用于调整输出的 CD 音乐音量大小；指示灯，用于显示光驱的运行状态；应急退盘孔，用于断电或其他非正常状态下打开光盘托架；弹出/弹入/停止键，用于控制光盘进出盒和停止 CD 播放；播放/快进键，用于直接使用面板控制播放 CD 音乐。如图 5-16 所示。

2. 光驱的底部结构

将光驱底部向上平放，用十字螺丝刀拆下固定底板的四颗螺钉，压下连在光驱面板上的固定卡，将底板向上抬起后可将其拆下，此时可以看到光驱底部的机芯结构和控制电路板等组件。它包括伺服系统和控制系统等主要的电路组成部分。如图 5-17 所示。

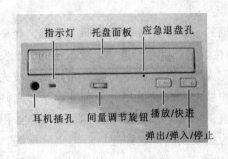

图 5-16　光驱的前面板

图 5-17　光驱的内部结构

3. 光驱的机芯结构

用细铁丝插入面板的紧急出盒孔将光盘托架拉出，压下上盖板两端的固定卡，卸开光驱面板，然后再打开上盖板，可以看到光驱整个机芯结构。光驱的机芯结构是光驱最重要的部件之一，也是光驱内最复杂的部件之一，主要由激光头组件、主轴承电机、光盘托架和启动机构等组成，如图5-18所示。

图 5-18 光驱的机芯结构

（三）光驱的工作原理

当激光头读取盘片上的数据时，从激光发生器发出的激光透过半反射棱镜，汇聚在物镜上，物镜将激光聚焦成为极其细小的光点并打到光盘上。此时，光盘上的反射物质就会将照射过来的光线反射回去，透过物镜，再照射到半反射棱镜上。由于棱镜是半反射结构，因此不会让光束完全穿透它并回到激光发生器上，而是经过反射，穿过透镜，到达了光电二极管上面。由于光盘表面是以突起不平的点来记录数据，所以反射回来的光线就会射向不同的方向。人们将射向不同方向的信号定义为"0"或者"1"，发光二极管接受到的是那些以"0"、"1"排列的数据，并最终将它们解析成为我们所需要的数据。

（四）光驱的主要性能指标

性能指标参数是生产厂商产品推出过程中的标称值，包括倍速、平均寻道时间、容错性、缓存容量、接口类型等。

一块光驱性能的优劣，同它的传输率、缓存等指标紧密相关，因此只有熟悉光驱的各类性能指标，才能选购到一块质量可靠、性能稳定的光驱。

1. 倍速

我们在选购光驱时经常会看到光驱的倍速（X）这一指标，其实大部分人对其并不十分了解。所谓倍速，指的是光驱传输数据的速度大小。根据国际电子工业联合会的规定，把150KB/s的数据传输率定为单倍速光驱，300KB/s的数据传输率也就是双倍速，按照这样的计算方式，依次有4倍速、8倍速、24倍速等，目前市面上CD-ROM光驱的倍速已达到56倍速，而DVD-ROM光驱的倍速也已达到16倍速。倍速越高的光驱，它传输数据的速度也就越快，当然它的价格也是越来越昂贵的。就目前而言，光驱的倍速可能成为用户选购光驱的一个很重要的参考指标，因为该指标决定了文件拷贝、数据传输等操作的速度。一般来说，倍速越高，性能越好。

2. 平均寻道时间

为了能更准确地反映出光驱的实际速度，人们又提出了平均寻道时间这一技术指标。平均寻道时间被定义为光驱查找一条位于光盘可读取区域中间位置的数据道所花费的平均时间，这也是光驱的重要性能指标，直接影响着光驱的读/写速度。第一代单倍速光驱的平均寻道时间为400ms（毫秒），而目前光驱的读取时间，一般来说小于25ms，速度上有了很大的提高。

3. 容错性

我们在一些DVD影碟机广告中经常会听到"超强纠错"这样一句广告词，其实这就是指容错性能。虽然在任何光驱的性能指标中都没有标出容错能力的参数，但这却是一个实在的光驱评判标准。该指标通常与光驱的速度有相当大的关系，通常速度较慢的光驱，容错性要优于高速产品，同时劣质的光碟更加剧对光驱容错能力的需求。一般情况下，刚刚购买回来的新光驱读盘能力都可以，但由于光驱使用频率比较高，因此先进的容错技术对于提高光驱的读盘能力以及延长光驱的使用寿命都是很有帮助的。必须注意的是，为了保证数据读取的严密性，光驱产品不可能具有同 DVD 影碟机一样的超强纠错能力，两者设计的出发点和使用目的都不相同。所以最好不要用光驱来读取普通的 VCD/DVD 光盘，尤其是劣质的光盘，否则会缩短光驱的使用寿命。

4. 读取方式

不同倍速的光驱，读取数据的方式也不尽相同。在低于 12 倍速的光驱中使用 CLV（Constant Linear Velocity）技术，它的中文含义是恒定线速度读取方式。它是为了保持数据传输率不变，而随时改变旋转光盘的速度。读取内沿数据的旋转速度比外部要快许多，现已趋于淘汰。而当前高倍速光驱多采用 CAV 和 PCAV 的数据读取技术。CAV（Constant Angular Velocity），它的中文含义是恒定角速度读取方式。它指光驱转速不变，也即用同样的角速度来读取光盘上的数据，因此光盘上的内沿数据比外沿数据传输速度要低，越往外越能体现光驱的速度，而倍速指的是最高数据传输率。PCAV（Partial-CAV），中文含义是区域恒定角速度读取方式。该技术指标是融合了 CLV 和 CAV 的一种新技术，它是在读取外沿数据采用 CLV 技术，在读取内沿数据采用 CAV 技术，提高整体数据传输的速度。

5. 高速缓存

像其他许多硬件如 CPU、硬盘一样，光驱也带有高速缓存，这些缓存是实际的存储芯片，安装在驱动器的电路板上。缓存配置的高不仅可以提高光驱的传输性能和传输效率，而且对于光驱的纠错能力也有非常大的帮助。尽管光驱的速度越来越快，但与 PC 内部的数据传输速率相比较还是存在较大差距的，因此有了高速缓存，就可以在光驱发送数据给 PC 之前准备或存储更大的数据段，然后再发送给计算机系统进行处理。这样就可以确保计算机系统能够一直接收到稳定的数据流量。使用缓存缓冲数据可以允许驱动器提前进行读取操作，满足计算机的处理需要，缓解控制器的压力。如果没有缓存，驱动器将会被迫试图在光盘和系统之间实现数据同步。如果遇到 CD 上有刮痕，驱动器无法在第一时间内完成数据读取，结果非常明显，将会出现信息的中断，直到系统接收到新的信息为止。

特别是对于刻录机或 COMBO 而言，高速缓存是保证刻录机刻录稳定性的一个十分重要的因素。一般在刻录过程中，待刻录数据需要由硬盘经过 IDE 界面传送给主机，再经由 IDE 界面传送到刻录机的高速缓存中。刻录机把储存在缓存中的数据信息刻录到 CD-R 或 CD-RW 盘片上，这些动作都必须是连续的，绝对不能中断，如果其中任何一个环节出现了问题，都会造成刻录机无法正常写入数据。但是系统在传输数据到缓存的过程中，不可避免地会发生传输的停顿，如在刻录大量小容量文件时，硬盘读取的速度很可能会跟不上刻录的速度，就会造成缓存内的数据输入输出不成比例。如果缓存容量太少，那么这种状态持续一段时间，就会导致缓存内的数据被全部输出，而得不到输入，此时就会造成缓存欠载错误，这样整个刻盘过程就会失败。因此，刻录机和 COMBO 产品都会采用大容量的缓存，这样，即使刻录的速度很快，缓存里也有足够的数据被输出，再配合防刻死技术，就能把刻坏盘的几率降到最低。

6. 接口类型

光驱的接口是光驱与系统主机的物理链接，是从光驱到计算机的数据传输途径，不同的接口决定着驱动器与系统间数据传输速度。

光驱的接口有 IDE、SCSI、USB、IEEE 1394 等类型。

目前市场上的普通光驱使用的大部分都是 IDE 接口，IDE 接口的光驱可以直接与主板上的接口相连，中间无须任何附加设备，安装方便，性能也比较稳定。因此，采用 IDE 接口的光驱价格优势很大。但是采用 IDE 接口的光驱对 CPU 资源占有率较高，所以适用于一般的使用者。

SCSI 接口光驱的优势是很显然的，它可以避免上面所说的 IDE 光驱的所有缺点，因此对于那些专业工作站、网络服务器来说，使用 SCSI 光驱可以减少系统的负荷，更有利于工作。SCSI 接口的光驱因为其自身的特点一直占领着高档光驱市场。SCSI 光驱的致命弱点是成本太高。不仅如此，由于大部分主板不具有 SCSI 接口，在使用 SCSI 设备的时候需要另行购买 SCSI 适配卡，这又进一步增加了投资，并且安装维护会很不方便。

USB 接口的光驱支持热插拔技术，且携带方便，数据传输速率也很高。所以 USB 接口已经成为光驱接口新的热点，特别在便携式产品中得到了广泛的应用。

IEEE1394 接口同 USB 接口一样，也支持外设热插拔，可为外设提供电源，能连接多个不同的设备，支持同步数据传输，传输速度相当高。但是需要用户另行购买 1394 卡，因此此类光驱较少见，主要用笔记本电脑。

二、光盘简介

储存在光盘片上的数据是以镭射光读取的，而非磁性方式读取，所以光盘的数据保存可长达数十年。下面对几种常见的光盘进行简单的介绍：

1. CD 光盘

我们常说的 CD 实际上是 CompactDiscs 的缩写。不管光盘存储的是音乐（Audio）、数据（Data）还是其他多媒体视频文件（Video）等，所有数据都经过数字化处理变成"0"与"1"，其所对应的就是光盘上的 Pits（凹坑）和 Lands（平面）。此类光盘片格式与普通家中镭射唱盘所播放的音乐光盘（CD）格式相同，一片 CD 光盘片的数据容量高达 650MB (74 min)，约为 450 片的 1.44MB 软盘之多。一般软盘是可擦写的，但光盘片只能读取数据，而不能写入数据。

2. DVD 光盘

DVD 是一种大容量、高品质的数字存储模式。DVD 的物理尺寸和 CD 相同，由两个厚 0.6mm 的基层粘成，采用短波长的红光激光器或波长更短的蓝-绿色激光器，盘片上的凹槽更细，道间距更小，所以数据存储量比 CD 光盘大得多。目前 DVD 光盘的存储容量最高或最大已达到了 18GB。

3. 刻录盘

我们常说的刻录盘则是指 CD-R 盘片和 CD-RW 盘片以及 DVD 刻录盘等几种。CD-R 简单地讲，就是只可写入一次的光盘。它的工作原理就是通过大功率激光照射盘片的染料层，在染料层上形成一个个平面和凹坑，光驱在读取这些平面和凹坑时能够将其转换为"0"

与"1"。由于这种变化是一次性的，不能恢复到原来的状态，所以此类盘片只能写入一次，不能重复写入。CD-R 盘片根据染料层不同可分为绿盘、蓝盘、金盘/白金盘等。而 CD-RW 盘片上镀的是一层 200~500 埃（1 埃$=10^{-10}$m）厚的薄膜，这种薄膜的材质多为银、硒或碲的结晶层，这种结晶层能够呈现出结晶和非结晶两种状态，分别对应"0"与"1"，等同于 CD-R 盘片的平面和凹坑。通过激光束的照射，可以在这两种状态之间相互转换，所以 CD-RW 盘片可以重复写入，但由于技术水平的限制，目前可重复擦写 1000 次左右。

与 CD-R 相比，CD-RW 具有明显的优势：CD-R 所记录的资料是永久性的，刻成就无法改变。若刻录中途出错，则既浪费时间又浪费光盘；而 CD-RW 一旦遭遇刻录失败或须重写，可立即通过软件下达清除数据的指令，令光盘重获"新生"，又能重新写入数据。

DVD 刻录光盘指对光盘以 DVD 数据格式进行刻录。随着 DVD 刻录机价格崩盘，带动了大容量 DVD 刻录盘受到广大消费者欢迎，相比 CD-R 的 700MB 容量，DVD 刻录盘有着先天的优势。不过在兼容性方面 DVD 刻录盘就不如 CD-R。DVD 刻录盘分为两大类型，它们分别是 DVD+和 DVD-。其中 DVD+类型又细分为 DVD+R/RW，DVD-的种类比较复杂，DVD-R，DVD-RW，DVD-RAM 就是 DVD-的主要类型。其中 DVD+R/RW 突出的特点是刻录速度较快，DVD-R/RW 优点是兼容性好。

三、光驱的选购与安装

（一）光驱的选购

目前市场上的光驱、刻录机品牌众多，如何选购一款适合自己的产品，给众多的用户带来许多困扰。因此，在选购光驱、刻录机时需要注意以下一些事项。

1. 确定类型

光驱的类型多种多样，此前已经介绍过，包括 CD-ROM、DVD-ROM、CD-R/RW、DVD-R/RW 等，不同类型的光驱有不同的功能。功能越强大的光驱当然其价格也越高。用户应根据自己的实际需要和经费预算来进行选择，在满足基本需求的基础上考虑是否值得拿出更多的资金来购买功能更加强大的光驱。

2. 速度

无论是购买何种光驱产品，速度都是其非常重要的性能指标之一。需要注意的是，速度一般都包含多方面的含义，有 CD 读取速度、DVD 读取速度、CD 刻录速度、CD 擦写速度、DV 刻录速度等。总的来说，对于刻录机，其刻录速度是最优先考虑的指标。

3. 容错性

容错性也就是光盘的读盘能力。由于光盘是移动存储设备，并且盘片的表面没有任何保护，因此难免会出现划伤或沾染上杂物等情况，这些小毛病都会影响数据的读取。有时存有重要数据的光盘，由于光驱的容错能力较差，而无法读取其数据，会给用户带来不小的麻烦。光驱通常采用的容错技术有：当光驱遇到无法读取的数据时，它先通过变频调速降低转速；如果还无法读取则通过 AIEC 人工智能纠错技术进行读取；如果还是无法读取，就启动 IVPC 智能变功纠错技术，加大激光头功率。当光头功率增大后，读盘能力确实有一定的提高，但长时间"超频"使用会使激光头老化，严重影响光驱的寿命。

4. 缓存容量

不论何种光驱都带有一定的缓存，它可以将一部分数据预先存储在缓存里，以此来提升光驱的读取速度，提高光驱刻录的效率和稳定性。一般来说缓存容量越大，对光驱整体性能的提升越有利。此性能对于刻录光驱来说尤为重要，因为有大容量的缓存，就可以有效地防止刻录时的欠载错误的发生，从而保证整个刻录过程的顺利完成。但对于一般的 CD-ROM 及 DVD-ROM 来说，提高缓存容量对其性能的提升并不是很明显。

5. 品牌

光驱整个市场的容量很大，在光驱市场上有大约有 40 多种品牌在混战，但真正的强势品牌并不多，只有华硕、明基、索尼、大白鲨、三星、LG 等几种，可谓鱼龙混杂。虽然有些杂牌光驱在价格上很具有竞争力，但是无论在产品质量或售后服务等方面都无法与名牌产品相抗衡。因此选购时在资金允许的情况下应尽量选择名牌产品，这样质量有保证，保修时间长，也有较好的售后服务，各方面都有保障。

6. 其他

光驱高速旋转的主轴马达带来的震动、噪音、发热对光盘有一定的影响，选择有防震机构、静噪性能的产品对光驱和光盘都有好处。另外具备高速音轨捕捉的光驱产品，借助软件可以直接在 CD 上抓取高效压缩、音质纯正的 MP3 数字音乐文件。

（二）光驱的安装

安装一个光驱非常简单，且各种类型的光驱，其安装方法基本一样。

首先从机箱的面板上，取下最上面的一个 5 英寸槽口的塑料挡板，用来装光驱。先把机箱面板的挡板去掉，然后把光驱从机箱面板前面放进去。在光驱的每一侧用两颗螺丝初步固定，先不要拧紧，这样可以对光驱的位置进行仔细调整，再把螺丝拧紧。

再将光驱的电源线和数据线接到主板上，连接时要注意接口的方向。

当然也可以安装两个光驱，比如一个 DVD-ROM，一个 CD-RW，方法大致与安装双硬盘一样，也需进行跳线的设置，这里就不再详述。需要注意的是，如果把硬盘与光驱接在同一根数据线上，应将光驱设置为从盘；如果单独为光驱接一条数据线，把它接到主板的副 IDE 接口上，则应将光驱设置为主盘。

第四节　优盘与移动硬盘

在没有局域网相连的电脑（如单位与家庭、单位与单位、个人与个人，甚至在同一单位内部）之间进行较大数据或文件交换一直是一件很麻烦的事，要完成此项工作，只能求助于高容量的存储设备如 ZIP 盘、MO 盘、刻录机等，但它们都需要额外的物理驱动器，然而这些驱动器目前并没有也不可能像软驱一样成为电脑的标准配置。而优盘和移动硬盘就很好地解决了这个问题。本节就介绍一下这两种移动存储设备，在此之前，我们先来介绍一下一些相关的知识。

（1）USB。USB（Universal Serial Bus），通用串行总线的简称。它不是一种新的总线标准，而是应用在 PC 领域的新型接口技术。早在 1995 年，就已经有 PC 机带有 USB 接口了，但由于缺乏软件及硬件设备的支持，这些 PC 机的 USB 接口都闲置未用。现在已经得

图 5-19　主板上的 A 型 USB 接口

到广泛的普及应用，如今出品的任何一款 PC 机都支持 USB 接口。任意一个 USB 接口均支持热插拔，外接设备一旦连接到 USB 接口，就可被自动反应并正确识别，而不需要设置开关或跳线，同时它的"热交换性"使其不必重启系统。简单地说，用户仅需插入便可立即使用该外接设备，因此使用起来很方便。数码相机、打印机、移动硬盘等普遍采用了此接口。

USB 的接口类型有许多种，一般分为 A 型和 B 型。最常见的是计算机上用的那种，扁平的，叫做 A 型接口，里面有四根连线。如图 5-19 所示。

通常出现在扫描仪等设备上的叫 B 型接口，B 型接口有 4 针、5 针、8 针 3 种，常用在数码相机等体积小的设备上。

USB 具有速度快、连接简单快捷、无需外接电源、良好的兼容性等特点。

（2）闪存（Flash Memory）。Flash Memory 是近年来发展迅速的内存，属于非挥发性内存（Non-volatile 即断电数据也能保存），它具有 EEPROM（Electrically EPROM）电擦除的特点，还具有低功耗、密度高、体积小、可靠性高、可擦除、可重写、可重复编程等优点。

为了在各种设备上使用，闪存必须通过各种接口与设备连接：与计算机连接最常用的接口有 USB、PCMCIA 等，若与数码设备连接则有专用的接口和外形规范，如 CF、SM、MMC、SD、Memory Stick 等，其中应用面最广、扩展能力较强的是 CF 和 Memory Stick。

一、优盘

优盘，又称为闪存盘，U 盘等，是一种基于 USB 接口和闪存存储介质的无需驱动器的微型高容量活动盘。与传统的存储设备相比，优盘具有以下特性：

（1）不需要驱动器，无外接电源，只从 USB 总线取电。

（2）容量大（8MB-1G，甚至已达到 2G）。

（3）体积非常小，仅大拇指般大小，重量仅约 20g。

（4）使用简便，即插即用，可带电插拔。

（5）存取速度快，约为软盘速度的 15 倍。

（6）可靠性好，可擦写达 100 万次，数据至少可保存 10 年。

（7）抗震，防潮，耐高低温，携带十分方便。

（8）USB 接口，带写保护功能。

（9）具备系统启动、杀毒、加密保护、装载一些工具等功能。

优盘的使用非常简单方便，任何支持通用串行总线（USB）的电脑，都可以使用优盘。和软盘一样，优盘都有一个写保护开关，在用优盘复制重要的数据时，将写保护开关打开后，优盘就一直在只读状态，这样对数据能起到保护作用。因此由于以上众多优点，再加上时尚的外形，优盘已经逐渐成为移动存储领域的新宠。如图 5-20 所示为一款朗科优盘。

图 5-20　朗科优盘

1. 优盘的分类

优盘按其功能可分为启动型、加密型和无驱动型 3 种。

（1）启动型。如果想彻底摆脱软盘，那么选择启动型的优盘还是很有必要的。启动型优盘相当于具有启动功能的软盘，用于在开机失败时引导计算机启动，但它的速度更快，容量更大。一般的优盘是不具有启动功能的。

（2）加密型。对于某些特定的用户而言，数据的保密性是极为重要的。因此许多优盘生产商都推出了加密型的产品。这种类型的优盘可对存在盘中的数据进行加密，加密的方式有软件加密和硬件加密两种。

（3）无驱动型。目前几乎所有的优盘都是无驱动型的。因为它们可以在除 Windows 95 和 Windows 98 外的操作系统下无须安装任何驱动程序就正常使用，并且支持热插拔。把优盘插入的电脑 USB 接口，计算机就可自动识别并产生一个可移动磁盘，用户可以像使用软盘或硬盘一样来使用优盘。但是，由于 Windows 95 和 Windows 98 没有内置 USB Mass Storage 设备的驱动程序，所以若要在这些操作系统下使用优盘，就必须安装驱动程序。

2. 优盘的性能指标

优盘的性能指标有存储容量、读写数据速度、是否支持 USB 盘从 BIOS 启动、USB 的接口标准、是否有写保护和防病毒功能、支持系统的驱动程序、体积、重量等。下面简单介绍一下其中一些比较重要的性能指标。

（1）存储容量。作为一种存储设备，其最重要的性能当然就是存储容量了，因此存储容量是用户选购优盘时的一项重要指标。目前市场上常见的优盘容量有 128M、256M、512M 乃至 1G 等，而容量为 2GB 甚至更大的优盘也已问世。

（2）读写速度。指读出和写入数据的速度，通常这两个速度是不相同的，目前优盘的数据读出速度已达到 1000kbit/s 左右，数据写入速度已达到 920kbit/s 左右。

（3）是否支持 USB 盘从 BIOS 启动。也就是指优盘是否具有引导系统启动的功能。

（4）USB 的接口标准。指优盘采用的 USB 接口标准。过去大家通常认为 USB 接口分为两大类——USB 1.1 和 USB 2.0，二者的最大区别在于传输速率：USB 1.1 的最大理论数据传输率为 12Mbit/s，USB 2.0 为其 40 倍，达到了 480Mbit/s。事实上，这种认识在今天已不完全准确。在最新版本的 USB 2.0 接口标准中，USB 1.1 的说法已不复存在，并被统称为 USB 2.0。新的 USB 2.0 标准将 USB 接口速度划分为 3 类，从高到低分别为 480Mbit/s、12Mbit/s 和 1.5Mbit/s，分别为 High-speed（高速版）、Full-speed（全速版）和 Low-speed（低速版）。虽然这三种接口都可被称为 USB 2.0 接口，但它们的速度差异相去甚远。

二、移动硬盘

由于优盘存储体采用的是闪存，所以优盘的容量不可能做得很大，目前数 G 的优盘已经基本上达到了闪存存储容量的极限。因此如要进行大量数据的传输，如影音视频文件、多媒体课件等，再使用优盘就会显得捉襟见肘，而移动硬盘在兼顾便携性的同时又满足了大容量数据移动存储的要求，成为我们移动存储的首选，如图 5-21 所示为一款朗科 USB2.0 移动硬盘。移动硬盘采用电脑外设标准接口（USB/IEEE 1394），一般使用笔记本硬盘加上带有 USB/IEEE1394 控制芯片及外围电路电路板的配套硬盘盒构成。由于采用硬盘作为存储介质，移动硬盘在数据的读写模式等方面与标准的 IDE 硬盘相同。

图 5-21　朗科 USB2.0 移动硬盘

1. 移动硬盘的分类

移动硬盘按接口类型可分为 USB 移动硬盘、1394 移动硬盘和并行口移动硬盘。

（1）USB 移动硬盘。USB 移动硬盘是现在市场上最常见的类型，因其支持即插即用和热插拔的特性，使其成为移动硬盘的主流。

（2）1394 移动硬盘。目前除了一种比 USB 接口移动硬盘略大一点以外，其他都强于对方。影响其迅速普及的因素主要有两个方面：一是 1394 接口的普及性远不如 USB 接口；二是价格比 USB 接口移动硬盘贵。

（3）并行口移动硬盘。并行口移动硬盘是最早出现的移动硬盘类型，使用并行口与计算机进行数据通信，价格便宜但要独立进行供电。早期的移动硬盘多是并行口，现已基本从市场上消失。

2. 移动硬盘的特点

作为一种便携式的大容量存储设备，与同类产品相比确实有许多出色的特性。

（1）容量大、单位存储成本低。移动硬盘可以提供相当大的存储容量，是种性价比较高的移动存储产品。在目前大容量"闪盘"价格还无法被用户所接受，而移动硬盘能在用户可以接受的价格范围内，提供给用户较大的存储容量和不错的便携性。目前市场中的移动硬盘能提供 10GB、20GB、40GB 等容量，在一定程度上满足了用户的需求。

（2）传输速度快。移动硬盘大多采用 USB、IEEE1394 接口，能提供较高的数据传输速度。不过移动硬盘的数据传输速度还在一定程度上受到接口速度的限制，尤其在原先的 USB1.1 接口规范（即新标准中的 USB2.0 全速版）的产品上，在传输较大数据量时，将考验用户的耐心。而 USB2.0 高速版接口和 IEEE1394 接口就相对好很多，保存一个 2G 的文件只需要有几分钟左右就可以轻松完成，远胜其他移动存储设备。

（3）使用方便。USB 接口目前是电脑主板的标准配件，主板通常可以提供 2～8 个 USB 接口，IEEE 1394 也是笔记本电脑的标准配件，因此，移动硬盘几乎可以连接到任何一台电脑上，而且除了 Windows 95/98 操作系统，在其他操作系统下完全不用安装任何驱动程序，即插即用，十分灵活方便。

（4）可靠性提升。数据安全一直是移动存储用户最为关心的问题，也是人们衡量该类产品性能好坏的一个重要标准。移动硬盘以高速、大容量、轻巧便捷等优点赢得许多用户的青睐，而更大的优点还在于其存储数据的安全可靠性。现在一般的移动硬盘大多数都是使用 IBM 公司生产的笔记本电脑硬盘。采用玻璃盘片与巨阻磁头和自动平衡滚轴系统，并且在盘体上精密设计了专有的防震，防静电保护膜。此外，移动硬盘的外盒都提供了与内部硬盘的柔性连接和金属屏幕设计，进一步增加了盘体的抗冲击性能和防磁性。也有些硬盘采用硅氧盘片。这是一种比铝更为坚固耐用的盘片材质，并且具有更大的存储量和更高的可靠性，提高了数据的完整性。采用以硅氧为材料的磁盘驱动器，以更加平滑的盘面为特征，有效地降低了盘片可能影响数据可靠性和完整性的不规则盘面的数量，更高的盘面硬度使 USB 硬盘具有很高的可靠性。

3. 移动硬盘的性能指标

移动硬盘的性能指标有平均寻道时间、存储容量、数据传输率、缓存、转速、存储介质、兼容操作系统等。其中有些性能指标和硬盘是相似的，这里就不重复了。

三、优盘和移动硬盘的选购

1. 优盘的选购

当前优盘市场空前火爆，面对品牌众多、功能各异的闪存盘产品，选购一款符合自己所需的优盘应注意如下几点：

（1）关注品牌。品牌是对产品品质与服务的保证。优盘市场经过了数次清理，一些缺乏竞争力的品牌逐渐退出市场，经受住市场考验的品牌则已经成长为移动存储行业的领军者。目前比较优秀的品牌有爱国者和朗科等。

（2）数据安全。优盘的诞生为数据的移动存储与交流带来了方便的应用，如果产品抗震性能不佳，存储的重要数据就要遭受"灭顶之灾"。因此，数据安全是存储的头等大事。目前，优盘的抗震安全性备受整移动存储行业重视，尤其是对数据安全有着特殊要求的行业用户来说，优良的抗震性无疑是提高信息化办公质量的必要指标。

（3）容量和速度。从目前的优盘发展情况来看，512MB 容量的优盘已经成为主流选择，同时随着 USB2.0 技术的成熟，不少用户也开始体验到高速存储带来的便捷。

（4）售后服务。据了解，目前因为优盘使用不当或发生损坏给用户带来损失是比较普遍的现象，因此选择具备优秀服务的品牌是免除后顾之忧的最好办法。最好到优盘当地总代理处购买，并且尽量考虑销售规模比较大，口碑比较好的商家。这样售后服务比较有保证。

当然，选择任何产品都应该按需选购。一般说来，新装机的用户如果不想配置软驱的，那么选择启动型优盘会比较理想。它不仅方便存储，还具备引导系统启动的功能。对于一些广告设计者，视频编辑或者需要存放大容量文件的用户来说，选择大容量的优盘和读写速度比一般优盘快 4～10 倍的高速型 USB2.0 优盘无疑是明智的。在加密功能方面，有单一只对盘内文件进行软加密的，有专门对整盘进行硬加密的，还有内外兼修、双重加密的。前者存在破解密码的可能，中者很好的将攻击者挡在了盘外。对于时尚的年轻人来说，带播放器的优盘，即 MP3，就是很好的选择，既可以存储文件，又可以获取听觉上的享受。

2. 移动硬盘的选购

在选购移动硬盘时，要注意以下几点。

（1）容量。容量是我们选购移动硬盘时首先考虑的问题。但很多人只关注表面，不够理性。其实容量的大小直接关乎使用者的存储需求，可以根据自己的实际需求和产品的性价比来决定。

（2）速率。移动硬盘的大容量，决定了我们在选购时，应该特别注意该产品的数据传输速率。传输速率可以说是移动硬盘领域的高端技术之一。传输速率的快慢主要是要看该产品的接口方式。包括百事灵、爱国者等在内的几大知名厂家基本上都采用了 USB2.0 的接口，传输速率可以高达 480Mbit/s。

（3）抗震。对于作为移动数据库的移动硬盘来说，抗震是其首要问题之一，抗震性能的好坏可以说是衡量一款移动硬盘质量的关键所在。

（4）外壳用料。移动硬盘盒体的用料是用户选购时往往忽略的地方。如果所选择的移动硬盘盒体散热不佳，将对硬盘的稳定运行带来很大的影响。目前市面上价格低廉的移动硬盘一般是塑料材质，散热效果较差，在短时间内使用也许没有什么问题，如果进行长时间资料交换，就可能出现机器响应缓慢、数据损坏和死机等问题。而目前正规厂商的移动硬盘盒体大都采用铝材，有些甚至是铝镁合金作为材质，虽然这部分的产品价格高一些，但良好的散热措施，将能让你的硬盘更加稳定地工作。而且金属外壳的质感和光泽都是其他材料所无法比拟的。

（5）售后服务。售后服务越来越受到消费者关注，在这方面大的品牌更深入人心。目前市场上一般品牌保修期多为 2 年，而一些国际品牌如矽霸、百事灵，就提出了长达 3 年的有限质保售后服务及技术支持。

（6）产品附加特性。附加特性就是除了最基本的移动存储功能以外提供给用户的个性化需求的功能。如果你是对数据安全性能比较敏感的用户，移动硬盘是否提供数据硬件加密功能就很重要。如果想用移动硬盘启动系统，则可以选择具备引导功能的移动硬盘。如果是家庭用户，产品附加的 MP3 功能就能带来更多的应用乐趣。所以，在选择移动硬盘时，诸如此类的附加特性也非常值得注意。

移动硬盘可以购买成品直接使用，此外也可以在电脑市场购买合适的移动硬盘盒（包括相应的 USB 驱动电路和接口电路、USB 转接线以及外接电源），配接 2.5 英寸笔记本电脑硬盘后自己组装 USB 移动硬盘，性价比较高。所以，对于速度、安全性等方面要求不是很高的用户，可以选择 DIY 自己的移动硬盘。

冯·诺依曼小传

冯·诺依曼是 20 世纪最伟大的科学家之一。他 1913 年出生于匈牙利首都布达佩斯，6 岁能心算 8 位数除法，8 岁学会微积分，12 岁读懂了函数论。通过刻苦学习，在 17 岁那年，他发表了第一篇数学论文，不久后掌握 7 种语言，又在最新数学分支——集合论、泛函理论等理论研究中取得突破性进展。22 岁时，他在瑞士苏黎世联邦工业大学化学专业毕业。一年之后，获得布达佩斯大学的数学博士学位。之后转而攻向物理，为量子力学研究数学模型，这使得他在理论物理学领域占据了突出的地位。

1928 年，美国数学泰斗韦伯教授聘请这位 26 岁的柏林大学讲师到美国任教，冯·诺依曼从此到美国定居。1933 年，他与爱因斯坦一起被聘为普林斯顿大学高等研究院的第一批终身教授。

虽然电脑界普遍认为冯·诺依曼是"电子计算机之父"，数学史界却坚持说冯·诺依曼是 20 世纪最伟大的数学家之一。他在遍历理论、拓扑群理论等方面进行了开创性的研究，算子代数甚至被命名为"冯·诺依曼代数"。物理学界表示，冯·诺依曼在 20 世纪 30 年代撰写的《量子力学的数学基础》已经被证明对原子物理学的发展有极其重要的价值；而经济学界则反复强调，冯·诺依曼建立的经济增长模型体系，特别是 20 世纪 40 年代出版的著作《博弈论和经济行为》，使他在经济学和决策科学领域竖起了一块丰碑。

1957 年 2 月 8 日，冯·诺依曼因患骨癌逝世于里德医院，年仅 54 岁。他对计算机科学做出的巨大贡献，永远也不会泯灭其光辉！

习 题

一、判断题（正确的在括号内划"√"，错误的划"×"）

1. 硬盘在旋转时，磁头和盘片是不接触的。（ ）
2. 硬盘的磁道是指刻在硬盘盘片上的同心圆。（ ）
3. CD-ROM 可进行读写操作。（ ）
4. PCAV 指读取外沿数据时采用 CLV 技术，读取内沿数据时采用 CAV 技术。
（ ）
5. 优盘在使用时计算机需重启系统才能识别。（ ）
6. 使用移动硬盘时在任何操作系统下都不需要安装驱动程序。（ ）

二、填空题

1. 计算机的外存储设备包括_____、_____、_____和_____等。
2. 若安装双硬盘，在跳线设置时应将主盘跳线连接在"_____"位置，从盘跳线连接在"_____"位置。
3. 光驱的性能指标包括_____、_____和_____等。
4. COMBO 光驱是一种集合了_____、_____和_____为一体的多功能光存储产品。
5. 移动硬盘按接口类型分可分为_____、_____和_____ 3 种类型。

三、单项选择题

1. 硬盘和光驱都有的接口类型主要有：（ ）。
   A．IDE、SCSI、STAT　　　　B．ATA、SATA、FDD
   C．IDE、SCSI、光纤　　　　D．SCSI、IDE
2. 可以刻录 CD 光盘的光驱有（ ）。
   A．CD-ROM 和 DVD-ROM
   B．CD-ROM 和 COMBO
   C．DVD-ROM 和 COMBO
   D．CD-RW 和 COMBO
3. 优盘是一种基于（ ）接口的移动存储设备。
   A．USB　　　　　　　　　　B．IDE
   C．IEEE1394　　　　　　　D．SATA

四、简答题

1. "温彻斯特"技术的核心是什么？
2. 什么是硬盘的内部传输速率？什么是硬盘的外部传输速率？
3. 简述光驱的工作原理。

五、实验题

IDE 双硬盘的安装与设置。

（提示：主板上一个 IDE 接口可以接两块硬盘（即主从盘），而主板有两个 IDE 口即 IDE1 和 IDE2，所以若将两块硬盘接在不同的 IDE 口上，不需要设置跳线，计算机自动将接在 IDE1 上的硬盘作为主盘，将接在 IDE2 上的硬盘作为从盘。但一般光驱也接在 IDE 接口上，所以若要接两块硬盘，最好是将第二块硬盘与第一块硬盘接在同一个 IDE 口，此时需要进行跳线的设置。）

第六章 显卡与显示器

➡ **本章要点**

- 显卡的组成、种类及接口类型
- 显卡的主要性能指标
- 显卡的选购要点
- 显卡的安装、拆卸方法
- 显示器的重要性能参数
- 显示器的选购要点
- 显示器的连接方法

➡ **本章学习目标**

- 了解显卡组成、种类及接口类型
- 熟悉显卡的主要性能指标
- 了解显示器的发展历史及主要性能参数
- 了解显卡、显示器的选购要点
- 学会显卡安装、拆卸方法及显示器的连接方法

第一节 显 卡

显卡又叫做显示适配器，是显示器与主机通信的控制电路和接口。显卡由视频存储器、字符发生器、显示系统 BIOS、控制电路和接口等部分组成。显卡一般是一块独立的电路板，插在主机板上。在合成主板（All-On-One 结构）上，显卡是直接集成在主板上的。显卡外形结构如图 6-1 所示。

（a）　　　　　　　　　　　　　　　　（b）

图 6-1　显卡外观

（a）讯景 GeForce 7800GT 正面；（b）讯景 GeForce 7800GT 背面

显卡的主要功能是根据 CPU 提供的指令和有关数据,将程序运行过程和结果进行相应的处理,并转换成显示器能够接受的各种字符和图形显示信号,最后通过屏幕显示出来。主机对显示屏的任何操作都要通过显卡,显卡一般有视频 RAM,可以暂存图像信息。显卡是联系主机和显示器之间的纽带,控制计算机的图形输出,是人机交互的主要设备。

在显示系统的发展过程中,根据显卡的类型,可分为 MDA 显卡、CGA 显卡、EGA 显卡、VGA 显卡等。在早期 DOS 操作系统时代,利用标准的 EGA 显卡、VGA 显卡完全可以处理大多数图像或文本文件的显示,但是对复杂的图形显示及高质量的图像处理就变得束手无策了,特别是 Windows 等 32 位操作系统普及以后,最根本的解决方法就是利用专门的图形加速卡。图形加速卡,全称图形用户界面图形加速卡(Graphical User Interface Accelerator Adapter),简称 “图形加速卡”或“图形卡”或“GUI 卡”。 图形加速卡拥有自己的图形函数加速器和显存,专门执行图形加速任务,从而大大减少 CPU 所需处理图形函数的时间。现在所使用的显卡大多为图形加速卡。

一、显卡的组成和主要性能参数

(一) 显卡的结构与组成

显卡上的主要部件有:显示芯片、显示内存、RAMDAC、BIOS、VGA 插座、特性连接器等。有的显卡上有可连接电视机的 TV 端子或 S 端子。有的显卡上粘有散热风扇或散热片。显卡的结构如图 6-2 所示。

1. 显卡的总线结构

显卡的总线结构主要包括 ISA、PCI、AGP 3 种。ISA 显卡已经几乎不见踪影,但其可在主板 BIOS 刷新时作为一种安全配件;PCI 显卡在教学机或低档机中可见;AGP 显卡是现在的主流显卡,其技术从 AGP 1X、AGP 2X、AGP 4X 发展到 AGP 8X。当需要解决的数据量较大,PCI 总线紧张时,就启动 AGP 接口。它是一种专用显示接口,具有独占总线的特性,只有图像数据通过该接口。

2. 显示芯片

显示芯片是显卡上的一个重要部分,用来处理系统输入的视频信息并将其进行构建、渲染等工作。显示芯片在显卡中的地位,就相当于计算机中 CPU 的地位,是整个显卡的核心。显卡的档次和大部分性能直接由显示芯片来决定。图 6-3 是 nVidia Geforce 6600LE 显示芯片。

图 6-2　精英 N6600LE-256DT 显卡

图 6-3　显示芯片

显示芯片的参数很多，如核心频率、渲染管道的数量等。一般的，核心频率越快，显示芯片的运算速度就越快。同时，该芯片也是区分 2D 显卡和 3D 显卡的依据。2D 显示芯片在处理三维图像和特效时主要依赖 CPU 的处理能力，称为"软加速"；3D 显示芯片则将三维图像和特效处理功能集中在芯片内，称为"硬加速"。

3. 显存

显存即显示内存，就如同系统内存，而上面所讲到的显示芯片就如同 CPU。显示内存用来暂存显示芯片要处理的图形数据，而系统内存则用来存放 CPU 所要处理的数据。由此可见，在芯片一定的情况下，显示内存越大，显卡图形处理速度就越快，在屏幕上出现的像素就越多，图像就更加清晰。显存容量从早期的 512KB、1MB、2MB 等极小容量，发展到 8MB、12MB、16MB、32MB、64MB，一直到目前主流的 128MB、256MB 和高档显卡的 512MB，某些专业显卡甚至已经具有 1GB 的显存了。

在显存中，不同类型的内存，各自的性能也不同。现在的主流显存有 SDRAM 和 DDR DDRAM，如图 6-4 所示。

（a）

（b）

图 6-4　显存芯片

（a）SDRAM 显存；（b）DDR SDRAM 显存

（1）SDRAM。SDRAM（Synchronous Dynamic Random Access Memory），同步动态随机存取存储器。这种内存可以与 CPU 同步工作，无等待周期，减少数据传输延迟。SDRAM 价格低廉，在中低端显卡上得到了广泛的应用。

（2）DDR SDRAM。DDR SDRAM（Double Data Rate SDRAM），双倍速数据传输同步动态随机存取存储器。它是现有的 SDRAM 内存的一种进化。在设计和操作上，与 SDRAM 很相似，唯一不同的是 DDR 在时钟周期的上升沿和下降沿都能传输数据，而 SDRAM 则只可在上升沿传输数据，所以 DDR 的带宽是 SDRAM 的两倍，而 DDR 比 SDRAM 的数据传输率也快一倍。如果 SDRAM 内存的频率是 133MHz，则 DDR 内存的频率是 266MHz，因此后者在中高档显卡上应用广泛。

4．RAMDAC

RAMDAC（RAM Digital to Analog Converter）称为随机存取存储器或数/模转换器，其将显存中的数字信号转换成显示器能接收的模拟信号，转换速度以 MHz 为单位。RAMDAC 转换速度越快，图像在显示器上的刷新频率越高，图像也更稳定，所以 RAMDAC 还能决定刷新频率的高低。也就是说，在足够显存条件下，其能决定显卡最高支持的分辨率和刷新率。如果在 1280×1024 的分辨率下达到 85Hz 的分辨率，则 RAMDAC 的速度至少是 1280×1024×85×1.334（折算系数）÷106≈140MHz。

5. 显卡 BIOS

显卡 BIOS 主要存放显示芯片与驱动程序之间的控制程序，如我们常说的核心频率和显存频率，此外还有显卡型号、规格、制造商等信息。如果不改变 BIOS 的内容，即使在操作系统中超频使用显卡，重启之后仍恢复原值。早期显卡 BIOS 是固化在 ROM 中的，不可修改，而现在则采用了大容量的闪存芯片（Flash-BIOS），可通过专用程序改写升级。

6. 显卡的输出端口

图 6-5 展示了一款 PCI-Express 接口与 AGP 接口两用的显卡。在显卡的下侧一排金色的接触点就是显卡和主机板连接的桥梁，由于此类接口都进行了镀金处理，故俗称金手指。金手指除了提供显卡芯片和主板之间的数据交换，还提供整个显卡的电能。两种接口插槽可见图 6-6 所示。

图 6-5　青云 PCI-E/AGP 两用显卡

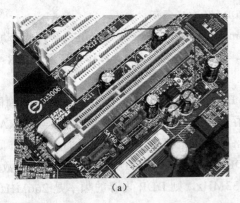 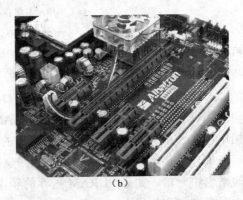

（a）　　　　　　　　　　　　（b）

图 6-6　两种主流显卡接口插槽

（a）AGP 接口插槽；（b）PCI-Express 接口插槽

目前主流接口是 AGP 接口规范，其发展经历了 AGP1.0（AGP1X、AGP2X）、AGP2.0（AGP Pro、AGP4X）、AGP3.0（AGP8X）等阶段，其传输速度也从最早的 AGP1X 的 266MB/s 的带宽发展到了 AGP8X 的 2.1GB/s。表 6-1 列出了 AGP 接口的主要性能参数。

PCI-Express 接口采用了目前业内流行的点对点串行连接，比起 PCI 以及更早期的计算机总线的共享并行架构，每个设备都有自己的专用连接，不需要向整个总线请求带宽，而且可以把数据传输率提高到一个很高的频率，达到 PCI 所不能提供的高带宽。相对于传统

PCI 总线在单一时间周期内只能实现单向传输，PCI-E 的双单工连接能提供更高的传输速率和质量，它们之间的差异跟半双工和全双工类似。

表 6-1 各 AGP 接口的性能参数比较

项　目	AGP1.0		AGP2.0（AGP4X）	AGP3.0（AGP8X）
	AGP1X	AGP2X		
工作频率（MHz）	66	66	66	66
传输带宽	266	533	1066	2132
工作电压（V）	3.3	3.3	1.5	1.5
单信号触发次数	1	2	4	4
数据传输位宽（bit）	32	32	32	32
触发信号频率（MHz）	66	66	133	266

PCI-E X1 的 250Mbit/s 传输速度已经可以满足主流声效芯片、网卡芯片和存储设备对数据传输带宽的需求，但是远远无法满足图形芯片对数据传输带宽的需求。因此，用于取代 AGP 接口的 PCI-E 接口位宽为 X16，能够提供 5GB/s 的带宽，即便有编码上的损耗但仍能够提供约为 4GB/s 左右的实际带宽，远远超过 AGP 8X 的 2.1GB/s 的带宽。另外，PCI-E 也支持高阶电源管理，支持热插拔，支持数据同步传输，为优先传输数据进行带宽优化。

（二）显卡的主要性能参数

显卡的三大性能指标是：分辨率、色深和刷新频率。此外还有诸如显存大小等参数。

1．分辨率（Resolution）

分辨率是指显卡在显示器上描绘点数的最大数量，通常以"水平点数×垂直点数"表示，如图 6-7 所示。其显示画面的细腻程度。目前的显示器一般能支持 1280×1024，1024×768 等规格的最高分辨率。当然，事实上分辨率是由显卡决定，只有显卡支持上述最高分辨率才能在显示器上显示出来。

2．色深（Color Depth）

色深显示画面的颜色数量。色深指在某一分辨率下，每一个像点可以有多少种颜色来描述，单位是比特（bit）。比如，8 位色深是将所有颜色分为 256（2^8）种，每个像点即可取这 256 种颜色中的一种来描述。由于将所有的颜色只简单划分成了 256 种，又推出了"增强色"概念来描述色深，它有 16 位，65535（2^{16}）色，即我们常说的"64K 色"，这时候就基本上涵盖了人眼所能识别的所有颜色。在此基础上，还定义了真彩 24 位和 32 位色等。正确安装显卡驱动程序后，在 Windows XP 的显示属性设置栏中会出现显示颜色选项，如图 6-7 所示，中（16 位）、最高（32 位）。

3．刷新频率（Vertical Refresh Rate）

刷新频率是指图像在屏幕上更新的速度，即屏

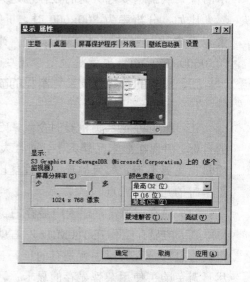

图 6-7 调整显示分辨率

幕上的图像每秒钟出现的次数，单位为赫兹（Hz）。比如刷新频率为 75Hz，则表示显卡每秒将传送 75 张画面信号给显示器。通常人眼不易察觉 75Hz 以上的刷新频率带来的闪烁感，因此最好能将刷新频率调整到该数值以上，如图 6-8 所示。一般而言，该数值越高，画面越柔和，人眼越舒服。

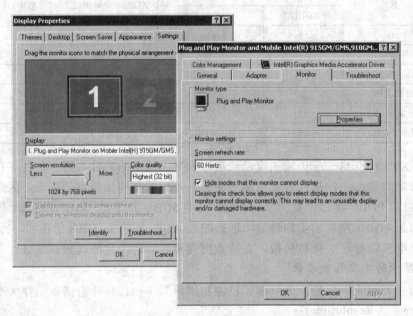

图 6-8　调整刷新频率

4．显存大小

显存在前文已经介绍，用于暂时存储显示芯片所处理的数据，在屏幕上显示的图像数据被预先传输存放到显存中，然后在显示器上显示。因此，显卡的分辨率越高，屏幕上显示的像素点就越多，所需的显存也越大。

比如，分辨率为 800×600 时，屏幕上就有 480000 个像素点。色深为 16 位时每个像素点可表达 65535（2^{16}）种颜色。计算机采用二进制，要存储的信息量需要 7680000（480000×16）bit，也就是说至少需要 8MB 显存容量。

二、显卡的选购、安装和常见的故障处理

1．显卡选购要点

在 3D 世界越来越精彩的今天，选择一块好显卡，自然是广大计算机爱好者不懈追求的目标。但现在显卡品牌太多，而且大多数使用相同的显示芯片，可是它们的性能却迥异，质量也良莠不齐。如何挑选一款性能出众、工作稳定的好显卡呢？下面给大家介绍了选购显卡时的几个注意点。

（1）显存。通常，显卡中显存的工作频率越高，则显卡的性能越好。但有的 GeForce2 MX 显卡的显存工作在 180MHz 左右就会出现不稳定现象，而有的超频到 250MHz 以上仍可运行良好。究其原因就是有的厂商基于成本因素而使用了不同质量的显存，所以用户应尽量避免购买使用杂牌显存的显卡。

目前名牌显存主要有：欧美的 Micron、Infineon；韩国的 SEC、HY；日本的 NEC、

Hitachi、Mitsubishi 以及我国的 EilteMT、Etron Tech（钰创）、Winbond 等，可以说以上品牌显存的质量控制是相当严格的。各名牌显存的性能还受生产工艺、生产批次，甚至显卡设计的影响。不同批次产品之间的性能还是存在差距的，所以应根据自己的需要和爱好从这些名牌显存中挑选，这样可以做到有的放矢。

（2）PCB。一块好显卡除了显存之外，给人的第一眼感觉就是漂亮的 PCB（印刷电路板）。一般来说，显卡使用的 PCB 从 4 层到 8 层不等，性能和价格随 PCB 厚度的增加而上升。目前市面上绝大多数显卡用的是 4 层板或 6 层 PCB。另外显卡厂商对 PCB 上各芯片、线路、元件的布置设计也很重要，好的显卡在这方面都较规范。此外，刮焊锡膏的环节是显卡生产控制的重点之一，大厂商会严格地检测刮锡的分量和厚度，小的贴片元件的焊点一般比较饱满，而图形芯片和其他集成电路焊位上的焊锡膏就会控制到很少，空焊位上平平的、清晰可见，并不像小厂的产品个个"圆润饱满"。

（3）电压模块。多数显卡上的电压模块只有一颗，位于显示芯片左边，主要给显示芯片提供所需电压。有的杂牌显卡为了追求低价，使用不良电压模块，结果在工作一段时间后很不稳定，造成显卡花屏。好的电压模块体积较大、较厚，上面印刷标识会很清晰。另外，有些显卡的显存部分会增加一颗变压集成块，这是因为显存一般直接由主板供电，标准电压是 3.3V，有的主板的供电电压可能高达 3.45V 以上，这样会对显存性能产生不同的影响，因而增加一颗变压集成块，让其不使用主板提供的电压，而是通过变压集成块直接输出显存电压。

2．显卡的安装

安装之前要先确定显卡采用的哪种类型的接口，是 ISA、AGP 还是 PCI-E。当然，后两种就是我们前文介绍过的两款主流产品，具体显卡接口及对应插槽可见图 6-5、图 6-6 所示。在安装显卡时，先用双手拿起显卡，对准主板上的 AGP 或 PCI-E 插槽；然后稍稍用力在水平方向向下压显卡，直至显卡的金手指完全插入插槽。在用手拿显卡时，要注意方式，不要用手接触显卡的显存或其他电子元件，应抓住显卡两端。因为人体带有静电，易将显卡上的电路板击穿。正确的拿取、安装、拆卸显卡的方式应如图 6-9 所示。

图 6-9　安装显卡

3．显卡常见故障处理

在确定是显卡出了问题后，可以试着从以下几个方面进行判断和处理：

（1）接触不良、灰尘、"金手指"氧化等。这种情况大多数在开机时有报警音提示（具体描述见本部分最后介绍的小知识）。可以打开机箱重新拔插一下显卡；清除灰尘；认真观察显卡的"金手指"是否发黑，这是因为其金属物质与空气发生氧化所致，找块橡皮擦干净一般问题就会得到解决。并且这样的故障在实际的显卡故障中占了绝大多数。

（2）与显卡散热条件有关。这常发生在计算机开机使用一段时间后。显卡的芯片同 CPU 一样，工作时会产生大量的热量，因此需要有个比较好的散热条件，而有些厂商为降低制造成本，省去了散热片或采用了质量不好的风扇，这都会使显卡工作的稳定性降低。此时只需给显卡换上一个质量较好的风扇即可，建议购买时带上显卡以方便寻找。另外，也有因为显卡风扇上灰尘过多导致转速减慢而引起的显卡过热问题。

（3）与 BIOS 中的相关设置有关。检查 BIOS 设置，特别是以下与显卡有关的选项是否有问题，如：

AGP Aperture Size，用以指定 AGP 能取用的主内存容量，这一数值不要设置得太大，一般设置不要超过 64MB。

AGP 4×Mode（AGP4 倍速模式），如果你的显卡不是 AGP 4×标准（TNT 2 级以下的）或不了解显卡的速度，可设置为"Disabled"试试，以求得到最大兼容性。

AGP Driving Control（AGP 驱动控制），建议使用"Auto"，它可以最大限度地避免系统产生错误信息。

Fast Write Supported（快速写入支持），视你的显卡是否支持快写而选择"No Support"（不支持）或"Support"（支持）。

AGP Master 1 WS Write（AGP 主控一个延迟写入）和 AGP Master 1 WS Read（AGP 主控一个延迟读取），可以设置为关闭试试。

Video BIOS Shadow（显示卡 BIOS 的映射）和 Video BIOS Cacheable（显示卡 BIOS 的缓存）均设为 Disabled。

（4）和内存有关。这种现象多发生在集成显卡上。集成显卡的显存是共用主内存的。这种情况下，我们需注意内存条的位置，一般在第一个内存条插槽上应该插有内存条；检查内存条是否插紧；擦除内存条金手指上的氧化物；尝试使用质量较好的内存。

（5）和显卡相关跳线设置是否正确有关。当添加一块外接显卡时要记住先到 BIOS 中将集成显卡相关项设为"Disabled"或用主板的硬跳线将集成显卡屏蔽，而后再安装独立显卡，以免发生冲突。

（6）同显卡的显存有关。在 PCI 显卡中，显存是在显存槽上的，对于这样的显卡，只要撬下坏的显存并更换一块同样的显存芯片就行了，但是对于目前大多数固化在卡上的 AGP 显卡来说，更换显存则要有高超的焊接技术和不错的运气（能找到相同的显存芯片），否则显卡只能送修或更换了。

（7）显卡工作电压不稳造成。显卡有个正常的工作电压标准，其中 PCI 显卡的工作电压为 5V；AGP 显卡目前有 3 种情况：AGP 1.0 的电压是 3.3V，而 AGP 2.0 的是 1.5V，到了 AGP 3.0，工作电压降到了 0.8V。当工作电压低于或高出标准时就有可能造成显示方面的故障。遇到这样的现象，PCI 的显卡可以换个插槽试试，或者换个功率大、质量好的电源，还可以看看主板是否支持 AGP 电压可调，如果行的话，参照主板说明书和主板标志进行跳线。目前有些新主板，提供了在 BIOS 中进行 AGP 电压调节的功能。

（8）兼容性问题。出现这类故障一般多发生在计算机刚装机或进行升级后。多见于主板与显卡的不兼容；主板插槽与显卡"金手指"不能完全接触；显卡与其他板卡不兼容。可试着替换排除。

（9）超频所致。有时我们为了提高显卡的性能，用软件（PowerStrip）、超电压等方式对显卡进行超频而导致出现了问题，这时需还原到原先设定，或减少超频量。另外，显卡超频后可能使工作时的温度上升，需要加强散热。当我们刷新或修改显卡 BIOS 时，很有可能带来一些稳定性问题，可以将它刷新。

除了上面所列出的常见故障外，在这里还给大家介绍几个小知识：与显卡故障有关的 3 种 BIOS 类型芯片的报警声。Award BIOS：1 长 2 短，显示器或显示卡错误；不停地响，电源故障或显示器未和显卡连接好。AMI BIOS：8 短，显存错误；1 长 8 短，显示测试错误。Phoenix BIOS：3 短 3 短 4 短，显存错误；3 短 4 短 2 短，显卡错误。

第二节 显 示 器

从早期的黑白世界到现在的色彩世界，显示器走过了漫长而艰辛的历程，随着显示器技术的不断发展，显示器不仅在尺寸上有了很大变化，在外形、性能等方面也在不断更新。从球面到平面，从 CRT 显示器到 LCD，一次次的革命给我们的视觉带来了巨大冲击。

一、显示器的分类和工作原理

（一）显示器的分类

显示器按照不同的方法可以分为不同的类型。

1. 按显示器尺寸来划分

以英寸单位（1 英寸＝2.54cm），有十几年前的 12 英寸黑白显示器，几近淘汰的 14 英寸显示器，目前市场上 15 英寸、17 英寸的主流彩显，以及 19 英寸、21 英寸或更大的大屏彩显。

2. 按显像管类型来划分

台式机通常采用 CRT（Cathode Ray Tube, 阴极射线管）显示器和 LCD（Liquid Crystal Display, 液晶）显示器两种。其外观可见图 6-10 所示。按屏幕表面弯曲程度，CRT 显示器可分为球面、平面直角、柱面和纯平四种。所谓球面显像管是指显像管的断面就是一个球面，这种显像管在水平和垂直方向都是弯曲的。所以，CRT 显示器边角失真现象严重，随着观察角度的改变，图像会发生倾斜。此外这种屏幕非常容易引起光线的反射，降低对比度，对人眼的刺激较大。而纯平显像管无论在水平还是垂直方向都是完全的平面，失真会比球面管小一点。现在真正意义上的球面管显示器已经绝迹了，取而代之的是平面直角显像管，该显像管其实并不是真正意义上的平面，只不过显像管的曲率比球面管小一点，接近平面，而且 4 个角都是直角而已，目前市场上除了纯平显示器和液晶显示器外都是这种平面直角显示器，由于价格大多比较便宜，因此在低档机型中被大量采用。

常见的液晶显示器分为 TN-LCD、STN-LCD、DSTN-LCD 和 TFT-LCD 四种，其中前 3 种基本的显示原理都相同，只是分子排列顺序不同而已；而 TFT-LCD 采用的是与 TN 系列

LCD 截然不同的工作原理。目前计算机上采用的都是这种液晶显示器。

（a）

（b）

图 6-10　显示器外观

（a）CRT 显示器；（b）LCD 显示器

（二）显示器的工作原理

1．CRT 显示器

CRT 显示器的阴极射线管主要有 5 部分组成：电子枪（Electron Gun），偏转线圈（Defection coils），荫罩（Shadow mask），荧光粉层（Phosphor）及玻璃外壳。

其核心部件是 CRT 显像管，其工作原理和我们家中电视机的显像管基本一样，我们可以把它看作是一个图像更加精细的电视机。经典的 CRT 显像管使用电子枪发射高速电子，经过垂直和水平的偏转线圈控制高速电子的偏转角度，最后高速电子击打屏幕上的磷光物质使其发光，通过电压来调节电子束的功率，就会在屏幕上形成明暗不同的光点从而形成各种图案和文字。彩色显像管屏幕上的每一个像素点都由红、绿、蓝 3 种涂料组合而成，由三束电子束分别激活这 3 种颜色的磷光涂料，以不同强度的电子束调节 3 种颜色的明暗程度就可得到所需的颜色，这非常类似于绘画时的调色过程。若电子束瞄准得不够精确，就可能会打到邻近的磷光涂层，这样就会产生不正确的颜色或轻微的重像，因此必须对电子束进行更加精确的控制。于是在显像管内侧，磷光涂料表面的前方加装荫罩（Shadow Mask），一种单层的凿有许多小洞的金属薄板（一般是使用一种热膨胀率很低的钢板），只有正确瞄准的电子束才能穿过每个磷光涂层光点相对应的屏蔽孔。

2．LCD 显示器

液晶是一种规则性排列的有机化合物，它是一种介于固体和液体之间的物质，按照分子结构排列的不同可分为 3 种：类似粘土状的 Smestic 液晶、类似棉花棒的 Nematic 液晶、类似胆固醇状的 Choleseic 液晶。目前一般采用的是分子排列最适合于制造液晶显示器的 Nematic 液晶。液晶本身并不发光，它主要是通过因为电压的更改产生电场而使液晶分子排列产生变化来显示图像。

目前广泛使用的 TFT-LCD（Thin Film Transistor-LCD,俗称真彩显）显示器采用的是两夹层，中间填充液晶分子，夹层上部为 FET 晶体管，夹层下部为共通电极。在光源设计上使用"背透式"照射方式，在液晶的背部设置类似日光灯的光管。光源照射时由下而上透出，借助液晶分子传导光线，透过 FET 晶体管层，使晶体分子扭转排列方向产生透光现象，影像透过光线显示到屏幕上。到下一次产生通电之后分子的排列顺序又会改变，再显示出不同影像。

二、显示器的主要技术指标

（一）显示器的技术参数

1. CRT 显示器

（1）点距（dot pitch）。若你仔细观察报纸上的黑白照片，会发现它们是由很多小点组成。显示器上的文本或图像也是由点组成的，屏幕上点越多越密，则分辨率越高。

屏幕上相邻两个同色点（比如两个红色点）的距离称为点距，常见点距规格有 0.31mm、0.28mm、0.25mm 等。显示器点距越小，在高分辨率下越容易取得清晰的显示效果。一部分显示管采用了孔状荫罩的技术，显示图像精细准确，适合 CAD/CAM，另一些采用条状荫罩的技术，色彩明亮适合艺术创作。

（2）像素和分辨率。分辨率指屏幕上像素的数目，像素是指组成图像的最小单位，也即上面提到的发光"点"。比如，640×480 的分辨率是说在水平方向上有 640 个像素，在垂直方向上有 480 个像素。

为了控制像素的亮度和彩色深度，每个像素需要很多个二进制位来表示，如果要显示256 种颜色，则每个像素至少需要 8 位（一个字节）来表示，即 $2^8=256$ 当显示真彩色时，每个像素要用 3 个字节的存储量。

每种显示器均有多种供选择的分辨率模式，能达到较高分辨率的显示器的性能较好。目前 15 英寸的显示器最高分辨率一般可以达到 1280×1024。

（3）扫描频率。电子束采用光栅扫描方式，从屏幕左上角一点开始，向右逐点进行扫描，形成一条水平线；到达最右端后，又回到下一条水平线的左端，重复上面的过程；当电子束完成右下角一点的扫描后，形成一帧。此后，电子束又回到左上方起点，开始下一帧的扫描。这种方法也就是常说的逐行扫描显示。而隔行扫描指电子束在扫描时每隔一行扫一线，完成一屏后再返回来扫描剩下的线，这与电视机的原理一样。隔行扫描的显示器比逐行扫描闪烁得更厉害，也会让使用者的眼睛更疲劳。

完成一帧所花时间的倒数叫垂直扫描频率，也叫刷新频率，比如 60Hz、75Hz 等。

（4）带宽。带宽是指每秒钟电子枪扫描过的图像点的个数，以 MHz（兆赫兹）为单位，表明了显示器电路可以处理的频率范围。比如，在标准 VGA 方式下，如果刷新频率为 60Hz，则需要的带宽为 640×480×60≈18.4MHz；在 1024×768 的分辨率下，若刷新频率为 70Hz，则需要的带宽为 55.1MHz。以上的数据是理论值，实际所需的带宽要高一些。

早期的显示器是固定频率的，现在的多频显示器采用自动跟踪技术，使显示器的扫描频率自动与显示卡的输出同步，从而实现了较宽的适用范围。带宽的值越大，显示器性能越好。

（5）显示面积。显示面积指显像管的可见部分的面积。显像管的大小通常以对角线的长度来衡量，常见尺寸前文已述。显示面积都会小于显示管的大小。显示面积用长与高的乘积来表示，通常人们也用屏幕可见部分的对角线长度来表示，比如 15 英寸显示器的显示面积一般是 13.5 英寸，这会因显示器的品牌不同略有差异，比较好的 15 英寸显示器的显示面积可以达到 13.8 英寸。很显然，显示面积越大越好，但这意味着价格的大幅上升。

2．LCD 显示器

（1）分辨率。LCD 是通过液晶像素实现显示的，由于液晶像素的数目和位置都是固定不变的，因此液晶只有在标准分辨率下才能实现最佳显示效果，而在非标准的分辨率下则是由 LCD 内部的 IC 通过插值算法计算而得，应此画面会变得模糊不清。LCD 显示器的真实分辨率根据 LCD 的面板尺寸定，15 英寸的真实分辨率为 1024×768，17 英寸为 1280×1024。

（2）点距。LCD 显示器的像素间距（pixel pitch）的意义类似于 CRT 的点距（dot pitch）。不过前者对于产品性能的重要性却没有后者那么高。CRT 的点距会因为遮罩或光栅的设计、视频卡的种类、垂直或水平扫描频率的不同而有所改变，LCD 显示器的像素数量则是固定的。因此，只要在尺寸与分辨率都相同的情况下，所有产品的像素间距都应该是相同的。例如，分辨率为 1024×768 的 15 英寸 LCD 显示器，其像素间距皆为 0.297mm（亦有某些产品标示为 0.30mm）。

（3）波纹。波纹（亦称作水波纹 Moire），和相位一样是看不出来的，水波纹会在画面上显示出像水波涟漪一般的呈相结果，虽然不易察觉，但与显示器隔开一定距离，仔细观察就可以发现。水波纹是可以调整的。

（4）响应时间。响应时间是 LCD 显示器的一个重要指标，它是指各像素点对输入讯号反应的速度，即像素由暗转亮或由亮转暗的速度，其单位是 ms。响应时间越小越好，如果响应时间过长，在显示动态影像（特别是在看 DVD、玩游戏）时，就会产生较严重的"拖尾"现象。目前大多数 LCD 显示器的响应速度都在 16ms 或 25ms 左右，如明基、三星等一些高端产品反应速度以达到 4ms 甚至现在出现了 2ms 的液晶。

（5）可视角度。可视角度也是 LCD 显示器非常重要的一个参数。由于 LCD 显示器必须在一定的观赏角度范围内，才能够获得最佳的视觉效果，如果从其他角度看，则画面的亮度会变暗（亮度减退）、颜色改变、甚至某些产品会由正像变为负像。由此而产生的上下（垂直可视角度）或左右（水平可视角度）所夹的角度，就是 LCD 的"可视角度"。由于提供 LCD 显示器显示的光源经折射和反射后输出时已有一定的方向性，在超出这一范围观看就会产生色彩失真现象。

（6）亮度和对比度。亮度是以每平方米烛光（cd/m^2）为测量单位，通常在液晶显示器规格中都会标示亮度，而亮度的标示就是背光光源所能产生的最大亮度。一般 LCD 显示器都有显示 $200cd/m^2$ 的亮度能力，更高的甚至达 $300cd/m^2$ 以上。亮度越高，适应的使用环境也就越广泛。

目前提高亮度的方法有两种，一种是提高 LCD 面板的光通过率；另一种就是增加背景灯光的亮度，即增加灯管数量。这里需要注意的是，较亮的产品不见得就是较好的产品，亮度是否均匀才是关键，这在产品规格说明书里是找不到的。亮度均匀与否和光源及反光镜的数量与配置方式息息相关，离光源远的地方，其亮度必然较暗。

（7）信号输入接口。LCD 显示器一般都使用了两种信号输入方式：传统模拟 VGA 的15 针状 D 型接口（15 pin D-sub）和 DVI 输入接口。为了适合主流的带模拟接口的显示卡，大多数的 LCD 显示器均提供模拟接口，然后在显示器内部将来自显示卡的模拟信号转换为数字信号。由于在信号进行数模转换的过程中，会有若干信息损失，因而显示出来的画面字体可能有模糊、抖动、色偏等现象发生；现在拥有 DVI 和 VGA 接口的显卡比比皆是，价格也不高，所以建议使用 DVI 接口。

（8）LCD 的坏点。LCD 显示器最怕的就是坏点，所谓的坏点，就是不管显示器所显示出来的图像为何，LCD 上的某一点永远是显示同一种颜色（一般坏点以绿色及蓝色为多），检查坏点的方式相当的简单，只要将 LCD 显示器的亮度及对比调到最大（让显示器成全白的画面），以及调成最小（让显示器成全黑的画面），就可以轻易找出无法显示颜色的坏点。

（二）CRT 与 LCD 的比较

CRT 显示器和 TFT-LCD 显示器在产品构造和显示原理都不尽相同，下面我们对两者作一比较。

（1）结构和产品体积。传统的 CRT 型显示器必须通过电子枪发射电子束到屏幕，因而显像管的管就不能太短，当屏幕增大时也必须加大体积，TFT 则通过显示屏上的电子板来改变分子状态，以达到显示目的，即使屏幕加大，它只需将水平面积增大即可，而体积却不会有很大增加，而且要比 CRT 显示器轻很多，同时 TFT 由于功耗只用于电板和驱动 IC 上，因而耗电量较小。

（2）辐射和电磁干扰。传统的显示器由于采用电子枪发射电子束打到屏幕产生辐射源。虽然现在有一些先进的技术可将辐射降到最小，但仍然不能完全根除。TFT 液晶显示器则不必担心这一点。至于电磁波的干扰，TFT 液晶显示器只有来自驱动电路的少量电磁波，只要将外壳严格密封就可使电磁波不外泄，而 CRT 显示器为了散热不得不在机体上打出散热孔，所以必定会产生电磁干扰。

（3）屏幕平坦度和分辨率。TFT 液晶一开始就采用纯平面的玻璃板，所以平坦度要比大多数 CRT 显示器好得多，当然现在有了纯平面的 CRT 彩显。在分辨率上，TFT 却远不如 CRT 显示器，虽然从理论上讲它可提供更高的分辨率，但事实却不是这样。

（4）显示效果。传统 CRT 显示器是通过电子枪打击荧光粉因而显示的亮度比液晶的透光式显示要好得多，在可视角度上 CRT 也要比 TFT 好一些，在显示反应速度上，CRT 与 TFT 相差无几。

CRT 纯平显示器具有可视角度大、无坏点、色彩还原度高、色度均匀、可调节的多分辨率模式、响应时间极短等 LCD 显示器难以超过的优点，而且客观上 CRT 显示器价格要比 LCD 显示器便宜不少。而 LCD 不但体积小，厚度薄（目前 14.1 英寸的整机厚度可做到只有 5cm），重量轻、耗能少（1～10μW/cm²）、工作电压低（1.5～6V）且无辐射，无闪烁并能直接与 CMOS 集成电路匹配。LCD 以其众多优势正逐渐取代 CRT 显示器。

三、显示器的选购、安装、维护和常见的故障处理

（一）显示器的选购

1．CRT 显示器的选购

选购显示器时，需要注意的部分有很多，如分辨率、点距、可视面积等，这些我们已在上文介绍。除此之外，大家还可以从以下几点入手。

（1）带宽的大小。带宽是造成显示器性能差异的一个比较重要的因素。可接受带宽的一般公式为：

可接受带宽＝水平像素×垂直像素×刷新频率×额外开销（一般为 1.5）这在前文也有过举例。带宽若小于该分辨率的可接受数值，显示出来的图像会因损失和失真而模糊不清。

（2）显示器的聚焦。当我们打开一个文本文件，常会观察字体是否清晰，字体笔划是否细腻以及文字边缘是否锐利。仔细观察你会发现目前中低档 CRT 显示器很多都存在聚焦不实的问题，有些能够通过调节显示器较好地解决，而有些则总是无法达到满意的效果。如果长时间在聚焦不实的显示器前工作，很快就会造成双眼疲劳，甚至造成近视等不良后果。在购买显示器时一定要注意显示器聚焦是否优秀，毕竟我们眼睛是很重要的。

（3）显示器边角。如果出现大面积的色彩偏差（主要是偏蓝、紫色），这就是显示器被磁化的典型现象。千万不要购买此类显示器，因为稳定性极差。如果调整桌面大小时，屏幕边角也会一同变大或变小，这就是我们常说的呼吸效应。如果呼吸效应明显，也说明显示器的工艺不过关，尽量不予考虑购买。

此外，质保至少要达到 3 年，若承诺 5 年的质保当然更好。还有环保和辐射方面，现在主流产品大都通过 TCO99 认证，这里不再赘述。

2．LCD 显示器的选购

选购 LCD 显示器时，除注意上文所述的技术指标外，还应注意以下几个方面。

（1）OSD 控制接口若提供更多显示设定值，自行调整的弹性更大。

（2）选购配备 DVI 接口的款式时，要注意是 DVI-I 还是 DVI-D，以及有否提供 DVI 转 Analog 接口的转插。

（3）在音响性能上，看看有否配备 RCA 接头，即白色及红色左右声道接头。

（4）如果配备 S-Video 接头及 Video RCA 接头的会更好，方便接驳其他 AV 设备。

（5）对于需要编辑数码相片的用户，选购时更需注意 LCD 显示器的色温表现，若拥有色温调整技术就更佳。

此外，还可以使用软件来测试所购显示器的真实性能。如：Monitors Matter Check Screen 就是一款专业的 LCD 测试软件，它不仅能够检测 LCD，同时还可以对 CRT（阴极射线管）显示器进行测试。它包括诸多测试项目，可以检测 LCD 的色彩、响应时间、文字显示效果、有无"坏点"等至关重要的指标。

（二）显示器的安装

显示器附件中有两根电缆线，一根为 3 芯电源连接线，一根为信号电缆。具体安装步骤如下。

首先将显示器电源线一端接在显示器的电源插孔上，另一端接在位于机箱电源风扇旁的主机电源插座上，如图 6-11 所示。现在生产的显示器有独立的电源输入线，可直接插入电源插座。

显示器的信号线接头是一个 D 型接头，找到对应显卡输出端子，一个 15 针的三排插孔，将两梯形截面对准，均匀用力平稳插入，然后拧紧接头两边的压紧螺钉。如图 6-12 所示。

这样就完成了显示器的安装。

图 6-11　连接电源线

（三）显示器维护及常见故障处理

1. CRT 显示器

（1）避免在灰尘过多的地方工作。由于 CRT 显示器内的高压（10～30kV）极易吸引空气中的尘埃粒子，而它的沉积将会影响电子元器件的热量散发，使得电路板等元器件的温度上升，产生漏电而烧坏元件，灰尘也可能吸收水分，腐蚀显示器内部的电子线路等。因此，平时使用时应把显示器放置在干净清洁的环境中，如有可能还应该给显示器购买或做一个专用的防尘罩，每次用完后应及时用防尘罩罩上。

图 6-12 信号线接头及其连接

（2）注意避免电磁场干扰。CRT 显示器长期暴露在磁场中可能会磁化或损坏。散热风扇、日光灯、雷电、电冰箱、电风扇等耗电量较大的家用电器的周围或其他如非屏蔽的扬声器或电话都会产生磁场，显示器在这些器件产生的电磁里工作，时间久了，就可能出现偏色、显示混乱等现象。因此，平时使用时应把显示器放在离其他电磁场较远的地方，定期（如一个月等）使用显示器上的消磁按钮进行消磁，但注意千万不要一次反复地使用它，这样会损坏显示器。

（3）避免在温度较高的状态中工作。CRT 的显像管作为显示器的一大热源，在过高的环境温度下它的工作性能和使用寿命将会大打折扣，另外，CRT 显示器其他元器件在高温的工作环境下也会加速老化的过程，因此，要尽量避免 CRT 显示器工作在温度较高的状态中，CRT 显示器摆放的周围要留下足够的空间，来让它散热。在炎热的夏季，最好不要长时间使用显示器，条件允许时，最好把显示器放置在有空调的房间中，或用电风扇吹一吹。

（4）避免强光照射。我们知道 CRT 显示器是依靠电子束打在荧光粉上显示图像的，因此，CRT 显示器受阳光或强光照射，时间长了，容易加速显像管荧光粉的老化，降低发光效率。因此，最好不要将 CRT 把显示器摆放在日光照射较强的地方，或在光线必经的地方，挂块深色的布减轻它的光照强度。

2．LCD 显示器

（1）避免屏幕内部烧坏。LCD 显示器能够因为长期工作而烧坏，如果在不用的时候，一定要关闭显示器，或者降低显示器的显示亮度，否则时间长了，就会导致内部烧坏或者老化。这种损坏一旦发生就是永久性的，无法挽回。另外，如果长时间地连续显示一种固定的内容，就有可能导致某些 LCD 像素过热，进而造成内部烧坏。

（2）任何湿度都是危险的。所有曾经因为将饮料洒到键盘上而造成键盘损坏的用户都知道这个常识。不要让任何具有湿气性质的东西进入 LCD。发现有雾气，要用软布将其轻轻地擦去，然后才能打开电源。如果湿气已经进入 LCD 了，就必须将 LCD 放置到较温暖的地方，以便让其中的水分和有机化物蒸发掉。对含有湿度的 LCD 加电，能够导致液晶电极腐蚀，进而造成永久性损坏。

（3）正确地清洁显示屏表面。如果发现显示屏表面有污迹，可用沾有少许玻璃清洁剂的软布轻轻地将其擦去，不要将清洁剂直接洒到显示屏表面上。清洁剂进入 LCD 将导致屏幕短路。

（4）注意保护屏幕。LCD 屏幕十分脆弱，所以要避免强烈的冲击和振动。LCD 差不多就是用户家中或者办公室中所有用品中最敏感的电气设备。LCD 中含有很多玻璃的和灵敏的电气元件，掉落到地板上或者其他类似的强烈打击会导致 LCD 屏幕以及 CFL 单元的损坏。还要注意不要对 LCD 显示表面施加压力。

（5）请勿动手。即使在关闭了很长时间以后，背景照明组件中的 CFL 换流器依旧可能带有大约 1000V 的高压，这种高压能够导致严重的人身伤害。所以永远也不要企图拆卸或者更改 LCD 显示屏，以免遭遇高压。未经许可的维修和变更会导致显示屏暂时甚至永久不能工作。

3. 常见故障处理

（1）屏幕无显示，前面板的指示闪烁。检查显示器与计算机的信号线连接是否牢固，并检查信号线的接插口是否有插针折断、弯曲。

（2）显示形状失真的校正。现今的显示器都是数字控制，用户可以通过控制选单进行倾斜、梯形、线形、幅度等校正。高档次显示器可以进行聚焦、汇聚、色彩等校正。

（3）屏幕黑屏并显示"信号超出同步范围"（以三星显示器为例）。当计算机发出的信号超出显示器的显示范围，显示器检测到异常信号停止工作。用户可以先关闭显示器，再打开，然后重新设置计算机的输出频率。

（4）关机时屏幕中心有亮点。应立即送维修中心修理。这种现象是由于显示器电路或显像管本身问题造成的，虽然当时不影响使用，但时间一长，显像管被灼伤，中央出现黑斑，此时再修理，保修期已过，用户利益受到损失。

（5）屏幕显示有杂色。通过显示器的前面板的消磁控制功能进行消磁，但不要在半小时内重复消磁。

（6）色彩种类不能上到 32 位。显卡问题，检查显卡是否具有此项性能及显卡的驱动程序是否安装。

（7）分辨率/刷新率上不去。多数情况下是使用问题。先检查显卡及显示器的驱动程序是否已安装（如果厂家提供的话），然后根据使用说明书检查显卡及显示器是否可以达到你所要求的性能。如果一切正常，那就是显示器故障，只能联系维修中心解决。

阿兰·图林小传

冯·诺依曼曾多次向别人强调："如果不考虑巴贝奇、阿达和其他人早先提出的有关思想，计算机的基本概念只能属于阿兰·图林。"

1912 年 6 月 23 日，阿兰·图林出生于英国伦敦一个书香门第的家庭，孩提时代的他性格活泼好动。3 岁那年，他进行了首次实验尝试，把玩具木头人的胳膊瓣下来栽到花园里，想让它们长成更多的木头人。8 岁时，他开始尝试写了一部科学著作，题名为《关于一种

显微镜》。图林很早就表现出了科学探究精神，他的老师认为："图林的头脑可以像袋鼠般地跳跃。"1931 年，他考入剑桥皇家学院，大学毕业后留校任教。不到一年时间，他就发表了几篇很有分量的数学论文，被选为皇家学院最年轻的研究员，年仅 22 岁。

1936 年，图林发表了一篇划时代的论文——《论可计算数及其在判定问题中的应用》，后被人改称《理想计算机》。论文里论述了一种"图林机"，只要为它编好程序，它就可以承担其他机器能做的任何工作。当世界上还没有人提出通用计算机的概念前，图林已经在理论上证明了它存在的可能性。

1950 年 10 月，图林的另一篇论文《机器能思考吗》发表，首次提出检验机器智能的"图林试验"，从而奠定了人工智能的基础，使他再次荣获"人工智能之父"的称号。

1954 年，42 岁的阿兰·图林英年早逝。为了纪念他在计算机领域奠基性的贡献，美国计算机学会决定设立"图林奖"，从 1956 年开始颁发给最优秀的计算机科学家，它就像科学界的诺贝尔奖那样，是计算机领域的最高荣誉。

习 题

一、判断题（正确的在括号内画"√"，错的画"×"）

1. 液晶显示器对于快速变化和移动的图像，有可能产生图像消失或拖尾现象。（　　）

2. 显示信号分辨率的高低主要是由显卡的性能决定的。（　　）

3. 显卡出现故障与显卡工作电压无关。（　　）

4. 通常人眼不易察觉 60Hz 以上的刷新频率带来的闪烁感，因此最好能将刷新频率调整到该数值以上。（　　）

5. 通常，显卡中显存的工作频率越高，则显卡的性能越好。（　　）

二、填空题

1. 显示系统是由_____、_____和_____组成。

2. 显示器的安装附件中有两根电线要进行连接，一根是_____，一根是_____。

3. 目前计算机常用的软件要求分辨率达到_____显示方式，其分辨率和彩色数至少应为_____。

4. 3D 图形加速卡的核心是一个_____。

5. 显卡的三大性能指标是_____、_____和_____。

三、单项选择题

1. 下列标准中，不表示显示分辨率的是（　　）。

   A. VGA 　　　　　　B. EGA 　　　　　　C. SVGA 　　　　　　D. VESA

2. 目前普通 17 英寸显示器支持的最高分辨率为（　　）。

   A. 800×600 　　　　B. 1024×768 　　　C. 1280×1024 　　　D. 1600×1200

3. 支持 1280×1024 分辨率和 24 位真彩色显示，要求显卡的显示存储器至少为（　　）。

   A. 2MB 　　　　　　B. 4MB 　　　　　　C. 8MB 　　　　　　D. 16MB

4. 以下是不平板显示器的是（　　　）。

    A. 液晶显示器　　　　　　　　　　B. 阴极射线管显示器

    C. 等离子显示器　　　　　　　　　D. 场致发光显示器

5. 显示器的扫描方式是（　　　）。

    A. 水平线扫描　　　　　　　　　　B. 垂直线扫描

    C. 光栅扫描　　　　　　　　　　　D. 圆扫描

四、简答题

1. 显卡的主要部件有哪些？

2. 显卡的性能指标是什么？分类有哪些？

3. 液晶显示器较阴极管显示器有哪些优点？

4. 在选购显示器时需要注意哪些方面？请对 CRT 和 LCD 分别描述。

五、实验题

1. 根据设置的分辨率（如 640×480、800×600、1024×768、1280×1024、1600×1200 等）和刷新率（如 65、75、85 等），求显示卡输出视频信号的带宽（MHz）。

2. 请描述安装显示器的基本步骤。

第七章 键盘与鼠标

➡ **本章要点**
- 键盘的发展、特点及分类
- 键盘的主要性能参数
- 键盘的选购方法及日常维护
- 鼠标的特点和分类
- 鼠标的性能参数与选购方法
- 鼠标的常见故障与日常维护

➡ **本章学习目标**
- 了解键盘、鼠标的特点及分类
- 掌握键盘的组成和性能指标
- 掌握鼠标的主要性能参数
- 了解键盘、鼠标的常见故障及日常维护
- 学会选购两种输入设备的方法

第一节 键 盘

键盘是最常用也是最主要的输入设备，通过键盘，可以将英文字母、数字、标点符号等输入到计算机中，从而向计算机发出命令、输入数据等。

一、键盘的发展、结构及分类

（一）键盘的发展

PC XT/AT 时代的键盘主要以 83 键为主，并且延续了相当长的一段时间，但随着视窗系统近几年的流行已经淘汰。取而代之的是 101 键和 104 键的标准键盘，如图 7-1 所示，并占据市场的主流地位，当然其间也曾出现过 102 键、103 键的键盘，但由于推广不善，都只是昙花一现。近半年内紧接着 104 键键盘出现的是新兴多媒体键盘，它在传统的键盘基础上又增加了不少常用快捷键或音量调节装置，使 PC 操作进一步简化，对于收发电子邮件、打开浏览器软件、启动多媒体播放器等都只需要按一个特殊按键即可，同时在外形上也做了重大改善，着重体现了键盘的个性化。如图 7-2、图 7-3 所示。起初这类键盘多用于品牌机，如 HP、联想等品牌机都率先采用了这类键盘，受到广泛的好评，并曾一度被视为品牌机的特色。随着时间的推移，市场上也渐渐地出现独立的具有各种快捷功能的产品，并带有专用的驱动和设定软件，在兼容机上也能实现个性化的操作。

图 7-1　联想标准键盘（104 键）

图 7-2　联想多功能键盘
（右上角有多功能键）

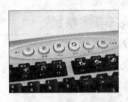

图 7-3　宇宙光 EZ-7000 多功能键盘

（二）键盘的结构

1. 外壳

目前台式 PC 计算机的键盘都采用活动式键盘，键盘作为一个独立的输入部件，具有
自己的外壳。键盘面板根据档次采用不同的塑料压制而成，部分优质键盘的底部采用较
厚的钢板以增加键盘的质感和刚性，不过这样一来无疑增加了成本，所以不少廉价键盘
直接采用塑料底座的设计。键盘的外壳为了适应不同用户的需要，在底部设有折叠的支
撑脚，展开支撑脚可以使键盘保持一定倾斜度，不同的键盘会提供单段、双段甚至三段的
角度调整。

2. 盘面组合

常规键盘具有 CapsLock（字母大小写锁定）、NumLock（数字小键盘锁定）、ScrollLock
3 个指示灯，标志键盘的当前状态。这些指示灯一般位于键盘的右上角，不过有一些键盘，
如 ACER 的 Ergonomic KB 和 HP 原装键盘即采用键帽内置指示灯，这种设计可以更容易的
判断键盘当前状态，但工艺相对复杂，所以大部分普通键盘均未采用此项设计。

不管键盘形式如何变化，基本的按键排列还是保持不变，一般可以分为主键盘区，数
字辅助键盘区、F 键功能键盘区和控制键区，多功能键盘还增添了快捷键区。

3. 接口

键盘的接口有 AT 接口、PS/2 接口和最新的 USB 接口，现在的台式机多采用 PS/2 接
口，大多数主板都提供 PS/2 键盘接口。而较老的主板常常提供 AT 接口（也被称为"大

口"），现在已经不常见了。USB 作为新型的接口，使一些公司迅速推出了 USB 接口的键盘。USB 接口只是一个卖点，对性能的提高收效甚微，愿意尝试且 USB 端口尚不紧张的用户可以选择。

4. 键盘电路板

键盘电路板是整个键盘的控制核心，它位于键盘的内部，主要担任按键扫描识别、编码和传输接口的工作。

（三）键盘的分类

按照键盘的应用来分类，总体可分为台式机键盘、笔记本计算机键盘、工控机键盘 3 大类。一般台式机键盘的分类可以根据击键数、按键工作原理、键盘外形及接口类型进行分类。

1. 击键数

键盘的按键个数曾出现过 83 键、93 键、96 键、101 键、102 键、104 键、107 键等。104 键的键盘是在 101 键键盘的基础上为 WINDOWS 9X 平台提供增加了 3 个快捷键（有两个是重复的），所以也被称为 WINDOWS 9X 键盘。但在实际应用中习惯使用 WINDOWS 键的用户并不多。在某些需要大量输入单一数字的系统中还有一种小型数字录入键盘，基本上就是将标准键盘的小键盘独立出来，以达到缩小体积、降低成本的目的。

2. 按键盘工作原理分类

按工作原理分类，可分为机械式、塑料薄膜式、导电橡胶式和电容式键盘。

机械式键盘一般类似金属接触式开关的原理，使得触点导通或断开。在实际应用中，机械开头的结构形式很多，常见的是交叉接触式，结实耐用、工艺简单、维修方便，但手感一般、敲击比较费力、噪声大、易磨损。大部分廉价的机械键盘采用铜片弹簧作为弹性材料，铜片易折易失去弹性，使用时间长后故障率会升高，现在已基本被淘汰。

塑料薄膜式键盘内有 4 层，塑料薄膜一层有凸起的导电橡胶，中间一层为隔离层，上下两层有触点。通过按键将橡胶凸起按下，使其上下两层触点接触，输出编码。这种键盘无机械磨损，可靠性较高，低噪音，低价格，常用于工控机键盘。

导电橡胶式键盘触点的接触是通过导电的橡胶连通。其结构是一层带有凸起的导电橡胶，凸起部分导电，这部分对准每个按键，互相连接的平面部分不导电，当键按下去时，由于凸起部分导电，把下面的触点接通；不按时，凸起部分弹起。

电容式键盘是基于电容式开关的键盘，其原理是通过按键改变电极间的距离产生电容量的变化，暂时形成震荡脉冲允许通过的条件。电容容量是由介质、两极距离和两极的面积所决定。当键按下时，两极的距离发生变化，引起电容容量发生改变，当参数设计合适时，按键时就有输出，不按键就无输出，这个输出再经过整形放大，驱动编码器。由于这种开关是无触点非接触式的，磨损率极小甚至可以忽略不计，也没有接触不良的隐患，噪音小，容易控制手感，耐久性、灵敏度和稳定性都比较好，可以制造出高质量的键盘。

3. 键盘外形

键盘的外形分为标准键盘和人体工程学键盘。人体工程学键盘是在标准键盘上将指法规定的左手键区和右手键区这两大板块左右分开，并形成一定角度，使操作者不必有意识的夹紧双臂，保持一种比较自然的形态。设计的这种键盘被微软公司命名为自然键盘

（Natural Keyboard），对于习惯盲打的用户可以有效地减少左右手键区的误击率，如字母"G"和"H"。有的人体工程学键盘还有意加大常用键，如空格键和回车键的面积，在键盘的下部增加护手托板，给悬空的手腕以支撑，减少由于手腕长期悬空导致的疲劳。这些都可以视为人性化的设计。

4. 键盘接口类型

键盘接口可分为 AT 接口、PS/2 接口、USB 接口以及无线型键盘。最早的一种是 AT 接口，俗称"大口"，只用于 AT 结构的主板，目前已被基本淘汰。紧接着就是 PS/2 接口，这是一种鼠标和键盘专用的 6 针圆形接口，但键盘只使用其中的 4 针传输数据和供电，其余 2 个为空脚，如图 7-4 所示。PS/2 接口的传输速率比 COM 接口稍快一些，而且是 ATX 主板的标准接口，是目前应用最为广泛的键盘接口之一。USB 的全称是 Universal Serial Bus，USB 接口支持热插拔，即插即用，所以 USB 接口已经成为 MP3 最主要的接口方式。USB 有两个规范，即 USB1.1 和 USB2.0。PS/2 接口和 USB 接口的键盘在使用方面差别不大，由于 USB 接口支持热插拔，因此 USB 接口键盘在使用中可能略方便一些。但是计算机底层硬件对 PS/2 接口支持的更完善一些，因此如果计算机遇到某些故障，使用 PS/2 接口的键盘兼容性更好一些。主流的键盘既有使用 PS/2 接口的，也有使用 USB 接口的，购买时需要根据需要选择。各种键盘接口之间也能通过特定的转接头或转接线实现转换，例如 USB 转 PS/2 转接头等，如图 7-5 所示。无线键盘顾名思义就不需要连接线及插口了，其使用蓝牙技术，使用者可以充分体验到它带来的无限自由，如图 7-6 所示。使用者不必局限在计算机跟前，长时间忍受不太舒服的坐姿，而是可以随心所欲选择位置。

图 7-4　PS/2 接口（紫色：键盘；绿色：鼠标）

图 7-5　USB 转 PS/2 转接头

图 7-6　技嘉 GK-5UW 的无线输入套装

二、键盘的日常维护和选购

（一）键盘的日常维护

对键盘的正确使用和维护对计算机正常工作是十分重要的，在键盘的使用和维护上，需要注意以下一些问题。

（1）键盘是根据系统设计要求配置的，而且受系统软件的支持和管理，更换键盘必须在关闭计算机电源的情况下进行。

（2）在操作键盘时，按键动作要适当，不可用力过大，以防键的机械部分受损而失效。按键的时间（指按下来某个键，并保持住的时间）不应过长。按键时间大于 0.7s，计算机将连续执行这个键的功能，直到松开键为止。

（3）键盘内过多的尘土会妨碍电路正常工作，有时甚至会造成误操作。键盘的维护主要是定期清洁表面的污垢，一般清洁可以用柔软干净的湿布擦拭键盘，对于顽固的污渍可以用中性的清洁剂擦除，最后还要用湿布再擦洗一遍。

（4）大多数键盘没有防水装置，一旦有液体流进，便会使键盘受到损害，造成接触不良、腐蚀电路和短路等故障。当大量液体进入键盘时，应当尽快关机，将键盘接口拔下，打开键盘用干净吸水的软布擦干内部的积水，最后在通风处自然晾干即可。

（5）大多数主板都提供键盘开机功能。要正确使用这一功能，自己组装计算机时必须选用工作电流大的电源和工作电流小的键盘，否则容易导致故障。

此外，保持键盘的整洁是保养键盘的关键，所以在这里将给大家介绍一下清洗键盘的方法。在清洗键帽下方的灰尘时，不一定非要把键盘全部拆卸下来，可以用普通的注射针筒抽取无水酒精，对准不良键位接缝处注射，并不断按键以加强清洗效果。此法简单实用，对分布在键盘外围的按键尤其实用。如果要将键盘彻底除尘，除了用清洁剂和软布擦拭键盘表面的污物，使键盘表面清洁外，还要打开塑料面板才能彻底地清洗键盘。清洗所需要的工具有：螺丝刀（平口、十字各一把）、软刷、清洗剂，最好还能有一张键盘图。首先应关掉主机，拔下电源，取下联机的电缆线；其次将键盘放到工作台上，取下底板上的数颗螺钉，并放到一个安全的地方。拿开前面的塑料面板，可以看到与主机相连的 5 芯电缆穿过底板连在电路板上，其中 4 线电缆连接一组对应插针（注意接口方式），另一根黑色导线由螺钉固定。拔下这两处连接后，电路板就可与底板分离；然后要将键帽从电路板上取下来，用平口螺丝刀或其他合适的撬具，轻轻将键帽往上抬，一拔它就下来了。因为有键盘图，所以不用担心记错位置，大胆地拔下所有的键帽。较大的键，如："Enter""Shift""Space"等，会另用塑料卡和钢丝固定，这时采用拔其他键帽一样的方法即可。注意将键安回去时，要先用塑料卡卡住钢丝后，再用键帽下的小长方形对准键座上的大长方形按下；接下来就可以进行清洗工作了，用清洁剂将所有的键帽、面板和底板洗干净，用软刷轻轻扫去电路板上的灰尘。待键帽晾干后，就可以进行重组工作了；最后一步是还原键盘，按照键盘图，将键帽对准与它对应的键座摁下即可。装完所有的键帽，将电路板放到底板上，正确连接电路后放回面板，将底板后的螺丝拧好。这样，键盘便焕然一新。

（二）键盘常见故障诊断与维修

键盘出现故障的原因是多方面的，总的来讲键盘故障可归纳以下几种情况：控制电路部分损坏；主板控制接口损坏；个别键不起作用（按下键后屏幕无反应）；部分键失灵；

部分键按下后不能复位（即弹不起来）；还有逻辑电路故障、焊点虚焊、脱焊故障等。

1. 开机后键盘指示灯不亮，按键无反应

（1）键盘的熔丝烧毁。通常熔丝是设计在主板上标明为"F1"的部件，设置在主板键盘插槽的附近，为保护控制电路所设。按照标记检查即可。

（2）键盘的连接线头松脱或断裂。通常为接触不良，在插槽处只插入了一半或是插口已坏等。

（3）键盘不小心渗入水或其他液体。键盘不小心渗入水，可能导致某些按键有问题或电路短路，如可能会出现乱码等。

2. 键盘的某个键按下后无法弹起

这是由于一些低档键盘键帽下的弹簧老化致使弹力减弱，引起弹簧变形，导致该触点不能及时分离，从而无法弹起。这种故障比较常见，一般多发生在回车键、空格键等常用键上。解决方法是：将有故障的键帽撬起，将键帽盖片下的弹簧更换，或将弹簧稍微拉伸以恢复其弹力（这只是权宜之计），再重新装好键帽即可。

3. 按下某个键屏幕上没有反应

出现这种故障有两种可能：其一，键盘内部的电路板上有污垢，导致键盘的触点与触片之间接触不良，使按键失灵。解决方法是将键盘拆开（不是只撬起失灵键），用软毛刷将电路板上的污垢清除，同时使用无水酒精清洗键盘按键下面与键帽接触的部分。如果表面有一层透明薄膜，应揭开后清洗；其二，该按键内部的弹簧片因老化而变形，导致接触不良。解决方法是将键盘拆开，把有问题的键换掉即可。如果暂时找不到新的键体，可以把键盘上不常用的键体进行调整。

4. 按下一个键后会同时出现多个字符

这是由于键盘内部电路板局部短路造成的，当键盘使用时间过长时，其按键的弹簧片可能将电路板上的绝缘漆磨掉，或是由于键体磨损电路板，形成了少量金属粉末，导致某局部多处短路。解决方法是将键盘拆开，检查有故障按键下面对应的电路板上是否有金属粉末，如果有可用软毛刷将其清除，再用无水酒精擦洗干净即可。如果绝缘漆被磨掉，应先用无水酒精将电路板擦干净，再将胶布贴在已磨损的地方。

5. 键盘自检出错

键盘自检出错是一种很常见的故障，可能的原因有：键盘接口接触不良、键盘硬件故障、键盘软件故障、信号线脱焊、病毒破坏和主板故障等。当出现自检错误时，可关机后拔掉键盘与主机接口的插头，并检查信号线是否虚焊，检查是否接触良好后再重新启动系统。如果故障仍然存在，可用替换法换用一个正常的键盘与主机相连，再开机试验。若故障消失，则说明键盘自身存在硬件问题，可对其进行检修；若故障依旧，则说明是主板接口问题，必须检修或更换主板。

（三）键盘的选购

键盘的选购通常来讲可以注意以下几个方面：

1. 外形

好的键盘从视觉上就可以感觉到比较舒服，用料优秀，键盘表面、边角等加工精细，按键布局合理，按键有弹性，并且键盘上字母、符号很清晰，面板颜色也很清爽，在键盘背面有厂商名称、生产地和日期标识。轻摇键盘，感觉有一定分量，且键盘按键无松动或哗哗的声响，结构稳定。

2. 手感

质量好的键盘一般在操作上感觉比较舒适，按键有弹性且灵敏度高，无手感沉重或卡住现象。购买时尽量购买品牌键盘，这样的键盘无论外观、手感都很不错，而且附送键盘保护膜，可防止灰尘，还有防水功能。

3. 技术

键盘的接口以 USB 为最快，PS/2 稳定，无线自由，用户可根据自己的需求进行购买。好的键盘的按键寿命一般在 3 万次以上，按键上的标识也不易褪色，整个键盘还应有防水设计、抗疲劳设计、抗静电设计和耗电低等特性。

第二节 鼠 标

鼠标又称滑鼠，是一种比键盘更小的输入设备，它的外形一般是一个小盒子，通过一根电线与主机连接起来，由于其那细长连接线极似老鼠尾巴，其外形也有几分相像，所以它的英文名为"Mouse"。在使用 DOS 操作系统年代，鼠标通常作为计算机系统中一种辅助输入设备。使用它可增强或替代键盘上的光标移动键和其他键的功能，因而使用鼠标可在屏幕上更快速、更准确地移动和定位光标。到了 Windows 时代，随着视窗操作系统的普及，鼠标已经成为计算机系统必不可少的输入设备之一了。

一、鼠标的发展和分类

（一）鼠标的发展

鼠标的诞生最早可以追溯到 20 世纪 60 年代末，其发明者是美国斯坦福研究所的道格拉斯·恩格尔巴特博士。当时道格拉斯博士所发明的"鼠标器"是极其原始的，见图 7-7所示，它只能进行最基本的定位。然而在那个年代还没有出现 PC 机，主流的计算机都为大型机、中型机和小型机，运算能力是决定这些庞然大物优劣的唯一标准。至于人机操作界面却没人会注重，因为这类计算机的操作者都是那些水平高超的计算机科学家。在后来的 20 余年中，道格拉斯博士的这项发明基本上被束之高阁。

鼠标的第一次商业应用还要追溯到 1983 年，当时苹果公司在推出的 Lisa 机型中首次使用了鼠标，虽然 Lisa 最终没能获得很大的成功，但是鼠标的作用立刻被广泛的认同，鼠标的价值也随即被迅速的挖掘。作为人机交流的重要外围设备，鼠标的问世引发了一场计算机操作的巨大革命。迅速普及的鼠标，如今已成了计算机不可或缺的设备之一。

与主流 PC 部件相比，鼠标的技术革新显得相对保守，从道格拉斯博士的原始鼠标，再到后来的纯机械鼠标、光电鼠标、光机鼠标，以及现在方兴未艾的光学鼠标，其中真正算得上成功的其实只有光机鼠标和光学鼠标，它们也是当前鼠标技术的主流形态。通过技术的层层推进以及厂

图 7-7 世界上的第一个鼠标

商们的不懈努力，小小的鼠标经历这么多年来的发展，已经凝结了不少的科技精华。产品技术的推陈出新，功能不断的完善，提高了计算机操作效率的同时，也满足了不同消费者的个性使用需求。

（二）鼠标的分类

鼠标虽小，但其种类却不少，我们常说的机械鼠标、光电鼠标、3D 鼠标、二键/三键鼠标等，这些都是按照不同的类型对鼠标的称呼。下面就给大家介绍鼠标分类及其特点。

1. 按鼠标的接口类型分类

鼠标按接口类型可分为串行口鼠标、PS/2 接口鼠标、USB 接口鼠标和无线鼠标 4 种。串行鼠标是通过串行口与计算机相连，有 9 针接口和 25 针接口两种，以前的鼠标都采用串行口，通常连接在主板的 COM 口上。PS/2 鼠标通过一个 6 针微型 DIN 接口与计算机相连，它与键盘的接口非常相似，使用时注意区分，可参见图 7-4。目前 USB 接口鼠标逐渐成为主流产品，无线鼠标也有很大的市场潜力，它们种类繁多，造型多样。

2. 按鼠标的工作原理分类

鼠标按其内部结构和工作原理，可分为机械鼠标和光电鼠标。

（1）机械鼠标。滚轮式是最常见的鼠标，其在外观方面的最大特点是在底部的凹槽中有一个起定位作用从而使光标移动的滚轮，参见图 7-8。滚轮式鼠标按照工作原理又可分为第一代的纯机械式和第二代的光电机械式（简称光机式）。

1）纯机械式。纯机械式鼠标，现在世面上很少见到了。在它的底部有一个滚球，当推动鼠标时，滚球就会不断触动旁边的小滚轮，产生不同强度的脉波，通过这种连锁效应，计算机才能运算出游标的正确位置。

图 7-8 机械鼠标

2）光机式。这就是平常所说的机械式鼠标，它是一种光电和机械相结合的鼠标。它的原理是紧贴着滚动橡胶球有两个互相垂直的传动轴，轴上有一个光栅轮，光栅轮的两边对应着有发光二极管和光敏三极管。当鼠标移动时，橡胶球带动两个传动轴旋转，而这时光栅轮也在旋转，光敏三极管在接收发光二极管发出的光时被光栅轮间断地阻挡，从而产生脉冲信号，通过鼠标内部的芯片处理之后被 CPU 接收，信号的数量和频率对应着屏幕上的距离和速度。

（2）光电鼠标。光电鼠标产品按照其年代和使用的技术可以分为两代产品，其共同的特点是没有机械鼠标必须使用的鼠标滚球。

第一代光电鼠标由光断续器来判断信号，最显著特点就是需要使用一块特殊的反光板作为鼠标移动时的垫。这块垫的主要特点是其中那微细的一黑一白相间的点。原因是在光电鼠标的底部，有一个发光的二极管和两个相互垂直的光敏管，当发光的二极管照射到白点与黑点时，会产生折射和不折射两种状态，而光敏管就这两种状态进行处理后便会产生相应的信号。从而使计算机作出反应，一旦离开那块垫，那光电鼠标就不能使用了。目前市场上的光电鼠标产品都是第二代光电鼠标。第二代光电鼠标的原理其实很简单：其使用的是光眼技术，这是一种数字光电技术，较之以往的机械鼠标完全是一种全新的技术突破，参见图7-9。

3. **按鼠标的外形分类**

鼠标按照其外形可分为两键鼠标、三键鼠标、滚轮鼠标、滚轴鼠标和感应鼠标。两键鼠标和三键鼠标的左右按键功能完全一致，一般情况下，我们用不着三键鼠标的中间按键，但在使用某些特殊软件时（如 AutoCAD 等），这个键也会起一些作用；滚轮鼠标的产生是为了方便上下翻页，或在 Office

图 7-9 光电鼠标

软件中实现多种特殊功能，这种带滚轮的智能鼠标也称为网际鼠标。滚轴鼠标和感应鼠标在笔记本计算机上用得很普遍，往不同方向转动鼠标中间的小圆球，或在感应板上移动手指，光标就会向相应的方向移动，当光标到达预定位置时，按一下鼠标或感应板，就可执行相应功能。

4. **无线鼠标和 3D 鼠标**

无线鼠标和 3D 鼠标是两种较新的鼠标。无线鼠标器是为了适应大屏幕显示器而生产的。所谓"无线"，即没有电线连接，而是采用两节 7 号电池无线遥控，鼠标器有自动休眠功能，电池可用上 1 年，接收范围在 1.8m 以内，可参见图 7-10。3D 振动鼠标是一种新型的鼠标器，它不仅可以当作普通的鼠标器使用，而且具有以下几个特点：①具有全方位立体控制能力。它具有前、后、左、右、上、下 6 个移动方向，而且可以组合出前右，左下等的移动方向。②外形和普通鼠标不同。一般由一个扇形的底座和一个能够活动的控制器构成。③具有振动功能，即触觉回馈功能。玩某些游戏时，当你被敌人击中时，你会感觉到你的鼠标也振动了。④真正的三键式鼠标，无论在 DOS 或 Windows 环境下，鼠标的中间键和右键都大派用场。可参见图 7-11。

图 7-10 罗技无线鼠标

图 7-11 几款 3D 鼠标

二、鼠标的维护和选购

（一）鼠标的日常维护

鼠标是我们在日常使用计算机中最常用的设备，每天都要被我们点击无数次，所以鼠标的维护也显得非常重要，一个灵活方便的鼠标使用起来是一种莫大的享受。比起计算机的其他硬件设备，鼠标的价格确实是比较便宜，一旦出了毛病，可能更多的人都会掏腰包再买一个。其实鼠标的维护并不难，只要在使用时能加以注意就好，即使有了问题，你也不妨给自己一个动手的机会，既能省钱又能练手。

1. 机械式鼠标

机械鼠标在使用了一段时间后，橡胶球带入的粘性灰尘会附着在传动轴上，会造成传动轴传动不均甚至被卡住，导致灵敏度降低，控制起来不会像刚买时那样方便灵活。这时候，你只需要将鼠标翻过来，摘下塑料圆盖，取出橡胶球，用沾有无水酒精的棉球清洗一下然后晾干，再重新装好，就可以恢复正常了。

2. 光电机械式鼠标

光电机械鼠标中的发光二极管、光敏三极管都是较为单薄的配件，比较怕剧烈晃动和振动，在使用时一定要注意尽量避免摔碰鼠标，或是强力拉扯导线。点击鼠标按键时也不要用力过度，以免损坏弹性开关。最好给鼠标配备一个好的鼠标垫，既大大减少了污垢通过橡胶球进入鼠标中的机会，又增加了橡胶球与鼠标垫之间的摩擦力，操作起来更加得心应手，还起到了一定的减振作用，以保护光电检测器件。

3. 光电式鼠标

使用光电鼠标时，要特别注意保持感光板的清洁和感光状态良好，避免污垢附着在发光二极管或光敏三极管上，遮挡光线的接收。无论是在任何紧急情况，都要注意千万不要对鼠标进行热插拔，这样做极易把鼠标和接口烧坏。此外，鼠标能够灵活操作的一个条件是鼠标具有一定的悬垂度。长期使用后，随着鼠标底座四角上的小垫层被磨低，导致鼠标球悬垂度随之降低，鼠标的灵活性会有所下降。这时将鼠标底座四角垫高一些，通常就能解决问题。垫高的材料可以用办公常用的透明胶纸等，一层不行可以垫两层或更多，直到感觉鼠标已经完全恢复了灵活性为止。

（二）鼠标常见故障诊断与维修

鼠标的维修比较简单，几乎全部故障都是断线、按键接触不良、机械（光学）系统脏污造成的，少数劣质产品也会有虚焊和元件损坏，其中元件损坏多以发光二极管老化、晶振、IC 损坏为常见。

1. 断线故障

断线故障经常发生在插头或鼠标连接线的弯头处，表现为光标不动或时好时坏，用手推动连线时光标抖动。这样的故障只要不是断在 PS/2 口插头处，一般就不难处理，只要用相应工具剪断后重新焊接即可。

2. 按键故障

按键故障表现为光标移动正常，但按键不工作。原装鼠标可能是脱焊，拆开微动开关，仔细清洁一下触点，上些润滑油脂，归位后便可以修复。杂牌劣质鼠标的按键失灵多为簧片断裂，因为有些是塑料簧片，处理方法就只能是更换了。

3. X、Y 轴失灵

有些鼠标的故障表现为 X 轴或 Y 轴完全失灵，在清洁鼠标球窝后没有明显效果。遇到这种情况需要打开鼠标外壳进行进一步检查。打开鼠标外壳时不要硬来，注意标签或保修贴下是否有隐藏的螺丝。有些鼠标的连接处还会有塑料倒钩，拆卸时要多加小心。打开鼠标外壳后检查一下有否明显的断线或元件虚焊现象。有的鼠标在打开外壳后故障会自动消除，大多数原因是发光两极管和光敏三极管距离太远，可以用手将收发对管捏紧一些，故障即可排除。拆卸鼠标最好不要在带电状态下进行，以防静电或错误操作损害计算机接口。

4. 触点开关损坏

对于比较贵重的鼠标如果确认有某个触点的开关损坏导致按键失灵，且又过了保修期，可以找一只廉价鼠标将它的触点开关拆下来互换。对于使用特殊规格的触点开关时，可能无法找到代用品，可以拆下不常用的触点开关，比如中键触点开关，来暂时顶替重要按键的工作。

（三）鼠标的选购

作为一个计算机使用者，和你接触最多的就要算这只小小的鼠标了，现在几乎每一台计算机上都配有必不可少的鼠标。或许是因为它小的缘故或其在计算机中所占的金额实在是微不足道，导致人们在选购鼠标上并不太在意，随意性很大，可它却是计算机中使用频率最高的输入设备。这里，我们就介绍一下如何才能选购一款称心如意的鼠标。

1. 根据用途选择

如果是一个普通用户，那么一般的二键或三键鼠标完全可以满足您的要求；如果是特殊的用户，比如做平面设计，三维图像处理，或者是个超级玩家，那么需要选择轨迹球或专业鼠标，因为这些高档的鼠标可以提高工作效率，节省时间；如果是笔记本计算机用户或要用投影仪做演讲的，那您就要选择那种遥控的轨迹球了，这种无线鼠标往往能发挥有线鼠标难以企及的作用。总之，选择适合自己的功能才是最重要的。

2. 详查质量环节

（1）形状/手感。选购鼠标的第一要诀就是手感。根据科学家的测试，长期使用手感不合的鼠标，键盘等设备，可能会引起上肢的一些综合病症。因此，如果想要长时间使用鼠标，那么就应该注意鼠标的手感。好的鼠标应该根据人体工效学原理设计的外型，手握时感觉轻松，舒适且与手掌贴合，按键轻松而有弹性，滑动流畅，屏幕指针定位精确。

现在市场上有许多造型不同的鼠标，形状有大有小，消费者应该根据自己手掌的大小选择不同大小的鼠标。另外，为了方便上网一族，鼠标设计时还考虑了上网浏览网页的快捷，一般的 3D/4D 就是依据这种概念而开发的。

（2）外观。从外观上说，建议选购一款经过亚光处理的鼠标。经过亚光处理的鼠标手感较好，不会产生滑腻的感觉。而且，一般的伪劣鼠标都采用的是全光处理，这是因为制作亚光的鼠标要比全光的工艺难度大，而大多数的伪劣产品都达不到这种工艺要求，可以首先将其排除在外。一般的全光电鼠标大约在 20 元以下，这种鼠标一般只能使用两三个月。

（3）生产厂家。鼠标的铭牌一般附贴在鼠标的底板上，比如双飞燕 2D 型号为 OK-520 的低价鼠标，其铭牌上的产品执行标准号为：Q/ZY1-1999。其实，现在各行各业都在讲质量认证，鼠标厂家也不例外。讲究质量的厂家都通过了国际认证（如 ISO9000 系列），这些都有明确的标志，这类鼠标厂商往往都能提供 1～3 年的质量保证，而有的鼠标厂商则只能质保 3 个月。

（4）流水序号。要注意流水序列号，因为这个序列号是产品在生产时的顺序，如果是假冒的，可能会出现序列号相同，或没有的现象，因此，在购买时流水序列号也不容忽视。

（5）接口。采用何种接口，也是选择鼠标考虑的一个因素，最好选择 PS/2 接口的鼠标，一则可以避免鼠标与其他设备争用串行口，二则又可以避免鼠标与声卡、网卡、多功能卡、

CD-ROM 等设备发生中断请求号（IRQ）和中断地址的冲突。

（6）支持鼠标的软件。软件的重要性不亚于鼠标的质量，好的鼠标附有足够的辅助软件，在功能上，鼠标厂商所提供的驱动程序要大大优于操作系统所附带的，还可以让用户重新定义每一键的用途，这样可以充分发挥鼠标的作用。

最后，如果购买的鼠标是顶级产品，那么建议最好看看鼠标器的内部，这有时不易做到，因为商家不会轻易拆封的；但如果做到了，就可以将鼠标的内部情况看得清清楚楚。一般的说，优质鼠标的电路板多是多层板，由焊机自动焊接而成；而劣质鼠标则是单层板，用手工焊接，两者极易分辨。另外，优质鼠标器的滚轮由优质特殊树脂材料制成，而劣质鼠标的滚轮则多为再生橡胶。

3. 建议购买品牌

购买鼠标一般应选择名牌的产品，如：罗技、BenQ（明基）、双飞燕等的鼠标。名牌产品在质量上是相当有保证的，这些名牌产品大多可以用好多年，作为需要频繁使用的产品，这一点还是很重要的，而且名牌产品大多都是 1～3 年的质量保证。目前以生产鼠标闻名的公司主要有 Logitech（罗技）、Genius（昆盈）、A4 TECH 和爱国者等，这些公司生产的鼠标具有质量好、使用方便、分辨率高、软件丰富的优点，也有很多创新的设计，适合于对鼠标要求较高的人士选用，缺点当然就是价格比较贵。对于大众用户，可以从市场上大量的杂牌鼠标中，挑选出其中的精品来使用，毕竟，很多人认为其中区别不太大。一般著名厂商都有好的外层包装，尽管包装对于用户来说并不重要，然而，从包装上应该可以初步看到鼠标的真伪、好坏，也可以初步了解一下鼠标的性能。一般来说，良好的鼠标的包装较为整齐，除标明生产厂商及其地址之外，还标明生产序列号和核准的合格证。

西蒙·克雷小传

西蒙·克雷于 1925 年 9 月出生在美国威斯康星州的工程师世家。在参加了几年陆军后，克雷到威斯康星大学和明尼苏达大学继续深造。1950 年获电气工程学士学位，又用了一年攻下了硕士学位。

克雷先后在工程研究学会和雷明顿·兰德公司从事开创性的计算机研究。在那里，他设计出他的第一台计算机 ERA1101。1957 年克雷跟随威廉·诺瑞斯创立 CDC 公司，1972 年自行创办克雷研究公司，从此开始了他漫长的"巨型机"的研究生涯。

在研制出"克雷 1 号"、"克雷 2 号"和"克雷 3 号"之后，1989 年，由于意见分歧，克雷博士退出克雷研究公司，又创办了另一家"克雷计算机公司"，打算集中精力研制超过"克雷 1 号"12000 倍的"克雷 4 号"（Cray-4）。不幸的是，1996 年 10 月 5 日，71 岁高龄的克雷逝世于车祸造成的脑外伤。

克雷的名字长时期一直与巨型机相联系，巨型机基本上按照他创造的模式建立。《财富》杂志曾引用他的话说："毋庸质疑，在这一领域需要天才，天才是杰出的象征。"克雷不仅是真正的天才，他还是举世公认的"巨型机之父"。

习 题

一、判断题（正确的在括号内画"√"，错误的画"×"）

1. 机械式键盘一般类似金属接触式开关的原理，使得触点导通或断开。（ ）

2. 键盘的外形分为标准键盘和非标准键盘。（ ）

3. 光电鼠标精度较高但价格也高，多用于专业制图。（ ）

4. 所有 Microsoft 软件都支持鼠标的左中右三键。（ ）

5. 串行鼠标是通过串行口与计算机相连，有 9 针接口和 25 针接口两种，当前流行的鼠标都采用串行口。（ ）

二、填空题

1. 按键盘工作原理分类，可分为_____、_____、_____和_____。

2. 目前，计算机常用的鼠标有_____鼠标和_____鼠标。

3. 常规键盘具有_____、_____、_____3 个指示灯，标志键盘的当前状态。

4. 鼠标的常见故障有断线故障、_____、_____和_____。

5. 键盘接口可分为，AT 接口、_____接口、_____接口和无线型键盘。

三、单项选择题

1. 目前，标准的 PC 键盘一般为（ ）。

  A. 83 键　　　　B. 101 键　　　　C. 104 键　　　D. 110 键

2. 以下不属于键盘出现的常见故障的是（ ）。

  A. 开机后键盘指示灯不亮，按键无反应

  B. 键盘的某个键按下后无法弹起

  C. 按下某个键屏幕上没有反应

  D. 触点开关损坏

3. 以下不属于键盘自检出错的原因是（ ）。

  A. 键盘接口接触不良　　　　　　B. 键盘硬件故障

  C. 键盘锁定　　　　　　　　　　D. 病毒破坏

4. 从鼠标的内部结构和工作原理上来分，不包括（ ）。

  A. 纯机械式鼠标　　B. 光机式鼠标　　C. 三键鼠标　　D. 光电鼠标

5. 在 Windows9x 上，如果没有鼠标，可以在"控制面板"中选择（ ）来安装。

  A. 鼠标　　　　　　　　　　　　B. 添加/删除程序

  C. 添加新硬件　　　　　　　　　D. 系统

四、简答题

1. 鼠标的接口类型有哪些？简述机械鼠标的工作原理。

2. 简单介绍键盘的规格特点和接口。

3. 简述键盘的日常维护方法及注意点。

4. 选购键盘、鼠标时应注意哪些地方？

第八章 机箱与电源

➡ **本章要点**

- 机箱的分类
- 机箱的选购方法
- 主机电源的特点、选购、安装方法
- UPS 不间断电源的特点

➡ **本章学习目标**

- 了解机箱、主机电源、UPS 不间断电源的特点
- 了解机箱、主机电源、UPS 不间断电源的分类情况
- 掌握机箱的选购方法
- 主机电源的选购与维护方法

第一节 机 箱

机箱如图8-1所示，在计算机配件中，其受关注程度虽然远比不上 CPU、主板、显卡等部件，但是随着其他配件的不断更新换代以及人们对时尚的追求，不少人在购买计算机时都会花更多的时间去挑选一款适合自己的机箱。一款理想的机箱，除了能对硬件进行有效的保护外，其良好的散热系统、较强的防辐射能力、时尚的外观以及用户界面人性化等都是必不可少的。

图8-1　机箱

一、机箱的分类

1．按机箱的结构分

按机箱的结构，可分为 AT、ATX、NLX、Micro ATX 等4种。

（1）AT 机箱的全称为 BaBy AT，主要应用到早期486以前的主机中，且只能支持安装 AT 主板。早期的 AT 主板上 I/O（COM1、COM2、EPP）接口都要使用特殊的数据线，一端露在机箱外，一端连接在主板的接口上。

（2）ATX 机箱是目前最常见的机箱，不仅要支持 ATX 主板,还可安装 AT 主板和 Micro ATX 主板。ATX 主板将所有 I/O 接口都做在主板背后，所以 ATX 机箱和 AT 机箱一个很显著的区别就是 ATX 机箱有一个 I/O 背板，而 AT 机箱最多背后留有一个大口键盘孔。

（3）Micro ATX 机箱是在 ATX 机箱基础上建立的，是为了进一步节省宝贵的桌面空间。具体结构和标准 ATX 机箱是一样的，但比 ATX 机箱体积要小一些。

（4）NLX 机箱多是采用了整合主板的品牌计算机使用的，外型大小和 Micor ATX 机箱比较接近，但支持主板的结构是分离式的。NLX 机箱只支持 NLX 结构的主板，即系统板和扩充板分开的那种主板。

总之，各个类型的机箱只能安装其支持的类型的主板，不可混用。

2．按机箱的扩展以及外形来分

从机箱的扩展以及外形上来分，可分成超薄、半高、3/4高、全高和立式、卧式机箱。

（1）3/4高和全高机箱。主要就是我们在市场上常见的标准 ATX 立式机箱，拥有3个及3个以上的5.25英寸驱动器扩展槽和两个3.5寸软驱槽。

（2）超薄机箱。主要就是一些 AT 机箱，只有一个3.5英寸软驱槽和2个5.25英寸驱动器槽。

（3）半高机箱。主要是一些品牌计算机采用的 Micro ATX 机箱和 NLX 机箱，有2～3个5.25英寸驱动器槽。

二、机箱的选购

在选购 PC 的时候最容易忽略的就是机箱，普遍认为挑一个好看的机箱就可以了，或能省点就省点。其实这些都是不正确的，选择好的机箱也是非常重要的，它会直接影响一台计算机的稳定性、易用性和寿命等。没有一个好的机箱，计算机的其他配件再好也上不了档次。因此，有必要掌握一些机箱的选购知识，以保证选购的产品耐用可靠。

1. 机箱的材质

目前市场上的机箱多采用的镀锌钢板制造，其优点是成本较低，而且硬度大，不易变形。但是也有不少质量较差的机箱，为了降低成本，而采用较薄的钢板，这样一来使得机箱的强度大大降低，不能对机箱内的硬件进行有效地保护，而且还因为钢板的变形而给安装带来了不少的麻烦，当然防辐射能力也大大降低。更有甚者，由于主板底座变形使得主板和机箱形成回路，导致系统相当不稳定。镀锌钢板也存在其缺点，那就是重量较大，同时导热性能也不强。为了解决这一问题，目前有的厂商开始推出铝材质的机箱。

机箱的面板目前多采用 ABS 材料。这种材料硬度和强度都很高，并具有防火性。但是仍然有一些劣质的机箱，为节省成本而采用普通的塑料来顶替。同时，烤漆工艺也是值得考虑的地方。一款经过较好烤漆处理的机箱，烤漆均匀、光滑、不掉漆。烤漆较差的机箱则表面粗糙。

2. 机箱的散热

随着硬件性能的不断提高，机箱内的空气温度同样持续升高。特别是对于硬件"发烧友"来说，这个问题就更加明显了，超频后的CPU、主板芯片、顶级显卡以及多硬盘同时工作，使机箱温度不能忽视。因此，厂商在设计机箱时，"散热"成为考虑的重要因素。目前市面上机箱大多在侧面和背面留有较多的散热孔，并预留安装风扇位置，让用户在需要的时候可以自行安装；有的机箱则配备有散热风扇，较为高档的则配备有多达3～4个风扇或超大型散热风扇。

3. 机箱的内部设计

讲到机箱的内部设计，我们主要考虑的是：坚固性——是否可以稳妥地承托机箱内部件，特别是主板底座是否在一般的外力作用下发生较大的变形；扩展性——由于IT的发展速度相当迅速，有着较大扩展性的机箱可以为日后升级留有余地，其中主要考虑的是其提供了多少个5.25英寸光驱位置和3.5英寸软驱或硬盘位置，以及PCI扩展卡位置；同时防尘性也是一个值得考虑的问题。

4. 机箱的制作工艺

机箱的制作工艺同样很值得注意，一些看起来很细微的设计，往往对使用者有很大的帮助。以前拆卸机箱的时候，恐怕人人手里都少不了螺丝刀。而现在有些机箱全身上下也就几个螺钉，有的干脆就采用了卡子的形式，螺丝钉彻底不用了。不仅是机箱外部没了螺钉的身影，连机箱内部也看不见螺钉。原来安装一块卡的时候，需要拧螺钉拆挡板。而现在有的厂家设计的机箱采用了滑轨形式的塑料扣子，拔插板卡的时候只要轻轻地把塑料扣子抠开或者合上就可以了。在安装主板的时候，普通机箱的主板固定板上有若干固定孔，必须安装一些固定主板用的螺钉、铜柱和伞形的塑料扣来固定主板。不仅安装拆卸麻烦，搞不好还会引起主板短路。目前有些高档机箱的主板固定板采用弹簧卡子和膨胀螺钉的组合形式来固定主板。膨胀螺钉可以根据使用环境的不同而改变自身的粗细大小。弹簧卡子也可用来固定主板，拆卸的时候只要扳开卡子就可以拿下主板而不用再拧螺钉。很明显，目前的高档机箱多数采用的都是镶嵌衔接式结构，告别了螺钉时代，同时也不会出现因采用螺钉固定机箱的那种螺钉"滑丝"现象。

不仅是上述的制作工艺，一个好机箱也不会出现机箱毛边、锐口、毛刺等现象。而劣质机箱出现上述种种现象则是很正常的。好机箱一般在出厂前都要经过相应的磨边处理。把一些钢板的边沿毛刺都磨平，棱角之处也打圆，相应的折起一些边角。安装这样的机箱时，绝对不用担心自身的安全问题。好机箱背后的挡板也比较结实，需要动手多弯折几次才可卸掉，不像劣质机箱后边的挡板拿手一抠就掉了。此外好机箱的驱动槽和插卡定位准确，不会出现偏差或装不进去的现象。这种问题在有些低价机箱上很常见。比如，现在的软驱插槽一般为了美观，机箱软驱槽前面塑料面板都设计成了弧形。好机箱的定位比较准，软驱安装好之后，软盘进出都很容易。而劣质机箱安装软驱之后，软盘经常会出不来，这都是驱动器槽定位不准造成的。在廉价机箱的5.25英寸驱动器槽处，是一个塑料的挡板，而高档的机箱则会全部采用金属挡板，它不仅可以防尘，也起一定的屏蔽作用。此外在驱动器的安装方面，普通机箱采用的是螺钉固定。高档机箱则是滑轨固定，有弹簧片固定在光驱之类的设备上，然后顺着5.25英寸槽插进去就行了，弹簧片会自动锁定在固定位置，拆卸也很容易。

5. 机箱的特色

目前不少机箱都采用透明侧板，加上机箱内的冷光灯以及发光的风扇，使得机箱从一个呆板的铁匣子变成一件装饰品；前置 USB 接口和音频接口也已经不少见，目前大部分机箱都配备这样的接口，为用户使用提供方便，有的甚至还带有前置1394火线接口；目前我们看到很多的机箱的侧板拆装都采用手动螺钉设计，而内部的光驱、软驱、硬盘甚至扩展卡槽都采用螺钉设计，这样的设计有的会为用户带来方便，有的甚至不如传统的机箱。

温度显示，目前有不少的机箱的内部带有温度探头，前面板都带有液晶屏显示机箱内的实时温度，这样可以为用户特别是超频爱好者提供很大的方便。机箱内部结构如图8-2所示。

市场上的机箱品种繁多，其中 ST 世纪之星、大水牛、广州金河田、百胜、航嘉、华硕、技展、世喜、爱国者等都是信誉较好的机箱生产厂家。世纪之星系列机箱给人的感觉不只是拥有华丽的外表，其内在的品质也十分优秀。大水牛的机箱属于经济家用型，很受欢迎。爱国者的机箱一向以豪华大方著称。技展和华硕的机箱在外表上看起来很大众化，但内在做工以及选料上绝对是一流的产品。

图 8-2 机箱内部

第二节 电 源

电源也称为电源供应器（Power Supply），它提供计算机中所有部件所需要的电能，电源功率的大小，电流和电压是否稳定，将直接影响计算机的工作性能和使用寿命。

计算机的电源是一种安装在主机箱内的封闭式独立部件，它的作用是将交流电变换为 +5V、-5V、+12V、-12V、+3.3V、-3.3V 等不同电压、稳定可靠的直流电，供给主机箱内的系统板、各种适配器和扩展卡、软硬盘驱动器等系统部件和键盘使用。

如果说计算机中的 CPU 相当于人的大脑，那么电源就相当于人的心脏了。作为计算机运行动力的唯一来源、计算机主机的核心部件，其质量好坏直接决定了计算机的其他配件能否可靠地运行和工作。但是相对于计算机中负责数据处理的 CPU、图像处理的显卡等配件来说，电源往往被人忽视。但是大家往往不知道，有时候系统不稳定，程序莫名其妙出错，计算机重启、死机，硬盘无法识别，甚至出现坏道时，很可能是电源出了问题，而到了那时用户才会意识到电源的重要性。

一、主机电源

1. 主机电源的组成

计算机中的每一个配件在工作时都需要消耗电压不等的直流电，而主机电源，如图8-3所示，其主要功能是将外部的交流电（AC）转换成符合计算机需求的直流电（DC）。

图 8-3　主机电源

（1）外部结构。作为整个计算机系统的"发动机"，电源外部结构主要由外壳、风扇、市电接口、主板电源输出接口、IDE 电源输出接口和软驱电源输出接口组成。

（2）内部结构。电源内部结构主要由输入电网滤波器，输入、输出整流滤波器，变压器，控制电路和保护电路几个主要部分组成。

（3）滤波器。输入电网滤波器的主要作用是消除来自电网的干扰，同时防止电源产生的高频噪声扩散到电网中引起干扰；输入整流滤波器是将输入电压进行整流滤波，并提供给变压器直流电压；输出整流滤波器则是将变压器输出的高频电压电流进行整流滤波，得到所需的直流电压，并且防止高频噪声对计算机配件的干扰。滤波品质的高低直接关系到输出直流电中交流分量的高低。另外滤波电容的容量和品质也关系到电流变化时电压的稳定程度。

（4）变压器。作为电源中不可或缺的重要部件，变压器的作用主要是将直流电压转换成高频交流电压，并根据不同的线路接口设计使用不同规格的变压器。

（5）控制电路。控制电路则是将输出的直流电与基准电压进行比较，并进行放大调制振荡器的脉冲宽度，从而控制变压器，使输出电压更稳定。

（6）保护电路。保护电路是电源设备的防护性组件，当出现电压或电流过大或短路时，它可以立即停止电源转动，防止烧毁电源或连接在电源上的计算机配件。

2. 主机电源的性能指标

辨别电源性能优劣的最为直接的办法就是看电源的功率。电源功率分为额定功率、最大输出功率和峰值功率3种。3项指标中最能反映一款电源实际输出能力的是最大功率，因此购买电源时首要注意的就是最大输出功率。

（1）额定功率。额定功率是指电源厂家按照 Intel 公司制定的标准，在环境温度为–5～50℃、电压范围在180～264V 间电源长时间的平均输出功率。

（2）输出功率。输出功率是指电源在环境温度为25℃左右，电压范围为200～264V 时长时间稳定输出的最大功率。

（3）峰值功率。峰值功率是电源在短时间内所能达到的最大功率，通常是指30s 内能达到的最大功率，但该值并无多大实际意义。

3. 主机电源的分类

和计算机上其他部件迅速的发展不同的是，电源的发展是十分缓慢的，至今在个人计算机上的配置也仅有 AT、ATX 和 Micro ATX 三种电源类型。

（1）AT 电源。从古老的286个人计算机时代开始，AT 电源就是一直是个人计算机的标准配置，这一局面直到586时代才结束。AT 电源的功率较小，一般为150～220W，共有4路输出（±5V、±12V），另向主板提供一个 P.G 信号。输出线为两个6芯插头和几个4芯插头，两个6芯插头给主板供电。AT 电源采用切断交流电网的方式关机。

（2）ATX 电源。作为目前应用最为广泛的个人计算机标准电源，和 AT 电源相比，其外形尺寸没有变化，主要增加了+3.3V 和+5V SB 两路输出和一个 PS-ON 信号，输出线改用一个20芯线给主板供电。 随着 CPU 工作频率的不断提高，为了降低 CPU 的功耗以减少发热量，需要降低芯片的工作电压，所以，由电源直接提供3.3V 输出电压成为必须。+5V SB 也叫辅助+5V，只要插上220V 交流电它就有电压输出。PS-ON 信号是主板向电源提供的电平信号，低电平时电源启动，高电平时电源关闭。利用+5V SB 和 PS-ON 信号，就可以实现软件开关机器、键盘开机、网络唤醒等功能。辅助+5V 始终是工作的，有些 ATX 电源在输出插座的下面加了一个开关，可切断交流电源输入，彻底关机。

ATX 电源最初的 ATX 1.0规范标准，是将电源置于 CPU 的上方，利用电源风扇直接对 CPU 进行散热。但现在主流 CPU 的发热和功耗都较高，这种散热方式反而会引起机箱内温度升高，造成机器运行的稳定性降低。改进的 ATX2.0规范，重新确定电源风扇的位置，仍采用风扇向外抽风的方式，同时对电源电路也做了许多技术改进，保证了目前板卡及其他设备的供电电源的稳定。

ATX 经历了 ATX1.01、ATX2.01、ATX2.02、ATX2.03以及 ATX12V 多个版本的革新。目前在市场上占据主流位置的是 ATX2.01、ATX2.03及 ATX12V 版本，ATX2.01规格的辅助+5V 电流规定为720mA，ATX2.03的辅助+5V 电流为1A，可以实现网络唤醒等功能。由于 Intel 推出的全新核心的 Pentium4处理器的功能耗相对较大，普通标准的 ATX 电源无法应付，Intel 制定了与之相适应的电源标准 ATX12V，也就是我们经常说的 P4电源。和普通 ATX 电源相比，P4电源增大了+12V 的输出能力和辅助+5V 的电流，此外，还增加了一根4线（+12V）接头，具备+12V 输出能力。此外随着串口 ATA 设备的逐渐普及，增加串口 ATA 电源接头的 ATX 电源产品也开始逐渐增多，电源标签如图8-4所示。

（3）Micro ATX 电源。Micro ATX 是 Intel 在 ATX 电源之后推出的标准，主要目的是降低成本。其与 ATX 的显著变化是体积和功率减小了。ATX 的体积是150mm×140mm×86mm，Micro ATX 的体积是125mm×100mm×63.51mm；ATX 的功率在220W 左右，Micro ATX 的功率是90～145W。

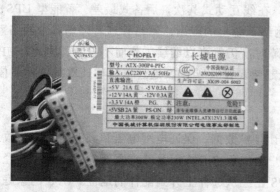

图8-4 电源标签

图8-5 UPS

二、UPS 不间断电源

UPS（Uninterruptable Power Supply）不间断电源，如图8-5所示，可以保障计算机系统在停电的瞬间，（约4～8ms 内）继续供应电力以使用户能够紧急存盘，避免数据丢失。UPS 作为计算机的重要外设，已从最初的提供后备时间单一功能发展到今天的提供后备时间及改善电网质量的双重功能，在保护计算机数据、改善电网质量、防止停（断）电和电网污染对用户造成大危害等方面起着很重要的作用。

1．UPS 的分类

UPS 按其工作方式分为离线式（Off Line）、在线式（On Line）和线上互动式（Line-interactive）3类。

（1）离线式 UPS。离线式 UPS 平时处于蓄电池充电状态，在市电正常时，直接由市电向计算机供电，当市电超出其工作范围或停电时，逆变器紧急切换到工作状态，通过转换开关转为电池逆变供电，将电池提供的直流电转变为稳定的交流电输出，因此离线式 UPS 也被称为后备式 UPS。其特点是：结构简单、体积小、成本低，但输入电压范围窄，输出电压稳定精度差，有切换时间问题。

（2）线上互动式 UPS。这是一种智能化的 UPS，可自动侦测外部输入电压是否处于正常范围之内。在市电正常时直接由市电向计算机供电；当市电偏低或偏高时，通过 UPS 内部稳压线路稳压后输出；当市电异常或停电时，通过转换开关转为电池逆变供电，提供比较稳定的正弦波输出电压。而且它与计算机之间可以通过数据接口（如 RS-232串口）进行数据通信，通过监控软件，用户可直接从计算机屏幕上监控电源及 UPS 的状况，简化、方便了管理工作，并可提高计算机系统的可靠性。其特点是：有较宽的输入电压范围，噪音低，体积小，同样存在切换时间问题。

（3）在线式 UPS。在线式 UPS 一直使其逆变器处于工作状态，在市电正常时，由市电进行整流将外部交流电转变为直流电，再通过高质量的逆变器将直流电转换为高质量的正弦波交流电输出给计算机；在市电异常时，逆变器由电池提供能量，逆变器始终处于工作状态，保证无间断输出。在线式 UPS 供电状况下的主要功能是稳压及防止电波干扰；在停电时则使用备用直流电源（蓄电池组）给逆变器供电。其特点是：有极宽的输入电压范围，且输出电压稳定精度高，由于逆变器一直在工作，因此不存在切换时间问题，特别适合对电源要求较高的场合，但是成本较高。

从稳定性、可靠性来看，在线式最好，在线互动式其次，后备式最差。智能型 UPS 是当今 UPS 的一大发展趋势，随着 UPS 在网络系统上的应用，网络管理者强调整个网络系统为保护对象，希望整个网络系统出现故障时，仍然可以继续工作而不中断。因此，UPS 内部配置微处理器使之智能化是 UPS 的新趋势。智能型 UPS 通过接口与计算机进行通信，从而使网络管理员能够监控 UPS。

2．UPS 的选购

UPS 作为计算机的重要外设，在保护计算机数据、保证电网电压和频率的稳定、改进电网质量、防止瞬时停电和事故停电对用户造成危害等方面是非常重要的。随着人们经济水平的提高，计算机及外设不断升级，UPS 已经从选件上升到配件的地位。UPS 的家庭需求已经形成，UPS 家庭用户群已开始出现。

就家庭用户来说，后备式 UPS 足以满足需要。因为它们的停电保护反应时间小于10ms，完全达到家用计算机的要求。以下介绍几个需要着重考虑的因素。

（1）购买的指标。名牌 UPS，特别是原装的，价格都比较贵。但它们相互的差价不大，而家用 UPS 售价一般已能为家庭用户承受。

（2）质量。家庭用户没有专门技术维护人员，UPS 一旦出了质量问题，用户自己很难解决。而质量好的 UPS，只有大厂、名厂才能保证。

（3）售后服务。家庭用户使用和维护 UPS 都有困难，需要及时周到的售后服务。这包括，在出售 UPS 时告诉用户明确的保修范围，具有快速反应、服务上门的维修队伍，开通技术热线，负责升级或提供升级咨询、指导。

（4）功能需求。这包括3方面的内容：厂商出售的 UPS 必须满足用户在功能方面的需求；UPS 商品不应当含有或过多含有用户不需要或无法实现的功能，以降低用户对不合理成本的负担；必须具备某种能力的可升级性。

三、主机电源的选购、安装与维护

（一）主机电源的选购

电源是关系到计算机各个部门能否正常运作的重要部件，劣质电源导致硬盘出现坏道或者损伤，主机可以莫名其妙地重新启动或者超频不稳定等故障现象。电源选择一般可考虑以下几点：

1. 确保电源输出要稳定

因为一旦电源输出不稳定，可能导致硬盘在读取数据时，磁头因突然停电或者电源输出不稳定而划伤磁道甚至损伤硬盘，或者计算机可能会出现莫名其妙的各种故障现象。因此，一定要保证电源在连接不同负载时，都能有稳定的输出，这样电源就能适应不同用户的需求或者适应不同配置的计算机。

2. 选择有较好市场信誉的品牌电源

市场上电源产品种类繁多，而伪劣电源不但在线路板的焊点、器件等方面不规则，而且还没有温控、滤波装置，这样很容易导致电源输出的不稳定。所以尽量选择在目前市场上享有良好声誉和口碑的电源产品，例如中国内地生产的长城牌电源、银河电源以及台湾在大陆投资生产的 SPI、DTK 电源等。

3. 电源产品必须有安全认证

必须确保电源产品取得国际或者国家质量认证，例如中国电工产品的认证，或者是符合其他多个国家的认证标准，比如 CE 认证、FCC 认证、TUV 认证以及 CSA 认证等，因为只有符合这些认证标准的电源产品，在材料的绝缘性、易燃性、电磁波的防范性等方面才有着严格的规定。

（1）要保证产品有过压保护功能。由于现在的市电供电极不稳定，经常会出现尖峰电压或者其他输入不稳定的电压，这种不稳定的电压如果直接通过电源产品输入到计算机中的各个配件部分，就可能使计算机的相关配件工作不正常或者导致整台计算机工作不稳定，严重的还可能会损坏计算机。因此为了保证计算机的安全，必须确保选择的电源产品具有双重过压保护功能，以便有效抑制不稳定电压对各个配件的伤害。

（2）电源中的风扇转动要良好。由于电源在工作过程中会发出热量，如果不把这些热量迅速排出电源盒，那么电源盒中的温度可能会升高，这样会很容易烧坏电源，或者使电源工作不稳定。因此必须确保安装在电源盒中的散热风扇转动良好，具体表现在风扇运行过程中不应出现明显的噪音，不能出现风扇叶被卡住的现象等。

（3）电源输出功率要大。为了确保计算机能带动更多的外接设备，应该保证选择的电源功率至少不能低于250W。因为一旦电源功率过小，以后增加外挂硬盘或者光驱时，这些外接设备就会因为功率过小而无法正常启动。

（二）主机电源的安装

安装电源时，最好让机箱平躺在桌面上，这样可以防止在安装时电源突然滑落，碰到配件。接下来连接主板电源，主板电源接口是从电源中引出一捆线中最粗的那一捆，其末端有一个长方形的20孔插头，这一个插头是用来连接主板的。这种插头安装很容易，因为插头中的各种孔并不都是正方形的，有些是多边形的，反插是无法插入的，因此不必担心它被插反而烧坏主板；而 AT 电源就没有这么方便，如果电源插头插反就会烧毁主板。当你把插头连接在主板电源插座后，其侧面的固定卡会牢牢地扣在主板电源插座上。如果要拆卸计算机，就要先用手捏开这个固定卡，再向外拔插头才可以将电线取出。

安装时，一定要注意，其上有一个固定扣，需要和主板电源接口上锁扣对应。我们可以清楚地看到，在电源接口下方，有一个明显的突出部分，这就是固定电源插头固定扣的，主板电源连接如图8-6所示。

在电源中除了连接主板的电缆以外，还有许多根电缆，这些电缆中有许多白色塑料制成 D 形插头，这些插头就是供光驱、硬盘等设备工作之用的。计算机中的硬盘、光驱都会使用到 D 形电源插头，把其中一个 D 形插头按照正确的方向插入到硬盘及光驱的电源插座中即可。因为硬盘、光驱的电源插座也是 D 形的，所以一般不会插反，硬盘电源连接如图8-7所示。

图8-6　主板电源连接　　　　　　　　　图8-7　硬盘电源连接

连接软驱时需要特别注意，因为这种插头有可能会被插反，一旦插反，在开机后就会烧毁软驱。因此插入前请确认一下插头的方向，其缺口应向下插在软驱上才对。

硬盘的电源线的防反插设计比较好，一般不会出现插反的现象，不过如果电源的质量不过关，也有可能出现插反的现象。在安装时，最好先看一下电源的方向。

连接好驱动器的电源后，再来连接散热风扇的电源，CPU 的散热风扇的电源接头有两种，一种是专用的小型3针接头，这种接头需要插在主板标记有"CPU FAN"的插座上。而现在大多数廉价的散热风扇直接串联在电源接头上，同样使用的是 D 形接头。

注意：建议最好不要将硬盘电源与风扇电源连接在同一条电源线上。因为某些散热风扇的功率较大，会造成电源负载过重，导致硬盘工作异常。

有些读者可能会问3针插头与 D 形插头有什么不同呢？对于3针插头的风扇而言，如果引线是三线的（红黑黄），则证明该风扇可以支持测速功能，在具有监控功能的主板上，可以通过软件监测风扇的转速，最大限度地保障系统的安全性。而两线的3针插头风扇，使用D形接头的风扇则不具备测速的功能，因此用户无法在开机时获取风扇的运行情况，这就是三线风扇与两线风扇的最大区别。

一般CPU风扇的3针电源插座在CPU附近，在插座附近会有"CPU FAN"的标志。

（三）机箱电源的维护

机箱电源的维护主要是电源盒内部的除尘和检查电源盒的散热风扇是否正常。

机箱电源盒内有一个热风扇，风扇把电源盒内的热量抽出。在风扇向外抽风时，电源盒内形成负压，使得电源盒内的各个部分吸附了大量的灰尘，特别是风扇的叶片上更是容易堆积灰尘。功率晶体管和散热片上堆积灰尘影响散热，风扇叶片上的积尘将增加风扇的负载，降低风扇转速，也将影响散热效果。在室温较高时，如果电源不能及时散热，将烧毁功率晶体管。除对电源除尘之外，还应该为风扇加润滑油。具体操作方法如下：

（1）拆卸电源盒。电源盒一般是用螺钉固定在机箱后侧的金属板上，拆卸电源时从机箱后侧拧下固定螺钉，即可取下电源。有些机箱内部还有电源固定螺钉，也应当取下。电源向主机各个部分（主板、硬盘、光驱、软驱等）供电的电源线都要取下。

（2）打开电源盒。电源盒由薄铁皮构成，其凹形上盖扣在凹形底盖上用螺钉固定，取下固定螺钉，将上盖略从两侧向内推，向上即可取出上盖。

（3）给电路板及散热片除尘。取下电源上盖后，可用油漆刷（或油画笔）为电源除尘，固定在电源凹形底盖上的电路板下常有不少灰尘，可拧下电路板四角的固定螺钉取下电路板为其除尘。

（4）给风扇除尘。电源风扇的四角是用螺钉固定在电源的金属外壳上，为风扇除尘时先卸下这4颗螺钉，取下风扇后，用油漆刷为风扇除尘，风扇也可以用拧干的湿布擦拭，但注意不要使水进入风扇转轴或线圈中。

（5）给风扇加油。风扇使用一两年后，转动的噪声明显增大，大多是由于轴承润滑不良造成。为风扇加油时先用小刀揭开风扇正面的不干胶商标，可看到风扇前轴承（国产的还有一个橡胶盖，需撬下才能看到）。在轴的顶端有一卡环，用镊子将卡环口分开，然后将其取下，再分别取下金属垫圈、塑料垫圈；用手指捏住风叶往外拉，拉出电机风叶连同转子。此时前后轴承都一目了然。将钟表油分别在前后轴承的内外圈之间滴上2～3滴（油要浸入轴承内），重新将轴插入轴承内，装上塑料垫圈、金属垫圈、卡环，贴上不干胶商标，再把风扇装回，风扇拆卸如图8-8所示。

CPU上的散热风扇也应每年加油一次，以减小噪声，同时也减少了轴承的磨损。

（6）散热风扇的维护。如果电源工作时，风扇不转，听不到风扇转动的声音，应立即断电检查，否则会造成电器内部元器件过度发热，时间一长将导致电源损坏。这类故障大多是风扇线圈烧断引起的，应立即更换新风扇。

如果风扇运转中发生异常响声，则可能是由于风扇固定螺钉松动，或风扇内部灰尘太多，或轴承缺少

图8-8　风扇拆卸

润滑而引起的。这时应该分别紧固螺钉，清理灰尘或者向风扇轴承内加注少许润滑油，故障排除。

唐·埃斯特奇小传

唐·埃斯特奇，一位制造了 IBM PC 的伟大天才，但却是一位鲜为人知的悲剧人物。

埃斯特奇1937年出生于美国佛罗里达州杰克逊维尔，是佛罗里达大学工程学士，加入 IBM 后参与了几种防空计算机系统的设计。20世纪70年代末在 IBM 公司担任中级技术经理，负责软件开发业务。1980年，他领导着博卡雷顿实验室"13人小组"，顶着 IBM 官僚体系的重重压力，以"开放"的思想努力创新，一年之内开发出影响计算机发展前途的 IBM PC 个人计算机，并推出 IBM PC/XT 和 IBM PC/AT 等后续产品，使其成为个人计算机事实上的行业标准。在 IBM 公司内部，埃斯特奇被尊称为"PC机之父"，成为该公司最富个人魅力的传奇英雄。

由于特立独行的性格，1985年埃斯特奇被调离博卡雷顿 PC 事业部。同年8月2日，因其乘坐的班机在暴风雨中失控，他与夫人不幸遇难于达拉斯，没有来得及看到 PC 计算机后来的辉煌成功。

习　题

一、判断题（正确的在括号内画"√"，错误的画"×"）

1. 将 AT 型主板更换为 ATX 型主板，原有的 AT 电源无需更换，因为它的主板电源插头是一样的。（　　　）

2. 开机后如果 PC 电源部件的散热风扇正常转动，则说明电源的+5V 直流输出没问题。（　　　）

3. 如果电源输出的 PG 信号始终维持一个低电平，就会使主机不启动。（　　　）

二、填空题

1. 从机箱的结构分可以分为_____、_____、_____、_____ 4 种。

2. PC 机电源部件与主板相配合，也有_____和_____两种规格。

三、单项选择题

1. PC 机 ATX 型电源不能提供（　　　）电压。

    A．+3.3V　　　　　B．+5V　　　　　C．–5V　　　　　D．–3.3V

2. Pentium 4 机一般要求电源功率为（　　　）。

    A．200W　　　　　B．250W　　　　　C．300W　　　　　D．400W

四、简答题

1. 简述机箱的分类。

2. 简述选购机箱时应该注意的问题。

3．简述 UPS 的分类。

4．简述电源的分类。

5．简述选购电源时应该注意的问题。

五、实验题

1．观察、熟悉各型机箱的结构和与主板的连接方法。

2．进行各型机箱与主板和外设的拆、装操作训练（操作提示：拆卸主板时，一定先把其他外设拆除以后再进行）。

3．观察、熟悉各型电源的结构及与机箱和主板的连接方法。

4．进行各型电源与机箱和主板的拆、装操作训练（操作提示：安装电源时一定要注意方向，否则容易装反）。

第九章　声卡与音箱

➤ **本章要点**
- 声卡、音箱的结构
- 声卡、音箱的工作原理
- 声卡、音箱的主要技术指标
- 声卡、音箱的选购方法
- 声卡的安装方法

➤ **本章学习目标**
- 了解声卡、音箱的结构
- 了解声卡、音箱的工作原理
- 明确声卡、音箱的性能指标
- 掌握声卡的安装方法

第一节　声　　卡

声卡是声效卡的简称，是多媒体计算机的主要部件之一，它包含了记录和播放声音所需要的硬件。声卡的问世标志着多媒体时代的到来，从 1984 年英国的 ASLIB AUDIO 公司推出的 ADLIB 声卡，到 20 世纪 80 年代后期新加坡 CREATIVE(创新)公司开始推出 Sound Blaster 声卡（声霸卡），及 Sound Blaster 标准的建立和完善，声卡播放精度也从最初的 8 位单声道发展成今天的 16 位立体声，MIDI 播放则从原来的 FM 合成发展到如今的波表合成。透过这些不难看出，声卡走过了一段漫长的发展历程。而近来随着整合型主板的流行和 USB 音箱的出现，又使传统声卡面临着不小的挑战。

一、声卡的结构和工作原理

1. 声卡的结构

声卡是利用专用处理芯片来协助 CPU 处理程序中的有关音频数据的，并把它们转换成音频信号播放出去。声卡的种类很多，功能也不完全相同，但它们有一些共同的基本功能：录制话音（声音）和音乐；选择以单声道或双声道录音；控制采样速率。声卡上有数模转换芯片（DAC），用来把数字化的声音信号转换成模拟信号，同时还有模数转换芯片（ADC），用来把模拟声音信号转换成数字信号，其外观如图 9-1 所示。

声卡上有音乐数字接口（MIDI），能使用 MIDI 乐器，诸如钢琴键、合成器和其他 MIDI 设备。声卡有声音混合功能，允许控制声源和音频信号的大小。好的声卡能对低音部分和高音部分进行控制。声卡上还有一个或几个 CD 音频输入接口，用以接收 CD-ROM 的声音采集信号。

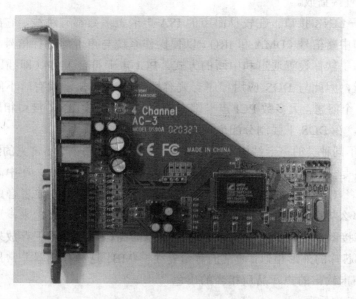

图 9-1　声卡外观

音频处理芯片。音频处理芯片基本上决定了整个声卡的性能和档次，是声卡上的核心部件。在音频数据的处理中，其算法和处理过程都由主芯片来完成，特别现在的 3D 音效声卡，其外观在芯片上标有商标、型号、生产日期、编号、生产厂商等重要信息。按照 AC'97 规范标准，为了保证声卡的信噪比（SNR）能够达到 80dB（分贝）以上，要求声卡的 ADC、DAC 处理芯片与数字音效芯片分离。

功放芯片。从声音处理芯片出来的信号还不能直接推动音箱喇叭发出声音，绝大多数声卡带有功率放大芯片（简称为功放芯片）以实现声音播放功能。

总线接口。声卡的总线接口是用于与主板的声卡接口电路相连接的，现在常用的声卡总路线接口有 PCI 和 ISA 两种，但是现在 ISA 随着主板 ISA 插槽的取消而消失。

输入/输出接口。声卡要具有录音和放音功能，就必须要有与之对应的放音和录音相连接的接口，如图 9-2 所示。

输入/输出接口有：

Speaker：该接口连接音箱或耳机。

Line Out：该接口连接功率放大器。

Line In：该接口连接音响设备的 Line Out 接口。

Mic In：该接口连接麦克风（话筒）。

MIDI 及游戏杆接口。几乎所有的声卡上均带有一个游戏杆接口来配合模拟飞行、模拟驾驶等游戏软件，这个接口与 MIDI 乐器接口共用一个 15 针的 D 形连接器，高档声卡的 MIDI 接口可能还有其他形式。

CD 音频连接器。位于声卡中上部，通常是 3 针或 4 针的小插座，与 CD-ROM 的相应端口连接实现

图 9-2　声卡接口

CD 音频信号的直接播放。

跳线和 SB—LINK 接口。在较早面市的 ISA 声卡上多数都有跳线，它的作用是给 ISA 声卡设置通道和中断信号（DMA 和 IRQ）以使操作系统与声卡能进行信号传输。现在的绝大多数声卡采用了软件设置通道和中断的方式。PCI 声卡符合 PNP（即插即用）原则，它不需要设定通道，因此与 DOS 应用程序有兼容性问题，DOS 游戏有时不能发声或发声不正常，为解决这个问题，大多数 PCI 声卡都有一个与主板 SB-LINK 接口相连接的插座（连线随声卡配置），在 DOS 下强制分配通道以解决兼容性问题。

其他结构。不同种类的声卡结构不尽相同，上述组件也不一样，不常见的组件有：① DSP 混响处理芯片：是一种音效处理芯片，用于产生各种 3D 环绕音效，在中高档次声卡上使用较多。② 波表（WAVE TABLE）子卡连接器：高档声卡如果其波表合成电路不是做在一块声卡上，那么势必要用一个连接端口将主声卡与波表子卡连接起来，通常它的外形有点像 CD 音频连接器。③ 音色库：有波表合成功能的高档声卡上用于存放乐器声音样本的存储器，与内存芯片的外形相似，通常的容量是 1～4MB。这种存储器非常昂贵，带有 2MB 以上音色库的声卡输出的声音品质相当的出色。

2．声卡的工作原理

声卡具有录音和播放音乐的基本功能。录制音乐时，麦克风将空气中的声压变化转换为模拟信号，经声卡放大后数字化，生成的数据流由软件处理为标准文件格式（如 WAV），然后保存到硬盘。播放音乐是声音的回放过程，即录制声音的逆过程。

二、声音采样与声道数的概念

（一）声音采样

声卡的主要作用之一是对声音信息进行录制与回放，在这个过程中采样的位数和采样的频率决定了声音采集的质量。

1．采样的位数

采样位数可以理解为声卡处理声音的解析度。这个数值越大，解析度就越高，录制和回放的声音就越真实。在计算机上录音的本质就是把模拟声音信号转换成数字信号。反之，在播放时则是把数字信号还原成模拟声音信号输出。声卡的位是指声卡在采集和播放声音文件时所使用数字声音信号的二进制位数。声卡的位客观地反映了数字声音信号对输入声音信号描述的准确程度。8 位代表 $2^8＝256$，16 位则代表 $2^{16}=64KB$。比较一下，一段相同的音乐信息，16 位声卡能把它分为 64KB 个精度单位进行处理，而 8 位声卡只能处理 256 个精度单位，造成了较大的信号损失。

如今市面上所有的主流产品都是 16 位的声卡，而并非有些无知商家所鼓吹的 64 位乃至 128 位，他们将声卡的复音概念与采样位数概念混淆在了一起。如今功能最为强大的声卡系列 Sound Blaster Live! 5.1 采用的 EMU10K1 芯片虽然号称可以达到 32 位，但是它只是建立在 Direct Sound 加速基础上的一种多音频流技术，其本质还是一块 16 位的声卡。应该说 16 位的采样精度对于计算机多媒体音频而言已经绰绰有余了。

2．采样的频率

采样频率是指录音设备在一秒钟内对声音信号的采样次数，采样频率越高声音的还原就越真实越自然。在当今的主流声卡上，采样频率一般共分为 22.05kHz、44.1kHz、48kHz

3个等级，22.05kＨz只能达到FM广播的声音品质，44.1kHz则是理论上的CD音质界限，48kHz则更加精确一些。对高于48kHz的采样频率人耳已无法辨别出，所以在计算机上没多少使用价值。

（二）声道数的概念

声卡所支持的声道数也是技术发展的重要标志，经历了从单声道到最新的环绕立体声的发展过程，下面对声音数及其概念进行详细说明。

1．单声道

单声道是比较原始的声音复制形式，早期的声卡采用的比较普遍。当通过两个扬声器回放单声道信息的时候，可以明显感觉到声音是从两个音箱中间传递到耳朵里的。这种缺乏位置感的录制方式用现在的眼光看自然是很落后的。

2．立体声

单声道缺乏对声音的位置定位，而立体声技术则彻底改变了这一状况。声音在录制过程中被分配到两个独立的声道，从而达到了很好的声音定位效果。这种技术在音乐欣赏中显得尤为有用，听众可以清晰地分辨出各种乐器来自的方向，从而使音乐更富想象力，也更加接近于临场感受。立体声技术广泛运用于自Sound Blaster Pro以后的大量声卡，成为了影响深远的一个音频标准。时至今日，立体声依然是许多产品遵循的技术标准。

3．准立体声

准立体声声卡的基本概念就是在录制声音的时候采用单声道，而放音有时是立体声，有时则是单声道。采用折中技术的声卡也曾在市面上流行过一段时间，但现在已经消失了。

4．4声道环绕

人们的欲望是无止境的，立体声虽然满足了人们对左右声道位置感体验的要求，但是随着技术的进一步发展，双声道已经越来越不能满足需求。PCI声卡很大的宽带带来了许多新的技术，其中发展最为神速的当数三维音效。三维音效的主旨是为人们带来一个虚拟的声音环境，通过特殊的HRTF技术营造一个趋于真实的声场，从而获得更好的游戏听觉效果和声场定位。然而，要达到好的效果，仅仅依靠两个音箱是远远不够的，所以立体声技术在三维音效的面前就显得不够了，新的4声道环绕音频技术则很好地解决了这一问题。

4声道环绕规定了4个发音点：前左、前右、后左和后右，听众则被包围在这中间。同时还建议增加一个低音音箱，以加强对低频信号的回放处理。就整体效果而言，4声道系统可以为听众带来来自多个不同方向的声音环绕，使听众能够获得身临各种不同环境的听觉感受，给用户以全新的体验。如今4声道技术已经广泛融入于各类中高档声卡的设计中，成为声卡未来发展的主流趋势。

5.1环绕声道：5.1环绕声道与4.1环绕声道的不同之处在于它增加了一个中置单元，这个单元负责传送低于80Hz的声音信号，在欣赏影片的过程中有利于加强人声，把对话集中在整个声场的中部，以增加整体效果。

三、声卡的主要技术指标

1．MIDI（乐器数字接口）

MIDI接口的核心是一个合成器芯片，MIDI文件是播放音乐符的指令集合。

2．3D 定位系统

首先应弄清楚两个容易混淆的概念，即 3D 音频 API 和 HRTF 算法。API 其实就是 3D 定位标准，而 HRTF 就是实现这种定位的算法。目前主流的 3D 音频 API 有 3 个：微软的 DS3D、创新（Creative）的 EAX 和傲瑞的（Aureal）的 A3D，而在选购声卡时更应该注重 HRTF 算法，因为实际的 3D 定位是通过声卡芯片采用的 HRTF 算法实现的，定位效果也是由 HRTF 算法决定的。

四、声卡的选购

随着近几年计算机多媒体技术的不断发展，大家对选购一款悦耳的计算机声卡/音箱系统越来越注重，下面就来探讨一下现代计算机中作为重要部件之一的声卡的选购知识，如图 9-3 所示。

图 9-3　PCI 接口声卡外观

（一）声卡的声音主芯片的选择

声卡的声音处理主芯片是声卡的核心，而对声卡的选择在一定程度上可以说就是对声音处理主芯片的选择。

1．CMI-8738 芯片

C-Media 骅讯电子的 CMI-8338 和 CMI-8738 声音芯片是声卡市场上的主流产品，在许多中低端声卡上被广为采用。CMI-8338/8738 支持 4 声道输出（8738—6CH—MX 芯片亦可提供 6 声道的支持），而且该芯片同时提供 SPDIF IN 和 SPDIF OUT 功能，可以通过子卡支持光纤输入和输出，该芯片支持 A3D1.0 和 DS3D,并可通过升级驱动程序用软件来模拟 EAX。

2．FM801 芯片

FM801 芯片是 Forte Media 公司的产品。FM801 声卡芯片现在主要有两种，一种是 801-AS,另一种是 FM801-AU，这两个版本的主要区别在于 AU 支持 SPDIF 输入输出，而 AS 则不支持。其中 FM-801AS 采用了 Q3D 的 HRTF 算法，支持如今大部分的主流 API 接口，但其 MIDI 效果较差，没有提供硬波表支持。FM-801 可以支持 6 声道输出，它通过双 CODEC 芯片技术让 Master CODEC 支持 4 声道 D/A 转换并由它负责前置立体声和环绕声通道的数字模拟转换工作和混音；而 SlaveCODEC 只需要负责中央声道与超低音的数字模拟转换工作，来实现模拟家庭影院 5.1 声道的模式。FM801 声卡芯片支持 64 复音和最大 5MB 的波表容量，它以其较高的性价比成为市场上最为火爆的主流声音芯片之一。

3．EMU 10K1 芯片

EMU 10K1 拥有 1000MIPS 的数据运算能力，可以提供强大的音效处理能力。它支持 64 个硬件 MIDI 复音和 1024 个软件复音，具有很不错的音频信号品质，具备了一定的专业水准，还有相当不错的三维音效。EMU10K1 音效芯片支持 5.1 声道和 AC-3 数字信号传输，它占据了目前的中高档声卡市场的绝大部分份额。

4．其他计算机声音主芯片

以上 3 款声音主芯片是如今高中低档声卡市场上的主流产品，除此而外，市场上可常见的声卡主芯片还有如下几个：

（1）YMF-744 芯片。从 YMF-724/740 到 YMF-744,Yamaha（雅马哈）公司一直都在为此开拓，这几款芯片都属于低端声音芯片产品，主要应用于百元以下的低端声卡上，其中 YMF-740 主要用在集成主板上。而 YMF-744 芯片是基于前一代 724 产品，具有优异的 MIDI 合成能力，并可以最大支持 8MB 音色，而且 744 芯片支持 4 声道和 DVD 软件，也支持 SPDIF OUT 及 SPDIF IN 功能。

（2）Vortex-2（AU8830）芯片。Aureal 傲锐公司的 Vortex-2 AU8830 是其第二代芯片，它的性能可与 MU-10K1 芯片相媲美。AU8830 支持 A3D2.0 规范，支持 4 声道，具备声波追踪技术，具备一流的 Wave 处理能力。

（3）ESS Canyon3D 芯片。ESS 公司是声卡界的老牌企业，其主要产品有早期的 MAESTRO-I（1948）/MAESTRO-II。除此之外，市场上还可见 Trident 泰鼎的 4D Wave、ALS120 等芯片。

（二）价格、品牌和做工的选择

同其他计算机硬件一样，声卡的价格差异极大，价格从 30～50 元到上千元都有。对于一般用户而言，选择 50～100 元的价位的 2 声道声卡产品或干脆就用主板上集成的声卡等就已能满足基本的声音需求。而对于要求稍高的用户（如游戏发烧友和音乐发烧友等）而言，选择百元以上的声卡产品是听音时基本"质量"的保证，其中 100～300 元价位的声卡产品最受这类用户欢迎。而对于声卡产品而言，在价格差不多的情况下，品牌的选择也很重要，一般来说同等价位的声卡产品，品牌声卡的音效效果更好一些，而且就是同一厂家同一声音主芯片的产品由于用料的不同其性能价格的差距也很大。选购声卡时，首先应观看其 PCB 线路板的质量。一般情况下，名牌厂家较注重质量，所以多采用优质的 4 层板或 6 层板生产，品质稳定、音质清亮。而国内和东南亚一些小厂商和私人小作坊多采用劣质的 4 层板或者 2 层板生产，质量可想而知。这类声卡的声音的输出噪音多显粗糙刺耳，且整个声卡的抗电磁干扰性能差。其次，在选购声卡时还应重点观察声卡的焊接质量。焊接质量的好坏直接决定了一个厂商生产水平的高低，也同时决定了其质量的优劣。对焊点要求其圆润光滑无毛刺。再次，可以查看一下声卡上所使用的元器件质量，其元器件布局、屏蔽是否良好，声卡运放有无或是否采用的是名牌产品等。另外，注意对名牌声卡的接口进行观察，看看其输入/输出接口是否镀金等。因为采用镀金接口的模拟输出插孔能够减少接触电阻，比普通塑料接口拥有更好的信号传输性能，并能有效避免信号衰减。如发现自己的声卡和所购硬件存在不可解决的兼容问题，在商品包换期内应尽快找商家寻求更换。最后是"听"——即试音。在同样的配置中，可在较好的听音环境下选择熟悉的乐曲进行。

（三）根据技术指标选择

对于普通用户而言，只需了解以上的声卡选购知识，一般来说就能选到一款好用的声卡产品，但对于 DIY 用户或者要求较高的用户而言，进一步了解声卡较专业的技术及指标的知识则显得尤为重要。

1. 额定输出功率和最大不失真功率

声卡的额定输出功率是指它能长期承受的正弦交变功率，这是大家在选购一款好的计算机音响系统时必须要了解的知识。最大不失真功率的定义就是指当声卡或功放板配接 8Ω 负载时，在 20Hz～20kHz 的频率范围内、输出信号总谐波失真系数小于 1% 的条件下，其所能输出的最大功率。额定功率一般取其最大功率输出值的 50%。对于立体声功放系统来说，最大不失真率可以用所有声道的功率之和来表示，如某计算机功放系统的最大不失真功率为 400W（3 声道）。由于国际上无统一标准，大家在选购时需要留心它们的差别。那么在选购时如何考虑声卡或功放板或音箱的最大不失真功率呢？对于我国的一般家庭来说，受住房面积所限，则需要优先考虑和选择 2×8W 到 2×40W 的放音系统。

2. 频率响应

声卡的频率响应是表明其放大器系统均匀地重放所有频率成分能力的一个指标。频响一般可分为幅度频响和相位频响，它的单位是 dB。目前一般的家用声卡或功放板的工作频带为 60Hz～20kHz；而专业用的功放的工作频带可达到 0Hz～40kHz。对于 HiFi 系统而言，要想获得好的听音效果，只有不断加宽其高频响应和低频响应。所以大家要选择频响更宽的声卡产品。

3. 信噪比

信噪比即信号噪声比。它是指声卡或音箱输出的有用信号与输出的噪声功率之比，单位为 dB。信噪比的数值越大，说明噪声对信号的影响越小，该系统的质量就越高。声卡的噪声主要来自主机系统或光驱等输送来的噪音经逐级放大后成为较大的噪声电频。计算机的声卡如能达到 85dB 的水平就算不错了，提高声卡和音箱信噪比指标的关键是降低来自前方电路的噪声和声卡或音箱本身电源及电磁感应所产生的交流噪声。

4. 动态范围

对于好的计算机音箱系统而言，声卡或音箱的功率动态范围（最小音量与最大音量的变化）也是一项重要的技术指标。我们知道，我们平常说话时音量的动态范围是 20～40dB 左右，听歌的动态范围一般是 40～60dB 左右，而交响乐则为 80dB 左右，有时甚至高达 100dB。为了满足上述声音源的动态范围的需要，做到高保真的重放，好音响的功放系统的最大不失真功率往往做得很大，以保证动态范围在 100dB 左右。我们在选购时要尽量选用动态范围宽的声卡。

5. 失真

声卡的失真主要有谐波失真、互调失真、瞬态互调失真、消波失真、交越失真等。其中谐波失真也叫谐波畸变，它是由放大电路中的非线性传递特性所引起的，具体表现为输出信号中出现原输入信号中所没有的一些新的谐波成分，反映到人的听觉上会使人感到乐器的声音走样。有些厂家将声卡或音箱在 1000Hz 时的失真度调列为出厂标准是不对的，大家在选购的时候要注意这点。一款好的声卡在全音频范围内的总谐波失真度最好要小于 0.1%。

（四）声卡、音箱的匹配与选择

在选购或使用声卡或音箱时，声卡和音箱的搭配问题也需要用户留意，总的来说应主要注意以下几点。

（1）阻抗匹配。声卡的输出形式一般分为定电压输出和定阻抗输出两种。无论是定电压输出还是定阻抗输出的系统，均要求作为负载的喇叭阻抗不应小于声卡或功放的额定阻抗，且两者阻抗最好要一致。

（2）功率匹配。功率的匹配也很重要，它是指声卡的额定功率和喇叭的额定功率要相适应。一般来说，家庭常用的额定功率为 5～20W 的音箱要选用额定功率是它 2 倍左右即 10～40W 的声卡，这样就比较适宜。

（3）阻尼系数匹配。阻尼系数即制动系数。

$$阻尼系数=喇叭的额定阻抗/声卡的额定输出阻抗。$$

实践证明，当加长很细的喇叭引线时，会使阻尼系数降低。为了改善阻尼，可用线径较粗质量很好的连线或接口，对声卡和音箱之间的连线进行更换，这会在一定程度上改善音质。所以大家在选择声卡、音箱时对其接口的线缆质量也不可忽视。当阻尼系数较小时，喇叭的低频特性、输出电压特性、高次谐波失真特性均会变差；而阻尼系数过大，对实际的性能影响并不显著。因此，比较一致的看法是，阻尼系数应在 10～100 之间。

（五）声卡的安装

声卡的安装过程比硬盘、光驱等安装过程要复杂得多，它不但需要硬件的连接，还需要安装声卡的驱动程序。

购买声卡时，都附带一根音频线，用于连接声卡与光驱，如果不通过声卡听 Audio CD，可不连接音频线。连接音频线时，将 CD-ROM 的音频输出线连接到声卡的音频输入插座上。该插座一般有 4 根引脚，即两根地线和左右声道的信号线，排列顺序随声卡生产厂家的不同而不同（声卡用户手册中有说明）。连接时，声卡上的左右声道分别对应 CD-ROM 音频输出插头的左右声道，声卡的地线接 CD-ROM 的地线。

将音箱插头插入声卡的 Speaker Out 或 Line Out 插孔内，将音箱电源打开。

完成了硬件安装后，声卡并不能立即工作，还需要在 Windows 环境下安装声卡的驱动程序。

五、声卡的故障分析及诊断

1. 插入声卡后检测不到

此类故障一般是由于扩展插槽损坏或声卡损坏造成，对此只有更换插槽或声卡。

2. 声卡驱动正确但无法安装驱动，Windows 提示没有发现硬件驱动程序

此类故障一般是由于在第一次装入驱动程序时没有正常完成，或在 CONFIG.SYS、自

动批处理文件 AUTOEXEC.BAT、DOSSTART.BAT 文件中已经运行了某个声卡驱动程序。对此可以将里面运行的某个驱动的程序文件删除即可，也可以将上面提到的 3 个文件删除来解决该故障。如果在上面 3 个文件里面没有任何文件，而驱动程序又装不进去，此时需要修改注册表。还有一个最为简便的办法，就是将声卡插入另外一个插槽，重新找到新设备后装入其驱动程序，即可解决问题。虽然第二种方法显得简便，但是我们解决故障还是遵循先软件后硬件的原则为宜，只是在进行第一种方法之前用户最好先将注册表导出来备份一下以防不测。

3．驱动程序正确装入完成后声卡无声

首先，看声卡与音箱的接线是否正确，音箱的信号线应接入声卡的 Speaker 或 Spk 端口，倘若接线无误；再进入控制面板的多媒体选项，看里面有无声音设备，有设备说明声卡驱动正常装入，否则就是驱动程序未成功安装或存在设备冲突。若存在设备冲突可按如下方法解决。

（1）将声卡更换一个插槽。

（2）进入声卡资源设置选项看其资源能否改为没有冲突的地址或中断。

（3）进入保留资源项目，看声卡使用资源能否保留不让其他设备使用。

（4）看声卡上有无跳线、能否更改中断口。

（5）关闭不必要的中断资源占用，例如 ACPI 功能、USB 口、红外线等设备。

（6）升级声卡驱动程序。

（7）装入主板驱动程序后重试。

在上面提到的多媒体选项里如有声音设备，但声卡无声，可进入声卡的音量调节菜单看有否设为静音；还有一种比较特殊的情况，有的声卡必须用驱动程序内的 SETUP 进行安装，使其先在 CONFIG 及 AUTOEXEC、BAT 文件中，建立一些驱动声卡的文件，在 Windows 下才能正常发声（例如 4DWAVE 声卡）。还有的声卡不能够插入第一扩展槽，可另行更换插槽再试。

4．音箱发出刺耳的声音或其他不正常的声音

此现象一般是因为声卡与带有磁性的设备如喇叭等过近产生自激所致，将声卡插入离这些设备远些的插槽即可解决。

5．WAV 文件能正常发音，但播放 MIDI 文件无声

进入控制面板的多媒体项目，选择"MIDI"项目→"MIDI 输出"→"乐器"，一般此进会看见两个设备在栏内，此进用户可选择另外一项设备，单击"确定"后再播放 MIDI 音乐试一下，直到正常输出 MIDI 音乐为止。

6．在 Windows 下不能录音

此故障的前提是声卡能正常播放，麦克风正常。进入多媒体选项内的"设备"→"线路输入设备"，看输入设备是否禁用，再进入音量调节面板—属性，看 LINE 和麦克风音量是否禁止或调节过小，相应的恢复过来即可。有的声卡需要在音量调节的属性栏内将录音选项下面的 line in、mic 选项中的音量调节选单出来后方可进行音量调节。

7．播放 CD 无音

此故障一般是用户没有接入声卡与光驱之间的音频线导致，接入音频线即可。

8．在 Windows 下声音播放正常，在 DOS 下无音

此故障一般出现在主板自带的声卡（如 AC'97 音效卡）上，只要屏蔽掉主板上的声卡，播放其他声卡即可。有的文章提及将主板自带声卡的 IRQ 端口 10 改为 5 可解决此类问题，但就个人试验结果，效果不佳。

9．由于声卡原因，经常性死机

此类故障一般是由于声卡与其他设备发生冲突或由于主板的兼容性不良所造成。对此，可将声卡插入第二、三扩展槽试验一下，或者更新一下声卡、主板驱动程序，如若故障没有解决，那就只有更换声卡了。

10．声卡输出质量不佳，常出现沙哑或其他不正常的声音

此类故障一般出现在主板自带的声卡上，如 Intel 815 主板自带的 AC'97 声卡，对此只要将其 line in、mic 等输入设备的音量调小即可解决问题。

11．声卡驱动程序载入后，计算机不能启动到 Windows 桌面

此类故障一般是由于声卡与其他扩展卡或与主板不兼容造成（例如 4DWave 声卡经常出现与主板不兼容的现象，在将其驱动程序载入后系统不能正常启动，将声卡拔下后一切恢复正常）。还有一种比较特殊的现象，有时声卡损坏或与主板接触不良也会造成计算机不能进入 Windows 桌面。

第二节 音 箱

音箱属于外设中的输出设备，是多媒体计算机的基本配件，以下介绍其具体内容。

一、有源音箱的基本结构

音箱作为音频设备中的重要部分正在逐渐被大家所认识，有了声卡还要有音箱才能听见美妙的音乐。在选择音箱的时候，先要了解音箱的基本结构，从而选择到满意的音箱，如图 9-4 所示。

图 9-4 有源音箱

下面介绍普通多媒体音箱的几个组成部分。

1．外壳

常见的音箱主要为木制或塑料制成（一些专业音箱还有用水泥、钢或沙等浇铸填充而成的），木制音箱即为复合的中高密度板制成，厚度应该在 10mm 以上，它与塑料音箱比有更好的抗谐振性能，扬声器可承受的功率更大，体积也不受模具限制；塑料音箱的成本相对较低，为模具一次性成型产品，它在制造的设计上可以很丰富，但是体积受到限制，相对较小，且可承受的最大输出功率也相对较小，仅适于在多媒体音箱的范围内。劣质音箱的问题主要是密度板的密度不够高、板材很薄或是塑料的质地松脆、有沙孔、易裂等。

2．功放

因为由声卡传来的不是声音，而是微弱的音频信号，只有几百毫伏，不能推动喇叭正常工作，所以微弱的音频信号要传到放大器进行放大，大约放大到几伏左右的信号电压推动喇叭将音频信号转换为声音信号。其中，放大器还具有音量大小的控制、高音低音的提

升与衰减的控制等功能。最后则由音箱把送来的音频信号通过喇叭单元转变为我们最终所听到的声音。

有源音箱是音箱和放大器组装在一起的，也是我们在市面上看到的计算机多媒体音箱，而无源音箱的放大器是独立于音箱外的。相对来说，无源音箱要比有源音箱贵，但素质肯定比有源音箱好，适合 HiFi 级的发烧友。我们所接触的计算机多媒体音箱都是有源的，价格适中，便于使用。

3. 电源部分

音箱内的电路为低压电路，所以首先需要一个将高电压变为低电压的变压器，然后就是用 2 个或 4 个二极管将交流电转换为直流电，最后是用大小电容对电压进行滤波以使输出的电压趋于平缓。变压器一般被固定在主音箱的底部（这也是主音箱分量重的原因），对它的要求是要有足够的输出功率，劣质产品常常在这里偷工减料。整流部分和滤波电容都在电路板上，滤波的大电容（几千微法）应该采用电解电容，而且是越大越好，可以采用一个大电容或是两个中容量电容并联的方法实现滤波，而其后的小电容（零点几微法以下）则是为弥补大滤波电容对高频滤波的不足。

4. 扬声器单元

一般木制音箱和较好的塑料音箱采用二分频的技术，就是由高、中音两个扬声器来实现整个频率范围内的声音回放。而一些在 $X.1$（$X=2$、4 或 5）上被用作环绕音箱的塑料音箱所用的是全频带扬声器，即用一个喇叭来实现整个音域内的声音回放。由于用在多媒体领域的音箱必须要具有防磁性，所以在扬声器的设计上采用的是双磁路，且采用扬声器后加防磁罩的方法来避免磁力线外漏。

二、有源音箱的主要技术指标和选购

音箱作为声音的还原设备，它的功能就是将电信号转换成声音信号，然后将声音信号释放出来，所以对录制的原声音还原质量的好坏就成了评价音箱的标准。音箱的性能指标主要有以下几点。

1. 功率

功率作为音箱输出的最重要指标，用户很看重这一点。在购买音箱的时候应该搞清楚最大功率和额定功率究竟是怎么回事，很多的音箱用最大功率来误导消费者。所谓最大功率，是指不考虑失真时输出的功率，往往是额定功率的 10 倍。

2. 信噪比

信噪比是反映有源音箱内部功放性能的一个主要参数，实际上指的是信号与噪声的比值，这个比值越大越好。一般的专业 HiFi 功放都达到 90dB 以上，所以在购买时最好能选购信噪比最大的。

3. 频响范围

所谓频响就是频率响应，也就是音箱所能回放的频率范围。由于人耳的听觉范围为 20~2000Hz，所以音箱要尽可能地回放在这个频率范围内。频响范围是指音箱在音频信号播放时，在额定功率状态下并在指定的幅度变化范围内音箱所能重放音频信号的频响宽度。我们知道音箱的频响范围当然是越宽越好，但在实际中受到周围的环境、音箱的体积、喇叭的尺寸等方面的影响，所以要求音箱和放大器的配合要好，两者是相辅相成的。多媒体音箱的频率范围为 70～10kHz（-3dB）左右，所以选购时要看清楚有没有标明这项指标。

4．失真

失真分为谐波失真，互调失真和瞬态失真 3 种，我们通常所说的失真是指在声音回放过程中，增加了原信号没有的高档次谐波成分而导致的失真。失真度是指由放大器传来的电信号经过音箱转换为声音信号后，输入的电信号和输出的电信号之比的差别，一般单位为百分比。当然失真度是越小越好的，不过多媒体音箱声音的失真允许范围是 10% 以内，一般人耳对 5% 以内的失真不敏感。

5．灵敏度

灵敏度是指在给音箱输入端输入 1W/1kHz 信号时，在距音箱喇叭平面垂直中轴前方 1m 的地方所测试得到的声压级。灵敏度的单位为 dB。普通音箱的灵敏度在 85～90dB 范围内，多媒体音箱的灵敏度则稍低一些。

6．防磁

计算机音箱防磁是最基本的一项技术指标，否则会对显示器产生磁化。

7．SRS 技术

SRS（Sound Retrieval System，声音修正系统）技术是利用仿生学原理，根据人耳对各空间方向声音信号函数的反应不同，把双声道立体声中的反射、折射、回射等信号分离提取后，再对部分信号进行处理，让其达到一个空间方向上的变换效应。这样处理后，原本从一个方向来的立体声信号，可以给人以置身 3D 声场中的感觉。SRS 技术的绝妙之处是只使用两只普通音箱，无需编码技术。

三、有源音箱的人体感受选购

选购满意合适的音箱是一件很有乐趣的但有时也是很难的事情，现在就来讲一讲挑选音箱时所应该注意和掌握的技巧。首先，对照上面的技术参数进行衡量；其次，相信自己的耳朵。采用以真实、干净的音乐来作为最主要的材料，以自己的试听效果作为参考的方法来完成音箱的选购。

1．自然声调的调节平衡能力

好的音箱应该尽量能够真实地、完整地再现乐器和声音原本的属性和特色。可使用音域范围比较广的乐器来录制一段乐曲，乐曲的音层跳跃最好大一些，最好乐曲出现和弦，尤其是大三弦和弦很能听出音箱的质量。比如听听钢琴的发声，看看其音调是否能在表现低、中、高音的时候具有明显区别和真实感。

2．检查音箱单独音素的特性

在声调平衡的测试中，音箱表现不错的话，说明整个音箱的连贯性还不错，那么接着就是要测试一下单独的音素特性了。仔细聆听音乐的某些细节，比如钢琴音符或者铙钹消退的声后余音，如果细微部分的细节显得模糊，那么这款音箱便是缺乏清晰度的。细微部分的细节是考验音箱逼真还原真实度的重要参考数据。

3．用熟悉的音乐来试听

自己越熟悉的音乐，在脑海里留下的印象越深刻，故能一下子听出音箱的好坏。

4．混音的感受

有些音箱在使用时会出现莫明其妙的声音，这是干扰所造成的。好的音箱应具有较好的整体设计，箱体质量要过硬并且交叉线路的设计良好，做工精细，元件、材料使用上十分讲究。现在大多数的音箱是木制的，木材可以起到滤去少量杂音的作用。

四、音箱连接

通常有源音箱接在 Speaker 口或 LineOut 口上，无源音箱就接在 Speaker 口上。连接有源音箱时，将有源音箱的 3.5mm 双声道插头一段插入机箱后侧声卡的输出插孔中，另一段莲花插头插入有源音箱的输入插孔中。

拉里·罗伯茨小传

拉里·罗伯茨，1938 年出生，父母均为耶鲁大学的化学家。他就读于麻省理工学院，从学士、硕士直到获得博士学位。靠自学进入计算机领域后，他在软件设计、计算机绘图，特别是通信技术方面获得非凡的成就，具有天才的组织管理能力。

1967 年，罗伯茨加入 ARPA，主持设计、规划和开发阿帕网络。罗伯茨后来回忆说，他基本上是受到泰勒的"勒索"，才被迫到 ARPA 任职的。因为他不愿意离开林肯实验室，在多次恳请后，泰勒只得动用行政手段迫使他前来就职，阴错阳差之间成全了这位"阿帕网之父"。

1973 年后，他离开 ARPA，历年来担任过多国网络公司的主席和首席执行官（CEO）。1999 年以后是 Packetcom 公司主席和技术总监。罗伯茨一生获得了多种荣誉，包括美国国防部功勋服役奖、美国电气和电子工程师协会（IEEE）计算机先驱奖以及美国计算机学会数据通信奖等。

习 题

一、判断题（正确的在括号内画"√"，错误的画"×"）

1. 采样频率越高，声音的音质就越好。（ ）

2. 采样位数越小，声音强度的分辨率就越高。（ ）

3. 声卡的采样位数是对满幅度声音信号规定的量化数值的二进制位数。（ ）

4. 在 MIDI 接口上传送的不是对音乐信号采样的结果。（ ）

二、填空题

1. 5.1 声道环绕规定了_____、_____、_____、_____、和_____ 5 个发音点。

2. 功率分为_____功率和_____功率。

3. 失真分为_____失真、_____失真和_____失真 3 种。

三、单项选择题

1. 采样频率是指在模拟声音信号转换为数字声音信号时（ ）。

    A. 每次采样对模拟声音信号电压的量化位数

    B. 每秒钟对模拟声音信号的采集次数

C. 相应的 ASCII 码

D. 相应的十进制数字

2. 采样位数是指在模拟声音信号转换为数字声音信号时（　　）。

A. 每次采样对模拟声音信号电压的量化位数

B. 每秒钟对模拟声音信号的采集次数

C. 相应的 ASCII 码

D. 相应的十进制数字

3. MIDI 是指（　　）。

A. 数字音乐　　　　　　　　B. 音频压缩

C. 音乐设备数字接口　　　　D. 声音录音

四、简答题

1. 声卡在计算机系统中起什么作用？其工作原理是如何？

2. 声卡有哪些常见故障？请分析解决。

3. 声卡常有哪些输入/输出接口？它们各有什么作用？

4. 多媒体音箱的技术指标主要有哪几方面？

五、实验题

1. 观察、熟悉各型声卡的结构并在机箱内进行插、拔操作训练。

（操作提示：插、拔声卡时，用力要适度，进入插槽中的金手指的高度两端要一致。）

2. 观察、熟悉各型音箱的内外结构及与主机的连接。

3. 进行音箱的拆、装操作训练。

第十章 网卡与调制解调器

本章要点
- 网卡的结构及其技术指标
- 调制解调器的分类
- 网卡与调制解调器的选购与安装

本章学习目标
- 熟悉网卡的结构和组成
- 了解网卡的分类和技术指标
- 了解网卡的选购与安装
- 熟悉调制解调器的分类
- 了解调制解调器的传输速率
- 了解调制解调器的选购与安装

第一节 网 卡

网卡（Network Interface Card，NIC），又称为网络接口卡，是组建计算机局域网必不可少的连接设备。根据工作原理的不同，局域网基本上可分为以太网和令牌网两大类，目前以太网占据了计算机网络中绝大多数的份额，所以本节所介绍的网卡也是以以太网为基础来介绍的。

一、网卡的结构和组成

一块以太网网卡包括 OSI（开放系统互联）参考模型的两个层：物理层和数据链路层。物理层定义了数据传送与接收所需要的电信号与光信号、线路状态、时钟基准、数据编码和电路等，并向数据链路层设备提供标准接口；数据链路层则提供寻址机构、数据帧的构建、数据差错检查、传送控制、向网络层提供标准的数据接口等功能。

以太网卡中数据链路层的芯片一般称之为 MAC 控制器，物理层的芯片称之为 PHY 控制器。许多网卡的芯片把 MAC 和 PHY 的功能做到了一颗芯片中，比如 Intel 82559 网卡和3COM 3C905 网卡，如图 10-1 所示。但是 MAC 和 PHY 的机制还是单独存在的，只是外观的表现形式是一颗芯片。当然也有很多网卡的 MAC 和 PHY 是分开做的，比如 D-LINK 的DFE-530TX，如图 10-2 所示。

网卡的基本组成为 RJ-45 接口、隔离变压器、PHY 芯片、MAC 芯片、EEPROM、BOOTROM 插槽、WOL 接头、晶振、电压转换芯片和 LED 指示灯。

网卡的外形与显示卡和声卡等接口卡有些相像，但工作原理却不尽相同。网卡的工作原理是：网卡收到传送来的数据，内部的单片程序先接收数据头的目的 MAC 地址，根据计算机上的网卡驱动程序设置的接收模式判断该不该接收，认为该接收就在接收后产生中断信号通知 CPU，认为不该接收就丢弃不管，所以不该接收的数据就被网卡截断了，计算机根本就不知道。CPU 得到中断信号产生中断，操作系统就根据网卡驱动程序中设置的网卡中断程序地址调用驱动程序接收数据，驱动程序接收数据后放入信号堆栈让操作系统去处理。

图 10-1　MAC 和 PHY 集成在一颗芯片上的以太网卡

图 10-2　MAC 和 PHY 分开的以太网卡

二、网卡的分类和技术指标

1. 网卡的分类

（1）根据传输速度分类。日常使用的网卡都是以太网卡。网卡按其传输速率来分可以分为 10Mbit/s 网卡、10/100Mbit/s 自适应网卡以及千兆（1000Mbit/s）网卡。目前我们常使用的是 10Mbit/s 网卡和 10/100Mbit/s 自适应网卡两种，它们的价格比较便宜，10Mbit/s 网卡的价格一般在 50 元以下，10/100Mbit/s 自适应网卡的价格一般在 50 元以上。虽然价格上相差不大，但这里推荐选用 10/100Mbit/s 自适应网卡，无论从升级性还是扩展性等各方面来讲，它都要优于 10Mbit/s 网卡。千兆网卡主要用于高速的服务器，由于服务器的特殊性，它对网络性能的要求就更高，主要用于很多台计算机不停地交换数据，要求其网卡不仅要有很低的 CPU 占有率，而且还能通过其网卡自身所带的网络控制芯片来分担许多本应是 CPU 完成的网络任务。

（2）根据主板上的总线类型分类。网卡如果根据其主板上的总线类型来分，又可分为 ISA、VESA、EISA、PCI 等接口类型。而 ISA 网卡又可分为 8 位和 16 位的两种，由于 ISA 网卡最多只有 16 位带宽并且最多只有 11Mbit/s 的带宽速度，故目前 ISA 接口的网卡已越来越不能满足现代网络环境的需求。8 位 ISA 网卡已被淘汰，市场上常见的是 16 位 ISA 接口的 10Mbit/s 网卡，它的唯一好处就是价格低廉，如比较有名的 NE2000 等，适合于一些要求不高的场合（如网吧等）使用。而 VESA、EISA 网卡虽然速度快，但价格较贵，市场上很少见。目前市场上的主流网卡是 32 位 PCI 接口的网卡，PCI 网卡的理论带宽为 133Mbit/s。PCI 网卡又可分为 10Mbit/s PCI 和 10/100Mbit/s PCI 自适应网卡两种类型。10M PCI 网卡价格较便宜，一般在 50 元以下，被低端用户广泛采用，如 8029；而 10/100Mbit/s PCI 自适应网卡作为当今的主流产品，其价格一般在 50 元以上，也不算太贵，其可根据需要自动识别连接网络设备的工作频率，自动工作于 10Mbit/s 或 100Mbit/s 的网络带宽下。PCI 总线网卡的另一好处是比 ISA 网卡的系统资源占用率要少得多。

（3）根据连线的插口类型分类。网卡根据其连线的插口类型来分又可分为 RJ-45 插口、BNC 接口、AUI 等 3 类及综合了这几种插口类型于一身的二合一、三合一网卡。RJ-45 插口是采用 10BASE-T 双绞线的网络接口类型，它的一端是网卡上的 RJ-45 插口，连接的另一端就是集线器（Hub）上的 RJ-45 插口；而 BNC 接口是采用 10BASE-2 同轴电缆的接口类型，它同带有螺旋凹槽的同轴电缆上的金属接头相连，如 T 形头等；而 AUI 接头很少用，在这里就不对其进行介绍了。

除了以上的以太网卡类型外，市面上还经常可以看见服务器专用网卡、笔记本专用网卡、USB 接口的网卡等等，对于这 3 种类型的网卡可以重点看一下大家用得上的笔记本专用网卡和 USB 接口网卡。笔记本专用网卡是为笔记本电脑能方便地联入局域网或互联网而专门设计的，它主要有只能联入局域网的局域网卡和又能访问局域网又能访问互联网的局域网/Modem 网卡两种；USB 网卡是外置的，它一端为 USB 接口，一端为 RJ-45 接口，分为 10Mbit/s 和 10/100Mbit/s 自适应两种。

2. 网卡的主要技术指标

（1）自动网络唤醒。现在许多 Modem 支持自动唤醒功能，当有电话接入时便通过 Modem 来启动计算机，不需要人为的干预。同样，在局域网中也可以实现这种功能。当需要访问网络中的某一台计算机的资源，而被访问者处于关闭状态的时候，可利用网卡的自动唤醒功能，被访问者在接收到访问信息后便会自动启动登录网络。如果网络用户需要实现自动唤醒，便可选择具有自动唤醒功能的网卡。

（2）远程启动。如果要组建无盘工作站，所购买的网卡必须具有远程启动芯片插槽，而且要配备专用的远程启动芯片。因为远程启动芯片在一般情况下是不能通用的，所以在购买时，必须购买与网络操作系统相吻合的网卡。

（3）驱动程序的支持。在选购网卡时，还要考虑网卡驱动程序的多样性。这样就不会因为网卡不支持操作系统而感到困扰。

（4）系统资源占用率。网卡对系统资源的占用一般感觉不出来，但在网络数据量大的情况下就很明显了，比如在线点播、语音传输、IP 电话时。一般来讲，PCI 网卡对系统占用率要比 ISA 网卡小得多，而且 PCI 网卡也是计算机发展的主流。

（5）全/半双工模式。网卡的全双工技术是指网卡在发送（接收）数据的同时可以进行数据接收（发送）的能力。所以从理论上来说，全双工技术能把网卡的传输速率提高一倍，所以性能肯定比半双工模式的网卡要好得多。现在的网卡一般都是全双工模式的。

（6）兼容性。和其他计算机产品相似，网卡的兼容性也很重要，不仅要考虑到和自己的机器兼容还要考虑到和其所连接的网络兼容，否则很难联网成功，出了问题也很难查找原因。所以选用网卡尽量采用知名品牌的产品，不仅容易安装，而且大多都能享受到一定的服务。

三、网卡的选购与安装

（一）家庭用户用网卡的选购

随着计算机网络的深入发展，越来越多的个人计算机用户需要与网络打交道。很多家庭已经拥有不只一台计算机，为了方便不同计算机上的资料共享和传输，这些家庭纷纷组建了简单的局域网。在组建计算机局域网过程中，网卡是最常用的部件。另外，宽带接入也在一些城市兴起，由于宽带接入的传输速率已高于计算机传统串口和并口的通信速率极限，所以宽带接入的适配器很多都通过网卡与计算机主机通信。市场上网卡的类型和品牌众多，价格也相差悬殊，那么，家庭用户如何选择一款适合自己的网卡就显得很重要。

根据支持带宽的不同，常见的网卡可以分为 10Mbit/s 网卡、100Mbit/s 网卡、10/100Mbit/s 自适应网卡和 1000Mbit/s 网卡几种；根据网卡与计算机主机连接接口的不同，网卡又可分为 ISA 网卡、EISA 网卡、PCI 网卡和 USB 网卡等几种；根据网卡应用对象的不同又可以分为台式机桌面网卡、服务器网卡与笔记本电脑网卡等几种。

对于家庭用户来说，目前一般都选用 10/100Mbit/s 自适应 PCI 台式机网卡。虽然眼下很多设备只要求使用 10Mbit/s 的网卡，如 ADSL 适配器和 Cable Modem 适配器，但是从设备升级的角度看，选用 10/100Mbit/s 自适应网卡具有很强的实用性，在组建小型家庭局域网中更是如此。如果局域网中使用 10/100Mbit/s 自适应 Hub，且布线符合要求（目前 5 类线应用非常广泛），那么工作站配置 10/100Mbit/s 自适应网卡可以有效提高传输速度。另外，目前 10/100Mbit/s 自适应网卡是市场的主流，中档和低档产品与同类 10Mbit/s 网卡价格相差不多，所以 10/100Mbit/s 自适应网卡是目前一般用户最明智的选择。

在实际使用中，PCI 网卡的传输速度和系统资源占用率均优于 ISA 网卡，如果没有特殊情况，现在一般台式计算机都使用 PCI 网卡，况且有不少主板已彻底放弃了 ISA 插槽。USB 网卡适配器是一种新型的网络适配器，USB 口已成为现代计算机中标准的 I/O 接口，其传输速率上限远高于串口。USB 网卡正是利用这一端口建立标准以太网接口，它的优点是全外置，使用此适配器不用打开计算机机箱安装网卡，只要将其一端与计算机任意一个有效的 USB 口连接即可。适配器的另一端则提供了标准连接座与带有标准 RJ-45 头的双绞线连接，使用非常方便。不过目前有些品牌的 USB 网卡兼容性还不是十分理想。这类适配器主要适合不能或不易安装网卡的品牌计算机、一体化计算机和笔记本电脑。对于没有内置网卡的笔记本电脑，可以添加 PCMCIA 口的网卡，又被称为是笔记本电脑 PC 卡。还有一些集网卡和 Modem 于一身的多功能 PCMCIA 卡，可以减少插槽的占用。

网卡传输线的接口一般有 AUI（粗同轴电缆）、BNC（细同轴电缆）和 RJ-45（双绞线）接口等几种，一般在小型局域网中用得较多的是 RJ-45 口。一些早期的网卡同时提供 BNC 和 RJ-45 双接口，目前主流的 10/100Mbit/s 自适应桌面网卡大多只提供 RJ-45 接口。

笔记本电脑网卡采用的接口与计算机连接口不同，以便适合笔记本电脑的 PCMCIA 插槽。服务器网卡对性能有一定的要求，要求在重负荷下能连续稳定地工作，而且具有一些在服务器上需要的特性，如冗余备份、负载平衡等。有的千兆级网卡采用光纤连接器。正规的服务器网卡价格较台式机网卡贵很多。个人用户用得最多的是 10/100M 自适应桌面网卡，其网卡根据网卡的品牌、性能以及价格分为 3 个层次。高档产品在兼容性和软件支持方面绝对是一流的，不过其售价也相对较高，一般在 350～450 元之间，3COM、Intel 是这类高档产品的代表，适合作为小型局域网中服务器 PC 的网卡使用。性能型网卡是在确保网卡有较高性能的同时保持适当价格的中档网卡，这类网卡同样具备较好的性能，具有一定的品牌知名度，价格一般在 100～160 元之间，适合计算机爱好者和中高要求的局域网用户使用，这类网卡以 D—Link、Kingmax 为代表。实用性网卡的价格不到 100 元，便宜的也只有 30～50 元，其网卡性能和质量之间都有较大差异，其中 TP—Link 物美价廉，而 TOPSTAR、HP—Link 的产品质量也不错，适合大众用户使用。

（二）企业用网卡的选购

1. 选购企业用网卡时注意事项

（1）在选用网卡时一定要注意其使用环境。比如服务器端网卡由于技术先进，价钱相对昂贵，为了减少其对主 CPU 的占用率，服务器网卡一般自带处理器。某些服务器，如 Intel8485 网卡可实现高级容错、带宽汇聚（ALB），通过插入几个网卡提高系统的可靠性，以增加交换机到服务器的带宽。

（2）选择网卡时还应注意网卡的技术含量。以 3COM 为例，3C503 或 3C509 均为 10M RJ-45 接口卡，可在 3C509 上几乎只有一块芯片，而在 3C503 上的分立元件则星罗棋布，两者技术水准和可靠性差别不言而喻。

2. 优秀网卡的主要特性

（1）应是 PCI 总线的。现在，PCI 技术应用广泛，网卡也不例外。传统的 10Mbit/s 一般支持 ISA、EISA 与 Micro Channel 3 种总线类型中的一种，而快速以太网卡一般支持 PCI 总线。支持 PCI 总线的网卡可以允许以太网信息包在主机内存和网卡控制芯片之间进行直接交换，这样就减少了网络操作对 CPU 资源的占用。同时，它减少了因为等待 CPU 处理而造成的传输延时，从而大大提高了网络传输的吞吐量。

（2）应有内置 ROM。不要小看这个小小的 ROM，通过它可以使无盘工作站连接到网络上，对网络的安全性和易维护性也有很重要的意义。

（3）它应具有全双工能力。顺便提一下，如果网卡能够实现在 100Mbit/s 模式下的全双工作业，即它允许同时以 100Mbit/s 的速率进行发送和接收，那么，它实际上已达到了 200M 的带宽。

（4）它应支持远程唤醒功能。现在的主板大多具有远程唤醒功能，其实它也是需要网卡支持的。如果网卡支持这项功能，则网络管理员可以命令远程 PC 机启动电源，以便于在下班时间对 PC 机进行更新和维护。

（5）网卡应支持即插即用，软件安装要方便。

3. 购买网卡须知

（1）指示灯状况是否完好。通常 10/100Mbit/s 网卡都配有电源指示（ACCT）、10Mbit/s 传输状态指示（10）、100Mbit/s 传输状态指示（100）等。

（2）驱动程序是否完备。由于目前服务器和客户端的操作系统平台多种多样，用于不同操作系统的网卡其驱动程序必须完备，这样才能保证网卡与多种操作系统平台相兼容。

（3）是否具有自诊断能力。网卡是否具有自诊断程序以及自诊断程序是否能起到应有的效果对于普通用户来说有着非常重要的意义。

另外，有的网卡能提供一些新的性能或工具软件，在购买时也要一并进行考虑。

最后应注意的一点是，局域网内部使用的网卡要相互配合，选择同一种芯片的网卡甚至同一型号的网卡会使计算机间的连接快速且稳定。

（三）网卡的安装

1. 网卡硬件的安装

目前，大多数装有 Windows 操作系统的计算机都支持即插即用（PNP），而且市场上几乎所有的网卡都使用软件来自动设置中断号（IRQ）及内存的 I/O 地址。用户在购买网卡时，随网卡应该附有一张 3.5 英寸的软盘，里面包含该网卡的驱动程序。

在确认机箱电源关闭的状态下，将网卡插入机箱的某个空闲的扩展槽中，然后把机箱盖合上，再把网线插入网卡的 RJ-45 接口中。

2. 网卡驱动程序的安装

打开机箱电源，系统启动 Windows，屏幕上会出现类似如下的提示："Windows 发现了新的硬件"，这是因为 Windows 的即插即用功能起作用了。

把购买网卡时随网卡自带的驱动盘（软盘）插入机器的软驱（A：）中。当屏幕上出现提示"请选择网卡驱动程序的位置"时，指定驱动程序的位置为软驱（A：），然后用鼠标点击"确定"。系统会自动到软驱中去寻找相应的文件，并把它们拷贝到硬盘中特定的目录下。然后，屏幕提示需要重新启动机器（这样，新安装的网卡才能起作用），单击"确定"。

第二节　调制解调器

调制解调器的英文是 Modem，即 Modulator/Demodulator（调制器/解调器）的缩写，它是计算机与电话线之间进行信号转换的装置，由调制器和解调器两部分组成，调制器是把计算机内数字信号（如文件等）调制成可在电话线上传输的声音信号装置，在接收端，解调器再把声音信号转换成计算机能接收的数字信号。通过调制解调器和电话线就可以实现计算机之间的数据通信。

一、调制解调器的分类

1. 根据安装方式分类

（1）内置式调制解调器。它安装在计算机主板的扩展槽中，安装方式和形式类似于声卡或显卡，如图 10-3 所示。内置式调制解调器制造成本较低，价格相对便宜。

除了有应用于台式机接口的 Modem 卡外，还有专用于笔记本电脑接口的 Modem 卡。而且除了具有单一功能的 Modem 卡外，还有将网卡和 Modem 卡生产在一起的二合一 Modem 卡。

内置式调制解调器的优点是不占用桌面空间，价格便宜。但内置式调制解调器的缺点也是非常明显的，一是安装繁琐，并要占用宝贵的扩展槽资源；二是性能不如外置式调制解调器优越。另外，由于内置式调制解调器需要占用计算机的地址和中断，所以在驱动程序的安装过程中，很有可能发生地址和中断的冲突。

（2）外置式调制解调器安装在计算机外部，一般与计算机的串行数据口连接，并提供有开关、指示灯和电源接口，需要外接电源。与内置式调制解调器相比，外置式调制解调器成本相对较高，价格相对较贵。如图 10-4 所示为外置式调制解调器。

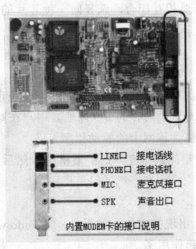

LINE口 → 接电话线
PHONE口 → 接电话机
MIC → 麦克风接口
SPK → 声音出口

内置MODEM卡的接口说明

图 10-3　内置式调制解调器

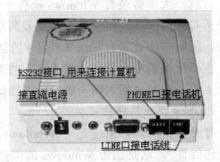

RS232接口，用来连接计算机
接直流电源　　PHONE口接电话机
LINE口接电话线

图 10-4　外置式调制解调器

外置式调制解调器除一般使用串行口进行连接外，还使用目前较为通用的接口。相比较而言，接口所提供的传输速度更高，而且安装也更简单，并且支持带电插拔（热插拔）。

相对于内置式调制解调器而言，外置式调制解调器的硬件安装和软件安装都比较简单。安装外置式调制解调器时，根本无需打开机箱，只需将信号线连接至计算机的串口或接口即可。由于外置式调制解调器不占用计算机的地址和中断，所以在安装驱动程序时，无需考虑中断占用和地址分配等问题。通过外置式调制解调器外壳上指示灯的闪烁情况，可以准确地判断工作状态，并及时排除各种故障。当然，外置式调制解调器的主要缺点就是占用太多的桌面空间，并需要一个单独的电源。

2. 根据性能分类

根据 Modem 的工作性能，可以将其分为软 Modem 和硬 Modem，俗称为"软猫"和"硬猫"。

软 Modem 和硬 Modem 是针对于内置式 Modem 来说的，外置式 Modem 不存在软、硬之分。关于软 Modem 和硬 Modem 的说法，得从 Modem 的工作原理说起。Modem 的核心部件主要由处理器和数据泵两部分组成，其中处理器负责对相关指令的控制，而数据泵负责对收发数据的处理（即负责底层算法）。所以，严格地说每一个 Modem 都必须同时具有处理器和数据泵。但是，随着计算机处理能力的加强和速度的加快，一些制造商对其产品进行了简化，将部分或全部功能交给计算机的 CPU 来完成。如果 Modem 的处理器和数据泵全部位于 Modem 上，这种 Modem 便称为硬 Modem。如果 Modem 上没有处理器和数据泵，这种 Modem 便称之为软 Modem。另外，还有一种半硬半软的 Modem，这种 Modem 没有处理器，但有数据泵。

硬 Modem 一般不占用计算机主机（主要是 CPU）的资源，用途较为广泛，性能较为稳定，但价格相对较贵。而软 Modem 要大量占用计算机资源，安装和设置不方便，性能较差，对计算机 CPU 的要求较高，但价格低廉，成为许多整机销售的预装设备。半硬半软的 Modem 介于两者之间。

二、调制解调器的传输速率

Modem 的主要作用就是将数据从一个地方传输到另外一个地方，因此它的传输速率成为衡量产品好坏的一个重要指标。下面来了解一下 Modem 速度方面的有关知识。

通常 Modem 的速度共包括 3 类：实际下载速度、拨号连接速度、理论最高连接速度。

1. 实际下载速度

实际下载速度指单位时间内能够下载的数据量，它是体现上网效率的主要指标，是决定用户上网费用的直接因素。对于压缩过的文件，理论上的最大下载速度是 6.2K/s，而对于非压缩文件，理想条件下速度可达到 7～8K/s。下载速度的快慢实际上是由 Modem 下行速率和服务器两方面决定。服务器对各个用户是分时服务，当上线人数超过服务器服务能力时，用户所能得到的服务就要打折扣了。当然，不同时段网络的情况也会有所变化，因此文件下载速率是一个不定数。

2. 拨号连接速度

拨号连接速度，是指服务器到 Modem 的数据传输速率，只表明 Modem 与 ISP 连接的一瞬间可以连接的速率。标准的 56K Modem，"56K"指的就是建立网络连接时的速率，它只是一个理论值，在最理想的情况下才可能达到。由于电话线路的噪音是不可以避免的，因此在实际使用中，连接速度是不可能达到 56K 的，只要在 42～52K 之间都可以认为是 56K 的 Modem。

拨号连接速度会根据外界情况的不同而有不同的表现结果：

（1）与服务器执行协议有关。在服务器执行相应协议的情况下，Modem 才可能有较高的连接速度。

（2）与线路的质量有关。Modem 工作时先以最高速率连接，然后会根据连接质量迅速调整连接速度，所以线路好坏是影响 Modem 连接速率的一个关键因素。

（3）与服务器及其接入端有关。由于大型 ISP 的网络技术和硬件设备会不断更新，对于连接性能较好的服务器，就会得到最流畅的数据流，否则相反，这也是每次接入的速率都会有所变化的原因。性能不同的 Modem 在相同的线路和 ISP 下，其连接速度是不同的，所以 Modem 的好坏也是一个比较重要的条件。

3．理论最高连接速度

理论最高连接速度是指 DTE 速率（115.2K），即计算机同 Modem 之间的速度，也可以显示 38.4K、57.6K，并不代表真正电话线上的传输速度。它是一个理想状态下的数值，由于目前的电信水平及线路容量的制约根本不可能达到这一数值，连线速度都要比其标称的速率值要慢得多。

在实际使用中，Modem 的各种速度都会受到如电话线路质量、ISP 交换机的兼容性、室内线路连接情况、是否是直线电话等各方面外部因素的影响，所以最主要的还是要看 Modem 本身的"条件"如何。选购时，建议尽量选择速度快、功能强的 Modem，它不但可以自动检测线路的好坏，还能根据线路情况降低和升高传输速率，网络加速的余地也比较大。

三、调制解调器的选购与安装

（一）调制解调器的选购

市场上 Modem 的品牌种类很多，选购时不仅要考虑产品的价格、性能和质量问题，而且还必须要考虑 Modem 附带的功能是否适合自己的需求。选购价格高、功能强的名牌 Modem 固然没问题，但是可能有许多功能根本用不到，造成很大浪费。而只图便宜，选择一款质量没有保证的杂牌产品，最后可能会碰到更多的麻烦。

选购 Modem 之前，首先要来了解一下 Modem 的主要技术指标。

1．Modem 的核心主芯片

Modem 的所有最重要的性能都取决于它的核心主芯片。用不同的主芯片做的 Modem，使用的效果是绝不相同的。选用好一些的主芯片，就像给 Modem 装上了一颗强有力的心脏，上网的时候，跑起来又快又稳，不会偷懒抛锚。Modem 的主芯片有很多种，Rockwell、TI、Lucent、ESS、Cirrus Logic、Motorola 等都是常见的芯片。市场上最高档的应该是 Rockwell（或者叫 Conexant）主芯片，其次是 Intel 芯片，再其次是 TI、Cirrus Logic、Motorola 等。

2．支持 V.92 协议

由国际电信联盟（ITU）起草的 V.92 标准，在 2000 年 11 月获得批准。V.92 在 V.90 标准的基础上体现了 3 个基本优势。第一，V.92 可以将最大数据上传速率提高 40%，提供与宽带相仿的性能；第二，由于大部分拨号用户在各自场所连接相同的号码，V.92 可在这些已连接过号码的连接中，提供 10s 的快速启动功能，起到了减少连接花费时间的作用；第三，当电话网络显示外线电话进入并处于等待状态时，V.92 调制解调器提供了在线接听功能，从而减少了用户加装另一条语音线的需要。目前市场上支持 V.92 协议的 Modem 有很多，大牌厂商的主流产品一般都支持 V.92，购买时请注意认准包装盒上的说明。

3．售后服务和技术支持

售后服务和技术支持是不能指望经销商的，由厂家提供的服务是最保险的。在国内的 Modem 厂商中服务做得比较好的主要有全向、实达、联想等，最值得一提的就是老牌的 Modem 厂商：全向。它提供了 Modem 深层应用的专业技术支持，24h 反馈的网上服务，提供 3 年的质保和实时的全球最新集散跟踪，随时提供底层软件的协议替换，让用户再无后顾之忧。

4. 品牌优势

买 Modem 时在品牌上尽可能挑选大厂的产品，例如：全向、联想、实达等。应尽量选择有信誉的商家购买，购买时还应在发票上注明保修（换）期（通常应在一年以上），以免日后为售后服务发生纠纷。通常在 Modem 的包装盒内还应有外接电源（内置 Modem 和 USB Modem 没有）、连接计算机与 Modem 的数据电缆、驱动程序、电话插头连线、产品安装和应用软件使用说明资料。另外有的 Modem 在购买时会有一些赠品，例如：耳机、微型话筒、各种软件等，在其包装盒或说明书上会有标注，购买时也应检查是否齐全。

5. USB 接口的 Modem

另外需要说明的是，USB 接口的 Modem 比较特别，它属于外置，但又大多是软 Modem，不是主流，选购时需注意配置要求，USB 接口的 Modem 如图 10-5 所示。

6. ADSL Modem

逐渐火热的 ADSL Modem，它与一般的 Modem 不同，使用前需要电信先为您开通此项服务，所以在购买前，需先申请服务。全向科技目前推出了几款 ADSL Modem，分别适合 PCI、USB、以太网接口，您可以按照自己的需要选一款合适的型号。

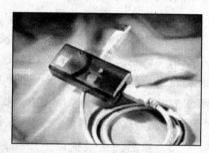

图 10-5　带有 USB 接口的 Modem

（二）调制解调器的安装

目前，ISP（网络服务提供商，如电信）提供给用户的网络接入方式主要有拨号接入和专线接入等方式。拨号接入方式一般通过公用电话网或 ISDN 网来接入。它具有设备简单、上网方便、价格便宜等优势，因此对于个人用户来说是不错的选择。目前，国内个人用户使用最多的方式就是通过 Modem，经由电话线拨号连接到 ISP 的账户认证服务器上，在用户名和密码验证无误后，使用 Internet 的各种服务。下面在 Windows 98 中实际操作一次 Modem 的安装。

1. 硬件连接

（1）内置式 Modem。关闭所有电源，打开机箱，用手抓住 Modem 的边缘，根据 Modem 所使用的插槽不同，用力插入对应的插槽（由于 PCI 插槽 Modem 相对使用较多，这里以它为例介绍），然后拧紧固定螺丝，盖上机箱盖就可以了。在内置 Modem 卡的背后一般有两个称为"RJ-11"标准的插孔，一个插孔标有 LINE 字样，另一个标有 PHONE 字样，可先将外接电话线插入 Modem 卡的 LINE 插孔，然后再用另一根两头都带有 RJ-11 插头（俗称水晶头）的电话线，一头插入 Modem 卡的 PHONE 插孔，一头插入电话机插孔，以备在不使用 Modem 上网时，正常使用电话机。

（2）外置式 Modem。外置 Modem 的安装相对来说比较简单，对于 USB 接口 Modem，只要用 USB 连线将 Modem 和计算机主机上的 USB 接口连接即可。而对于串口外置 Modem，只要将 Modem 配备的电缆线单独的 25 针接口接在 Modem 背面对应的接口上，然后将另一头（一般有两个接口：一个为 25 针，一个为 9 针）9 针的接口接到计算机主机的串行通信（COM）接口上，然后利用上面的内置式 Modem 的方法接好电话线，再将所带的变压器输出电源接口接到 Modem 的 Power 接口，并将变压器插入电源插座，打开 Modem 电源开关即可。外置 Modem 连接电话线的方法与内置 Modem 相同。

2. 安装驱动程序

（1）在完成以上硬件连接后，打开主机电源启动 Windows 操作系统，一般情况下系统的添加新硬件向导会自动搜索到 Modem 硬件的存在。如果 Modem 是属于 Windows 系统即插即用的设备，则系统会自动完成搜索驱动程序、复制文件、配置 COM 口和中断资源。如果系统搜索到硬件后，不能找到自带的驱动程序文件，则用户只要按照提示，就像安装显卡、声卡驱动一样插入随 Modem 附带的驱动盘或 Windows 系统光盘即可，当然端口和中断系统也会自动配置。

（2）如果系统在启动的过程中没有检测到 Modem 硬件的存在（比如外置 Modem 在系统启动后才打开电源），则保证 Modem 正确连接和电源开关打开的前提下，在"控制面板"中双击"调制解调器"图标，进入"安装新的调制解调器"向导。直接点击"下一步"，系统将自动检测调制解调器。查找完毕，"检测调制解调器"窗口将显示找到调制解调器，并要求安装驱动程序。点击"下一步"将开始安装调制解调器驱动程序。完成后将自动打开"调制解调器属性"窗口。

（3）当然如果根据以上步骤，系统还不能检测到 Modem 或者检测到的型号不对的话，那么用户只有自己选择端口和 Modem 类型进行安装了。具体方法为：通过"控制面板"双击"调制解调器"或者通过"添加新硬件向导"，在"需要 Windows 搜索新硬件吗？"窗口中选择"否"，并在安装硬件类型中选择"调制解调器"进入"安装新的调制解调器"向导。如果没有检测到 Modem 的话，将自动进入调制解调器的生产厂商与型号选择列表框窗口，点击"从磁盘安装"按钮打开驱动程序选择对话框，然后点击"浏览"按钮选择驱动程序存放位置，一般为软盘或光盘。然后一路点击"确定"按钮进入端口选择对话框，选择调制解调器与主机连接的端口，然后点击"下一步"，系统将自动完成 Modem 的安装。

文特·赛尔夫小传

文特·赛尔夫，1943 年出生在洛杉矶，父亲是北美航空公司高级执行官，使他从小受到良好的教育。赛尔夫爱好文学，但更热爱数学，是高中数学俱乐部的积极参与者。由于是早产儿，赛尔夫的听觉有缺陷，助听器伴随了他的一生，成名后曾写过一篇《一位有听觉缺陷的工程师自白》的论文。有趣的是，他的夫人也有听力障碍，两人平时说话都要大声嚷。后来，赛尔夫考进了著名的斯坦福大学，主修数学，但很快迷上计算机，以致他后来进入加州大学洛杉矶分校攻读计算机科学博士，有幸在克兰罗克教授手下参加了第一台 IMP 的安装调试。

1976 年，赛尔夫博士回斯坦福大学任教，在此期间与卡恩一起完成了 TCP/IP 协议。1976 年他加入 ARPA，继续为发展因特网努力。1982 年后，他成为美国著名通信公司 MCI 首席工程师，主管数字信息服务的副总裁，为 MCI 创建了第一个连接因特网的电子邮件系统。1986 年，他再次与卡恩合作，任 CNRI 公司副总裁。1994 年重返 MCI，一直担任该公司 Internet 技术资深副总裁。

1992 年，赛尔夫发起创立"因特网协会"并担任主席，他也是美国总统信息技术咨询委员会的成员。当记者访问赛尔夫博士，尊敬地称他为"因特网之父"时，赛尔夫不安地回答说："你应该清楚这个头衔很不公平。因特网至少有两个父亲，更确切地讲，它有数千个父亲。我只是在最初 10 年做了些早期工作。"

习　题

一、判断题（正确的在括号内画"√"，错误的画"×"）

1. 网卡的 BNC 插口通过外接一个 T 形接头来连接细同轴电缆网线。（　　）

2. 网卡的 15 针 AUI 插座通过一个"收发器"来连接粗同轴电缆网线。（　　）

3. 外置式 Modem 通过外部串行接口（如 COM2）与计算机相连。（　　）

4. 56kbit/s Modem 的上载速度为 56kbit/s，下载速度为 33.6kbit/s。（　　）

5. 使用 Modem 上网，应将电话外线接入它的"Phone"插口。（　　）

6. Modem 卡只占用一个系统 I/O 总线插槽，因此无需占用串口（如 COM2）的系统资源。（　　）

二、填空题

1. 计算机想要接入局域网就必须安装＿＿＿＿＿＿＿＿。

2. 网络适配器（网卡）是计算机与＿＿＿＿＿＿＿线路连接的关键部件。

3. 网卡按照信号带宽可分为 10Mbit/s 和 100Mbit/s 等，目前多采用＿＿＿＿＿＿自适应网卡。

4. 在 Modem 后面板上都有"Line"和"Phone"两个插口，前者连接＿＿＿＿＿＿，后者连接＿＿＿＿＿＿＿。

5. Modem 安装无误后，便可以在"我的电脑"中打开＿＿＿＿＿＿＿窗口，建立和连接 Internet 了。

三、单项选择题

1. 网络接口卡的英文缩写是（　　）。

A. PCMCIA　　　　B. NIC　　　　C. NET　　　　D. MODEM

2. 目前网卡多提供（　　）来连接 UTP 和 STP 双绞线。

A. BNC　　　　B. USB　　　　C. RJ-45　　　　D. AUI

3. 目前计算机选用的 Modem 的数据传输率多为（　　）。

A. 64kbit/s　　　B. 56kbit/s　　　C. 33.6kbit/s　　　D. 28.8kbit/s

4. 想要拨号上网，应将用户的电话线插头插入计算机调制解调器的（　　）插口。

A. MIC　　　　B. Phone　　　　C. Line　　　　D. Speaker

四、简答题

1. 按照网卡的不同分类依据，网卡可以分为哪些种类？

2. 网卡的主要技术指标有哪些？

3. 简述选购家庭用网卡和企业用网卡时应注意的事项。

4. 调制解调器的功能是什么？

5. 调制解调器有哪三种速度？它们之间的区别是什么？

6. 简述选购调制解调器时应注意的事项。

五、实验操作题

1. 网卡的硬件安装、驱动程序的安装及其网络参数的设置。

2. 调制解调器的硬件安装、驱动程序的安装及其拨号网络的设置。

第十一章 扫描仪与数码相机

本章要点
- 扫描仪的工作原理
- 扫描仪的主要技术指标
- 数码相机的工作原理
- 数码相机的主要技术指标

本章学习目标
- 熟悉扫描仪的工作原理
- 熟悉扫描仪的主要技术指标
- 了解扫描仪的选购
- 熟悉数码相机的工作原理
- 了解数码相机的选购

第一节 扫 描 仪

目前扫描仪作为一种获取信息的极佳的办公设备，几乎是计算机所不可缺少的。以传统纸张或胶片记录的图形、图像信息可以通过扫描仪进行扫描，以数字图像的形式存储到计算机中，以便保存、加工处理或以其他的形式输出。

一、扫描仪的工作原理

一般来讲，扫描仪扫描图像的方式分为两种，即以光电耦合器（CCD）为光电转换元件的平台式扫描仪和以光电倍增管（PMT）为光电转换元件的滚筒式扫描仪。

1. 平板式扫描仪的工作原理

平板式扫描仪在图像扫描设备中最具代表性。其形状像小型化的复印机，在上盖板的下面是放置原稿的稿台玻璃。扫描时，将扫描原稿朝下放置到稿台玻璃上，然后将上盖板盖好。在接收到计算机的扫描指令后，即对图像原稿进行扫描，实施对图像信息的输入。

平板式扫描仪与数字相机类似，在平板式图像扫描仪中，也使用 CCD 作图像传感器。但不同的是，数字相机使用的是二维平面传感器，成像时将光图像转换成电信号，而平板式图像扫描仪的 CCD 是一种线性 CCD，即一维图像传感器。

扫描仪对图像画面进行扫描时，线性 CCD 将扫描图像分割成线状，每条线的宽度大约为 10μm。光源将光线照射到待扫描的图像原稿上，产生反射光（反射稿所产生的）或透射光（透射稿所产生的），然后经反光镜组反射到线性 CCD 中。CCD 图像传感器根据反射光线强弱的不同转换成不同大小的电流，经 A/D 转换处理，将电信号转换成数字信号，即产生一行图像数据。同时，机械传动机构在控制电路的控制下，步行电机旋转带动驱动皮带，从而驱动光学系统和 CCD 扫描仪在传动导轨上与待扫描原稿做相对平行移动，将待扫描图像原稿一条线一条线地扫入，最终完成全部原稿图像的扫描。其基本流程如图 11-1 所示。

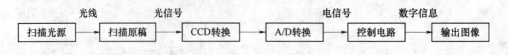

图 11-1　扫描基本流程示意图

2. 滚筒式扫描仪的工作原理

与采用线性 CCD 为图像传感器的平板式扫描仪不同，滚筒式扫描仪采用光电倍增管（PMT）作为光电转换元件。

滚筒式扫描仪较平板式扫描仪复杂许多，它的主要组成部件有旋转电机、透明滚筒、机械传动机构、控制电路和成像装置等。

滚筒式扫描仪采用 PMT 技术，扫描图像时，将要扫描的原稿贴附在透明滚筒上，滚筒在步进电机的驱动下，高速旋转形成高速旋转柱面。同时，高强度的点光源光线从透明滚筒内部照射出来，投射到原稿上逐点对原稿进行扫描，并将透射和反射光线经由透镜、反射镜、半透明反射镜及红绿蓝滤色片所构成的光路将光线引导到光电倍增管进行放大，然后进行模/数转换，进而获得每个扫描像素点的红（R）、绿（G）、蓝（B）三基色的颜色值。这时，光信息被转换为数字信息传送，并存储在计算机上，完成扫描任务。它的扫描特点是一个像素一个像素地输入光信号，信号采集精度很高，且扫描图像的信息还原性很好。

二、扫描仪的主要技术指标

1. 扫描仪的感光器件

目前扫描仪所使用的感光器件有 3 种：光电倍增管（PMT），光电耦合感应器（CCD）和接触式感光器件（CIS 或 LIDE）。

（1）光电倍增管（PMT）。光电倍增管实际上是一种电子管，它除了采用金属铯的氧化物作为主要感光材料外，为了提高灵敏度和捕捉精度，还掺杂了如镧系金属在内的其他活泼金属。在目前使用的各种感光器件中，光电倍增管无论是灵敏度、噪声系数还是动态范围等方面都是最优秀的。目前，几乎所有的滚筒式扫描仪都采用光电倍增管为其主要的感光器件。

（2）光电耦合感应器（CCD）。目前扫描仪采用的光电耦合感应器大致可以分为半导体隔离 CCD 和硅氧化物隔离 CCD 两种。CCD 应用范围最为广泛，不论是平板式扫描仪还是数字相机，许多数字采集设备都大量使用光电耦合感应器（CCD）作为感光元件。

景物在其感光面上成像，而感光面由很多个像素单元构成。它们一排排整齐地排列在感光面上，少则几十万个，多则数百万个。每个像素单元都可以把照射在其上的光通量（光能）转换成相应的电荷。由于各像素单元之间的距离都以微米来衡量，因此各感光单元的信号势必会发生干扰，所以必须将各像素单元绝缘。

（3）接触式感光器件（CIS 或 LIDE）。接触式感光器件采用硫化镉作为感光材料，这种材料是制造光敏电阻的主要原料，其生产成本十分低廉，只相当于半导体隔离 CCD 的

1/3。由于这种感光器材体积较大，无法使用镜头成像，扫描成像时，只能通过贴近被扫原稿的方法来识别信息。而且由于硫化镉光敏电阻本身存在的缺陷（如漏电及各感光单元之间干扰严重等问题），使得接触式感光器件的成像分辨率受到了严重制约。

另外，由于接触式感光器件不能使用常用的冷阴极灯管，因此无法使用三基色扫描技术，而不得不使用 LED 发光二极管阵列作为光源。这种光源无论在光色还是在光线的均匀度上都存在缺陷。加之由于 LED 阵列是由数百个发光二极管组成，一旦有一个损坏则意味着整个阵列的报废，所以很不可靠，通常使用寿命都不能保证。

2. 扫描仪的分辨率

扫描仪的分辨率主要与光学部分、硬件部分和软件部分有关，也就是说，扫描仪的分辨率等于其光学部件的分辨率（即光学分辨率）加上其自身通过硬件及软件进行处理分析（即插值分辨率）所得到的分辨率。

光学分辨率是衡量扫描仪感光器件精密程度的重要参数。即扫描仪光学部件每平方英寸面积内所能捕捉到的实际光点数，是扫描仪 CCD 的物理分辨率，也是扫描仪的真实分辨率，它的数值是由 CCD 的像素点除以扫描仪水平最大可扫尺寸得到的数值。例如分辨率为 1200 点/英寸的扫描仪，其光学部分的分辨率只占 400～600 点/英寸。扩充部分的分辨率（插值分辨率）也就是指在真实的扫描点基础上插入一些点后形成的分辨率。它与光学分辨率合在一起就是我们通常所说的最大分辨率。由于插值分辨率毕竟是通过计算所生成的点而不是真实扫描得到的点，所以，虽然从某种意义上说提高分辨率增加了图像的细致率，但在细节上跟原来的图像会有一定程度的差异，并不代表扫描的真实精度。因此，对于扫描仪自身来说，不能单看最大分辨率，其实际的光学分辨率更能反映扫描仪的性能。

3. 信噪比

信噪比从定义上讲是指信号和噪声之间的比例关系，即信噪比越高，对有用信号的提取能力就越强，扫描图像的品质就越准确和清晰。它直接反映了扫描仪 CCD 的采集精度。信噪比与输出电压、曝光量的关系如图 11-2 所示。

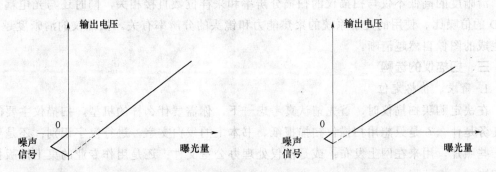

图 11-2　信噪比与输出电压、曝光量的关系示意图

4. 动态范围

动态范围是指扫描设备所能探测到的最浅颜色与最深颜色之间的密度差值。这是一个相对密度区间的概念，这个区间越宽，设备再现色调细微变化的能力，或者说是区别相近颜色之间细微差别的能力就越强，特别是对可视细节（阴影）的捕捉就越细致。

5. 密度范围

动态范围有时也被称为密度范围，它主要是由扫描仪所使用的光学采集器件的性能决定的一种能力指标。而普通的密度范围概念往往是指我们在扫描工艺参数设置中人为设定的从最大密度 d_{max} 到最小密度 d_{min} 之间的工作密度范围。它是一种工艺上的参数。它通过对 d_{max}/d_{min} 范围的调整，并结合扫描仪曝光量的调整、黑白场设置等工艺操作，并充分利用扫描仪动态范围中最有效的和线性度最好的感应区间来接收原稿信息，以获得更多更加真实的色调信息和丰富的层次。

6. 位深度

位深度表示了一个扫描设备可以在其扫描的每个像素上检测出的最大颜色和灰度级，即每个像素存储信息量的多少。一个 8 位灰度的扫描仪从理论上来说可以在黑白之间检测 256 种不同的灰度级。一个 24 位的彩色扫描仪可以采用 R、G、B 三个颜色通道中每个通道内的像素，每个像素 8 位，获得总数为 256×256×256=16777216 种可能的颜色。

色彩位数的具体指标用"位"来描述，24 位彩色表明扫描仪可分辨大约 1670 万种颜色，30 位真彩色是指大约 6.87 亿种颜色，而 36 位真彩色是指大约 1670 亿种颜色。

扫描仪的位深度越大，对图像色彩阶调的复制再现就越准确。当位深度增加时，至少从理论上来说扫描设备可以捕获的细节数量也会增加。因此扫描仪可达到的最大位深度，可直接体现扫描精度的高低。

7. 清晰度

扫描仪的清晰度指标是评判扫描系统综合性能的一个宏观标准。在判别扫描仪好坏时，扫描图像的清晰度往往成为第一项查看标准。通常一个图像清晰与否的差别可以表现在以下几点上。

（1）图像层次质感的细微精细程度，其本质是明暗层次过渡区细节之间的反差大小。

（2）图像颜色的过渡轮廓边界处的虚实程度，也称为"锐度"，其实就是边界颜色渐变的宽度。清晰度越高，这种渐变宽度越小。

清晰度的高低不仅与扫描仪的扫描分辨率和采样位数直接相关，同时还与光电耦合器 CCD 的信噪比、使用的光学系统的聚焦能力和镜头的分辨率有关。扫描仪的清晰度越高，所生成的图像自然越清晰。

三、扫描仪的选购

1. 需求、价格定位

在决定购买扫描仪时，首先请认真考虑一下，你需要什么样的机型，扫描仪主要的工作任务是什么？是只想用扫描仪扫描报纸、书本上的黑白文字，进行汉字识别；还是要扫描一些照片，用来在网上发布；或是仅仅处理办公室文件；还是用作专业的桌上排版打印或印刷。

扫描仪虽不能像计算机那样可以升级，使用寿命却较长。尽管扫描仪的价格已经下降，如果买一台千元价位的产品，即使现在勉强能用，一年以后可能就满足不了要求了。因此一开始就购买一台比较好的扫描仪，尽管可能有点超前，但它一方面可以使您现在的工作更加得心应手，另一方面可以使您为将来的工作逐步做好准备，日后实现平稳的过渡。

目前市场上扫描仪价格一降再降，各个扫描仪厂商为满足不同层次家庭用户的需要，投入了类型相当丰富的产品，价格不等，各具鲜明特色。其中 600 点/英寸×1200 点/英寸，36 位档次的扫描仪价格从 1000～10000 元不等，性能也是千差万别。对于一般家庭用户，2000 元上下的平板式扫描仪是一个既可满足一步到位的要求，又是家庭用户可以承受价位的款型。而对于专业用户，应根据实际使用范围，选择较高价位的高端产品。

2. 功能特性

在确定完机型后，应该充分了解产品的功能和特性。如它的扫描方式如何？又是如何做色彩校正的？其分辨率和灰度级是多少？应该知道的是：扫描仪的分辨率表示产品对图像细节的表现能力，目前多数扫描仪的分辨率在 3000～24000 点/英寸；灰度级表示灰度图像的亮度层次范围，级数越多扫描的亮度范围越大、层次越丰富；色彩数表示彩色扫描仪所能识别的颜色范围，色彩数越多扫描图像越鲜艳真实。

3. 品牌、生产厂商的选择

不可否认，知名厂商所生产的产品可靠性及稳定性通常要好得多，维护和配件供应等售后服务也比较完善，这些都是购买前所感觉不到、却是十分重要的。目前国内市场上扫描仪品种繁多，主要有 ARTEC，EPSON（爱普生），PRIMAXNTEK，PRIMAX，PLUSTEK，LIONHYPER，MUSTEK（鸿友），VIGOR 和 UMAX（力捷）等公司的产品，国内品牌清华紫光，MICROTEK（中晶）等也较为出名。购买时主要考察销售商的信誉、售后服务和维修能力。扫描仪是机械、光学、电子一体化的精密仪器，运输中的震动有可能造成损坏，因此建议就近购买，如果发现问题，维修更换也较方便。

4. 外观的设计需求

扫描仪的外观是否符合要求，外壳是否坚固，也是选购时应考虑的因素之一。

因为扫描仪内所有的运动部件都固定在扫描仪的外壳上，壳体的强度和刚度对扫描仪的扫描精度影响非常大。设计良好的外壳上盖有一条条明显的加强肋，而且底板有很多凹凸。金属外壳使用时间一长，可能会出现变形，使扫描精度下降。建议选择质地较稳固的外壳。

现在的扫描仪产品配备自动预扫描功能、"GO"键设计和节能设计等一系列辅助的技术指标，可用来增强扫描仪的易用性和其他功能。操作平台上的快捷键也由原来的单键"Scan"一种功能，发展为三键"Scan"、"Copy"和"E-mail"三种功能，又增加了"OCR"和"Scan to Web"功能进而扩展到 5 个功能键。快捷功能键的出现简化了用户使用扫描仪的步骤，极大地满足了以追求易用性为主导的家庭用户的需求。在外观设计上快捷功能键成为逐渐兴起的新配置，引导了扫描仪的发展潮流。

5. 驱动程序及附赠软件

随产品携带的相关应用软件对扫描仪的应用极为重要，因此在购买时注意比较一下各类扫描仪随机附带的软件。除驱动程序和扫描操作界面以外，几乎每一款扫描仪都会随机赠送一些图像编辑软件、OCR 文字识别软件。

6. 性能指标的衡量

描述扫描仪的性能参数很多，下面介绍一般用户购买时需要考虑的技术指标。

（1）扫描幅面。扫描幅面常有 A4，A4 加长，A3，A1 和 A0 等规格。大幅面扫描仪价格较高，建议一般家庭和办公用户选用 A4 幅面的扫描仪。根据需要办公用户也可以考虑选购 A3 幅面甚至更大幅面的扫描仪。

（2）光学分辨率。光学分辨率是直接影响扫描影像清晰度的关键因素，也是判断扫描仪好坏的重要指标。分辨率越高的扫描仪，扫描出的图像越清晰。扫描仪的分辨率用每英寸长度上的点数点/英寸（Dot Per Inch）表示。一般办公用户建议选购分辨率为 600 点/英寸×1200 点/英寸的扫描仪。水平分辨率由扫描仪光学系统真实分辨率（即 CCD.精度）来决定，垂直分辨率由扫描仪的步进电机来控制，选购时主要考察水平分辨率。

（3）色彩位数。色彩位数是扫描仪所能捕获色彩层次信息的重要技术指标，高的色彩位数可得到较高的动态范围，对色彩的表现也更加艳丽逼真。色彩位数用二进制位数表示。例如 1 位的图像，每个像素点可以携带 1 位的二进制信息，只能产生黑或白两种色彩。8位的图像可以给每个像素点 8 位的二进制信息，可以产生 256 种色彩。目前常见扫描仪色彩位数有 24 位、30 位、36 位和 42 位等常见标准，而 42 位的扫描仪是家用市场上的主流。任何用户对于色彩真实性的追求都是无止境的，48 位的扫描仪一上市就得到了消费者的青睐。因为 48 位可以捕获 281 兆种色彩，色彩层次信息更充足。即使用户在一系列的影像处理过程中，对影像色彩信息造成损失，也不至于对输出效果产生很大的影响。建议一般用户选购 36 位色彩或 42 位色彩的扫描仪。24 位的扫描仪目前已经成为淘汰产品，建议不要购买。

（4）感光元件。目前市场上的扫描仪可以分为 CCD 扫描仪和 CIS 扫描仪。CCD 扫描仪技术较成熟，通过镜头聚集到 CCD 上直接感光，有一定景深，能进行实物扫描，性能优越，使用范围覆盖了最低档到顶级的扫描仪产品；CIS 扫描仪紧贴扫描稿件表面进行接触式的扫描，景深较小，对实物及凹凸不平的原稿扫描效果极差。

7. 注意接口等传输设置

在决定购买前要检查一下计算机与扫描仪的兼容性。不同的扫描仪有不同的接口，目前市场上描仪接口标准主要有 EPP，SCSI，USB 和 IEEE1394 共 4 种。SCSI 接口传输速度很快，但需要在计算机中额外添加 SCSI 连接卡，安装较复杂，仅限于专业用户使用。如果经常扫描大量图像，应当选择 SCSI 接口扫描仪，可节约不少时间。USB 接口是近年新兴的行业标准，USB 接口扫描仪传输速度快、支持即插即用，与计算机的连接非常方便，已经成为目前的主流，建议尽可能购买 USB 接口的扫描仪。新兴的 IEEE1394 接口具有里程碑意义的变革，但是目前由于其较昂贵的价格还很难在家庭用户中普及。EPP 接口（打印机并口）用打印机电缆即可连接扫描仪、打印机和计算机，安装简便。但其数据传输速度较慢，极大地限制了扫描仪的速度，大多数厂商都已经停产，建议不要选购此接口的扫描仪。

从现在的情况看，应该选择光学分辨率为 600 点/英寸×1200 点/英寸，色彩位数为 36位、USB 接口连接，使用 CCD 技术，价格在 1600～2000 元的扫描仪。

第二节 数 码 相 机

一、数码相机的工作原理

数码相机是一种真正意义上的非胶片新型照相机。它采用 CCD 或 CMOS 作为光电转换器件，将被摄景物以数字信号方式记录在存储介质中。

数码照相机的系统结构以及特殊性部件，通过原理方框图 11-3 可以看的一清二楚。

仔细分析一下数码相机的原理方框图，不难发现，数码相机的系统工作过程就是把光信号转化为数字信号的过程。

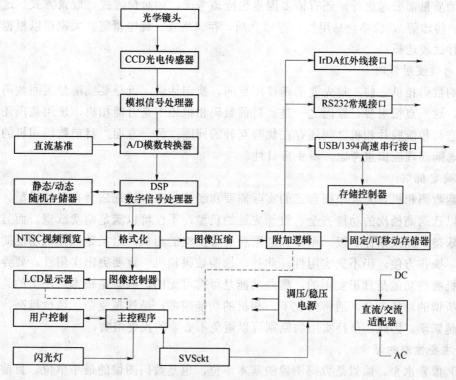

图 11-3　数码相机原理方框图

数码相机使用 CCD 记录被摄景物，然后把 CCD 器件的电子信号转换成数字信号。由于 CCD 器件本身并不分辨色光，为了获得彩色图像，必须将有效像素中的各种颜色分散。因此要用不同颜色的滤色片（滤色器）配合使用。具体结构，有采用红、绿、蓝滤色片 3 次分别扫描的，也有采用三组器件配合滤色片，一次同时对红、绿、蓝三色曝光的。根据采用 CCD 阵列的结构不同，又可以分为线性阵列 CCD 和平面阵列 CCD。显然平面阵列捕捉影像的速度要快于采用线性阵列的方式。从上面的介绍可知，数码相机有以下两种工作方式。

（1）利用透镜和分光镜将光图像信息分成 R、G、B 三束单色光，并将它们分别作用在 3 片 CCD 光电传感器上，3 种颜色信息经过 CCD 转换为模拟电信号，然后经过 A/D 模数转换为数字信号，再经过 DSP 数字信号处理后存入存储器中。最后，经数字接口或视频接口输出给计算机、打印机或电视机等。

（2）每个像素点的位置上有 3 个分别加上 R、G、B 3 种颜色滤色片的 CCD 光电传感器，透过透镜后的光图像信息被分别作用在不同的传感器上，并将它们转换为模拟电信号，然后经过 A/D 模数转换为数字信号，再经过 DSP 数字信号处理后存入到存储器中。最后，经数字接口或视频接口输出给计算机、打印机或电视机等。

二、数码相机的选购

很多人在准备选购数码相机时，往往会被各种性能介绍、指标和参数搞得稀里糊涂。其实在所有的特性中，图像质量是第一要素。如果图像质量不好，其余一切特性都黯然失色。我们应该在自己预算的范围内，尽可能选择图像质量最好的机型。选购一台数码相机除了成像质量需要考虑外，还有诸多因素也应该考虑，如对焦方式、取景方式、速度（包括拍摄、传输等）、价格、易用性、存储介质、存储格式、耗电量等，大家可以根据自己的需要自行比较选择。

1. 明确使用目的

选购数码相机之前，首先要明确使用目的。换句话说，就是要搞清楚买回数码相机后做什么，这一点很重要。原因之一是，目前数码相机还不是万能相机，使用范围还有一定限制，它与传统胶片相机之间还存在优势互补的问题；另一方面，目前数码相机的身价还很贵，选购前理应慎重考虑，避免盲目性。

2. 确定机型

选购数码相机首先要根据自己的实际需要和经济状况来挑选适合自己的机型。条件允许，可以选购高档次的功能齐全、设计先进的机型，不仅可以满足消费欲望，而且还能增加使用乐趣。如果条件一般，则应该选购经济普及型的相机，这类数码相机功能简化，价格较低，操作方便，仍不失实用性。此外，选购数码相机一定要突出实用性，要弄清楚选购的相机哪些功能是真正实用的，哪些功能是可有可无的，哪些是根本用不上的。不要盲目追求所谓的功能齐全。通常情况下，相机的功能越多，结构越复杂，造价越高，操作起来往往越繁琐。因此，坚持实用的原则可以避免不必要的投资浪费。

3. 主要性能的评价

（1）像素水平。像素是数码图像的基本单位，也是数码图像的最小单位。目前数码相机的像素数有 500 万、600 万、700 万、800 万像素以及 1000 万像素等，像素数越多，像素水平越高，数码相机的成像越清晰，文件数据量越大，相对来说价格也就越高。所以数码相机的像素水平是衡量数码相机最重要的指标之一。

（2）分辨率。分辨率是数码相机最重要的性能指标。数码相机的分辨率标准与显示器类似，使用图像的绝对像素数来衡量，这是由于数码照片大多数时候是在显示器上观察的。数码相机拍摄图像的绝对像素数取决于相机内 CCD 芯片上光敏元件的数量，数量越多则分辨率越高，所拍图像的质量也就越高。当然，相机的价格也会大致成正比例地增加。

（3）相机镜头。如果撇开数码因素，照相机镜头是选择相机的首要部件。很多摄影爱好者看到数码相机的镜头比一分的硬币还小，从而认定无法拍成高质量的图像，其实这是一种误解，因为数码相机的感光元件是 CCD，普及型数码相机用的 CCD 一般是 17mm、12.7mm、8.4mm，面积比传统的 35mm 底片小得多，所以一分硬币大小的镜头对 CCD 来说已经足够了。照相机镜头直径确实越大越好，因为大镜头对成像边缘清晰度大有好处，具备大口径、多片多组、包含非球面透镜的高质量镜头，绝对是半专业摄影的首选。但是普及型相机考虑到售价原因一般都采用小镜头。接下来对于镜头的重要指标就是焦距值，由于 CCD 面积较小，标称的焦距值也比较小，为了方便比较，厂家往往会给出一个对应 35mm 相机的对比值。还有一个重要因素就是变焦范围，一般采用 2 倍和 3 倍，这里建议买 3 倍变焦产品，因为普及型相机一般配 35mm 镜头，3 倍变焦正好达到 100mm 以上，比较实用。

（4）手动控制功能。是否具备手动控制功能已是区分傻瓜相机和专业相机的标准。这里的手动控制是指相机的光圈、快门、焦距可手动调整，对于半专业领域的摄影至关重要，目前普及型的数码相机只有极少数具备此功能。

一些高级的普及型数码相机也具备一些专业相机的功能，如定点测光、锁定焦距等，在不同程度上弥补了没有手动控制的缺陷。

（5）白平衡控制。白平衡这个概念在普通相机中是没有的，因为胶片感光已固定了，只有用 CCD 作感光元件时才有。摄像机也是一样，一般都是自动控制的，但是作为半专业使用最好能有白平衡手动控制，这样可以拍出很多意想不到的效果。

（6）色彩位数。这一指标描述了数码相机对色彩的分辨能力，它取决于 CCD 元件的光电转换精度。目前几乎所有数码相机的颜色深度都达到了 24 位，可以生成真彩色的图像。某些高级数码相机甚至达到了 36 位，因而这一指标目前并不是衡量数码相机的关键指标，在一般应用场合下，可不必多加考虑。

（7）存储能力。在数码相机中有 3 种存储数字影像的方式：内置的内存（内置式存储器）、各种类型的 PC 卡以及计算机上使用的标准 8.9cm（3.5 英寸）软盘。内置存储器的存储容量有限，不能连续大量拍摄。存储卡是随时可装入数码相机或从相机中取出的存储媒体，只要备足需要的存储卡，就可以连续进行大量拍摄。从普通消费角度来说，选择存储卡数码相机更实用。

（8）输出方式。一般来说，数码相机拍摄的影像，只有输入到计算机中才能进行处理，个别相机提供从相机直接打印或视频输出的功能。使用串行口是目前几乎所有相机都提供的数据输出方式，而购买的相机中通常都带有这种接口的电缆，有用于 PC 机平台的电缆以及用于 Mac 机平台的电缆。另外，有的相机提供 IrDA 红外接口，有了这种接口，就不需要数据电缆了，当然计算机要支持这种接口。

（9）CCD 成像器件与 LCD 显示器。CCD 的面积也是一项容易忽视的重要指标，单从 CCD 的制作工艺讲，面积越小集成度越高越好，单从摄影角度讲，一般普及型数码相机采用 8.4mm 的 CCD，如此小的成像面积想得到高质量的清晰画面，对相机镜头提出了很高的要求，需要特殊设计的高密度成像镜头，以便在小面积上获得更高密度、更高清晰度的成像。所以即使相同像素的 CCD 也要选择面积大的 CCD，以便获得高密度、高清晰度的成像。

目前，许多数码相机都带有 LCD 显示屏，即可用于取景，也可用于监视相机的状态，还可以用于预览已拍图像。但有的数码相机虽然号称具有 LCD 显示屏，但却不能取景或预览照片，只能用于监视相机的状态，因此购买时要多加了解。

4. 试拍

目前市面上见的最多的数码相机大多为中档机型，也是当前的主流，牌子包括 Agfa、Canon、Casio、Kodak 等。市面上可供选择的数码相机品牌远不止这些，真正选择的时候还需要费心去比较。不要轻信厂商避重就轻的宣传，最好亲自试一试，看看拍出来的图像效果如何。为了客观地评价相机成像质量，选购时最好能够当场试拍。当然不是每个商家都能为消费者提供这样的方便。

5. 外观检查

选购数码相机时的第一印象就是外观。外观的检查首先要看有无损伤，机身是否有磕碰处或划痕，镜头是否有污迹，外露螺丝钉是否有锈斑，外设的各种开关是否灵活、易用。

数码相机的参数设置比胶片相机多得多，功能也多。检查时对各种设置操作、存储卡拆装操作、电池安装操作、数据传输操作等的易用性应该进行实际体验，检查操作是否方便、灵活，运行是否正常。此外，还应对附件是否齐全（包括驱动程序、实用工具、连线与转换插头、使用手册等）进行检查。

6. 货比三家

在当前市场经济的形势下，商品价格开放，同一种商品在不同的地区价格差别很大，即使在同一地区不同的商家标价也不尽相同。所以，选购数码相机应该多走几家商店，多了解一些行情，不要见到就买。要想看得准，选购的商品物有所值，就要多走、多看、多比较。

此外，如果两种型号的数码相机规格完全相同，选购时应该优先选择专业厂家生产的相机，因为专业厂家的数码相机能够更好地保证镜头有较高的品质。

货比三家，主要是比较性能与价格的高低、优劣。另外还要比较售后服务与技术保障的孰优孰劣。数码相机属于精密的光电一体设备，而且进口渠道不同，鱼目混珠的情况时有发生。同时数码相机的维修专业技术性较强，维修元件也较难购买，因此售后服务尤显重要。宁可多花钱到负责"三包"的国营商店去选购，也不要贪图一时的便宜到没有售后服务与质量保证的个体商店或自由市场去购买。

<h2 style="text-align:center">伊凡·苏泽兰小传</h2>

伊凡·苏泽兰，1938年出生在美国内布拉斯加州，父亲是工程博士，母亲是一位教师，他们从小就对苏泽兰灌输学习思想——"谁会学习，谁就会做事"。苏泽兰一生与学习和教学结下了不解之缘，他先后在卡内基技术学院和麻省理工学院求学，以全优成绩获全额奖学金，攻下了硕士和博士学位。他曾在哈佛大学、犹它大学和加州技术学院等大学任教，在与学生们的相互交流中，敏锐地搜索、学习最前沿的新知识和新技术。

20世纪50年代初，苏泽兰首次接触到一台名叫SIMON的继电器式计算机，他一边学习编程，一边开发软件。1963年完成的名为《画板》的博士论文中研制的软件，在麻省理工学院TX-2小型计算机上得以实现。1964年，苏泽兰出任美国国防部高级研究规划署（ARPA）信息处理技术处（IPTO）处长。1968年，在盐湖城，他与大卫·伊文斯教授共同创办了一家"伊与苏"公司，专门开发计算机图形系统，他俩还一起领导了犹它大学计算机科学系。1990年，苏泽兰加盟太阳（Sun）微系统公司，担任该公司副总裁，是Sun实验室的中坚力量。

苏泽兰在计算机的若干领域，如分时系统、人工智能、集成电路设计、机器人研制，特别是在虚拟现实和图形技术等方面获得多项成果。1988年，美国计算机学会授予他计算机科学界最高奖——图林奖。他是举世公认的"虚拟现实之父"。

习 题

一、判断题（正确的在括号内画"√"，错误的画"×"）

1. 滚筒式图像扫描仪是以光电耦合器（CCD）为光电转换元件的。（　　）

2. 平板式图像扫描仪的 CCD 是一种线性 CCD。（　　）

3. 数码相机根据其采用 CCD 阵列的结构不同，又可以分为线性阵列 CCD 和平面阵列 CCD 两种。（　　）

二、填空题

1. 通常所谓的扫描仪分辨率是指它的光学分辨率，单位是＿＿＿＿＿＿＿＿。

2. 扫描仪的水平分辨率由＿＿＿＿＿＿＿＿＿＿＿等光学器件的分辨率决定；垂直分辨率由＿＿＿＿＿＿＿＿＿＿＿等驱动机构的精密度决定。

3. 扫描仪的＿＿＿＿＿＿＿是扫描仪色彩还原能力的基本指标，单位为＿＿＿＿＿＿。

4. 数码相机的关键部件是＿＿＿＿＿＿＿，它是由高感光度的半导体材料做成的。

三、单项选择题

1. 一般扫描仪要求的色彩位数为（　　）。

   A. 24bit　　　　　　B. 30bit　　　　　　C. 42bit　　　　　　D. 48bit

2. 一般要求扫描仪的灰度级为（　　）。

   A. 4bit　　　　　　B. 6bit　　　　　　C. 10bit　　　　　　D. 16bit

3. 数码相机采用的图像传感器是（　　）。

   A. CCD　　　　　　B. 激光器　　　　　　C. 红外线　　　　　　D. 光敏三极管

四、简答题

1. 简述平板式扫描仪和滚筒式扫描仪的工作原理。

2. 扫描仪的主要技术指标有哪些？

3. 简述光电倍增管、光电耦合器、接触式感光器件的特点。

4. 简述选购扫描仪时应注意的事项。

5. 简述数码相机的工作原理。

6. 简述选购扫描仪时应注意的事项。

五、实验操作题

1. 扫描仪的硬件安装、驱动程序的安装及利用扫描仪扫描一幅图像（图像自选）。

2. 利用数码相机拍摄一张数字照片，并将此照片导入到计算机硬盘上。

第十二章 打　印　机

本章要点
- 打印机的结构原理
- 针式打印机原理、特点及选购
- 喷墨打印机原理、特点及选购
- 激光打印机原理、特点及选购

本章学习目标
- 了解打印机的功能
- 了解针式打印机的工作原理
- 熟悉喷墨打印机的结构
- 熟悉激光打印机的结构
- 掌握一种打印机的用法

第一节　打印机概述

随着计算机技术的不断发展，打印机作为计算机常用的外设，其应用范围也不断扩展。如今无论是在家庭、工厂、办公室还是学校，到处都能看到打印机的身影。作为一个发烧级的计算机爱好者，有必要了解打印机的工作原理和一些常见故障的解决方法。这对我们平常的工作、生活都是有很大的帮助的。

打印机是一种复杂而精密的机械电子装置，而无论哪种打印机，其结构基本上都可分为机械装置和控制电路两部分，这两部分是密切相关的。机械装置包括打印头、字车机构、走纸机构、色带传动机构、墨水（墨粉）供给机构以及硒鼓传动机构等，它们都是打印机系统的执行机构，由控制电路统一协调和控制；而打印机的控制电路则包括 CPU 主控电路、驱动电路、输入输出接口电路及检测电路等。

虽然打印机的外观千变万化，打印出来的图形、色彩也各不相同，但究其原理，常用的打印机可分为 3 种类型：针式打印机、喷墨打印机和激光打印机。

首先了解一下打印机的技术指标。

一、打印速度

打印速度是衡量打印机性能的重要指标之一。打印速度的单位用 cps（字符/秒）或者 ppm（Papers Per Minute），即页/分钟表示。一般点阵式打印机的平均速度是 50～200 汉字/秒，以 A4 纸为例，喷墨打印机打印黑白字符的速度为 5～9ppm，打印彩色画面的速度为 2～6ppm。激光打印机的速度更高。

二、分辨率

分辨率是打印机的另一个重要性能指标，单位是点/英寸，表示每英寸所打印的点数。分辨率越大，打印精确度越高。

一般情况下，达到 720 点/英寸×360 点/英寸以上的打印效果才能基本符合要求。当前一般的喷墨打印机的分辨率都在 720 点/英寸×360 点/英寸以上，较高级的喷墨打印机的分辨率可达到 1440 点/英寸×720 点/英寸。

三、数据缓存容量

打印机在打印时，先将要打印的信息存储到数据缓存中。然后再进行后台打印或称脱机打印。如果数据缓存的容量大，存储的数据就多，所以数据缓存对打印的速度影响很大。

四、颜色数目

颜色数目的多少意味着打印机颜色精确度的高低。原来传统的 3 色（即红、黄、蓝）墨盒，已逐渐被 6 色（红、黄、蓝、黑、淡蓝、淡红）墨盒替代，其图形打印质量效果绝佳。这对于一些专业用户来说，是个很好的选择。

第二节 针 式 打 印 机

针式打印机作为典型的击打式打印机，曾经为打印机的发展，做出过不可磨灭的贡献。其工作原理是在打印头移动的过程中，色带将字符打印在相应位置的纸张上。其特点是，打印耗材便宜，同时适合有一定厚度的介质打印，比如银行专用存折打印等。当然，它的缺点也是比较明显的，不仅分辨率低，而且打印过程中会产生很大的噪音。如今，针式打印机已经退出了家用打印机的市场。针式打印机中的打印头是由多支金属撞针组成，撞针排列成一直行，打印头在纸张和色带之上行走。当指定的撞针到达某个位置时，便会弹出来，在色带上打击一下，让色素印在纸上做成其中一个色点，配合多个撞针的排列样式，便能在纸上砌成文字或图画。如果是彩色的针式打印机，色带还会分成四道色，打印头下带动色带的位置还会上下移动，将所需的颜色对正在打印头之下。

一、针式打印机的原理及特点

1. 针式打印机的原理

针式打印机基本可以分为机械装置与打印电路两大部分。

（1）打印机械装置。包括打印头，字车机构，输纸机构，色带机构与机架外壳。

打印头是打印机最重要的部分，打印头采用电磁作为动力源，为打印针提供动力，迫使打印针撞击打印染色媒介（如打印机色带）和打印纸形成字符。

字车机构是打印机实现串行连续打印的重要机构，字车机构中装有字车，采用电机作为动力源，字车在动力作用下左右往复移动，使固定在字车上的打印头能打印出文字。

输纸机构用输纸电机作为动力源，在电机驱动下输纸机构使打印纸作纵向移动，事实上就形成了打印头的换行打印功能。打印机的打印纸可分为两类：一类是单页纸，另一类是两边带有纸孔的连页纸。这样输出机构可分为两种，一种依靠摩擦传动来实现无孔纸的运动；一种依靠链轮传动来实现有孔纸的移动。针式打印机可同时出现两种方式的输出。

色带机构借助电机的动力实现单向循环，避免打印针撞击色带的固定位置，使色带得到均匀利用。色带是首尾连接的长条形，大部分封装于色带盒中，小部分环绕在打印头周围。

（2）打印电路。针式打印机的打印电路包括控制电路、驱动电路、打印机状态检测电路及传感器、DIP 开关、操作面板、电路接口等。

控制电路是打印机的大脑，它负责收集计算机发送的信号，经过处理后发送给驱动电路控制打印头、字车、输纸、色带机构的动作，完成打印任务，打印机控制电路由打印机计算机系统与机械控制电路两大部分组成。

首先，介绍一下针式打印机的原理，图 12-1 是其组成结构框图。

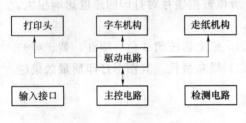

图 12-1　打印机组成框图

针式打印机的工作原理是：主机送来的代码，经过打印机输入接口电路的处理后送至打印机的主控电路，在控制程序的控制下，产生字符或图形的编码，驱动打印头打印一列点阵图形，同时字车横向运动，产生列间距或字间距，再打印下一列，逐列进行打印；一行打印完毕后，启动走纸机构进纸，产生行距，同时打印头回车换行，打印下一行；上述过程反复进行，直到打印完毕。

针式打印机之所以得名，关键在于其打印头的结构。打印头的结构比较复杂，大致说来，可分为打印针头、驱动线圈、定位器、激励盘等。简单地说，打印头的工作过程是：当打印头从驱动电路获得一个电流脉冲时，电磁铁的驱动线圈就产生磁场吸引打印针衔铁，带动打印针击打色带，在打印纸上打出一个点的图形。因其直接执行打印功能的是打印针，所以这类打印机被称为针式打印机。

2. 针式打印机的特点

针式打印机具有相对低廉的价格、极低的打印成本和很好的易用性，曾经占据着最重要的位置。但随着打印技术的进步，针式打印机与生俱来的缺点暴露无遗，它的低打印质量、高工作噪声等原理性缺陷，使它无法适应高质量、高速度的商用打印需要。因此正逐步淡出打印机市场，现在只有在银行、超市等使用票据打印的地方，还可以看见它的踪迹。

针式打印机由于采用的是机械击打式的打印头，因此穿透力很强，能打印多层复写纸，具备拷贝功能，另外还能打印不限长度的连续纸。使用的耗材是色带，在 3 种打印机中是最廉价的一种。其缺点就是体积、重量都较大，打印噪音大，精度低，速度慢，一般无打印彩色图像的功能。适合有专门要求的专业应用场合，例如财务、税务、金融机构等。常见的机型如图 12-2 所示。主要针式打印机系列包括以下 3 个。

（1）Epson 系列针式打印机。Epson 公司以点阵打印机生产商闻名，著名的 LQ-1600K 24 针针式打印机就为此公司生产，也是我国使用最广泛的通用型针式打印机。该公司的针式打印机以较低价格占据了针式打印机的主要市场，主要产品有 LQ 系列，如 LQ-1600K 及 LQ-7600K 手推式票据打印机等。

（2）Star 系列针式打印机。Star 是得实发展有限公司与日本 Star 精密株式会社合作开发的针式打印品牌系列。它应中国用户的要求，对主要打印机参数进行了修改，比较适合中国国情。其主要型号有 AR-3200+、AR-5400、AR-6400、AR-1000、CR-3240II 等，主要是 24 针通用型打印机。

（3）Fujitsu 系列针式打印机。Fujitsu 公司在大陆市场主要是票据打印机，属于专用打印机。其产品的打印针经久耐磨，不易断针。主要产品为 DPK-8100/8200、DPK-8100E、DPK-8320C、OKI-8386C 和 5330/5350 系列平推式票据打印机。

图 12-2 针式打印机常见机型

二、针式打印机的选购

用户在选购针式打印机时，首先要了解需要应用的领域，不同的应用领域需要选购不同的针式打印机。针式打印机已经分为通用针式打印机和专用针式打印机两大类。通用针式打印机就是最为常见的滚筒式打印机，而专用针式打印机则是指有专门用途的平推式打印机，如：存折打印机、票据打印机等。

其次，要考虑它的可靠性。这里关系到两个重要指标：打印头寿命和平均无故障时间。在打印头寿命方面，好的针打一般采用全新高密度、高耐磨打印头，这种打印头结构设计紧凑，并加强了散热功能，能造就高拷贝能力和长寿命。好的打印头的使用寿命可高达 4 亿次/针，而整机平均无故障时间长，也代表着打印机的可靠性高，好的针打的整机平均无故障时间一般可达 10000h。

第三，考虑打印速度、拷贝能力、适应纸宽纸厚等具体的性能指标。一般在打印票据或报表的时候，票据或报表往往需要一式数份，同时要打印多联，需要拷贝能力强的针式打印机。在一些窗口行业，打印业务高强度、高负荷，打印速度高的打印机就能提升工作效率，用户应根据实际的应用情况进行选择。

第四，经济性。针式打印机的使用寿命是所有用户都非常关心的问题，色带的寿命也是用户应考虑的因素，大容量、长寿命色带能够大为降低耗材费用。影响色带寿命的原因有色带芯的质量、色带盒的大小、色带的长短等。打印头的长寿命可以避免更多的再投资，从而能降低总体运营成本。

第五，功能优异。打印字符是影响用户工作效率的一个主要因素，不安装大字库的产品是根本无法在税控项目中正常使用的，用户使用过程中就会出现很多的问题。比如一些字打不出来，或是经常有乱码，势必会造成大量的浪费，所以安装字库与否，直接影响工作效率、输出效果等多个方面。

最后，服务至上。服务是一个老生常谈的问题，在趋于同质化的时代，服务就成了商家另一个制胜法宝。除去产品的品质和价格问题，厂家的售前、售中、售后服务质量，往往关系到设备能否长期良好地运行，因此这也是选购时应着重考虑的一项指标。

另外，用户在选购前，可以根据本身的使用情况，电话咨询供货商或厂商的技术部门，这样可以选择最适合的产品。咨询时的要点如下：

（1）将要打印的业务。例如纸张大小、厚度等，这一点将决定用户应选择的打印机种类。

（2）速度高低和打印负荷多少。这将决定用户在同类产品中选择的档次。

（3）是否有专业的打印软件。行业用户很多都有自己的打印软件，这些软件在开发时多数都针对特定的打印机。当打印机产品换型后，可能软件与打印机出现不兼容的情况，而厂商一般都会提供打印机软件服务，来协助用户解决问题。

（4）产品稳定性与保修期限。

第三节 喷 墨 打 印 机

一、影响喷墨打印机的主要技术参数

1. 分辨率

分辨率就是每英寸所打印的点数，单位是点/英寸。分辨率越高，图像精度就越高，打印质量也就变得更好。现在喷墨打印机的分辨率在 600 点/英寸以上。

2. 最大幅面

最大幅面是指打印的最大纸张大小。现在多数打印机的最大幅面都是 A4，这已能够满足多数用户的要求；而能够打印 A3、A2 的只有商用打印机和专业打印机。

3. 打印速度

打印机的打印速度是以每分钟打印多少页纸来衡量的。一般的喷墨打印机有两个打印速度：黑色和彩色。喷墨打印机的打印速度是指每分钟打印的页数。这个值是指连续打印时的平均速度，如果只打印一页，还需要加上首页预热时间。

4. 打印内存

打印内存是指打印机内部所拥有的内存数量。

5. 色彩数目

色彩数目是指喷墨打印机所能提供的色彩数目。目前有 3 色、4 色、6 色和 9 色打印机。

6. 接口

目前打印机接口主要有 EPP(Enhanced Parallert Port，增强型并行接口)、ECP(Enhanced Capabilities Port，增强型高能接口)两种并行接口和 USB 接口。EPP 和 ECP 都是 IEEE1284 标准中的一部分，它们的传输速度是 1MB/s。USB 接口是串行接口，它的最大传输速率为 480MB/s，并支持热插拔功能。

7. 打印介质

这项指标是说明打印机打印介质选择范围很广，既可以打印普通打印纸介质，还可以打印各种胶片、照片纸等特殊介质。一般需要打印的介质，喷墨打印机基本都能满足。

8. 墨盒寿命

这项指标是指打印机的墨盒正常能够打印的最大张数。一般而言，不同档次的喷墨打印机所能够打印的最大张数也不太一样，当然，打印图像比打印文档更加耗费墨水。

二、喷墨打印机的原理及特点

1. 喷墨打印机的原理

喷墨打印机的工作原理可分为固体喷墨和液体喷墨两种（现在以后者更为常见），而液体喷墨方式又可分为气泡式（Canon 和 HP）与液体压电式（Epson）。气泡技术（Bubble Jet）是通过加热喷嘴，使墨水产生气沟喷到打印介质上的。热感应式喷墨技术便是由这个整合的循环技术程序所架构出来的。由于墨水在高温下易发生化学变化，性质不稳定，所以打出色彩的真实性就会受到一定程度的影响；另一方面由于墨水是通过气泡喷出的，墨水微粒的方向性与体积大小不好掌握，打印线条边缘容易参差不齐，也一定程度地影响了打印质量，这都是气泡技术的不足之处。微压电式打印头技术是利用晶体加压时放电的特性，在常温状态下稳定地将墨水喷出。它有着对墨滴控制能力强的特点，容易实现 144 点/英寸的高精度打印质量。且微压电喷墨时无需加热，墨水就不会因受热而发生化学变化，因此大大降低了对墨水的要求。目前，Epson、HP、Canon 3 家公司生产的液态喷墨打印机代表了市场的主流产品，如图 12-3 所示。它们在技术方面的特色也是各有所长。

图 12-3　喷墨打印机

喷墨打印机在打印图像时，需要进行一系列的繁杂程序。当打印机喷头快速扫过打印纸时，它上面的无数喷嘴就会喷出无数的小墨滴，从而组成图像中的像素。

打印机头上，一般都有 48 个或 48 个以上的独立喷嘴喷出各种不同颜色的墨水。例如 Epson Stylus photo 1270 的 48 个喷嘴分别能喷出 5 种不同的颜色：蓝绿色、红紫色、黄色、浅蓝绿色和淡红紫色，另外还有喷出黑色墨水的 48 个喷嘴。一般来说，喷嘴越多，打印速度越快。不同颜色的墨滴落于同一点上，形成不同的复色。用显微镜可以观察到黄色和蓝紫色墨水同时喷射到的地方呈现绿色，所以我们可以这样认为：打印出的基础颜色是在喷墨覆盖层中形成的。

通过观察简单的四颜色喷墨的工作方式，我们可以很容易理解打印机的工作原理：每一像素上都有 0～4 种墨滴覆盖于其上，不同的组合能产生 10 种以上的不同颜色。一些打印机还可通过颜色的组合，如"蓝绿色和黑色"或者"红紫色，黄色和黑色"的组合，产生 16 种不同的颜色。另外，新款打印机能打印出更多的独特颜色，因为它们使用了 6 种单色：原有的 CMYK 上再加上浅蓝绿色和浅红紫色（即 CcMmYK 和 CMYKcm）。当这些打印机扫过像素时，能够喷出 0～6 种颜色的墨滴，颜色组合最多可达 64 种。最新款的喷墨打印机，如 Epson Stylus photo1270，还能喷射 3 种不同大小的墨滴，因而每种颜色有 4 种表现方式：无墨滴（白色），小型，中型以及大型墨滴，从而每个像素能产生 4096 种不同的颜色。打印机打印像素的大小取决于每英寸的墨滴数。但它并不能说明打印质量，它只不过是平衡中的一个因素而已。一般来说，每英寸的色调或色彩越多，打印出高质量图像所需的 dpi 越少。对于每种颜色有 64 或 64 以上色调的打印机，300 点/英寸已足够了。比如，CMYK 打印机的每个像素的颜色组合就可以有 $64×64×64×64≈1.6$ 千万种。

点/英寸和色调也仅仅是衡量照片喷墨打印质量的两个因素。而且由于所有的新式喷墨打印机都能打印出高质量的图像，因此选择纸张远比选择打印机显得重要。一般来说，最重要的因素包括色彩饱和度、防止褪色和耐水性。

2. 喷墨打印机的特点

喷墨打印机打印精度高，通常都能打印彩色图像，而且体积及重量都可以做得非常小巧，甚至能随身携带，打印时的噪音也很小。但使用的消耗材料——墨水，是 3 种打印机中相对来说最为昂贵的。而且，想要打印精美的图像，还要使用同样昂贵的专用打印纸才能有很好的打印效果。因此喷墨打印机的使用成本很高，同时，也不具备拷贝和打连续纸的功能。适合对打印质量要求高但数量较小的场合，如家庭，小型办公室等。

目前市场上的喷墨打印机主要有 Epson、Canon、HP 三大品牌。

（1）Epson。生产高、低档不同规格的打印机，品种齐全，可以满足各个层次用户的要求，Epson 采用了独创的多层压电式喷墨技术。根据彩色打印质量，其喷墨打印机型号可分为 Color 和 Photo 两大系列。

（2）Canon。Canon 公司系列打印机市场占有率仅次于 Epson 系列，其提供了很好的性价比，有 Color 和 Photo 两大系列。

（3）HP。HP 公司产品售后服务好，其产品全国联保，在用户中具有良好的信誉。其产品主要有 HPDeskJet 系列。

三、喷墨打印机的选购

喷墨打印机的价格低廉，打印效果也不错，因而深受广大用户的欢迎。那么怎样选购、使用和日常维护保养喷墨打印机呢？怎样才能真正用好喷墨打印机呢？选用打印机也需要考虑很多因素，如打印机的性能参数、品牌、种类、具体价位、自己的要求等。在这些因素中，选用时应该分清主次。

（1）品牌与售后服务。选择市场占有率大的品牌可以为将来维修和更换耗材带来方便，当然驱动程序的升级也要方便得多。在选用时还应了解清楚保修期是多久、特约维修地点和联系方法等。

（2）分辨率与打印质量。打印分辨率的高低将直接影响打印的质量，可以根据日常打印任务的特点来选择合适的打印机。打印文本较多，可用分辨率低一些的；打印图形图像较多，应选择分辨率高的。打印分辨率即打印的精度，分辨率以"点/英寸"为单位。也就是说分辨率为 4800 点/英寸×1200 点/英寸的打印机，可以实现在 1 平方英寸面积上打印 576 万个墨点。打印进行时，喷墨打印机是通过墨点的组合在纸上呈现图像的，不难明白，在同样的面积内，墨点越多就越能够保证图像的颜色更丰富，色彩也更加真实鲜活，所以理论上讲，打印分辨率越高，打印品质也越高。

（3）打印速度与幅面。评价一台打印机不能单看分辨率，同时还应该注意打印速度。日常打印量较多，应选择打印速度快的产品，有利于提高工作效率。如果没有特殊要求，打印机的幅面选择 A4 尺寸，基本上可以满足大多数需求，在选购时应根据实际需要来挑选。打印速度是用户关注彩色喷墨打印机产品的一个重要性能指标，由于彩色喷墨打印机的打印速度与打印内容、打印精度的关系比较大，因此大多数厂商会以黑白打印速度和彩色打印速度两个指标表示，标称速度一般以 ppm（Page Per Minute）来表示。也有一些厂商的标称方法更加细致，以黑白文本、彩色文本、彩色图形、彩色照片等多个速度标称。但实际上，影响打印速度的因素很多，如打印精度、喷嘴喷射频率、打印算法的差别、是否应用智能墨滴变换技术、走纸速度等都会对打印速度产生影响。而且厂商标称的打印速度的测试通常是按 5%的墨水覆盖率，打印质量选择经济模式或省墨模式进行的。而在实际使用时，合同等文本打印约为 10%的覆盖率，而文字加图表的文件约为 20%的覆盖率，期刊文章内页的图片加文字的页面打印约为 30%的覆盖率，而文章首页有题图的页面，图片约占半页的页面打印时约为 60%的覆盖率，厂商以 5%墨水覆盖率打印时的标称速度并不是我们在实际应用中能够实现的打印速度，需要结合各种页面的覆盖率与其他的相关因素来进行估算。

（4）耗材与打印成本。喷墨打印机本身的价格比较便宜，但在墨盒和专用打印纸等耗材上的开销比较大。因此，选用时选择使用成本较低的打印机。影响彩色喷墨打印机选购的因素，除了品牌与打印机的特色功能以外，最主要在于打印机所使用墨盒的结构与墨水色数。彩色喷墨打印机主要有联体式和分离式两种墨盒结构，两者的区别是联体式墨盒采用一体化设计，所有的墨水装在一个墨盒中。也有一些打印机将黑色墨水装在一个单独墨盒内，而所有的彩色墨水装在另一个联体式的墨盒内。而分离式墨盒则按照墨水色数将每一种颜色的墨水装在一个墨盒中。联体式墨盒产品成本低，因而价格相对比较低廉，但如果其中一种颜色的墨水用尽，整个墨盒也将无法继续使用。在使用彩色喷墨打印机时某种颜色的墨水首先用完的现象是肯定会出现的，所以，如果从长远的使用角度来考虑，选择分离式墨盒的彩色喷墨打印机虽然墨盒较为昂贵，但反倒能够降低打印成本。

（5）接口与兼容性。常见的打印机接口是基本的 ECP 兼容接口，最好选择有 USB 接口的打印机。连接计算机打印，是我们通常所知的数码照片打印方式，但其局限性强，使用也不太方便。因此，不少数码相机开始增加直接打印功能。但需要注意的是，如果您的数码相机是在过去几年里购买的，即便它支持直接打印功能也未必能够与您新购买的打印机实现直接打印。要确认是否支持，您还需要注意它使用的是哪一种直接打印标准。因为在 DPS 标准推出之前，佳能、奥林巴斯、索尼等数码相机或打印机厂商都曾经开发了各自的直接打印产品。这些产品的排他性很大，不同的直接打印标准在大部分情况下都不能够兼容。

第四节　激光打印机

激光打印机是由激光器、声光调制器、高频驱动、扫描器、同步器及光偏转器等组成，其作用是把接口电路送来的二进制点阵信息调制在激光束上，之后扫描到感光体上。感光体与照相机构组成电子照相转印系统，把射到感光鼓上的图文映像转印到打印纸上，其原理与复印机相同。激光打印机是将激光扫描技术和电子显像技术相结合的非击打输出设备。它的机型不同，打印功能也有区别，但工作原理基本相同，都要经过充电、曝光、显影、转印、消电、清洁、定影 7 道工序，其中有 5 道工序是围绕感光鼓进行的。当把要打印的文本或图像输入到计算机中，通过计算机软件对其进行预处理。然后由打印机驱动程序转换成打印机可以识别的打印命令（打印机语言）送到高频驱动电路，以控制激光发射器的开与关，形成点阵激光束，再经扫描转镜对电子显像系统中的感光鼓进行轴向扫描曝光，纵向扫描由感光鼓的自身旋转实现。感光鼓是一个光敏器件，有受光导通的特性。表面的光导涂层在扫描曝光前，由充电辊充上均匀电荷。当激光束以点阵形式扫射到感光鼓上时，被扫描的点因曝光而导通，电荷由导电基对地迅速释放。没有曝光的点仍然维持原有电荷，这样在感光鼓表面就形成了一幅电位差潜像（静电潜像），当带有静电潜像的感光鼓旋转到载有墨粉磁辊的位置时，带相反电荷的墨粉被吸附到感光鼓表面形成了墨粉图像。当载有墨粉图像的感光鼓继续旋转，到达图像转移装置时，一张打印纸也同时被送到感光鼓与图像转移装置的中间，此时图像转移装置在打印纸背面施放一个强电压，将感光鼓上的墨粉像吸引到打印纸上，再将载有墨粉图像的打印纸上送入高温定影装置加温、加压热熔，墨粉熔化后浸入到打印纸中，最后输出的就是打印好的文本或图像。

一、激光打印机的原理及特点

1. 激光打印机的原理

激光打印机的结构及其工作原理是怎样的呢？图 12-4 是激光打印机的核心——成像机构示意图。

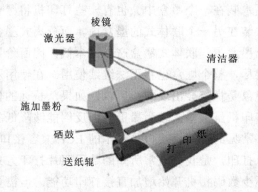

图 12-4　激光打印机成像机构

当计算机主机向打印机发送数据时，打印机首先将接收到的数据暂存在缓存中，当接收到一段完整的数据后，再发送给打印机的处理器，处理器将这些数据组织成可以驱动打印引擎动作的信号流，对于激光打印机而言，这个信号流就是驱动激光头工作的一组脉冲信号。

激光打印机的核心技术就是所谓的电子成像技术，这种技术结合影像学以及电子学的原理和技术以生成图像，核心部件是一个可以感光的硒鼓。激光发射器所发射的激光照射在一个棱柱形反射镜上，随着反射镜的转动，光线从硒鼓的一端到另一端依次扫过（中途有各种聚焦透镜，使扫描到硒鼓表面的光点非常小），硒鼓以 1/300 英寸或 1/600 英寸的步幅转动，扫描又在接下来的一行进行。硒鼓是一只表面涂覆了有机材料的圆筒，预先带有电荷，当有光线照射时，受到照射的部位会发生电阻的变化。计算机所发送来的数据信号控制着激光的发射，扫描在硒鼓表面的光线不断变化，有的地方受到照射，电阻变小，电荷消失，也有的地方没有光线射到，仍保留有电荷，最终，硒鼓表面就形成了由电荷组成的潜影。

墨粉是一种带有电荷的细微塑料颗粒，其电荷与硒鼓表面的电荷极性相反，当带有电荷的硒鼓表面经过显影辊时，有电荷的部位就吸附了墨粉颗粒，潜影就变成了真正的影像。硒鼓转动的同时，另一组传动系统将打印纸送进来，经过一组电极，打印纸带上了与硒鼓表面极性相同但强得多的电荷，随后纸张经过带有墨粉的硒鼓，硒鼓表面的墨粉被吸引到打印纸上，图像就在纸张表面形成了。此时，墨粉和打印机仅仅是靠电荷的引力结合在一起，在打印纸被送出打印机之前，经过高温加热，塑料质的墨粉被熔化，在冷却过程中固着在纸张表面。墨粉传给打印纸之后，硒鼓表面继续旋转，经过一个清洁器，将剩余的墨粉去掉，以便进入下一个打印循环。

彩色激光打印机的成像原理和黑白激光打印机是一样的，都是利用激光扫描，在硒鼓上形成电荷潜影，然后吸附墨粉，再将墨粉转印到打印纸上，只不过黑白激光打印机只有一种黑色墨粉，而彩色激光打印机要使用黄、品、青、黑 4 种颜色的墨粉。4 种颜色，彩色打印要进行 4 个打印循环，基于 CMYK 色系，每次处理一种颜色。这 4 个打印循环有两种处理方法：一种是利用转印胶带，每处理一种颜色，将墨粉从硒鼓转到转印带上，然后清洁硒鼓再处理下一种颜色，最后在转印带上形成彩色图像，再一次性地转印到纸张上，经加热固定；另一种方法就是某些惠普彩色激光打印机所使用的方法，处理完一种色彩，墨粉就吸附在硒鼓上，接着处理下一种色彩，最后一次性地转印到打印纸上。随着技术不断进步，如今的彩色激光打印机不但可以控制墨粉的有无和多少，而且可以控制着色点的大小和浓淡，在一个点上施加墨粉的多少由激光在该点照射时间的长短决定，每一种单色都可以有 256 级浓度，并且可以在同一个位置叠加不同颜色的墨粉，最后在固化的时候熔融在一起，从而形成真正彩色的点，打印出连续的色相。由于突破了色彩混合色技术屏障，所以最新的彩色激光打印机在色彩还原方面已经优于喷墨打印技术，可以和数码彩扩以及热升华打印一较高下了，加上其固有的打印精度高、速度快、单页成本低等优势，在小幅面彩色输出方面的发展前景不可限量。

2. 激光打印机的特点

由以上原理可以看出激光打印机与针式、喷墨打印机的一个本质的区别在于：激光打印机打印一次成像一整页，是逐页打印；而针式和喷墨打印机都是打印头一次来回打印一行，是逐行打印。因此，相同打印要求下，激光打印机的打印速度要比针式打印机和喷墨打印机快，这也是激光打印机的一个优势所在。激光打印机工作过程所需的控制装置和部件的组成、设计结构、控制方法和采用的部件会因厂牌和机型不同而有所差别，如：① 对感光鼓充电的极性不同；② 感光鼓充电采用的部件不同。有的机型使用电极丝放电方式对感光鼓进行充电，有的机型使用充电胶辊（FCR）对感光鼓进行充电；③ 高压转印采用的部件有所不同；④ 感光鼓曝光的形式不同。有的机型使用扫描镜直接对感光鼓扫描曝光，有的机型使用扫描后的反射激光束对感光鼓进行曝光，但他们的工作原理基本一样。由激光器发射出的激光束，经反射镜射入声光偏转调制器，与此同时，由计算机送来的二进制图文点阵信息，从接口送至字形发生器，形成所需字形的二进制脉冲信息，由同步器产生的信号控制 9 个高频振荡器，再经频率合成器及功率放大器加至声光调制器上，对由反射镜射入的激光束进行调制。调制后的光束射入多面转镜，再经广角聚焦镜把光束聚焦后射至光导鼓（硒鼓）表面上，使角速度扫描变成线速度扫描，完成整个扫描过程。硒鼓表面先由充电极充电，使其获得一定电位，之后经载有图文映像信息的激光束的曝光，便在硒鼓的表面形成静电潜像，经过磁刷显影器显影，潜像即转变成可见的墨粉像，经过转印区时，在转印电极的电场作用下，墨粉便转印到普通纸上，最后经预热板及高温热滚定影，即在纸上熔凝出文字及图像。在打印图文信息前，清洁辊把未转印走的墨粉清除，消电灯把鼓上残余电荷清除，再经清洁纸系统做彻底的清洁，即可进入新一轮的工作周期。

激光打印机属于非击打类，具有其他打印技术无可比拟的优势，这些优势体现在以下几个方面：

（1）打印质量。激光打印机打印质量可调，分为低、中、高三档，目前激光打印机可实现 600 点/英寸以上的打印分辨率，最高可达到 2400 点/英寸。

（2）打印速度。激光打印机单色打印以每分钟 12 页以上的速度输出，高于针式打印机和喷墨打印机。

（3）工作噪声。激光打印机工作时几乎无噪声，接近于静默打印。

二、激光打印机的选购

喷墨打印机凭着其物美价廉的优点充斥着整个打印市场，特别是低端市场，而在短短的两年里，激光打印机也迅速崛起，已经占领了打印市场的半壁江山，特别是在高端市场，激光打印机已经被认为是未来打印市场的主角。对于一些对打印质量、效率有一定要求的用户来说，拥有打印成本少、高效率、高质量等优点的激光打印机得到越来越多的青睐，而在对网络打印要求、可靠性要求较高的高端市场中，激光打印机更是成为唯一的选择。激光打印机现在最大的缺点仍是价格相对较高，一款入门级的黑白激光打印机价格都还不下千元，而可以买到一款中高端喷打的价钱也还只能买到一款技术参数非常普通的彩色激打。你有没有必要选择激光打印机？应该怎样选择激光打印机？希望下面介绍的一些关于激光打印机的常识可以给你在选择过程中提供参考。

（1）打印质量。打印质量就是指分辨率的大小，分辨率是指激光打印机在一定的区域内所能打出的点数，激光打印机打出的图像实际上就是点的矩阵，这样产生出的图像称为"位图图像"，由于激光打印机打印点的数量在横向与纵向上没有区别，因此"点/英寸"便用来表示打印机的分辨率。例如，激光打印机分辨率为 600 点/英寸，这是指这台激光打印机能在每平方英寸内打出 600×600 个点。在具体购买时应遵循适用原则，不要过分追求高分辨率，因为高分辨率意味着打印机整体价格的上升。

（2）打印速度。打印速度单位是 ppm。打印机制造商所提供的打印速度一般是指打印机的最高打印速度，这个速度往往就是打印引擎的最大速度。目前，激光打印机的打印速度一般在 16ppm 以上，基本能够满足需求。打印速度也是影响一台打印机工作质量的重要参数，厂商在标注产品的技术指标时，通常都会标注打印速度，但根据经验，打印机实际输出的速度却要受到预热技术、打印机控制语言的效率、接口传输速度和内存大小等因素的影响。

（3）打印内存。激光打印内存大小直接影响到单页打印内容的复杂程度。由于激光打印机需要把数据完全读取放入内存存储，这样有固定内存必不可少。内存的大小，也保证了打印速度和内容的多少。现在主流的激光打印机最小为 2MB，可以通过扩展达到更大容量。目前市场上不少黑白打印机都有自带内存，内存的大小直接关系到可容纳打印队列的长度。由于企业中各台计算器可能在同一时段向打印机发出命令，因此打印机内必须能够容纳足够长的打印队列，如打印机内存偏小的话，则会造成打印队列的丢失，影响工作效率。因此，在选购时要注意一下打印机自带内存的大小。

（4）打印接口。激光打印机大多通过并口（LPT）与计算机相连，现在新型的打印机也有 USB 接口，通常这种接口适合于数据打印量不多的个人及小工作组使用。高端激光打印机还有网络打印接口（10/100M 网卡式接口），可直接将 RJ-45 网线连接到打印机上，而实现网络共享打印，这样就大大加快了传送速度和减少了使用难度。

（5）耗材价格。激光打印机使用硒鼓为打印介质，硒鼓内部留有碳粉和显影粉，两者连为一体，减少相对体积，当硒鼓中的碳粉用完以后，需要重新购买。因而，硒鼓的单价、可打印张数，直接影响到单张成本。对于中小企业来说，耗材与成本必然是其购机时考虑的重要因素之一。大家应该知道，黑白激光打印机的耗材成本主要来自硒鼓及其碳粉和打印纸的消耗，而其中硒鼓是激光打印机最重要的部件，因为打印机的寿命长短、打印质量的好坏以及单页打印成本的高低，在很大程度上受硒鼓的影响。因此作为一项长期投资，在购机时，有必要对厂家使用的硒鼓及其碳粉进行严格的考核。目前市场上激光打印机的硒鼓有佳能、富士、施乐等品牌，其中佳能的硒鼓使用最为广泛，口碑也比较好，可靠性较高，兼容耗材也较多，因而成本相对较低，长期使用，性价比是比较好的。在碳粉方面，目前，柯尼卡美能达的 Magiclolor 2300W 等打印机产品中采用了一种叫做"新型聚合性碳粉"的技术，这种全新的碳粉较之普通的碳粉，具有更加细微而规整的颗粒，能使线条更细致，更好地体现渐变色域。即使在再生纸上打印，也具有同样精细的输出效果。另外，对于人们经常提到的"单页打印成本"，它的计算公式为：单页打印成本=（打印机价格+耗材费用）/打印页数。在此也不难看出，耗材在打印运营成本中的重要作用。

（6）幅面大小与储存纸张容量。激光打印机打印幅面大多为 A4，少数则为 A3。如果激光打印机主要用于打印日常文件，选择 A4 幅面足够。激光打印机储存纸张容量应该选择比较大的，免去常换纸的麻烦。

（7）附加功能。如果需要同时拥有打印、扫描、复印、传真等功能，可以考虑购买多功能一体机。

（8）售后服务。激光打印机属于大件耐用品，维修服务显得尤为重要。保质期时间长短，保修期外的元器件维修、备件储备，构成维修的不同层次。目前主流的维修承诺是 1 年免费维修。

第五节　打　印　机　的　安　装

打印机在使用之前，必须进行必要的安装设置，以便能在计算机系统中正常进行工作。

一、本地打印机的安装

1. 连接数据电缆

大多数打印机与计算机采用"并行"方式连接，即通过并行通信电缆将打印机与计算机连接起来。需要计算机上提供一个并行端口，将打印机与之连接即可。

如果使用 USB 接口，只需要找到 PC 机的 USB 接口，将 USB 电缆插头插入，同时将电缆的另外一头接到打印机背后的 USB 接口即可。

需要注意，在连接或拆缺并口打印电缆时，一定要先关闭计算机和打印机的电源，否则容易造成对计算机或打印机的损坏。打印机电缆安装成功后，即可连接电源线并打开打印机电源开关测试。

2. 安装驱动程序

将打印机连接到计算机后，要使打印机能进行正常的打印工作，就需要为打印机安装打印驱动程序并对其进行必要的设置。Windows 提供了较常见的打印机驱动程序，某些新型、特殊的打印机驱动程序由打印机生产厂商直接提供。本地打印机驱动程序具体安装步骤如下：

（1）检查是否已安装打印机驱动程序。在"我的电脑"中打开"打印机"文件夹，如图 12-5 所示。如果打印机图标在该文件夹中，说明驱动程序已经安装好。而如果该文件夹中没有该打印机的图标，就需要安装该打印机的驱动程序。

图 12-5 "打印机"文件夹

（2）双击"添加打印机"图标，启动打印机设备的安装向导，点击"下一步"按钮。

（3）单击"下一步"按钮开始安装过程。系统出现提示对话框询问用户当前安装本地打印机还是安装网络打印机，如图 12-6 所示，选择"本地打印机"，然后单击"下一步"按钮。

（4）Windows 显示一个设备选择框，如图 12-7 所示。在"厂商"列表框中，选择所要安装的打印机的生产厂家，若在列表框中找到相对应的打印机，单击"下一步"按钮。如果没有找到相对应的打印机，可以选择相兼容的打印机，单击"下一步"按钮。如果使用厂商提供的驱动程序软盘或光盘，则将该盘插入软驱或光驱，单击"从磁盘安装"按钮。

（5）Windows 系统显示如图 12-8 所示的对话框，要求指定连接打印机使用的端口。此时选择并行端口"LPT1："，单击"下一步"按钮。

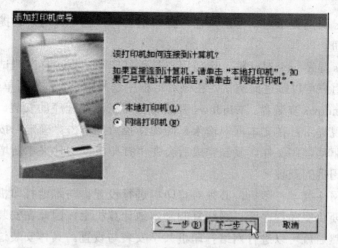

图 12-6 "添加打印机向导"对话框

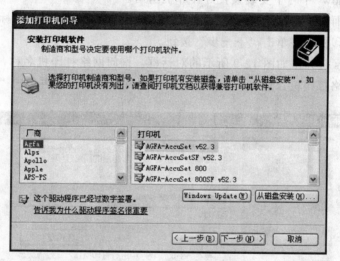

图 12-7 "厂商"列表框

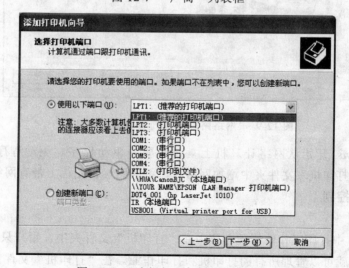

图 12-8 "选择打印机端口"对话框

（6）Windows 弹出提示对话框后，输入打印机名称，也可使用系统提供的默认名，单击"下一步"按钮。

（7）Windows 显示一个对话框，询问用户是否打印测试页。打印测试页能保证打印机安装正确无误，用户可以跳过此测试，在该对话框中选择"否"，然后单击"完成"按钮。

（8）插入 Windows 安装盘，Windows 开始该打印机驱动程序的安装。若系统找不到安装盘路径，会出现提示，在文本框中输入正确的路径后，单击"确定"按钮。Windows 开始复制该打印机驱动程序文件，复制完成后会在"打印机"文件夹中新增该打印机图标。

二、网络打印机的安装

用户要通过网络共享打印机，必须对打印机进行设置。与本地打印机安装不同，网络打印机的安装需要将驱动程序通过网络复制到本地计算机上，因此在安装之前需要先安装好计算机网络，然后就可以进行网络打印机共享安装与设置。具体安装过程如下：

（1）在 Windows 平台下安装设置好计算机网络。

（2）在控制面板中打开"打印机"文件夹，双击"添加打印机"图标，在提示对话框中选择"网络打印机"，单击"下一步"按钮。

（3）Windows 将弹出如图 12-9 所示的对话框，询问网络打印机名称，单击"浏览"按钮，系统弹出网络打印机目录表，从中选定相应的打印机，然后再单击"下一步"按钮。

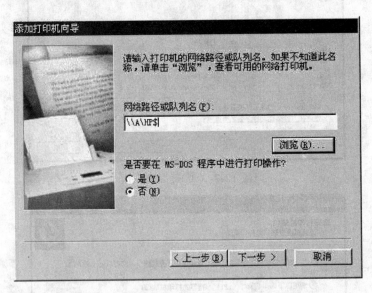

图 12-9 "网络路径或队列名"输入对话框

（4）Windows 开始从网络计算机上复制必要的驱动程序。驱动程序复制完成后，Windows 将在"打印机"文件夹中增加网络打印机的图标，图标上带有网络标记。

三、打印机控制

1. 打印队列

在 Windows 中打印工作的管理都集中在"打印机"文件夹中，用户只要在"打印机"文件夹窗口内，就可以管理所有的打印机和打印作业。在"打印机"文件夹中，用户只要双击某个打印机图标，就可以打开该打印机的打印队列管理窗口。

2. 调整打印机队列

打印机窗口内允许改变打印任务的顺序。当有多个打印任务排队等待时，有时需要将某一打印任务调到前面，这时，用鼠标指针指向该任务，按住鼠标左键不放，拖动鼠标，即拖曳该任务到前面的位置即可。当然也可拖曳某一任务向后移动，即用拖曳打印任务的方法调整打印队列。

3. 暂停打印作业

在打印队列窗口中，单击"打印机"菜单，从中选择"暂停打印"命令，则打印机将处于暂停状态，即暂时停止所有的打印任务。如果只希望暂停某个文档的打印，而其他文档照常进行，则先选择该文档，再在"文档"菜单中选择"暂停打印"即可。

4. 取消打印作业

在打印队列窗口中，选择"打印机"菜单，然后再选择"取消打印作业"命令，则打印队列中所有的打印任务都将取消。如果只是要取消某个打印任务，而其他打印作业继续进行，可先选择该任务的文档，然后在"文档"菜单中选择"取消打印"命令，即可取消选中的打印任务。

罗伯特·诺伊斯小传

1927 年 12 月 12 日，罗伯特·诺伊斯生于美国衣阿华州东南的登马克镇。20 世纪 50 年代中期，他在威廉·肖克利半导体公司工作。后来，诺伊斯与其他 7 人一同集体辞职，创办了半导体工业史上有名的仙童半导体公司。

诺伊斯 1959 年 1 月 23 日，提出了集成电路的构思，并与杰克·基尔比一起成为集成电路的发明人。1966 年，两人同时获得了美国科技人员最渴望获得的巴尔丁奖章。

1968 年，诺伊斯和摩尔一起退出仙童半导体公司，创办了英特尔（Intel）公司。英特尔致力于开发当时计算机工业尚未开发的数据存储领域，公司生产的第一个重要产品英特尔 1103 存储芯片于 20 世纪 70 年代初上市。1972 年，英特尔销售额就达 2340 万美元。从 1982 年起的过去 10 年间，微电子技术共有 22 项重大突破，其中由英特尔公司开发的就有 16 项之多。

在英特尔创建初期，是诺伊斯扮演了关键角色，奠定了公司文化，开创了没有墙壁的隔间办公室的新格局，取消了管理上的等级观念。20 世纪 70 年代末期，诺伊斯开始游离于公司的日常经营之外，渐渐活跃于国内外的舞台上。

诺伊斯生性洒脱，豁达正直。生活对于诺伊斯才智的回报也很丰厚。1980 年，他从卡特总统手上接过全国科学勋章；1987 年又从里根总统手中接过全国技术勋章；1983 年，他入主全美发明者名人堂；1989 年入主美国商业名人堂。

1990 年 6 月，在一次商业会议前，诺伊斯去游泳。这位半导体业最伟大的人物，因心脏病突然发作而去世，享年 62 岁。作为集成电路的发明者，诺伊斯注定在科学界名垂青史。

习　题

一、判断题（正确的在括号内画"√"，错误的画"×"）

1. 打印机在网络中可以共享。（　　　）

2. 按照打印原理的不同，打印机可以分为针式打印机、喷墨打印机、激光打印机。

（　　　）

二、填空题

1. 打印机的打印精度是指打印机在每英寸范围上可以打印的最高点数，单位是_____。

2. 打印机的打印速度是指每分钟可以打印的页数，单位是_____。

3. 在不联机的情况下，可以使用_____的功能来检查打印机本身的打印功能是否正常。

三、单项选择题

1. 打印机属于（　　　）。

    A. 输入输出设备　　　　　　　　B. 通信设备

    C. 网络设备　　　　　　　　　　D.控制设备

2. 打印机的市电电源连接良好，如果打开电源开关，电源指示灯不亮，通常的原因是

（　　　）。

    A. 控制电路损坏　　　　　　　　B. 输纸和字车机构损坏

    C. 电源电路损坏　　　　　　　　D. 驱动电路损坏

四、简答题

1. 简述针式打印机的工作原理。

2. 简述喷墨打印机的工作原理。

3. 简述影响喷墨打印机好坏的因素。

4. 简述激光打印机的工作原理。

5. 简述针式打印机、喷墨打印机、激光打印机的发展。

五、实验操作题

打印机的硬件安装、驱动程序的安装及参数设置。

第十三章 计算机组装与 BIOS 设置

➡️ **本章要点**
- 根据市场情况确定合理的计算机硬件配置
- 计算机组装方法
- BIOS 和 CMOS 的差别与联系
- BIOS 的作用和设置

➡️ **本章学习目标**
- 学会根据用途确定计算机配置单
- 了解组装计算机的程序
- 掌握组装计算机的正确方法
- 掌握 BIOS 和 CMOS 概念
- 学会 BIOS 设置方法

第一节 计 算 机 组 装

一、市场调查与模拟购机

（一）市场调查

随着互联网技术和计算机技术的发展，家用计算机的更新频率越来越快。

CPU 的主频已达到 3GHz 以上，双核 CPU 一经推出，马上成为家用计算机市场的最大卖点。采用双核心处理器的家用计算机不仅技术更加成熟，价格也逐步降低。据统计，2006年计算机市场上，双核 CPU 的关注度排在第一位，以联想为首的各大品牌计算机制造商也相继推出了自己的双核产品，用来抢占计算机销售的市场份额。

内存方面，1G 的内存逐渐成为首选产品。随着内存价格的不断下滑，1G 内存的价格已维持在 125 元左右，DDR2 内存逐步取代了 DDR1，这主要是因为双核 CPU 的发展以及主板芯片组的频繁更新。相对比，1GB 内存的关注度比较少，主要原因应该是在价格方面。随着 Windows XP 系统的普及，128MB 内存早已经不能满足要求，逐渐淡出市场。

硬盘是计算机里至关重要的部分，也是用户重要的数据存储部件，硬盘的好坏直接影响到用户的实际利益，数据的重要性是无法用金钱来衡量的。2006 年硬盘厂商将单碟容量从 80GB 提升至 160GB，使得硬盘容量得到进一步的提升，造成的结果是市场上已经很难买到 40GB 以下的硬盘了，80GB 的硬盘以其较高的性价比，成为装机用户的首选。

显卡芯片的发展使得集成显卡也具有很高的性能，市场上集成显卡的主板卖得比较好，据测评，多数主板集成的显卡性能已经能满足工作、游戏的基本需求。

据相关报告，17 英寸显示器凝聚了绝大部分客户的关注，可见，17 英寸是家用计算机显示屏的主流尺寸。19 英寸显示器也逐渐得到了众多消费者的青睐，19 英寸产品的发展空间比较广阔，随着产品价位的不断滑落，用户关注度将会有所提升，并将渐入市场主流。20 英寸显示器由于较高的市场定位，只能成为少数人的选择。15 英寸的主流地位已被 17 英寸所替代，液晶显示器正在取代显像管显示器的主流地位。

（二）模拟装机

我们 DIY（Do it yourself）计算机时，什么配置才是好的配置呢？那就是能得到众多用户认可的，性能价格比最高的计算机。不能一味地追求时髦，应以实用为主。"买一个好计算机，几年不落后"的想法是错误的。下面我们以几款不同的配置为例，来模拟装机。

1. 入门级配置

CPU	AMD Sempron64 2500+（散）
内存	512MB DDR400
硬盘	80G 8M SATA
主板	915 芯片主板
显卡	主板集成 6100
显示器	17 英寸纯平
声卡	主板集成
网卡	主板集成
光驱	16X DVD

这款配置里的 CPU 是闪龙 2500+，主频为 1.4GHz，拥有 256KB 的 L2 缓存，有其不俗的游戏性能和强大的超频能力。搭配整合 GeForce 6100 图形显示核心的 C51 主板，同时配备了 512MB 内存，保证了一定的系统性能，低价不低质。GeForce 6100 图形显示核心足够满足目前办公和一般家庭需求。

2. 家用配置

CPU	Intel Pentium4 531（散）
内存	512MB DDR667
硬盘	80G 8M SATA
主板	ATI RC410 芯片组
显卡	主板集成 X300
显示器	17 英寸纯平
声卡	主板集成
网卡	主板集成
光驱	16X DVD

这款配置比上款价位稍高一点，CPU 选用了目前性价比较高的奔腾 4531 处理器搭配 512MB 内存以及整合 X300 图形显示核心的 RS410 主板。可满足对系统性能要求不高的上网、商务办公、文字处理、普通影音播放、休闲小游戏等用途。

3. 游戏型配置

CPU	Intel 奔腾 D 820（散）

内存	1G DDR667
硬盘	160GB 8M SATA
主板	945 芯片组
显卡	GeForce 7300
显示器	17 英寸纯平
声卡	主板集成
网卡	主板集成
光驱	16XDVD

这款配置采用了双核的 CPU，超大内存和性能优秀的 7300 的显卡，解决了主流游戏的各种配置要求。

以上介绍了几种机型，是现在市场上的主流配置，能满足家庭或办公需要。这几款配置都是以现在的市场为基准，因为计算机技术发展很快，以上配置不能用来满足所有时期的装机需要。

二、计算机的组装

1. 组装前的准备工作

对于一个 DIY 高手，把各种配件组装到一起成为一台计算机是很轻松的事情，而对于刚刚学习组装、刚刚了解计算机的人而言，就不是那么容易了。下面我们通过详细的步骤来学习如何组装一台计算机。

俗话说"工欲善其事，必先利其器"，计算机的组装也需要工具，没有顺手的工具，装机也会变得麻烦起来。我们组装计算机用到的工具很简单，只需要一把十字螺丝刀和一把尖嘴钳子。计算机的发展很快，随着组装工艺的发展，装机也渐渐变成一件容易的事，现在市场上也出现了全免工具的机箱，使用这种机箱可以让你组装计算机简单到不使用任何工具，徒手就可以完成。这里，我们以普通机箱为例来学习组装计算机。

2. 组装一台计算机所需要的配件

组装一台计算机，首先需要根据自己的用途选用不同档次的配件，配件种类主要是前几章讲到的机箱、电源、主板、CPU、内存、显卡、硬盘、光驱、数据线等。现在，家用主板基本上都集成了声卡和网卡。主要部件如图 13-1 所示。

3. 组装过程中的注意事项

（1）在用手或身体接触计算机元件以前，应防止静电。由于我们穿的衣物相互摩擦后，很容易产生静电，特别是冬天天气干燥、身上衣物很多的时候。这些静电容易将集成电路内部击穿而造成损坏，是非常危险的。因此，最好在安装前用手触摸一下接地的导电体（例如暖气管道，大的金属物体等）或洗手以释放掉身上携带的静电荷。

（2）对所有的配件都要轻拿轻放，使用正常的安装方法，不可粗暴安装。安装的过程中一定要注意正确的安装方法，不要强行拆装。对于安装后位置不到位的设备，不要强行使用螺丝钉固定，因为这样容易使板卡变形，日后可能发生断裂或接触不良的情况。

（3）防止液体进入计算机内部。在安装计算机时要注意不要将饮料摆放在机器附近，对于爱出汗的人来说，也要避免头上的汗水滴落。

经过以上的准备工作以后，我们可以正式地把各种计算机配件组合在一起，安装一个全新的计算机了。对于配件的安装顺序，有各种不同的说法，有的先安装主板，再安装 CPU 及其他计算机部件；也有的先安装 CPU 和内存，再将主板装到机箱里的。在这里，我们推荐使用第二种方法，因为 CPU 是比较精密的部件，在安装其他部件之前先安装 CPU，操作的空间比较大，安装时能更容易、更仔细。

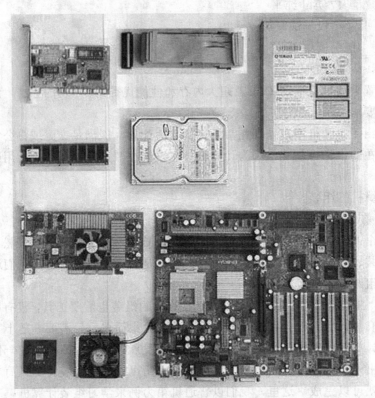

图 13-1　一台计算机所需要的主要配件

4. 安装 CPU

首先将插座旁的水平杆转高到垂直位置，转动水平杆之前，需要先往下压一下，然后用一点旁移的力量轻轻地往旁边移出卡榫处，再向垂直角度转动就可以了，如图 13-2 所示。

水平杆拉起后，将 CPU 平放在插座上面，CPU 第一脚（Pin—1）与插座的缺角记号对应，缓缓地将 CPU 放入插孔中。如果没有阻碍力，表示方向正确，如果觉得不顺畅，那么可能是放错方向了。注意不要使用太大的力气，以免损坏 CPU，如图 13-3 所示。

确认 CPU 放到正确位置之后，将水平杆转到水平位置，并且卡到原来的卡榫中。在卡住的过程中会感觉到轻微的力量，那是为了确认 CPU 接脚是否能够紧密配合，因此稍微用力将 CPU 卡住是不会伤害 CPU 的，如图 13-4 所示。

5. 安装专用散热风扇

CPU 风扇的安装，其实比 CPU 的安装更重要。因为 CPU 风扇是利用风速快速将 CPU 的热量传导出来并吹到附近空气中去的。降温效果的好坏直接影响到计算机的正常使用寿命，这是由于散热不好可能烧毁 CPU。

安装之前，应先确保 CPU 插槽附近的 4 个风扇支架没有松动的部分。然后将风扇两侧的压力调节杆搬起，小心将风扇垂直轻放在 4 个风扇支架上，用两手扶中间支点轻压风扇的四周，使其与支架慢慢扣合，在听到四周边角扣具发出扣合的声音后就可以了，如图 13-5 所示。安装时，要确保散热片与 CPU 紧密接触。

在安装完风扇后，千万记得要将风扇的供电接口连接正确。如图 13-6 所示。

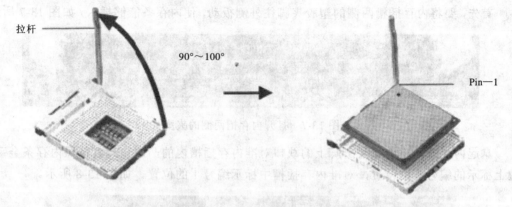

图 13-2　拉起插座拉杆　　　　　　　　　图 13-3　对准缺角位置

图 13-4　正确安装好的 CPU

图 13-5　扣上风扇的压力杆　　　　　　　图 13-6　风扇连接电源

6. 安装内存

在安装内存条之前，大家不要忘了阅读主板的说明书，看主板支持哪些内存，可以安装的内存插槽位置及可安装的最大容量。不同内存条的安装过程其实都是大同小异的，这里以市场上最常见的 DDR RAM 内存为例来讲解内存的安装方法。

首先，要将内存插槽两侧的塑胶夹脚往外侧扳动，使内存条能够插入，如图 13-7 所示。

图 13-7　打开内存槽两侧的夹脚

拿起内存条，将内存条引脚上的缺口对准内存插槽内的凸起，或者按照内存条金手指边上标示的编号 1 的位置，对准内存插槽中标示编号 1 的位置，如图 13-8 所示。

图 13-8　正确安装内存

最后稍微用点力，垂直地将内存条插到内存插槽并压紧，直到内存插槽两头的塑胶夹脚自动卡住内存条两侧的缺口。取下内存时，只需要将内存插槽两头的塑胶夹脚掰出，内存就会自动弹出内存插槽。

7. 安装主板

（1）将机箱平放操作台上，背板上面有许多螺丝孔，这些孔就是用来固定主板的，主板上也有相对应的孔位。我们要先利用六角铜柱将主板架高，这样不会引起短路。主板厂商和机箱的生产厂商都按照同一标准生产产品，所以不可能会出现孔位不对应的情况，即使是品牌机的主板，这些孔位也是能一一对应的，所以大家不必担心安装不上的问题。

（2）固定好六角铜柱后，将主板小心地放到底板上，铜柱位置和主板螺丝孔的位置一一对应。还要注意让主板的键盘口、鼠标口、USB 口、串并口以及声卡口（主板集成声卡就会有声卡口）和机箱背面的孔一一对齐（这些孔位机箱也是与主板对应的）。

（3）最后看主板是否平整地放在了机箱背板上，放好后把主板上每个螺丝孔位对应的螺丝钉固定好（某些主板上有要求的要加垫绝缘片，需查看主板说明书）。把主板固定在机箱上。如图 13-9 所示。

（4）安装主板上的信号线。主板上需要连接的信号一般有电源开关（POWER ON）、复位（RESET）开关、硬盘指示灯（HDD LED）、电源指示灯（POWER LED）和喇叭（SPEAKER）。其中电源开关和复位开关是没有极性的，按下时短路，松开时开路。当电源开关按一下时，计算机的总电源就被接通了，再按一下就关闭，但是你还可以在 BIOS 里设置为开机时必须按电源开关 4s 以上才会关机。复位键是一个开关，按下它时产生短路，松开时又恢复开路，瞬间的短路会使计算机重新启动。连接电源指示灯时，注意绿色线对应于第一针（+）。当它连接好后，一打开计算机，电源灯就会一直亮着，指示电源已经打开。电源指示灯接好后，当计算机在读写硬盘时，机箱上的硬盘的灯会亮。PC 机的喇叭是 4 芯插头，实际上只有 1、4 两根线。1 线通常为红色，在连接时，注意红线对应 1 的位置。整体连接好后如图 13-10 所示。

图 13-9 把主板固定在机箱上

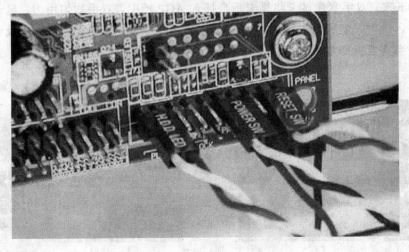

图 13-10 正确连接前置面板线

8. 安装主机电源

电源的位置一般在机箱的最上边，也有在侧面的。电源的安装很简单，一手托住电源，另一手在机箱外边把螺丝钉拧好就行了，如图 13-11 所示。现在市场上也有很多机箱和电源是在一起卖的，电源会直接在机箱上安装好。

电源固定好后，要将电源线接入主板。现在 P4 的电源线与以前的略有不同，多出了一条为 CPU 专门供电的 4 针电源接口，连接时不要忘记了，如图 13-12 所示。

图 13-11　在机箱上固定好电源　　图 13-12　将电源线接入主板（右图为 P4 专用接口）

9. 安装显卡以及其他 PCI 设备

现在主板的集成度很高，除了专业主板以外，基本上所有的家用主板都集成了声卡和网卡。有的主板厂商为了降低整机的组装价格，使自己的主板好卖，甚至集成了显卡。在这种情况下，安装完主板基本上就不用再在主板上安装其他配件了。这里以不集成显卡的主板为例，介绍一下 AGP 显卡的安装方法。

（1）首先找到 AGP 槽的位置，主板上 AGP 插槽只有一个，为显卡专用。其长度为 74mm，一般为棕色，在白色 PCI 槽的下边。为了使显卡固定得更牢固，主板厂商在 AGP 槽的边上加装了一个白色小扳手，类似上边提到的内存两边的卡榫。安装显卡前，需要将这个小扳手打开，如图 13-13 所示。

（2）接下来，双手拿住显卡将显卡垂直插入 AGP 槽中，双手均匀用力，显卡很容易就会进入槽中。这时，显卡的固定钢片也正好卡在了机箱的固定位置，白色小扳手也会自动卡住显卡。当需要拆卸显卡时，需要先将扳手掰开，才能正确地将显卡拔出，如图 13-14 所示。

图 13-13　掰开显卡的固定卡榫　　　　图 13-14　正确插入显卡

（3）当显卡正确插好后，就需要把显卡固定住，以防止松动和接触不实而引起显卡的损坏。用螺丝钉把显卡的固定钢片拧在机箱上时安装就成功了，如图 13-15 所示。网卡及其他 PCI 设备的安装与显卡基本一样。

10. 安装硬盘、光驱及软驱

光驱是计算机的一个输入设备，不同的光驱性能不同。如 DVD 光驱能读取容量更大的 DVD 盘片；光驱刻录机还带有刻录光盘的功能，是计算机中一个很重要的多媒体设备。

硬盘在计算机中可谓是重中之重，所有的数据都存在了硬盘之中。现在使用的光驱和硬盘大多都是 IDE 接口，但也有的硬盘已开始使用 SATA 串口了，下面将会一一介绍。至于软驱已经很少有家庭使用它了，除非特殊场合才会用到，现在的机箱也还都预留了软驱位置。由于极少使用，所以这里对软驱的安装不作详细介绍。

（1）光驱的安装方法。首先拆掉机箱前方的一个 5 英寸固定架面板，然后把光驱滑入。把光驱从机箱前方滑入机箱时要注意光驱的方向，现在的机箱大多数只需要将光驱平推入机箱就行了。有些机箱内有轨道，在安装光驱的时候就需要先安装滑轨。安装滑轨时应注意开孔的位置，要把固定的螺钉拧紧，滑轨上有前后两组共 8 个孔位，大多数情况下，靠近弹簧片的一对孔位与光驱的前两个孔对齐，当滑道的弹簧片卡到机箱里，听到"咔"的一声，光驱就安装完毕了。如图 13-16 所示为没有滑道的光驱安装。没有滑道的光驱需要在将光驱推到正确位置时，在两侧拧上螺丝钉。

图 13-15　固定好显卡螺丝钉

图 13-16　从面板处安装光驱

（2）硬盘的安装方法。如图 13-17 所示，硬盘的安装位置在机箱里面，其安装方法和光驱基本一样，也是轻轻插入到适当位置，再在两边拧紧螺丝钉，如图 13-18 所示。

图 13-17　安装硬盘

图 13-18　拧紧硬盘螺丝钉

（3）连接光驱和硬盘的数据线与电源线。安装好硬盘和光驱后，把硬盘和光驱连接到主板上，才能正确使用。硬盘和光驱是靠专用的数据线来连接主板的，光驱和硬盘数据线连接方式如图 13-19～图 13-24 所示。

当然硬盘的连接线不只有 IDE 和 SATA 两种，还有服务器专用的 SCSI 和 SCSI ATA 接口，这两种接口在实际应用中极少使用，所以这里不再详细介绍。

11. 连接外部设备

经过以上的过程后，一台主机的安装基本完成了，但还要把外部的键盘、鼠标、显示

器、音箱以及网线、打印机等所需要的设备连接起来。具体方法如下:

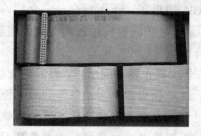

图 13-19 光驱和硬盘数据线,80 线和 40 线两种

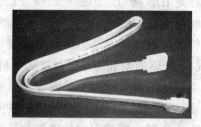

图 13-20 SATA 串口硬盘的数据线

图 13-21 主板上的 IDE 和软驱接口

图 13-22 主板上的 SATA 接口

图 13-23 IDE 数据线的连接方法

图 13-24 SATA 数据线的连接方法

(1)将键盘和鼠标的插口接入到主机的 PS/2 相应接口上,如图 13-25 所示。主机上一般有两个 PS/2 接口,一个接键盘,一个接鼠标。两个不能接反,一般键盘的接口为紫色,鼠标的接口为绿色。

(2)连接显示器的数据线,如图 13-26 所示。显示器用来输出显卡上显示的内容,显示最主要的人机交流界面,其接口一般为 15 针。现在的市场上已开始出现 DVI 纯数字接口。

(3)连接 USB 设备,如图 13-27 所示,计算机上的 USB 口用途越来越广,从打印机到摄像头和鼠标甚至精密仪器都可以使用 USB 接口,USB 接口的热插拔特性让它的用途十分广泛。

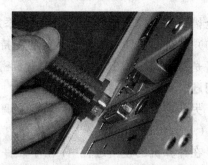

图 13-25 在主机上接入键盘　　　图 13-26 显示器连接计算机的显卡

（4）连接网卡，如图 13-28 所示。Internet 网的快速发展使得家庭上网变得越来越容易，基本上所有的计算机主板都集成了网卡，网卡的安装也十分简单。

图 13-27 连接 USB 设备　　　图 13-28 连接网线

（5）连接音箱及 MIC，如图 13-29 所示。音箱是重要的多媒体设备，可以输出计算机上发出的声音。

（6）连接主机电源，如图 13-30 所示。电源接通后就可以开机、安装操作系统和调试了，至此计算机的组装全部完成。

图 13-29 连接音箱　　　图 13-30 连接主机电源

第二节　BIOS 的 设 置

一、BIOS 概述

经常使用计算机的用户可能会有这样的体会，在使用过程中，有时会发生系统运行不正常或者死机、声卡、解压卡和显卡发生冲突、CD-ROM 找不着、Windows 95/98 只能在安全模式下工作、BIOS 无法识别新添加的硬件（如有的主板会将 Celeron 识别为 Pentium CPU）或对正在使用的操作系统的支持不够完善等问题。这些问题通常和 BIOS 设置不当或者是使用的 BIOS 版本不正确有着密切的关系，如果重新设置或升级 BIOS 就能解决这些问题。

另外，通过对 BIOS 进行适当的调整，还可以提高计算机的运行速度。

（一）初识 BIOS

在计算机的使用过程中，由于硬件配置与系统 CMOS 参数不符所造成的故障是非常多的。因此，了解并能够熟练、正确地设置 BIOS，对于计算机用户来讲非常的必要。

1. BIOS 的概念

BIOS（Basic Input Output System）是基本的输入/输出系统。它是计算机中最基础、最重要的程序（中断控制指令系统），负责控制系统全部硬件的运行，为高层软件提供低层调用。这段程序存放在主板上的一个存储器（芯片）中，这块芯片是只读存储器（ROM）芯片，通常称为 BIOS 芯片，或称为 ROM BIOS。

2. BIOS 的类型

BIOS ROM 芯片都插在主板上专用的芯片插槽里，上面贴有激光防伪标签，既可以防止紫外线照射使 EPROM 里的内容丢失，也可以让用户很容易辨认出它是属于哪种类型的 BIOS。主板 BIOS 有 Award BIOS、AMI BIOS、Phoenix BIOS 3 种。

（1）Award BIOS 是由 Award Software 公司开发的 BIOS 产品，其功能较为齐全，支持许多新硬件，目前市面上大多数主板都采用了这种 BIOS。

（2）AMI BIOS 是 AMI 公司出品的 BIOS 系统软件，它对各种软件、硬件的适应性较好，能保证系统性能的稳定。

（3）Phoenix BIOS 是 Phoenix 公司的产品，多用于高档的原装品牌机和笔记本电脑上，其操作界面简洁、便于操作。

3. Flash ROM 的应用

586 以前的 BIOS 多为可重写 EPROM 芯片，只能一次性写入，不能再修改，升级也必须由专业人士进行。在 586 以后的计算机中，ROM BIOS 多采用 Flash ROM（快闪可擦可编程只读存储器），可以通过主板跳线开关或系统配带的专用软件对 Flash ROM 实现重写，BIOS 的升级也十分方便。

Flash ROM 芯片借用了可编程只读存储器（EPROM），结构简单，又吸收了电擦写可编程只读存储器（EEPEOM）电擦除的特点，不但具备随机存储器（RAM）的高速性，而且还兼有只读存储器（ROM）的非挥发性。利用 Flash Memory 存储主板的 BIOS 程序，可直接通过跳线开关和系统配带的软件进行改写，这给 BIOS 的升级带来了极大的方便。

（二）BIOS 的主要作用

BIOS 是硬件与软件程序之间沟通的媒介或"接口"，负责解决硬件的即时需求，并按软件对硬件的操作要求执行命令。在使用计算机的过程中，用户经常会遇到有关 BIOS 的问题。

合理地设置 BIOS，可以使操作系统顺畅运行，使计算机的硬件组合高效地运作，甚至延长计算机的使用寿命。

打开计算机电源之后，BIOS 的 POST（开机自检等程序）会立即工作,它将进行 CPU 内外部的检测以及内存、各接口、驱动器等的检测，最后执行 BIOS 中的 19 号中断，引导硬盘主引导记录扇区启动，导入操作系统，使用户可进行计算机操作。

对 BIOS 进行合理的设置，可以使系统功能得以充分发挥，使系统硬件可能发生的故障减少到最低。在 MS-DOS 操作系统的核心文件中，输入/输出系统分成两个部分：一部分是 IO.SYS（输入/输出）文件,它作为外部文件放在磁盘上；另一部分是固化在 ROM 中的 BIOS，即 ROM BIOS。

IO.SYS 文件负责管理 DOS 与硬件之间的沟通，而 ROM BIOS 负责控制系统中所有硬件的运行。我们所讲的 BIOS 设置即是指 ROM BIOS 的设置。

BIOS 主要作用有自检和初始化、设定中断和程序服务 3 个。

1. 自检及初始化

接通计算机的电源后，POST 上电自检是系统将执行的第一个例行程序（这是 BIOS 功能的一部分），完整的 POST 上电自检包括：

（1）对 CPU、系统主板、基本的 64KB 内存、1MB 以上的扩展内存、系统 ROM BIOS 的测试。

（2）CMOS 中系统配置、校验。

（3）初始化视频控制器，测试视频内存、检验视频的信号和同步信号，对 CRT 接口进行测试。

（4）对键盘、软驱、硬盘以及 CD-ROM 子系统进行检验。

（5）对并行口（打印机）和串行口（RS232）进行检查。

2. 设定中断

BIOS 中断调用即 BIOS 中断服务程序，是计算机系统软、硬件之间的一个可编程接口，用于程序软件功能与计算机硬件实现的衔接。

开机时，BIOS 会告诉 CPU 各种硬件设备的中断号。Dos/Windows 操作系统对软盘、光驱、键盘与显示器等外围设备的管理建立在系统 BIOS 的基础上。程序员可以通过对 INT5、INT13 等中断访问直接调用 BIOS 中断。

3. 程序服务

BIOS 直接与计算机的 I/O 设备打交道，通过特定的数据端口发出指令，传送或接收各种外部设备的数据，实现软件程序对硬件的直接操作。

（三）BIOS 对整机性能的影响

BIOS 是计算机启动和操作的基础，如果计算机系统中没有 BIOS，所有的硬件设备都不能正常使用。BIOS 的管理功能决定了计算机系统的性能。

（1）如果 BIOS 设置不当，会出现安装不彻底、硬件设备冲突或根本无法使用某些设备等问题。

（2）在需要为计算机添加新设备的时候，如果 BIOS 中的相关设置不当，会出现添加设备与其他设备冲突的问题。

（3）如果该主板 BIOS 版本过低，会造成根本无法识别或不支持某些设备。

（四）BIOS 与 CMOS 的区别

BIOS 与 CMOS 并不是相同的概念，BIOS 是用来设置硬件的一组计算机程序（中断指令系统），该程序保存在主板上的一块只读 EPROM 或 EPROM 芯片中，有时候也将放置 BIOS 程序的芯片简称为 BIOS。BIOS 包括系统的重要程序，以及设置系统参数的设置程序（BIOS SETUP 程序）。

BIOS 是基本输入输出系统的缩写，指集成在一个主板上的一个 ROM 芯片，其中保存了计算机系统中最重要的基本输入输出程序、系统开机自检程序等。它负责开机时对系统各项硬件进行初始化设置和测试，以保证系统能正常工作。

CMOS 是互补金属氧化物导体的缩写，本意是指制造大规模集成电路芯片用的一种技术或这种技术制造出来的芯片。其实，在这里是指主板上一块可读写的存储芯片。它存储了计算机系统的时钟信息和硬件配置信息等，共计 128 个字节。系统加电引导初始化，要读取 CMOS 信息，用来初始化机器各个部件的状态。它靠系统电源或后备电池来供电，关闭电源信息不会丢失。

CMOS RAM 的特点是功耗低（约 10nW/bit）、可随机读取或写入数据，断电后用外加电池保持存储器的内容不丢失，工作速度比动态随机存储器（DRAM）要高。

CMOS RAM 只是一个计算机系统硬件配置及设置的信息存储器，用户可以根据当前计算机系统的实际硬件配置，通过修改 CMOS 中各项参数，调整、优化、管理计算机硬件系统。但要修改 CMOS 中的各项参数必须通过 BIOS 设置程序来完成，因此 BIOS 设置也称为 CMOS 设置。

由上面的解释可以看出，BIOS 与 CMOS 既相关又有所不同：

（1）BIOS 是系统中断控制指令系统的只读存储器。

（2）CMOS 是计算机硬件系统的配置及设置可改写的存储器。

（3）BIOS 中的系统设置程序是用来完成系统参数设置与修改的工具。

（4）CMOS RAM 是设定系统参数的存放场所，是设置的结果。

由于 CMOS 与 BIOS 都跟计算机系统的设置密切相关，所以才有 CMOS 设置与 BIOS 设置的说法，CMOS 是系统存放参数的地方，而 BIOS 中的系统设置程序是完成参数设置的手段。因此，准确的说法是，通过 BIOS 设置程序对 CMOS 参数进行设置。而我们平常所说的 CMOS 设置与 BIOS 设置是其的简化说法，也就在一定程度上造成了两个概念的混淆。

总之，BIOS 设置与 CMOS 设置都是简化和笼统的叫法，指的是一回事。但 BIOS 与 CMOS 是完全不同的两个概念，不可混淆。

（五）CMOS 放电

随着存储芯片技术的发展，一种用 CMOS（互补金属氧化物半导体）材料制成的可读写芯片（RAM）被计算机生产厂家用来保存系统的硬件配置信息和用户对某些参数的设置内容，这种芯片被称为 CMOS RAM。几乎所有的计算机系统都在主板上增加了 CMOS 存储器，在 CMOS 中存储计算机的硬件配置及其设置。

1. 放电的原理

为了防止其他人使用自己的计算机，可以在 BIOS 设置程序中设置一个开机口令，存放在 CMOS RAM 中。忘掉了口令便启动不了系统，或是由于机器更改了配置情况，需要在使用新的配置前进入 BIOS Setup 重新更改设置时又忘掉了进入的口令。在遇到这种情况时，可以采用对 CMOS 进行放电的方法。

只要计算机主板上的电池电容不消失，CMOS RAM 里面的信息即使在整台计算机完全断电的情况下也不会消失，为了使存储在 CMOS RAM 中的信息消失，必须使主板上的电池电容消失。所以在整机断电的情况下，将计算机主板上对 CMOS RAM 供电端的正极与计算机主板上的内置电池或外接电池的正极断开一定的时间，即对主板放电，便可使 CMOS RAM 中的内容因为得不到正常的供电而丢失。

2. 放电的方法

在具体进行放电操作时，根据不同的情况，有以下几种不同的方法。

（1）跳线清除法。在某些主板上有 1 组单独的 3 针跳线，用来清除 CMOS RAM 中的内容。该组跳线两端的两根针分别标注为 NORMAL 和 RESET CMOS。在正常情况下，将该组跳线中间的 1 根和标注为 NORMLA 的 1 根针短接。如果将该组跳线中间的 1 根针和标注为 RESET CMOS 的 1 根针短接，就可以清除掉 CMOS RAM 中的内容。这是最好的方法，也是最安全的方法。如图 13-31 所示，为一个主板的跳线。

图 13-31　主板上的 CMOS 放电跳线

（2）使电池短路法。如果电池是焊在主板上面的，可以用一根导线分别触及该电池的正极和负极，以使该电池的正极和负极连通。持续一段时间后就可将 CMOS RAM 的内容清除。

（3）自然放电法。在断电时打开主机箱，取下主板上的内部供电电池，或将主板外接电池拔下，两三天后再装好，即可达到放电的目的。

（4）改变硬件配置法。下面介绍一种不是对所有计算机都实用的方法。关闭计算机，打开机箱，将硬盘或软盘数据线从主板上拔下。重新启动计算机，开机过程中 BIOS 自检出错，系统要求重新设置 BIOS，此时 COMS 中的密码就已经被清除掉了。如果你的计算机能使用跳线法，那么这种方法则没有必要使用，但如果主板上没有跳线装置，就可以尝试这种方法。

通过以上的方法，就可以对 CMOS 进行放电处理。但主板上的 CMOS RAM 的内容丢失后，在重新启动计算机时，将会出现诸如"CMOS 电池无效，请重新设置其内容"的提示，并且给出可以进入 CMOS RAM 设置的按键。这个时候只需进入 BIOS Setup 中，选择主菜单中的 LOAD BIOS DEFAULTS（装载 BIOS 默认设置值）或 LOAD Setup DEFAULTS（装载设置程序默认值）项，然后重新启动计算机即可。

（六）进入 BIOS 的方法

要对 BIOS 进行修改，就必须要进入 BIOS 设置界面。大部分进入 BIOS 设置的快捷键都已经设置为"Del"或者"Esc"，但是也有部分 BIOS 是"F10"或者"F2"，其中一些更特别的 BIOS 还需要根据其提示进行操作。下面列举几种最常用的进入 BIOS 的方法。

Award BIOS：按"Del"键

AMI BIOS：按"Del"或"Esc"键

Phoenix BIOS：按"F2"键

Compaq（康柏）：按"F10"

二、BIOS 的基本设置

（一）设置时间系统的日期与时间

计算机中的日期和时间是存储在 BIOS 芯片中的，可以进入到操作系统中更改，也可以在 BIOS 中直接进行修改。日期和时间的更改需要在"Standard CMDS Features"菜单中进行设置。

进入 BIOS 设置的主界面，将光标移动到"Standard CMDS Features"项上，按"Enter"键进入其子菜单，子菜单如图 13-32 所示。

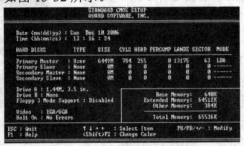

图 13-32 "Standard COMS Features"日期修改

进入子菜单后，使用方向键可以使光标在"Date"和"Time"项中移动，将光标移动到所要设置的项上，使用"PageUp"、"PageDown"或数字键盘上的"+"、"–"或者直接输入数字就可以进行更改了。

（1）Date（日期）。设定目前日期。可设定范围为：Month（月）：1～12，Day（日）：1～31，Year（年）：1980～2099。

（2）Time（时间）。设定目前时间。可设定范围为：Hour（时）：00～23，Minute（分）：00～59，Second（秒）：00～59。

设置好后，不要忘记将所做的设置保存。按"Esc"，当屏幕上出现提示对话框时，按"Enter"即可。

（二）设置硬盘和其他计算机驱动器参数

1. 检测硬盘参数

有时重装系统或重新安装硬盘后，会出现提示说找不到硬盘，这时就需要到 BIOS 中检查一下硬盘参数设置。

在"Standard CMDS Features"子菜单中，在"Date"和"Time"项下面，有"IDE Primary Master"，"IDE Primary Slave"，"IDE Secondary Master"和"IDE Secondary Slave"4 项，这 4 项是设置计算机中 IDE 设备的，通常包括硬盘和光驱设备等。

现在计算机的主板上一般都有两个 IDE 通道，分别称为 Primary（主要的）和 Secondary（次要的）。每一个通道都可以连接两个 IDE 设备，分别称为 Master（主盘）和 Slave（从盘)。你只要将硬盘连接好，就可以在 BIOS 菜单中看到硬盘的容量大小以及光驱的型号等，如图 13-33 所示。

HARD DISKS		TYPE	SIZE	CYLS	HEAD	PERCOMP	LANDZ	SECTOR	MODE
Primary Master	:	User	6449M	784	255	0	13175	63	LBA
Primary Slave	:	None	0M	0	0	0	0	0	------
Secondary Master	:	None	0M	0	0	0	0	0	------
Secondary Slave	:	None	0M	0	0	0	0	0	------

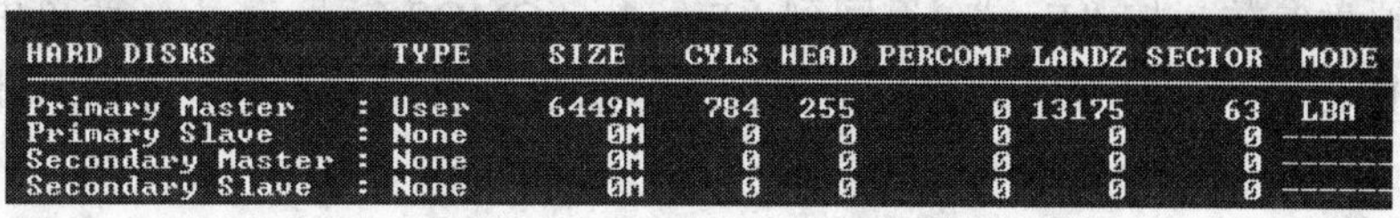

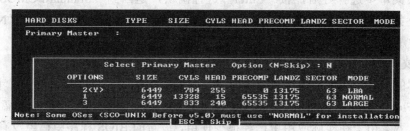

图 13-33　IDE 设备的检测

2. 设置硬盘参数

如果要设置硬盘的详细参数，将光标移动到“IDE Primary Master”项上，按“Enter”，进入下一级设置界面。在这一级菜单中，显示了计算机中安装的硬盘的容量。如图 13-34 所示。

HARD DISKS　TYPE　SIZE　CYLS　HEAD　PRECOMP　LANDZ　SECTOR　MODE

Primary Master　:

Select Primary Master　Option (N=Skip) : N

OPTIONS	SIZE	CYLS	HEAD	PRECOMP	LANDZ	SECTOR	MODE
2(Y)	6449	784	255	0	13175	63	LBA
1	6449	13328	15	65535	13175	63	NORMAL
3	6449	833	240	65535	13175	63	LARGE

Note: Some OSes (SCO-UNIX Before v5.0) must use "NORMAL" for installation

ESC : Skip

图 13-34　显示计算机硬盘参数

如果发现显示的硬盘参数不正确或者刚更换过硬盘以及 BIOS 没有检测到硬盘时，将光标移动到“IDE HDD Auto-Detection”项上，按“Enter”可以强制系统重新自动检测硬盘参数。检测过程只需几秒就可以完成。

使用下面的“IDE Primary Master”项可以设置硬盘相关参数的检测方式，将光标移到这一项上，使用“PageUp”、“PageDown”或数字键盘的“+”、“−”可以切换选项。可供选择的有以下几项：

（1）None：表示连接位置上没有硬盘。

（2）Auto：表示由系统自动检测硬盘相关数值，此项为默认设置。

（3）Manual：当选择此项时，下面的设置区变为可改变状态。

可以输入硬盘的相关参数值，如：柱面数（Cylinder）、磁头数（Heads）、预补偿（Precomp）、磁头着陆区（Land Zone）以及每柱面扇区数（Sector）等参数。

“IDE Primary Master”项下面的“Access Mode”项，用于设置硬盘的存取模式。可供选择的选项有以下几项：

（1）Normal：表示目前硬盘所采用的存取模式，支持硬盘容量在 540MB 以下。目前大部分的硬盘都大于这个容量，所以不要选择这个选项。

（2）LBA：表示目前硬盘所采用的存取模式，可支持超过 2GB 以上的硬盘。

（3）Large：适用于 540MB～2GB 的硬盘。

（4）Auto：表示由系统自动检测硬盘的存取模式，此项为默认设置。

随着技术的发展，现在的主板都很智能，通常都能自动检测出正确的硬盘参数，建议将“IDE Primary Master”和“Access Mode”选项都设置成“Auto”。这样，只要硬盘没有故障且连接正确，BIOS 就能正确地检测出硬盘参数，可省去很多不必要的麻烦。

3. 设置其他驱动器参数

设置完硬盘参数，按"Esc"，返回到"Standard CMOS Features"子菜单中，还可以继续设置其他 IDE 设备，可按照硬盘参数的设置方法进行检验和设置。根据具体情况将选项设置为"Auto"或"None"即可。

（三）设置软盘驱动器参数

在"Standard CMOS Features"子菜单中，使用"DriverA"和"DriverB"项可以设置软盘驱动器的相关参数。将光标移动到"DriverA"项上，按"Page Up Down"，显示出选项菜单，其中有 6 项可供选择有：360KB，5.25 英寸；1.2MB，5.25 英寸；720KB，3.5 英寸；1.44MB，3.5 英寸；2.88MB，3.5 英寸；None 等，如图 13-35 所示。

在选项菜单中选择好后，按"Enter"进行确认，返回到"Standard CMOS Features"子菜单中。如果你的计算机只有一个软盘驱动器，则将"DriverB"设置为"None"就可以了。

（四）交换两个软驱的盘符

如果你的计算机中装有两个软盘驱动器，使用"Standard CMOS Features"设置菜单中的"Swap Floppy Drive"项可以交换 A 盘与 B 盘的位置。就是说使原来的 A 盘变成 B 盘、B 盘变成 A 盘。由于在实际应用中已经很少使用，最新的 BIOS 程序中已经没有这一项了，如图 13-36 所示。

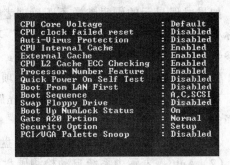

图 13-35　设置软盘驱动器参数　　　　图 13-36　交换软盘驱动器盘符

这一项可以设置的值有："Disabled"表示不交换软驱盘符，此项为默认设置；"Enabled"表示交换软驱盘符。

（五）查看系统内存

目前主板上所安装的内存都是由 BIOS 在上电自检过程中自动检测，并显示在"Standard CMOS Features"子菜单界面中的下方或右侧，如图 13-37 所示。

这些项目无法自己修改，主要显示的项目有"Base Memory"(基本内存容量)、"Extended Memory"（扩充内存容量）和"Total Memory"（系统总内存容量）。如果显示的内存与实际安装的内存容量不符（通常是显示的内存数量小于实际安装的数量），就需要打开机箱检查一下内存条是否插好，以及内存插槽是否有故障。

（六）设置系统启动顺序

计算机启动时，各种硬件启动是有一定顺序的，一般 BIOS 中设置的默认启动顺序为软盘→硬盘→光盘。系统会从第一个设备开始，依次寻找可启动的设备，直到找到为止。在大多情况下，我们需要从硬盘启动，但是如果没有更改过启动顺序的话，默认需要先等系统检查软盘驱动器后才能从硬盘启动，这样启动时间就会加长。

在很多情况下都需要更改系统的启动顺序，例如在安装操作系统需要使用光盘进行启动时，就需要将光驱作为第一启动设备；如果是将软盘作为启动盘，需要将软盘驱动器作为第一启动设备。下面就来看一下如何在 BIOS 中设置系统的启动顺序。首先进入 BIOS 设置主界面，将光标移到"Advanced BIOS Features"项上，按"Enter"，进入其子菜单中，子菜单如图 13-38 所示。

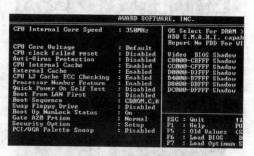

图 13-37　对内存的检测　　　　　图 13-38　启动设备先后顺序的选择

将光标移动到"Boot Sequence"（有时叫"First Boot Device"）项上，它默认的选项是"Floppy"，这表示第一启动设备是软盘驱动器。按"Page Up"，可以选择很多不同设备启动，图 13-38 所示是最常用的光驱启动。

其中"HDD-0"表示使用硬盘作为第一启动设备，"CDROM"则表示光驱是第一启动设备。通常使用的就是这 3 种设备，在下面的菜单中还可以选择使用 USB 设备或网络设备等作为启动设备，这些选项如图 13-39 所示。

设置完成后，不要忘记保存设置。还有一点需要提醒，假如为了安装操作系统或其他需要，将第一启动设备设置为光驱，那么安装完操作系统需要正常使用计算机时，不要忘记再将"First Boot Device"项改回到"HDD-0"，这样才能使用硬盘启动计算机。否则机器启动时还会搜索光驱，确认找不到启动盘后，才会使用第二启动设备启动计算机，这样比较浪费时间。

（七）设置和取消开机密码

当不想让其他人未经允许就使用你的计算机时，可以为计算机设置开机密码，也就是用户密码。这样计算机启动时，会弹出输入框要求输入开机密码，只有输入正确的开机密码后，才可以进入操作系统。

1. 设置开机密码

如图 13-40 所示，在 BIOS 设置的主页面上有"User Password"项。将光标移动到这一项上，按"Enter"，会弹出提示框，要求输入密码，界面如图 13-41 所示。

输入密码后，按"Enter"，系统会再次弹出提示框，要求再次输入密码，如图 13-42 所示。再次输入密码后，再按一次"Enter"，密码就设置成功了。

若这时保存设置，重新启动计算机，密码是不起作用的。这是因为还需要设置另外一个选项，重新进入 BIOS 设置主界面，将光标移到"Advanced BIOS Features"项上，按"Enter"，进入其子菜单中。使用方向键将"Security Option"项的值由"Setup"改为"System"。设置如图 13-43 所示。这样设置后，在开机时就会弹出图 13-41 所示的密码提示框，要求输入密码了。

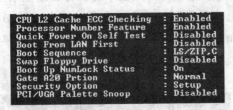

图 13-39　由其他启动设备启动

图 13-40　设置开机密码

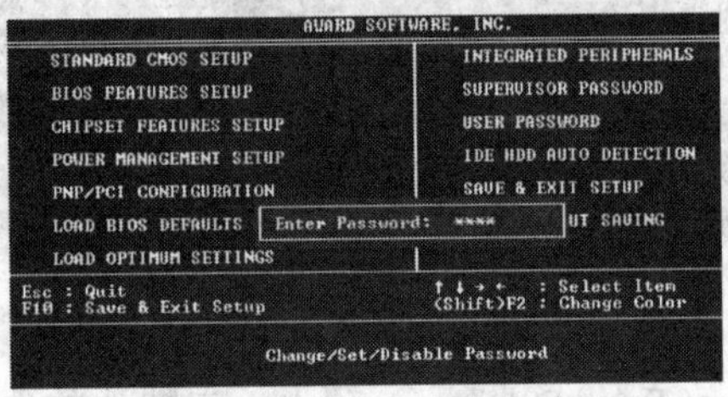

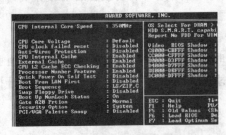

图 13-41　输入密码

图 13-42　再次输入开机密码

2. 取消开机密码

如果需要取消设置的开机密码，将光标移动到"Set User Password"项上，按"Enter"，在出现的密码设置框中不要输入任何信息，直接按"Enter"，在随后出现的提示框中继续按"Enter"即可取消已设置的密码。也就是设置一个空密码。

（八）设置超级用户密码

在 BIOS 设置主界面上还有"Set Supervisor Password"项，这一项设置的是超级用户，也就是系统管理员的密码，如图 13-44 所示。它的设置方法与设置普通用户的开机密码的方法完全相同。

图 13-43　设置"Security Option"项

图 13-44　设置超级密码

那么超级用户密码和普通用户密码有什么区别呢？当设置了超级用户密码时，如果在"Advanced BIOS Features"子菜单中的"Security Option"项设置成"Setup"时，那么开机后想进行 BIOS 设置修改，就需要输入超级用户的密码才能进行。当既设置了普通用户的密码，又设置了超级用户的密码，且将"Security Option"项设置成了"System"，那么开机时，输入正确的用户密码或超级用户密码都可以进入操作系统。当想进入 BIOS 设置时，如果输入的是用户密码，是不可以进行 BIOS 设置的，只有输入正确的超级用户密码才可以进行 BIOS 设置。如果没有设置超级用户密码，将"Advanced BIOS Features"子菜单中的"Security Option"项设置成"Setup"后，输入用户密码就可以进行 BIOS 设置了。

（九）清除对 BIOS 设置的更改

在很多情况下，我们都需要清除对 BIOS 进行的设置，例如忘记了开机密码、进行了一些错误的设置或是设置后计算机运行不再正常时。清除 BIOS 的设置实际上就是将其恢复成出厂设置，有许多种方法可以恢复 BIOS 的设置，下面分别进行介绍。

在 BIOS 设置的主界面中，有"Load BIOS Defaults"和"Load Optimized Defaults"两项，如图 13-45 所示。

如果选择了"Load BIOS Defaults"项并确认后，BIOS 中的设置将全部改为最保守、最安全的设置，它取消了所有超性能的设置，能保证计算机正常启动。如果选择了"Load Optimized Defaults"项，BIOS 中的设置将全部恢复为该主板出厂时默认的最优化设置。

三、BIOS 的高级设置

1. 防病毒设置

在"Advanced BIOS Features"子菜单中有"Anti-Virus Protection"项，它是用来检测计算机中是否有病毒的，默认选项是"Disabled"，界面如图 13-46 所示。由于这个选项的功能极其敏感，对检测到的任何企图修改系统引导扇区或硬盘分区表的动作信息都会做出反应，使得系统不能顺利运行。通常情况下，我们把它设置为"Disabled"。

图 13-45　恢复 BIOS 设置

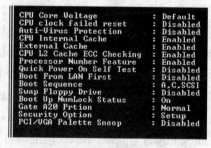

图 13-46　主板病毒检测设置

2. 打开 CPU 的高速缓存

通过设置 BIOS，可以从很多方面提高计算机的整体性能，例如打开 CPU 的高速缓存，可以大大加快 CPU 处理数据的速度等。

进入 BIOS 设置主界面，进入"Advanced BIOS Features"项的子菜单，其中"CPU Internal Cache"项是设置 CPU 的内部缓存（一级缓存）的，"External Cache"项是设置 CPU 的外部缓存（二级缓存）的。从字面上看，这两项分别指 CPU 内部和外部的高速缓存，但更准确的说法应该是一级缓存和二级缓存。将这两项参数的值都设置成"Enabled"，可以加快 CPU 读取内存的速度，设置界面如图 13-47 所示。

3. 设置开机时是否检测软驱

在计算机启动时，你是不是经常能听到软驱在"咔咔"作响，这是计算机在搜索并检测软驱。在默认设置下，计算机在启动时要搜索并检测软驱，这将严重影响计算机的启动速度。我们可以通过更改 BIOS 设置，使计算机在启动过程中不检测软驱，从而加快启动速度。同样是在"Advanced BIOS Features"项的子菜单中，将光标移到"Boot Up Floppy Seek"项上，将其值改为"Disabled"。这样以后再启动计算机时，就不会再检测软驱了。

4. 设置数字键盘的开启状态

在 BIOS 中可以轻松地设置数字键盘在开机后处于哪种状态：是数字键状态还是方向键状态。在"Advanced BIOS Features"项的子菜单中，有"Boot Up NumLock Status"项，通过更改这项的值就可以设置数字键盘的状态。菜单如图 13-48 所示。

当值设为"On"时，小键盘处于数字键状态；当值设为"Off"时，小键盘处于方向键状态。其默认值为"On"。

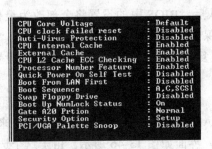

图 13-47　设置 CPU 缓存

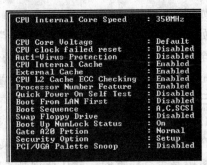

图 13-48　设置数字键盘的开关状态

5. 设置快速上电自检

计算机每次启动时，都会对各种硬件设备进行检查，以保证各种硬件设备能够正常工作，否则计算机就会报错，这个过程被称为"上电自检"。上电自检通常要花费一些时间，对计算机的启动速度有一定的影响。默认的设置是关闭快速上电自检的，这样在开机时，会对内存检测 3 遍，当内存很大时，这个过程比较慢。对于正常运行的计算机来说，没有必要每次都进行检测，所以应该打开快速上电自检。

进入 BIOS 设置主菜单，进入"Advanced BIOS Features"项的子菜单中，将光标移动到"Quick Power On Self Test"项上，将其值设置为"Enabled"，这样就打开了快速上电自检。设置如图 13-49 所示。

6. 设置各种开机方式

随着计算机技术的快速发展，很多操作都被设计得简便且更加人性化了，例如打开计算机这个操作，就可以在 BIOS 中进行各种设置；如让计算机定时自动开机，使用键盘上的任意键或击一下鼠标按键以及可以设置远程控制计算机开机等。下面来具体看一下各种开机方式的设置方法。

（1）使用键盘开机。在 BIOS 设置主界面上，找到"Power Management Setup"菜单项，如图 13-50 所示。

"Power On By Keyboard"项，这一项就是设置使用键盘开机的。将光标移到这个选项上，使用"Page Up"或"PageDown"，可以看到这一项目中有"Disabled"、"Any Key"和"Password"3 项。当选择"Any Key"时，表示按键盘上的任意键都可以开机；如果选择"Password"项，需要按"Enter"，进行密码设置。在键盘上键入这个密码，然后就可以使用键盘输入密码进行开机了。

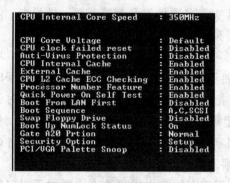

图 13-49　开机快速自检　　　　　　　图 13-50　电源高级设置

（2）设置定时开机。前面介绍了使用鼠标和键盘开机的设置方法，在 BIOS 中还可以设置定时开机。在"Power Management Setup"项的子菜单中，找到"Resume by Alarm"项。这项的默认值是"Disabled"，将它设为"Enabled"，更改后下面的几个选项变为可设置状态，如图 13-51 所示。现在就可以设置让计算机在每月的几日几时几分自动开机了。

使用"PageUp"或"PageDown"可以调节"Day（Of Month）"项的值，它表示每月中的哪一天，可调节的数值范围为 0～31，如果选择 0，表示每月中的每一天。在图 13-52 中的"Time（hh：mm：ss）"项可以设置具体的小时、分钟和秒数。设置完成后的界面如图 13-52 所示。

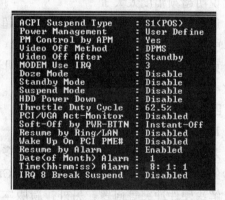

图 13-51　设置计算机定时开机　　　　图 13-52　详细设置计算机的定时开机

7. 设置 CPU 的报警温度

为了保证计算机的正常运行，在 BIOS 中可以设置 CPU 正常工作时的温度范围。在 BIOS 设置主菜单上，找到"PC Health Status"菜单项，按"Enter"进入到其设置菜单中。

其中"Current CPU Temperature"项显示了当前 CPU 温度。"Current CPU FAN Speed"项显示了当前风扇的转速，如图 13-53 所示。

8. 超频设置

给计算机超频，是很多计算机爱好者都十分热

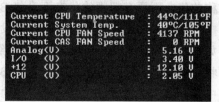

图 13-53　系统温度和风扇的转速

衷的事情。的确，超频的好处就是可以不花钱就能提高计算机硬件的性能，使计算机运算得更快。很多人理解的超频就是为 CPU 超频，其实很多硬件设备都能超频，像显卡、内存等。不过在本书中主要讲解在 BIOS 中给 CPU 超频的方法。

（1）CPU 超频的方法。在 BIOS 设置界面中，进入"Frequency No Ltage Contro"项的设置菜单。在进行真正的 CPU 超频之前，首先要了解一些关于 CPU 的基础知识。平时我们说一块 CPU 是奔腾 2.4GHz，这个"2.4GHz"指的是 CPU 的主频，就是 CPU 的时钟频率，通常主频越高的 CPU，运算速度就越快。超频的目的就是要加快 CPU 的主频，使之超过其标称的工作频率。CPU 的主频又由两个因素决定：外频和倍频。可以通过提高 CPU 的外频和倍频来提高 CPU 的主频，从而达到超频的目的。

虽然设置菜单中看似有很多选项可以选择，但现在很多主板厂商在主板出厂时已经将倍频锁住了，也就是说倍频是不能更改的（虽然可以设置，但实际上是不起作用的）。如此说来，在 BIOS 中设置 CPU 超频只能更改外频的值。

将外频值提高后，保存设置，退出，重新启动计算机。超频后，计算机能够顺利启动，并不能说明设置的超频参数就完全合适。通常是运行一些需要高速运算的大型程序，看计算机是否能够稳定运行，如果能够稳定工作几个小时都没有问题，而且速度确实比超频前快了，那才能说明超频是成功的。如果你觉得 CPU 还有超频空间，那么可以继续进行小幅超频。

（2）CPU 超频失败后的症状及处理方法。如果超频后重新启动计算机时，显示器是黑屏（即不显示任何东西），或者运行一些软件时莫名其妙地死机，或经常自动重新启动，通常就说明超频幅度太大了。

遇到这些情况不要惊慌失措，如果超频后计算机能够启动，那么重新进入 BIOS 设置菜单中将 CPU 的外频降下来，反复试验，直到那些出问题的软件可以正常运行为止。

如果开机后，显示器是黑屏，就说明计算机根本启动不了，这时只能使用给 CMOS 电池放电的方法，然后重新启动计算机。

四、升级主板 BIOS

1. 为什么要升级 BIOS

升级主板 BIOS 可以使主板增加很多新功能，而且可以解决一些计算机中存在的莫名其妙的问题。例如可以使主板支持新的 CPU、支持更大容量的硬盘、支持更多的启动方式以及解决硬件冲突等问题。另外，新版本的 BIOS 文件还会修正以前版本中出现的一些问题，让系统更好的工作。各知名的主板厂商会定期发布各型号主板新的 BIOS 文件。

2. 升级 BIOS 前的注意事项

第一，如果你的计算机目前处于超频状态，应在 BIOS 中将 CPU 的外频降回 CPU 标称的值，不要在超频的状态下升级 BIOS。

第二，要关掉主板的自动防毒设置，因为一些主板具有防止病毒攻击的 BIOS 的功能，如果不关闭这个功能，BIOS 会把升级操作当作病毒入侵而拒绝执行。因此需要在 BIOS 中将这个功能关闭。方法如下：进入 BIOS 设置界面，在"Advance BIOS Features"子菜单中找到"Virus Warning"项，将它的值设置为"Disabled"。设置界面如图 13-46 所示。

第三，要关闭一些缓存，这些选项在打开时可以提高系统性能并能减少资源的占用，但在更新 BIOS 时则会产生负面影响，因此要暂时把它们关闭。在 BIOS 设置主菜单中找到"Advanced Chipset Features"项，进入其子菜单，找到"System BIOS Cacheable"和"Video RAM Cacheable"项，将这两项都设置为"Disabled"。

最后还要提醒，在升级 BIOS 的过程中，应将暂时不用的程序都关闭，包括查杀病毒的实时监控程序。而且在升级 BIOS 的过程中也不要运行任何程序。

马西安·T·霍夫小传

马西安·T·霍夫，1937 年出生于纽约州罗彻斯特的工程师世家。中学刚刚毕业，他就利用暑期打工机会，发明铁路声音探测装置并获得专利。他差一点受到伯父的影响，选择化学作为终身从事的专业。最后还是拗不过电气工程师父亲的意志，转而攻读电子课程。他以获得优秀奖的毕业论文《电晶体的电流转换》毕业于伦塞勒科技学院。在 1959 年和 1962 年，先后获得斯坦福大学电子工程硕士和博士。

毕业后，霍夫在斯坦福大学当了 6 年助理研究员。1968 年加盟英特尔公司，任研究经理。在他领导的设计小组研制出微处理器后，被任命为英特尔首席学术委员。1982 年，霍夫离开英特尔公司，成为著名计算机游戏机厂商雅达利公司副总经理。1984 年，雅达利被华纳通信公司收购股权，他离开该公司，此后一直为硅谷的各个公司做技术咨询工作。

霍夫创造了微处理器的辉煌业绩，由于他的杰出贡献，被《经济学家》杂志称作"第二次世界大战以来最有影响的 7 位科学家之一"。他曾荣获多项荣誉，直到 1997 年还被授予美国计算机博物馆斯蒂比兹先驱奖。

习　题

一、判断题（正确的在括号内画"√"，错误的画"×"）

1. 组装计算机时用计算机集成的显卡比选用独立显卡性能好。（　　）

2. 内存安装时，内存条的引脚上的缺口必须对准内存插槽内的凸起才能正确安装。（　　）

3. 硬盘只能自动检测。（　　）

4. 计算机不能从光驱启动。（　　）

5. 计算机的启动速度不能人为改变。（　　）

二、填空题

1. P4 电源线比以前电源多出了一条＿＿＿＿专门供电的＿＿＿＿电源接口。

2. 在 BIOS 中有"Virus Warning"项，它是用来检测计算机中是否有病毒的，它的默认选项是＿＿＿＿。

3. 可做第一启动盘的设备是＿＿＿＿、＿＿＿＿、＿＿＿＿等。

三、简答题

1. 据目前市场情况，列出一个普通家用计算机的配置单，要求能满足家庭和办公需要。

2. 简要说明一下 BIOS 和 CMOS 的区别。

3. 如何设置和取消开机密码？

4. 普通用户密码和超级用户密码的区别是什么？

5. 如何取消 BIOS 设置？

四、实验题

1. 组装一台计算机并调试。

2. 对一台计算机进行 BIOS 设置。

第十四章 硬盘的初始化与软件的安装

➤ **本章要点**
- 硬盘分区的一般概念
- 分区软件 Fdisk、Disk Gen、Patition Magic 的使用
- 硬盘的高级格式化
- 操作系统 Windows 98、Windows XP 的安装
- 硬件驱动程序的安装
- 应用程序 Office 软件包的安装

➤ **本章学习目标**
- 了解硬盘分区的一般概念
- 掌握分区软件 Fdisk、Disk Gen、Patition Magic 的使用
- 熟悉硬盘的高级格式化
- 掌握操作系统 Windows 98、Windows XP 的安装
- 熟悉硬件驱动程序的安装
- 了解应用程序 Office 软件包的安装

第一节 硬盘的初始化

一、硬盘的分区

（一）硬盘分区的一般概念

买好了硬盘，并安装在计算机上后，还需进行分区工作，才能在该硬盘上安装操作系统与存储数据。

1. 硬盘分区的定义

所谓硬盘分区，实际上是将硬盘的整体存储空间划分成相互独立的多个区域，这些区域又称为逻辑磁盘，依次用英文字母 C，D，E，……表示。这些逻辑磁盘可以作多种用途，如安装不同的操作系统、存储不同的文件等。

2. 进行硬盘分区的必要性

分区的主要原因有以下几个方面。其一是历史的原因。早期 MS DOS 操作系统对硬盘管理的容量很小，随着硬盘容量的不断增大，MS DOS 扩充了分区概念，将硬盘分成主分区和扩展分区，再将扩展分区分成多个逻辑分区，从而使操作系统对硬盘管理的容量增大。而如今 Windows XP 操作系统采用了新的文件管理机制，可使单个分区容量达到 2048GB，足以使我们不必再对硬盘分区，但是硬盘分区给用户带来使用上的方便，所以硬盘分区便

成为用户对新硬盘的首要操作。其二是作为不同用途的需要。为了安装与维护操作系统和备份文件方便，操作系统应该和用户文件、备份的数据分开来放。一般采用第一个分区（即C盘，又称为主分区）安装操作系统及应用程序，而将用户文件、备份的数据放在其他分区中。由于系统文件独占一个分区，一但系统崩溃，只须对装有操作系统及应用程序的分区进行格式化，重新安装操作系统及应用软件。这样，就不会使用户文件、备份的数据由于系统崩溃与重装操作系统而造成破坏与丢失。其三是安装多操作系统的需要。为了文件安全和提高存取速度，不同的操作系统可能会采用不同的文件格式（也称作文件系统）。如DOS和Windows 98/95/me采用FAT文件格式，Windows 2000/XP应该采用NTFS文件格式。又如Unix的UFS、Linux的Ext2等。在同一分区中只能采用一种文件格式，所以如果要在同一块硬盘中安装多个使用不同文件格式的操作系统，就必须进行硬盘分区。

3. 硬盘分区的总体思路

通常硬盘分区的总体思路是：首先将整个硬盘化分成一个主分区和一个扩展分区。其次，再将扩展分区化分为若干个逻辑分区。最后设置主分区为活动分区，见图14-1。

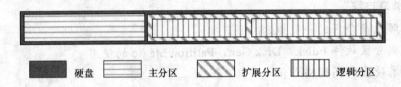

图 14-1　硬盘分区示意图

4. 主分区、活动分区、扩展分区与逻辑分区

（1）主分区。主分区是一个比较单纯且特殊的分区，一般位于硬盘的最前面一块区域中，在DOS和Windows操作系统中构成逻辑C盘。通常主分区用于安装操作系统及应用程序。在主分区中存有操作系统的引导文件，对于多系统计算机，可以通过这些文件的引导，来启动不同的操作系统。有的分区软件可以在同一块硬盘中化分多个（最多4个）主分区，如PatitionMagic分区软件。事实上，人们一般习惯只化分一个主分区。

（2）活动分区。活动分区是可以引导操作系统的分区。一块硬盘中只能设置一个分区为活动分区，一般都是将第一个主分区激活。在打开计算机时，首先是BIOS程序进行上电自检，然后寻找活动分区中的引导文件启动操作系统。

（3）扩展分区。严格地讲扩展分区并不是一个实际意义的分区，而仅仅是一个指向下一个分区的指针，这种指针结构形成了一个链表。该链表在硬盘分区中产生并存储于硬盘的主引导扇区中，使操作系统通过它可以找到任何一个逻辑分区。因为操作系统只为硬盘分区表保留了64个字节的存储空间，而每个分区的参数需要16个字节，所以硬盘分区表中最多只能存储4个分区的参数，即系统最多只允许4个分区。4个分区是不能满足实际需求的，于是引入了扩展分区的概念。

（4）逻辑分区。逻辑分区是从扩展分区中划分出来的若干个逻辑磁盘。理论上讲，可以分无限多个，由于操作系统的限制，一般最多只能分23个逻辑磁盘，在Windows操作系统中其盘符将从D～Z。扩展分区是不能被直接使用的，它只是提供每个分区的起始地址，逻辑分区才能被操作系统识别和使用。

5. 文件格式

文件格式又称为文件系统，它是操作系统在硬盘上管理文件所使用的存储模式。文件系统的类别较多，如 FAT、NTFS、UFS、NSS 等。用户在 Windows 下右键单击驱动器（如 C 盘），再左键单击属性，可查看该驱动器所使用的文件系统。

FAT 文件系统按历史发展分为 FAT12/16/32，是从 DOS 发展而来，由微软公司开发，简单易用，并被多种操作系统所支持。在 DOS 和 Windows 95 以前采用 FAT16，Windows 95 第二版开始采用 FAT32 文件系统。

NTFS 是从 Windows NT 开始引入的文件系统。作为服务器或工作站的操作系统，出于安全考虑，该文件系统除了基本的空间管理功能外，又增加了访问权限控制等保密性措施。目前能识别 NTFS 文件系统的操作系统只有 Windows NT、Windows 2000、Windows XP。

6. 硬盘盘符的分配

系统启动时，有一个驱动器映像过程，该过程给硬盘的各分区分配驱动器名，即我们通常所说的 C 盘、D 盘、E 盘等。

（1）单盘盘符的分配。假如你的计算机中只配置了一块硬盘，且分了 3 个区，那么通常情况下操作系统分配给主分区的盘符为 C，逻辑分区依次为 D、E。如图 14-2 所示。如果计算机中还配有一个软驱和一个光驱，那么操作系统分配给软驱的盘符为 A，光驱的盘符为 F。

图 14-2　DOS 或 Windows 中硬盘盘符分配示意图

不论计算机中是否装有软驱，操作系统都将盘符 A、B 固定分配给软驱。分配给硬盘的盘符依次由 C~Z，视分区多少而定。最后分配给光驱。

假如你的计算机中只配置了一块硬盘，共分了 5 个区，其中 D 盘和 F 盘采用了 NTFS 文件格式进行的分区，其他分区为 FAT32 文件格式。安装的是双操作系统，C 盘中安装的是 Windows 98(或 me)，而 D 盘中安装的是 Windows 2000（或 XP）。那么当你启动 Windows 98（或 me）时只能看到 3 个 FAT32 格式的分区，NTFS 格式的分区不能被 Windows 98（或 me）识别。当你启动 Windows 2000（或 XP）时，所有分区都被识别。其硬盘盘符分配如图 14-3 所示。

（2）多硬盘盘符的分配。假如你的计算机中配置了多块硬盘，在 DOS 和 Windows 98(或 me)中盘符分配原则是：依据硬盘的主从，先主分区，后逻辑分区。但是在 Windows XP 中是：先主盘，后从盘。如图 14-4 所示。

（二）历史悠久的分区软件 Fdisk 的使用

在众多的分区软件中，Fdisk 是最早的分区软件，应用最为广泛。随着时代的发展，好软件的不断出现，在使用上 Fdisk 略显繁琐，功能单一，但是作为传统软件，在这里对它的使用作详细介绍。

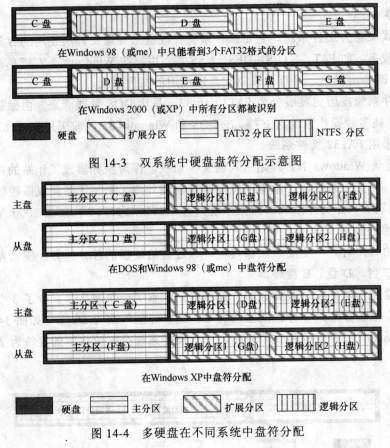

图 14-3　双系统中硬盘盘符分配示意图

图 14-4　多硬盘在不同系统中盘符分配

1. 制作 Windows 98 启动盘

制做 Windows 98 启动盘要用 Fdisk 分区，需要在 Windows 98（或 me）操作系统下制作一张 Windows 98 启动盘。该盘中有 Fdisk 软件。下面是在 Windows 98 操作系统下的制作方法：

（1）准备一张空白软盘和一张 Windows 98 安装光盘。

（2）在操作系统为 Windows 98 的计算机中，执行"开始"→"设置"→"控制面板"命令，在打开的"控制面板"窗口中双击"添加/删除程序"图标，在打开的"添加/删除程序"属性对话框中，单击"启动盘"选项卡，单击"创建启动盘"按钮。

（3）按照计算机提示将空白软盘插入软驱中，然后再将 Windows 98 安装光盘插入光驱中，即可完成。

2. 启动 Fdisk

将 Windows 98 启动盘插入计算机的软驱中开机。进入 BIOS 设置软驱启动。计算机自检后开始读软盘，出现启动选择菜单如图 14-5 所示。

图 14-5 中选项解释：

（1）加载光驱。

（2）不加载光驱。

（3）帮助。

用光标键（上、下箭头键）选"1"或"2"均可，一般选"2"可省去加载光驱的过程。选"2"后按"Enter"。计算机启动 DOS 操作系统后出现 A:\>符。

在提示符后键入命令 Fdisk，即可启动该软件。如图 14-6 所示。

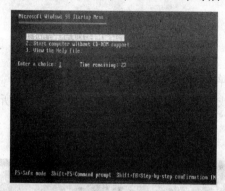

图 14-5　启动菜单

图 14-6　运行 Fdisk

说明：目前好多用户组装计算机已经不再配置软驱，那么你就采用带有 Fdisk 软件的启动光盘（有些操作系统安装光盘所带的工具软件中有 Windows 98 启动盘）来启动计算机。方法：将带有 Fdisk 软件的启动光盘放在光驱中，在 BIOS 中设置光驱启动，启动计算机。如图 14-7 是一张可运行 Windows 98 启动盘的光盘启动计算机后的主菜单画面。

图 14-7　可运行 Windows 98 启动盘的光盘

3. 为新硬盘分区

首先你需要利用软盘或光盘启动盘启动计算机。在提示符后敲入命令 Fdisk，然后按"Enter"，出现的画面如图 14-8 所示

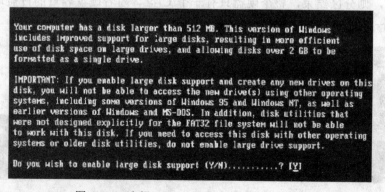

图 14-8　选择 FAT32 进行大容量硬盘分区

画面大意是说磁盘容量已经超过了 512MB，为了充分发挥磁盘的性能，建议选用 FAT32 文件系统，输入"Y"后按回车键。

现在已经进入了 Fdisk 的主菜单，如图 14-9 所示。里面的选项虽然不多，但选项下面还有选项，操作时注意别搞混了。

图 14-9 中选项解释：

（1）创建 DOS 分区或逻辑驱动器。

（2）设置活动分区。

（3）删除分区或逻辑驱动器。

（4）显示分区信息。

说明：如果你的电脑配置了两块硬盘，主菜单中将出现第 5 项——选择硬盘。

选择"1"后按"Enter"，进入创建 DOS 分区或逻辑驱动器的子菜单，如图 14-10 所示。

图 14-10 中选项解释：

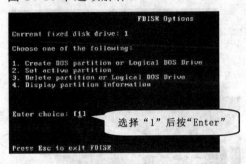

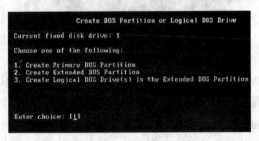

图 14-9　Fdisk 的主菜单　　　　图 14-10　创建 DOS 分区或逻辑驱动器子菜单

（1）创建主分区。

（2）创建扩展分区。

（3）创建逻辑分区。

按照硬盘分区的总体思路，首先将整个硬盘化分成一个主分区和一个扩展分区。

（1）创建主分区（Primary Partition）。 选择"1"后按"Enter"确认，Fdisk 开始检测硬盘，如图 14-11 所示。

检测完毕如图 14-12 所示。你是否希望将整个硬盘空间作为主分区并激活？按"Y"后按"Enter"，则分区结束，整个硬盘只有一个 C 盘。随着硬盘容量的日益增大，很少有人将硬盘只分一个区，所以按"N"并按"Enter"。

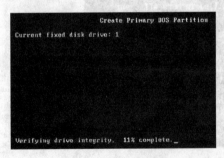

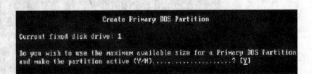

图 14-11　检测硬盘　　　　图 14-12　是否将整个硬盘空间作为主分区

显示硬盘总空间，并继续检测硬盘，如图 14-13 所示。

检测完毕如图 14-14 所示。设置主分区的容量，你可直接输入分区大小（以 MB 为单位，最高不超过总空间）也可输入分区所占硬盘容量的百分比（%），按"Enter"确认。

图 14-13　继续检测硬盘

图 14-14　输入主分区大小

主分区 C 盘已经创建，如图 14-15 所示。按"ESC"继续操作。

（2）创建扩展分区（Extended Partition）。按"ESC"后返回至 Fdisk 主菜单，如图 14-9 所示。选择"1"继续操作，如图 14-10 所示。在创建 DOS 分区或逻辑驱动器子菜单中选"2"，如图 14-16 所示。开始创建扩展分区。

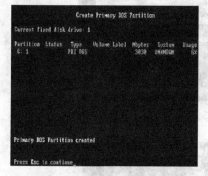

图 14-15　主分区 C 盘已经创建

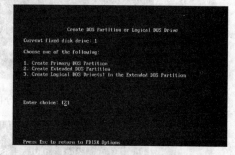

图 14-16　选"2"创建逻辑分区

硬盘检测后如图 14-17 所示。

习惯上我们会将除主分区之外的所有空间划为扩展分区，直接按"Enter"即可。当然，如果你想安装微软之外的操作系统，则可根据需要输入扩展分区的空间大小或百分比。

扩展分区创建成功。如图 14-18 所示。按"ESC"继续操作。

（3）创建逻辑分区（Logical Drives）。

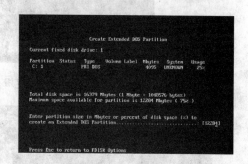

图 14-17　硬盘检测完成

按"ESC"后如图 14-19 所示。画面提示没有任何逻辑分区并检测扩展分区，接下来的任务就是创建逻辑分区。

检测后如图 14-20 所示。按照前面所讲的硬盘分区总体思路，逻辑分区在扩展分区中划分，在此输入第一个逻辑分区的大小或百分比，最高不超过扩展分区的大小，按"Enter"确认。

逻辑分区 D 盘已经创建。如图 14-21 所示。

如法炮制，继续创建逻辑分区。当需要你输入下一个分区容量大小时，如果你直接按"Enter"，那么创建逻辑分区结束。当然，你还可以输入下一个分区容量大小，创建更多的逻辑分区，一切由你自己决定。在这里我们直接按"Enter"，如图 14-22 所示。

图 14-18　扩展分区创建成功

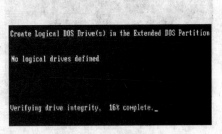

图 14-19　没有任何逻辑分区

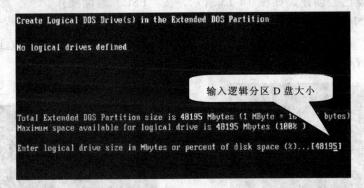

图 14-20　输入逻辑分区 D 盘的空间大小或百分比

图 14-21　逻辑分区 D 盘已经创建

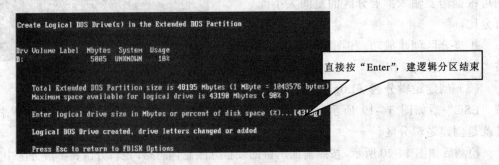

图 14-22　输入下一个逻辑分区容量大小

逻辑分区 E 已经创建，如图 14-23 所示。按"ESC"返回。

（4）设置活动分区（Set Active Partition）。按"ESC"后返回至 Fdisk 主菜单，如图 14-24 所示。选"2"设置活动分区。显示画面如图 14-25 所示。

只有主分区才可以被设置为活动分区。选择数字"1"，即设 C 盘为活动分区，如图 14-26

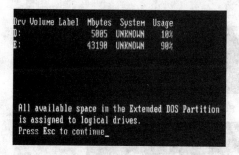

图 14-23　逻辑分区 E 已经创建

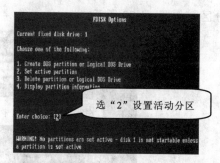

图 14-24　选 "2" 设置活动分区

图 14-25　选择数字 "1"

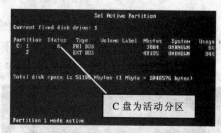

图 14-26　设 C 盘为活动分区

所示。

如果硬盘划分了多个主分区后，可设其中任一个为活动分区。C 盘已经成为活动分区，按 "ESC" 退出分区，并重新启动计算机，分区结束。

说明：必须重新启动计算机，这样分区才能够生效。如果不按 "ESC" 退出分区，而是直接断电关机，则分区无效。

4. 为分好区的硬盘重新分区

如果你打算对一块硬盘重新分区，那么你首先要做的是删除旧分区。因此仅仅学会创建分区是不够的。下面介绍查看分区与删除分区。

（1）查看分区状况。在删除旧分区之前，有必要查看一下旧分区。方法如下。如前所述，驱动 Fdisk，进入主菜单后，选择 "4"，如图 14-27 所示。按 "Enter" 后，如图 14-28 所示。

图 14-27　选择 "4" 查看分区状况

图 14-28　选择默认 "Y"

在此显示有一个主分区 C 和一个扩展分区，并列出了各自的容量和所占的百分比。最后询问是否查看扩展分区中的逻辑分区情况，请保持默认 "Y" 不变，按 "Enter" 查看逻辑分区。如图 14-29 所示。

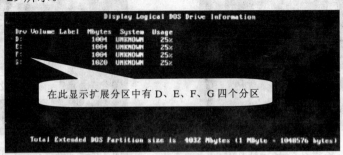

图 14-29　扩展分区中的逻辑分区情况

（2）删除分区。删除分区的思路与创建分区正好相反，删除的顺序依次为：删除逻辑分区→删除扩展分区→删除主分区。在 Fdisk 主菜单中选 "3" 删除分区选项，如图 14-30 所示。然后按 "Enter"，进入删除分区子菜单。如图 14-31 所示。

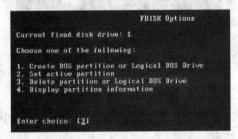

图 14-30　在主菜单中选 "3" 删除分区

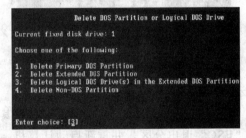

图 14-31　子菜单中选 "3" 删除逻辑分区

图 14-31 中选项解释：

（1）删除主分区。

（2）删除扩展分区。

（3）删除逻辑分区。

（4）删除非 DOS 分区。非 DOS 分区是指不是用 Fdisk 划分出来的分区，如 NTFS 分区、Linux 分区。

在此先选 "3"，删除的逻辑分区，按 "Enter" 确定后，如图 14-32 所示。输入欲删除的逻辑分区盘符，按 "Enter" 确定。再输入该分区的卷标，如果没有卷标，直接按 "Enter" 确定。最后输入 "Y" 按 "Enter" 确认删除，如图 14-33 所示。仿此，可将所有逻辑分区删除。如图 14-34 所示。

图 14-32　删除的逻辑分区 E

图 14-33　输入"Y"确认删除

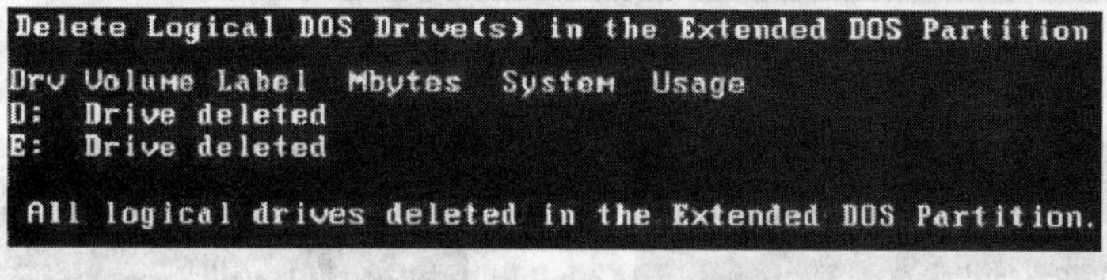

图 14-34　所有逻辑分区被删除

　　按"ESC"后返回至 Fdisk 主菜单，再次选"3"，准备删除扩展分区。如图 14-35 所示。进入删除分区子菜单选"2"删除扩展分区。如图 14-36 所示。选"2"后按"Enter"，如图 14-37 所示。按"Y"再按"Enter"确认删除。

图 14-35　在主菜单中选"3"删除分区

图 14-36　子菜单中选"2"删除扩展分区

　　图 14-38 所示：扩展分区已经删除，请按"ESC"返回至 Fdisk 主菜单。返回到主菜单，依旧选"3"，准备删除主分区，如图 14-39 所示。进入删除分区子菜单选"1"删除主分区。如图 14-40 所示。

　　选"1"后按"Enter"，进入删除主分区画面，如图 14-41 所示。在此选"1"，表示删除第一个主分区。因为有的硬盘可能会不止一个主分区，分别用 1、2、3、4 来表示不同的主分区。

图 14-37　在菜单中选"Y"再按"Enter"确认删除

　　选"1"按"Enter"确认后，如图 14-42 所示。因为没有卷标，直接按"Enter"再按"Y"确认删除。主分区已经删除，如图 14-43 所示。重启后操作生效。至此，你可以为你的硬盘重新分区了。当然你也可以在删除主分区后直接进行重新分区，分区方法和新盘分区一样，这里不再赘述。注意：最后按"ESC"退出，重新启动计算机而生效。

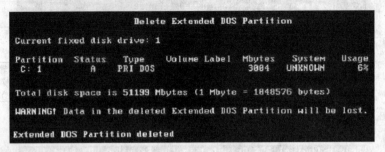

图 14-38　扩展分区已经删除

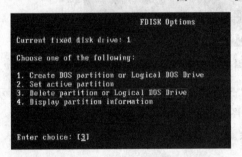

图 14-39　在主菜单中选"3"删除分区

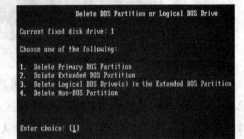

图 14-40　子菜单中选"1"删除主分区

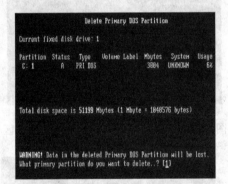

图 14-41　删除主分区

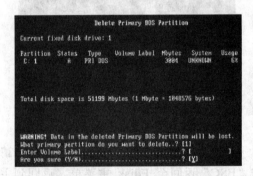

图 14-42　按"Y"确认删除主分区

（三）国产优秀分区软件 DiskGen 的使用

DiskGen（Disk Genius）原名 DiskMan，是由中国人编写的一套中文硬盘分区与维护软件。它采用全中文图形界面，有着许多硬盘分区与维护功能。软件的原版本 DiskMan V1.2 只有 108KB，目前的 DiskGen V2.0 也只有 143KB，可以称为瘦身软件，被誉为分区小超人。

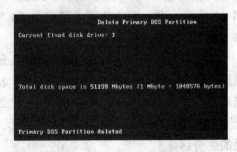

图 14-43　主分区已经删除

1. Disk Genius 的主要功能及特点

（1）运行于 MS-DOS 环境下，仿 Windows 纯中文图形界面，无须任何汉字系统支持，以图表的形式揭示了分区表的详细结构，支持鼠标操作，操作直观方便。

（2）提供比 Fdisk 更灵活的分区操作，能同时在一个硬盘上划分多达 4 个主分区，从而创造了一台计算机上安装多个操作系统的条件。

（3）能建立多种文件系统的分区，如 FAT、NTFS、UNIX、Linux、OS2 等。而 Fdisk 只能建立 FAT 文件系统的分区。

（4）为防止误操作，几乎所有操作，都在内存缓冲区中进行，不影响硬盘分区表，只有存盘后，更新了分区表才生效。

（5）支持分区参数编辑，在不破坏数据的情况下，直接调整 FAT/FAT32 分区的大小。

（6）可备份包括逻辑分区表及各分区引导记录在内的所有硬盘分区信息，从而可以让你轻松地将遭到破坏的分区还原到原来的状态。

（7）提供强大的分区表重建功能，能自行查找以前的分区记录，自动重建被破坏的硬盘主引导记录，迅速修复损坏了的分区表。

（8）可隐藏 FAT/FAT32 及 NTFS 分区。让你将一些隐秘的文件放在隐藏的分区中，避免别人看到。

（9）具备扇区拷贝功能。能查看硬盘任意扇区，并可保存到文件。

（10）支持 FAT/FAT32 分区的快速格式化；

（11）提供扫描硬盘坏区功能，报告损坏的柱面。

（12）具备回溯功能，当你对分区操作失败后，可用此功能将分区复原到原来的状态。

（13）可以彻底清除分区数据。

2．下载 Disk Genius

如果你手头上没有 DiskGen 软件，可以从因特网上下载一个，它是一个因特网上的免费软件。下面介绍下载方法。

（1）方法一。打开 IE 浏览器，在地址栏中输入"www.baidu.com"按"Enter"（或左键单击"转到"按钮），打开"百度搜索"网页，如图 14-44 所示。在搜索栏内输入"DiskGen 中文版下载"（或 DiskMan 中文版下载）按"Enter"（或左键单击"百度搜索"按钮），打开"百度搜索_DiskGen 中文版下载"网页，如图 14-45 所示。

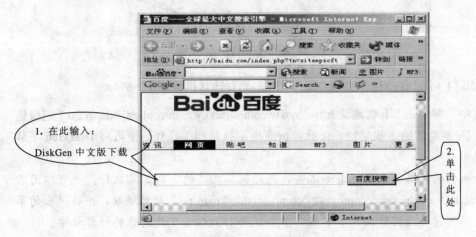

图 14-44　"百度搜索"网页

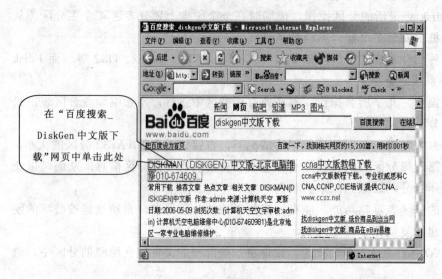

在"百度搜索_
DiskGen 中文版下
载"网页中单击此处

图 14-45　"百度搜索_DiskGen 中文版下载"网页

在"百度搜索_ DiskGen 中文版下载"网页中，左键单击"DISKMAN（DISKGEN）中文版-北京计算机维修 010-674609"超级链接，则打开北京计算机维修网页，如图 14-46 所示。

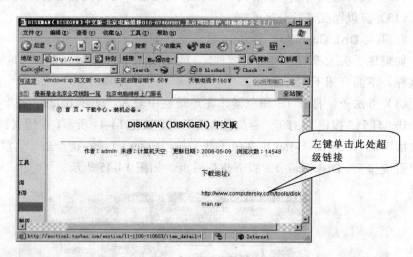

左键单击此处超
级链接

图 14-46　Dis Kman（Disx Gen）中文版-北京计算机维修 010-674609

在该网页中左键单击"下载地址 http://www.computersky.com/tools/diskman.rar"超级链接，即可开启 IE 浏览器的下载功能，你只需按照提示执行相关操作，便可将 DiskGen 下载到你的计算机中。

说明：如果你的计算机中装有诸如讯雷、网际快车之类的下载工具软件，也可以用右键单击"下载地址 http://www.computersky.com/tools/diskman.rar"超级链接，并从弹出的菜单中选择"使用迅雷（或网际快车）下载"命令，将 DiskGen 下载到你的计算机中。

（2）方法二。有许多提供 DiskGen 下载的网站（仅供参考）。见表 14-1。

表 14-1 　　　　　　　　　　　　提供 DiskGen 下载的网站表

网 站 名 称	网 址
软件——eNet 硅谷动力软件下载站	http://download.enet.com.cn/
计算机之家软件下载	http://download.pchome.net/
天空软件站	http://www.skycn.com/index.html
下载首页_科技时代_新浪网	http://tech.sina.com.cn/down/

图 14-47　格式化 3.5 软盘

将表 14-1 中提供的任何一个网址，输入到 IE 浏览器的地址栏中按"Enter"。在弹出的页面中找到"软件搜索"文本框，输入 DiskGen，然后单击旁边的诸如搜索、查找、Go 之类的按钮，即可打开搜索结果的网页。若没有搜索到，则在"软件搜索"文本框中输入 DiskMan 进行搜索，即可搜到。一般压缩包称 DiskMan，但是，里面的文件是 DiskGen。

3. 制作 DiskGen 分区软盘

当你将 DiskGen 下载后，接下来介绍如何制作一张能在 DOS 下使用，并且能有鼠标支持的 DiskGen 软盘的方法。

（1）将已经制作好的 Windows 98 启动盘插入软驱中。当然，你也可以找一张空白软盘，插入软驱中。在 Windows 中双击"我的电脑"→右键单击"3.5 软盘（A:）"→执行"格式化"命令。在弹出的"格式化 3.5 软盘（A）"对话框中，勾选"创建一个 MS-DOS 启动盘"，如图 14-47 所示，单击"开始"按钮，则制作一张 DOS 启动盘。这里我们假定软驱中插入的是 Windows 98 启动盘。

（2）解压缩 DiskMan 文件包。一般情况下因特网上下载的软件都是压缩过的，下载后需要先使用诸如 WinZip、RAR 等解压缩软件解压缩后才能使用。如果你的计算机是 Windows XP 系统，且装有 RAR 解压缩软件，具体操作如图 14-48 所示。右键单击压缩包文件"DiskMan"，在弹出的快捷菜单中执行"解压到 DiskMan"命令即可。

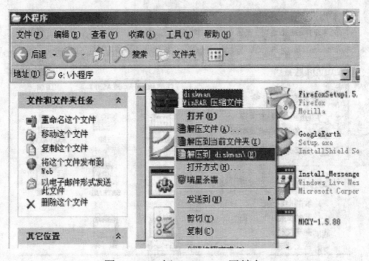

图 14-48　解 DiskMan 压缩包

（3）将解压后的文件夹"DiskMan"中的文件"DiskGen"复制到 3.5 软盘（Windows 98 启动盘）中。具体操作如图 14-49 所示，右键单击文件"DiskGen"，在弹出的快捷菜单中执"发送到"→"3.5 软盘"命令即可。

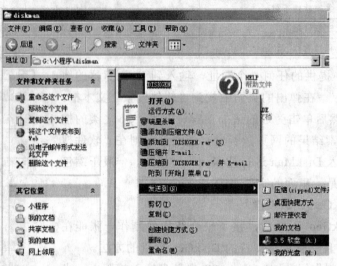

图 14-49　将 Disk Gen 复制到软盘中

（4）为 DiskGen 配置 DOS 下的鼠标操作功能。虽然 DiskGen 支持鼠标操作，但是它本身并不自带 DOS 下的鼠标程序。如果不用鼠标，使用快捷键也可以，只是对于初学者来说使用起来不太方便。那么我们可以从因特网上下载一个 DOS 下的鼠标程序 Mouse.com。按照前面所讲下载 DiskMan 的方法，在因特网上很容易搜到它。这里提供一个下载网址：http://www.qzcc.com/nalyc/down.htm。

此外，你还可以在你的计算机上搜索一下，说不定也能搜到，因为好多软件都带有 DOS 下的鼠标驱动程序，如 PartitionMagic 软件。

（5）最后将鼠标程序 Mouse.com 复制到 3.5 软盘（Windows 98 启动盘）中。如图 14-50 所示。

图 14-50　Windows 98 启动盘中的 DiskGen、Mouse

4. 启动 DiskGen

将制作好的含有 DiskGen 文件的 Windows 98 启动盘插入计算机的软驱中开机。进入 BIOS 设置软驱启动。计算机自检后开始读软盘，出现启动选择菜单。选 2（或 1）后按"Enter"，计算机启动 DOS 操作系统后出现 A:\>符。

若要在 DiskGen 中使用鼠标，则首先在提示符 A:\>后键入命令 Mouse，回车，启动 DOS 下的鼠标驱动程序。然后在提示符后键入命令 DiskGen，回车，启动 DiskGen 分区软件。

图 14-51 是新硬盘（或未经分区的硬盘）启动 DiskGen 后的操作界面。

图 14-52 是经分区的硬盘启动 DiskGen 后的操作界面。

如果你的计算机没有配置软驱，那么你就采用带有 DiskGen 软件的启动光盘来启动计算机。

好多操作系统安装光盘所带的工具软件中都有 DiskGen 软件。如图 14-7（本书 205 页）是一张用带有 DiskGen 软件的光盘启动计算机后的主菜单画面。单击画面中 DiskGenV2.0 选项，进入 DiskGen 分区软件的操作界面，如图 14-51 或图 14-52 所示。

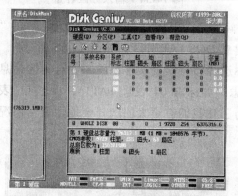

图 14-51　新盘启动 DiskGen 后的操作界面

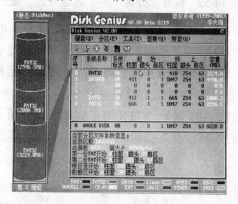

图 14-52　已分区盘启动 DiskGen 后的操作界面

启动 DiskGen 软件后，将自动读取硬盘的分区信息，并在屏幕上以图表的形式显示硬盘分区情况。图 14-52 是 Disk Genius 对一块已经分区硬盘检测，得到的分区信息结构图。左侧的柱状图显示硬盘上各分区的位置及大小，最底部的分区为第一个分区。通过柱状图各部分的颜色和是否带网格，可以判断分区的类型，灰颜色的部分为自由空间（不属任何分区），不带网格的分区为主分区，带网格的为扩展分区，扩展分区又进一步划分成逻辑分区（逻辑盘 D、E）。屏幕右侧用表格的形式显示了各分区的类型及其具体参数，包括分区的引导标志、系统标志，分区起始和终止柱面号、扇区号、磁头号。

在柱状图与参数表格之间，有一个动态连线指示了它们之间的对应关系。你可以通过鼠标在柱状图或表格中点击来选择一个分区，也可以用键盘上的光标移动（箭头）键来选择当前分区。用"TAB"或"SHIFT-TAB"可在柱状图和表格之间选择。当你选择了一个 FAT 或 FAT32 分区后，表格下部的窗口中将会显示关于这个分区的一些信息：分区的总扇区数、总簇数和簇的大小，两份 FAT 表、根目录、数据区的开始柱面号、磁头号、扇区号。如图 14-52 所示。

5. 使用 DiskGen 为新盘分区

（1）建立主分区。启动 DiskGen，执行"分区"→"新建分区"命令，如图 14-53 所示。打开新建主分区对话框。输入要划分的主分区大小，如 10000，如图 14-54 所示。然后单击"确定"按钮。

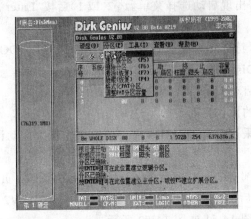
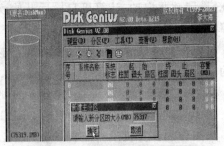

图 14-53　执行"分区"→"新建分区"命令　　　　图 14-54　输入分区容量

单击"确定"按钮后，弹出信息对话框，询问你是否要建立 DOS FAT 分区，单击"确定"按钮后，弹出信息对话框，询问你是否要建立 DOS FAT 分区，如图 14-55 所示。

如果你单击"否"按钮，将弹出对话框让你选择该分区的文件系统，并且分区信息窗口会列出 DiskGen 设置各类分区文件系统的标志。如标志 04 表示 FAT16、标志 0b 表示 FAT32、07 表示 NTFS 等，如图 14-56 所示。为了使我们有更大的选择余地，通常情况下我们选择"否"按钮。

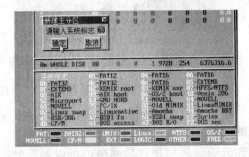

图 14-55　信息对话框　　　　　图 14-56　设置各类分区文件系统的标志

如果你准备在此分区中安装 Windows 98（或 me），最好选择"是"按钮，就会马上建立一个 FAT32 文件系统的主分区。这里，我们选择"是"按钮，如图 14-57 所示。柱状图的最下方显示了第一个主分区的文件系统及容量，参数表格显示了第一个主分区的参数信息，之间有一个动态连线指示了它们之间的对应关系。

第一个主分区已经建好。下面我们再建第二个主分区，准备在该分区中安装 Windows XP，分区操作如下：

用鼠标单击柱状图的灰色（灰颜色的部分为没有分区的剩余空间）区域。

如上所述，执行"分区"→"新建分区"命令，在打开的新建主分区对话框中输入要划分的主分区大小 10000，然后单击"确定"按钮。在弹出信息对话框中单击"否"按钮，在新建主分区对话框中输入分区文件系统的标志 07（表示 NTFS），如图 14-58 所示。

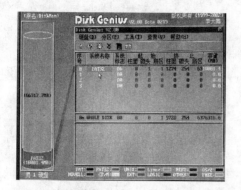

图 14-57 建立一个 FAT32 文件系统的主分区

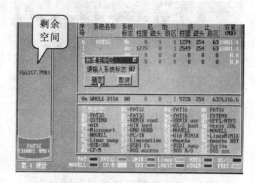

图 14-58 输入系统标志"07"

单击"确定"按钮，第二个主分区已经建好，如图 14-59 所示。

依照上述方法我们再建一个用于安装 UNIX 的主分区，如图 14-60 所示。

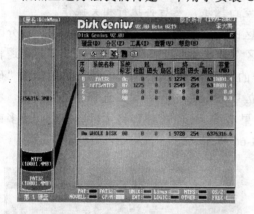

图 14-59 建立一个 NTFS 文件系统的主分区 　图 14-60 建立一个 UNIX 文件系统的主分区

你可以用上述方法继续划分主分区，但是最多只能 4 个，当你划分了 4 个主分区后，就不能再划分区出扩展分区了。

通常我们只安装一个操作系统，所以分一个主分区就可以了。

若没有鼠标支持，可用快捷键。如果选择 DiskGen 操作界面的各部位，可用"TAB"或"SHIFT+TAB"来切换。又如用"ATL+P"可打开分区菜单，使用光标移动箭头可选择菜单中的命令。

（2）建立扩展分区。使用任何分区软件，都只能划分一个扩展分区，下面我们介绍使用 DiskGen 划分扩展分区的方法。

选中还没有分区的空闲硬盘区域。即用鼠标单击柱状图的灰色区域。（如果你使用键盘操作，可先按下"Tab"选择该柱状图，然后使用方向键选择灰色区域）执行"分区"→"建扩展分区"命令，（也可以直接从键盘上按下"F5"），如图 14-61 所示，打开新建扩展分区对话框。应该保持文本框中的默认数值不变，单击"确定"按钮，如图 14-62 所示。扩展分区建好了，柱状图中的绿色区域表示扩展分区部分，如图 14-63 所示。柱状图表示已经划分了 3 个不同文件系统的主分区和一个扩展分区。参数表中列出了已经划分好的 3 个主分区和扩展分区情况。

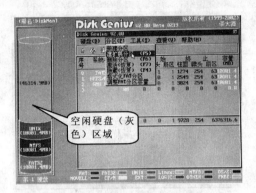

图 14-61　执行新建扩展分区命令

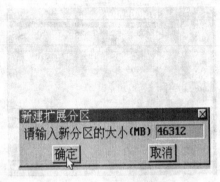

图 14-62　保持数值不变

说明：使用 DiskGen 为硬盘分区时，不一定要先划分主分区再划分扩展分区，你也可以先划分扩展分区，然后再划分主分区。需要注意的是，无论是划分主分区还是扩展分区，都要先选中 DiskGen 操作界面中柱状图的灰色空白区域，然后再执行相关操作。

（3）划分逻辑分区。下面介绍建立逻辑分区的具体操作方法。选择立柱中的扩展分区区域（绿色部分）。执行"分区"→"新建分区"命令（也可以直接按 F1，打开新建逻辑分区对话框）。如图 14-64 所示。输入想要划分的逻辑分区大小，如 20000，然后单击"确定"按钮，如图 14-65 所示。询问你是否要建立 DOS FAT 分区，如果选择"是"按钮，将马上建立一个 FAT32 文件系统的逻辑分区；如果单击"否"按钮，将可以选择建立更多的文件系统。我们这里选择"是"按钮。如图 14-66 所示。

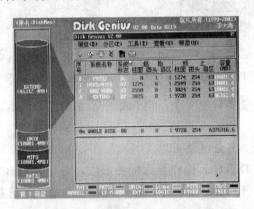

图 14-63　扩展分区已经建好

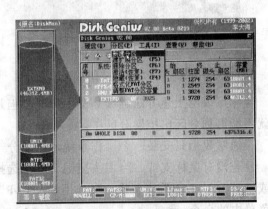

图 14-64　执行"新建分区"命令

图 14-65　输入 20000

图 14-66　选择文件系统

一个容量为 20000MB，文件系统为 FAT32 的逻辑分区划分好了，如图 14-67 所示。

你可以使用同样的方法继续划分第二、第三、第四个逻辑分区，直到将扩展分区的容量全部划分完为止。我们这里只划分了两个逻辑分区，如图 14-68 所示。使用 DiskGen，可以在扩展分区上建立最多 24 个逻辑分区。

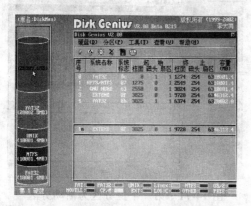

图 14-67　在扩展分区中建立了一个逻辑分区

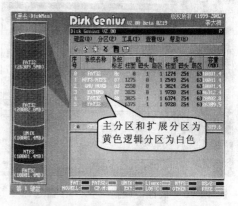

图 14-68　划分了两个逻辑分区

　　说明：在参数表中主分区和扩展分区的系统标志颜色为黄色。逻辑分区的系统标志颜色为白色。如图 14-68 所示。DiskGen，可以在扩展分区上建立最多 24 个逻辑分区。

　　（4）设置活动分区。为了启动计算机，需要设置一个主分区为活动分区，当你为硬盘划分了多个主分区时，一般情况下，将安装最常用操作系统的主分区设置为活动分区。比如准备将 Windows XP 安装在第二个主分区，且 Windows XP 常用，则设置第二个主分区为活动分区。下面我们设置第一个主分区为活动分区。

　　用鼠标单击来选择需要设置为活动分区的主分区（如果你使用键盘操作，可先按下"Tab"选择柱状图，然后使用光标键选择主分区）。执行"分区"→"激活分区"命令（或直接按下"F7"），如图 14-69 所示。

　　（5）更新分区表。以上所有的操作并没有马上在硬盘上执行，都是先在内存中进行的。要使以上进行的操作真正地对硬盘生效，还需要做更新分区表的工作，下面是操作方法。

　　在 DiskGen 操作界面中执行"硬盘"→"存盘"命令（或直接按下"F8"），并确认，即可更新分区表，让上述的操作真正地对硬盘生效。如图 14-70 所示。更新成功后，会显示"更新成功"的字样，表示设置已经生效了。如图 14-71所示。

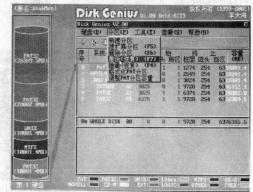

图 14-69　第一个主分区为活动分区

　　说明：DiskGen 具有回溯的功能，设置生效后，还可以执行"硬盘"→"回溯"命令将分区还原到没有更新前的状态。因此，不一定非要将所有的分区都划分好以后再进行分区表的更新，我们也可以每建立一个分区，便更新一次分区表，让设置生效。

　　6. 使用 DiskGen 为分过区的硬盘重新分区

　　为已分区的硬盘重新分区，需要先将原有分区全部或部分删除。删除后得到空闲区域才能建立新的分区。使用 DiskGen，无论是删除还是新建分区，都更加方便和灵活。只要硬盘上有空闲的区域，便可以任意的建立分区。

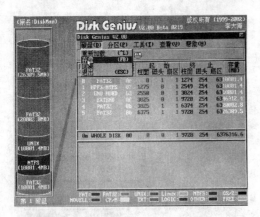

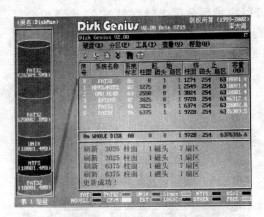

图 14-70 执行"硬盘"→"存盘"命令　　　图 14-71 第一个主分区为活动分区

（1）删除分区。使用 DiskGen 既可以不分先后顺序地删除主分区和逻辑分区中的任何一个分区，也可以一次性地将扩展分区及扩展分区上的逻辑分区全部删除。不像 Fdisk 那样需要按照删除逻辑分区→扩展分区→主分区的顺序删除分区。下面我们来看看具体的操作方法。

选择想要删除的分区。在此，选择扩展分区，具体操作方法是在参数表中左键单击"3 EXTEND"行（或用"TAB"切换到参数表中，再用光标键选择该行）。执行"分区"→"删除分区"命令（或直接按下"F6"），如图 14-71 所示。在弹出的"信息"对话框中选择"是"，如图 14-72 所示，则将扩展分区连同两个逻辑分区一并删除。如图 14-73 所示。

你可以用同样的方法随意地删除其他硬盘分区，甚至将所有的分区全部删除以便重新为整个硬盘分区。做了上面删除分区的工作后，别忘了按下"F8"更新硬盘分区表，让删除的结果生效。

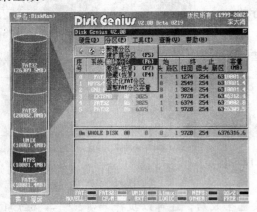

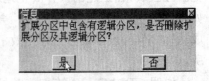

图 14-72 执行"分区"→"删除分区"命令　　　图 14-73 确认删除分区

说明：删除分区后，在该分区上储存的数据将全部丢失，因此在删除前一定要做好重要数据的备份工作。

（2）重新分区。将以前的分区部分或全部删除后，便可以重新分了。删除所有的分区，重新分区，可以完全按照上述新硬盘分区的方法操作。

删除全部或部分逻辑分区，重新建立逻辑分区。按照上述的建立逻辑分区方法操作。

例如嫌某两个逻辑分区太小，想把他们合并成一个，此时便可以将这两个逻辑分区删除，并重新建立成一个逻辑分区。

删除全部或部分主分区，重新分区。删除主分区后，你可以在空闲空间上重新划分主分区，也可以将扩展分区扩充后再划分逻辑分区。例如你嫌以前划分的主分区太多，或个别主分区容量太大，可以将它们删除并重新划分。

删除扩展分区，重新分区。删除扩展分区后，在该扩展分区上的逻辑分区将全部被删除，你可以在得到的空间上划分主分区，或是先划分扩展分区，继而划分逻辑分区。

7. 使用 DiskGen 的附加功能

DiskGen 除了为硬盘分区以外，还具有很多其他功能，比如备份与恢复分区表、重建分区表、隐藏分区、修改分区参数和查看分区表信息等。

（1）备份分区表。当完成对硬盘的分区工作后，我们可以使用 DiskGen 具有的备份分区表功能，将划分好的分区表备份，以便在以后分区表遭到意外被破坏时将其恢复。下面介绍备份分区表的具体操作方法。

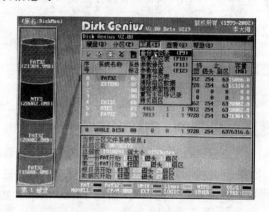

图 14-74　执行"工具"→"备份分区表"命令

启动 DiskGen 后，执行"工具"→"备份分区表"命令（或者按下"F9"），如图 14-74 所示。保持默认保存路径不变，单击下边的"确定"按钮，如图 14-75 所示。如果你制作的 DiskGen 软盘还在软驱中，便可直接单击"确定"按钮，将分区表备份在软盘中，如图 14-76 所示。

说明：如果以后要使用备份的分区表，可执行"工具"→"恢复分区表"命令的进行恢复，如图 14-77 所示。

图 14-75　保持默认保存路径不变

图 14-76　将分区表备份在软盘中

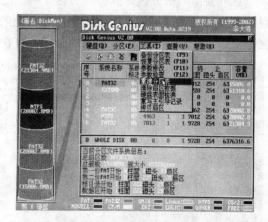

图 14-77　执行"工具"→"重建分区表"命令

（2）重建分区表。在硬盘的使用过程中，由于病毒的入侵或某些错误操作，往往会破坏了硬盘分区表。例如，发现某个储存重要数据的硬盘分区不见了，利用 DiskGen 的重建分区表功能，可找回丢失的硬盘，具体操作如下。

执行"工具"→"重建分区表"命令，如图 14-78 所示。单击"继续"按钮，如图 14-79 所示。单击"自动方式"按钮，如图 14-80 所示。单击"确定"按钮，完成重建分区表的工作，如图 14-81 所示。

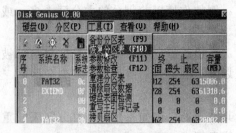

图 14-78　执行"备份分区表"命令

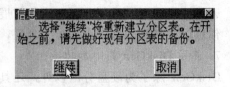

图 14-79　单击"继续"按钮

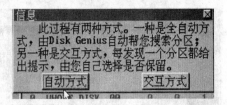

图 14-80　单击"自动方式"按钮

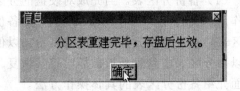

图 14-81　单击"确定"按钮

当你执行以上操作之后，如果找回被破坏的分区，请更新硬盘分区表后退出 DiskGen。如果没有找回被破坏的硬盘分区，请将第三步中"单击'自动方式'按钮"操作，改为"单击'交互方式'按钮"，如图 14-80 所示。然后依照提示进行操作，一般情况下，能找回丢失硬盘。

（3）隐藏分区。使用 DiskGen 可以隐藏分区。例如，你有很多机密的文件不想让别人看到，可以将存储这些文件的分区设置为隐藏状态，使别人便看不到该分区。具体操作如下：

选择要隐藏的分区。执行"分区"→"隐藏"命令或按下"F4"，如图 14-82 所示，即可将选中的分区隐藏。分区被隐藏后，此处的"系统名称"将变成 FAT32Hidde，表示该分区已被隐藏。若要重新显示隐藏的分区，可在选中它后，执行"分区"→"隐藏"命令。

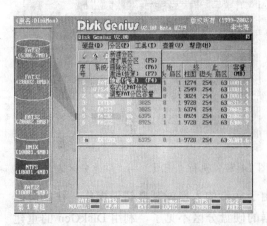

图 14-82　执行"工具"→"隐藏"命令

DiskGen 还有一些功能，比如查看硬盘上任一分区上的任一扇区的数据，方法是在 DiskGen 的操作界面中执行"查看"→"查看扇区"的命令。又如直接修改硬盘上任意一个分区的参数，从而手工改变分区的容量大小以及改变分区的文件系统等。可以执行"工具"→"参数修改"命令。

说明：在为硬盘分区的时候，若你的计算机上有两个硬盘，可以先通过"硬盘"菜单选择需要对其分区的硬盘，余下的所有操作与对一个硬盘分区是一样的。选择被分区的硬盘操作方法如图 14-83、图 14-84 所示。

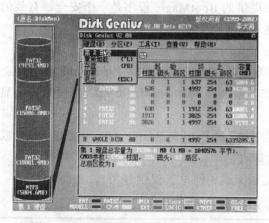 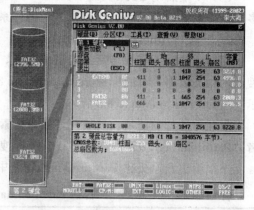

图 14-83　由第一硬盘切换到第二硬盘　　　　图 14-84　由第二硬盘切换到第一硬盘

（四）功能强大的分区软件 PartitionMagic 的使用

PartitionMagic 的全名为 PowerQuest PartitionMagic，简称为 PQ，人们都习惯称它为分区魔术师。在所有硬盘分区工具中，PartitionMagic 是当今最为流行、功能最为强大的硬盘分区工具。Fdisk 和 DiskMan 对分区的任何操作，都会破坏硬盘上的原有数据，而 PartitionMagic 不仅仅只是简单的能为硬盘分区，还能在无损硬盘上存储数据的情况下改变硬盘分区的大小、合并硬盘分区、转变硬盘分区的文件系统等。

1. PartitionMagic 的主要功能及特点

下面来看看使用 PartitionMagic 有哪些强劲功能，能给我们带来哪些好处。

（1）能在多个操作系统下运行。PartitinMagic 不像 Fdisk 和 DiskMan 那样，只能在 DOS 环境下运行，除了 DOS 外，它还能在 Windows 95/98/me/ 2000 /XP 和 Lunix 操作系统中运行。

（2）实现最基本的硬盘分区功能。PartitionMagic 能轻松实现最基本的硬盘分区，比如建立分区、设置主分区、删除分区等，而且它采用图形界面，用鼠标操作，比较方便灵活。

（3）能建立多种不同文件系统的分区。PartitionMagic 能建立包括 FAT16、FAT32、NTFS、EXT、UFS 等多种不同文件系统的分区，从而为在一块硬盘上安装不同类型的多个操作系统创造了条件。PartitionMagic 能建立最多 4 个主分区，24 个逻辑分区。

（4）能随时动态地调整分区。PartitionMagic 的最大特色，就是在保持现有分区上储存的数据不受损坏的情况下实时、动态地执行各种功能，包括：改变分区大小、合并分区、复制分区、改变分区的文件系统（如 FAT32 与 NTFS 的转换）、以及改变分区的类型（如主分区与逻辑分区的转换）等。

（5）调整和更改磁盘盘符。有时候因为添加了一块硬盘，导致磁盘驱动器代号"走位"。使用 PartitionMagic，只需通过几个简单的操作，就可以重新设好磁盘盘符。

（6）重新调整磁盘簇（Cluster）的大小。此功能可以检查分区中有多少被浪费掉的闲置空间。

（7）可以自由扩大 NTFS 分区的大小，即使这个分区是当前的系统分区，而且是无需启动即可见效。

（8）多重启动 BootMagic。PartitionMagic 提供的 BootMagic 程序是一个安全、有效的多个操作系统管理程序，让你在多个操作系统下来去自如。

2. 下载 PartitionMagic 8.0 中文版

目前因特网上有很多网站提供免费版、共享版等免费的汉化软件 PartitionMagic，网上搜到的中文版本，有的标称 PartitionMagic 8.05，最高称 PartitionMagic 9.0，解压后安装显示一般为 PartitionMagic 8.0 版本。

下载方法如前所述，只须在百度等搜索栏中键入"PartitionMagic 8.05 中文版下载"或者"PartitionMagic 9.0 中文版下载"进行搜索即可。

下面给出几个提供 PartitionMagic 8.0 中文版下载的网站（仅供参考）。见表 14-2。

表 14-2　　　　　　　　　提供 PartitionMagic 8.0 下载的网站表

网 站 名 称	网　　　址
霏凡软件站	http://www.crsky.com/soft/4198.html
浩扬软件园	http://www.cm520.net/Software/Catalog36/1850.html
秀秀我	http://www.eshowgo.com/soft/2006-6-18/2653/
当 500	http://www.down500.com/soft/24721.htm

3. 安装 PartitionMagic 8.0 中文版

PartitionMagic 8.0 可以安装在 Windows 95、Windows 98、Windows me、Windows 2000、Windows XP 以及 Linux 操作系统中，下面我们介绍在 Windows XP 中安装 PartitionMagic 8.0 中文版的方法。

PartitionMagic 8.0 中文版的安装非常简单易行。只须按照提示，左键单击"下一步"按钮（或一直按"Enter"）即可。具体操作如下：

将下载的 PatitionMagic 压缩包"硬盘分区魔术师简体中文版"进行解压缩，在解压后的"硬盘分区魔术师简体中文版"文件夹中运行安装程序 Setup，如图 14-85（a）所示。

随后出现"PowerQuest PartitionMagic 8.0 简装汉化版"安装界面，如图 14-85（b）所示。接着出现"欢迎"画面，如图 14-85（c）所示。

单击"下一步"按钮，出现"重要注释"画面［图 14-85（d）］。然后单击"下一步"按钮，出现"准备安装"画面［图 14-85（f）］。单击"下一步"按钮，随后出现"安装"画面［图 14-85（g）］，开始复制文件。最后出现已完成画面［图 14-85（h）］，单击"关闭"按钮，安装结束。

4. 认识 PartitionMagic 8.0 简体中文版的操作界面

安装上 PartitionMagic 8.0 简体中文版后，在 Windows 操作系统中执行"开始"→"程序"→PowerQuest PartitionMagic 8.0→PartitionMagic 8.0 命令便可以启动它进行硬盘分区的工作，图 14-86 是启动 PartitionMagic 8.0 简体中文版后的操作界面。

菜单栏中几乎包括了所有操作 PartitionMagic 8.0 的命令。因为是免费软件，菜单中有个别功能不可用。

工具栏中包括了使用 PartitionMagic 8.0 分区时常用的快捷命令按钮。

向导图标窗口中提供了许多向导图标。你可以选择其中一个任务，按照操作向导的提示，实现对硬盘分区的某项功能，并且操作十分直观、非常简单。

硬盘条状图以直观、形象的画面显示出硬盘分区状况。

图 14-85　PartitionMagic 8.0 简体中文版的安装全过程

分区信息窗口以树状目录的形式，详细地列出了硬盘上的所有分区信息。且每一行都与硬盘条状图上的某个分区对应。

识别颜色栏用不同颜色的小方块给出了这些颜色所代表的文件系统名称，分区类型等。

5. 应用 PartitionMagic 8.0 在 DOS 下为硬盘分区

（1）创建 PartitionMagic 8.0 急救盘。你可以准备两张软盘，标明第一张与第二张，先将第一张插入软驱中。启动 PartitionMagic 8.0 简体中文版后，可在操作界面中执行"工具"→"创建急救盘"命令。按照提示操作，可制作一套（两张）PartitionMagic 8.0 急救盘。

说明：免费下载的 PartitionMagic 一般不支持"创建急救盘"功能。

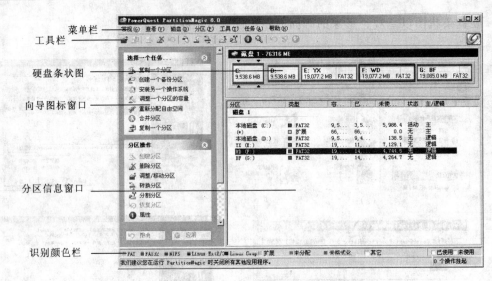

图 14-86　PartitionMagic8.0 简体中文版的操作界面

（2）在 DOS 下启动 PartitionMagic 8.0。如果你的计算机上还没有安装 Windows，可将在别人计算机上创建的第一张急救盘插入软驱，在 CMOS 中设置计算机从软驱启动，并重新启动计算机，再按提示插入第二张急救盘，系统会自动进入 PartitionMagic 8.0 的 DOS 操作界面，PartitionMagic 8.0 在 DOS 操作界面与在 Windows 中的操作界面有一点差异，但大体上是一样的。

如果你的计算机没有配置软驱，那么你就采用的启动光盘来启动计算机。方法：将带有 PowerQuest PartitionMagic 8.0 软件的启动光盘放在光驱中，在 BIOS 中设置光驱启动，启动计算机。如图 14-87 是一张带有 PowerQuest PartitionMagic 8.0 软件的光盘启动计算机后的主菜单画面。单击"PQ 8.02 繁体中文版"，进入 PartitionMagic 8.0 繁体中文版的 DOS 操作界面。如图 14-88 所示。

图 14-87　带有 PQ 8.02 软件的光盘主菜单画面

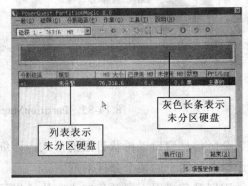

图 14-88　PartitionMagic 8.0 繁体中文版的界面

（3）在 DOS 下为硬盘创建分区。单击图 14-88 中灰色长条区域，或者分区信息窗口中的"未分配"行。执行"作业"→"建立"命令，如图 14-89 所示。弹出"建立分割磁区"对话框，如图 14-90 所示。在"建立分割磁区"对话框中，单击"建立为"文本框中的下拉按钮▼，在下拉菜单中选择"主要分割磁区"；单击"分割磁区类型"文本框中的下拉按钮，在下拉菜单中可选择不同的文件类型，如 FAT32、NTFS 等。在这里我们保持默认的"未格式化"；在"大小"文本框中输入 15000，如图 14-91 所示。单击"确定"，返回 PartitionMagic 8.0 繁体中文版的界面，如图 14-92 所示。

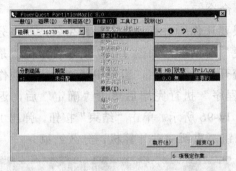

图 14-89　执行"作业"→"建立"命令

图 14-90　弹出"建立分割磁区"对话框

图 14-91　建立分割磁区

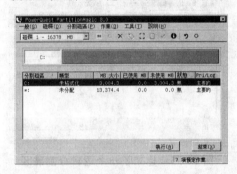

图 14-92　主分割磁区已建立

第一个主分割磁区已建立好，即条状图中白色长条区域。继续单击灰色长条区域，或者分区信息窗口中的"未分配"行。执行"作业"→"建立"命令，如图 14-93 所示。弹出"建立分割磁区"对话框，在对话框中，单击"建立为"文本框中的下拉按钮，在下拉菜单中选择"逻辑分割磁区"；单击"分割磁区类型"文本框中的下拉按钮，在下拉菜单中选择 FAT32 文件类型；在标签栏内可以输入磁盘卷标（即磁盘名称），我们这里没输入；在"大小"文本框中输入"3000"，如图 14-94 所示。单击"确定"，返回 PartitionMagic 8.0 繁体中文版的操作界面，如图 14-95 所示。建立了一个文件系统为 FAT32 的逻辑分割磁区，用深绿色长条区域表示。同时产生了延伸（即扩展）分区，深绿色长条区域下面的

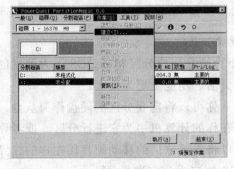

图 14-93　执行"作业"→"建立"命令

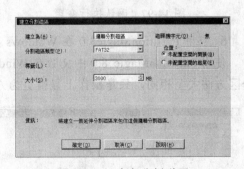

图 14-94　建立分割磁区

浅绿色长条区域。参考以上的方法继续操作，直到分割结束，如图 14-96 所示。这里我们又建立了一个文件系统为 NTFS 的逻辑分割磁区，用粉红色长条区域表示，和一个文件系统为 FAT32 的逻辑分割磁区。至此，整个硬盘已被全部分割完毕。最后，选定要激活的主分区，执行"分区"→"高级"→"设置激活"命令。

以上的所有操作都是在内存中进行的，如果要让你所进行的全部操作生效，就在分区操作界面中单击"执行"按钮。弹出"执行变更"对话框，如图 14-97 所示。单击"是"按钮，确认变更。弹出"批次程序"窗口，系统开始执行变更，窗口中依次显示各项作业的进度和总体进度。如图 14-98 所示。"批次程序"执行完毕后单击"确定"后，返回 PartitionMagic 8.0 繁体中文版的操作界面，如图 14-96 所示。单击"结束"按钮，弹出"警告"对话框，如图 14-99 所示。单击"确定"按钮，重新启动计算机，分区结束。

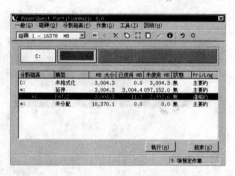

图 14-95　建立了一个逻辑分割磁区

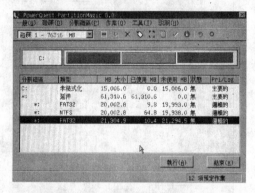

图 14-96　硬盘已被全部分割

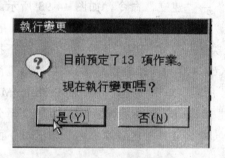

图 14-97　确认执行变更

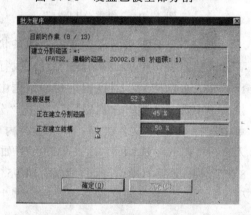

图 14-98　目前的作业在进行中

6. 应用 PartitionMagic8.0 在 Windows 下为硬盘分区

使用 PartitionMagic 8.0 中文版在 Windows 下为硬盘创建分区和在 DOS 下为硬盘创建分区方法大至相同，只是操作上显得更为方便与灵活。功能上更为强大。

图 14-99　"警告"对话框

你可以将需要分区的硬盘作为从盘，挂接在你的计算机中为它进行分区。或者你也可以将需要分区的移动硬盘接在你的计算机 USB 接口上为它进行分区。

下面以挂接硬盘为例介绍分区方法。

将需要分区的硬盘设置为从盘，接好电源线与数据线后开机。

启动 Windows 后运行 PartitionMagic 8.0 中文版，如图 14-100 所示。在 PartitionMagic 8.0 中文版的操作界面中有两块已经分区的硬盘，分别用两个硬盘条状图表示了它们的分区状况。同时在分区信息窗口中也用列表的形式列出了两块硬盘的详细分区信息。在第一块硬盘中的"YX"、"WD"等和第二块硬盘中的"1"、"2"等为相应分区的卷标（名称）。第二块硬盘是需要分区的硬盘。

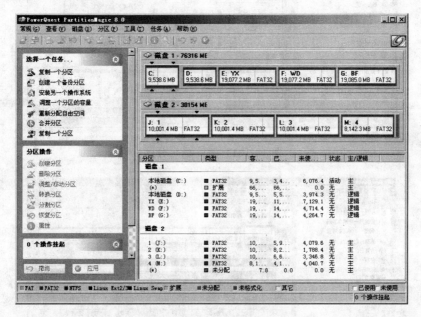

图 14-100　操作界面中显示出两块已分区硬盘的分区信息

（1）删除分区。首先应该删除原有分区，具体操作如下。左键单击分区信息窗口中磁盘 2 卷标为 1（J:）行，或者磁盘 2 条状图左起第一个长开区域，选定一个分区。左键单击快捷工具栏中的"删除"按钮 ✗ ，或者左键单击左边分区操作窗口中的"删除"按钮 ✗ 。

上述两步操作也可以执行如下操作：右键单击 1（J:）行或者磁盘 2 条状图左起第一个长开区域，在弹出的快捷菜单中执行"删除"命令，如图 14-101 所示。在弹出的对话框中单击"确定"删除分区。参考以上的方法继续操作，直到将磁盘 2 的所有分区全部删除，如图 14-102（a）与图 14-102（b）所示。

左则信息窗口内显示"4 个操作挂起"在内存中。

（2）创建分区。右键单击磁盘 2 中灰色长条区域，或者分区信息窗口中磁盘 2 下的"未分配"行。在弹出的快捷菜单中执行"创建"命令，如图 14-103 所示。弹出"创建分区"对话框。在"创建分区"对话框中，单击"建立为"文本框中的下拉按钮 ▼ ，在下拉菜单中选择"主分区"；单击"分区类型"文本框中的下拉按钮 ▼ ，在下拉菜单中选择"NTFS"文件类型；在卷标文本框内可以输入磁盘卷标，我们这里没输入；在"大小"文本框中输入"15000"，如图 14-104 所示。

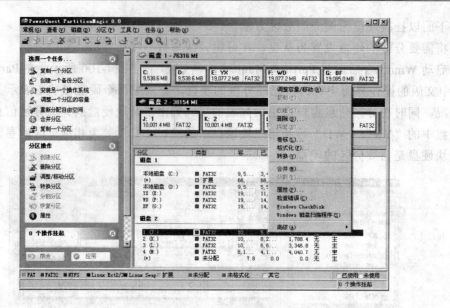

图 14-101　删除选定分区

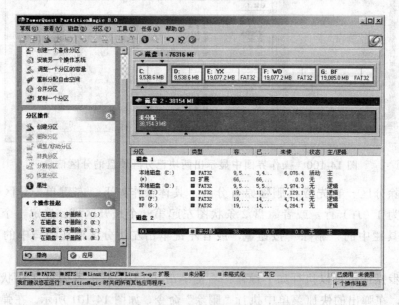

图 14-102（a）　磁盘 2 的所有分区全部删除

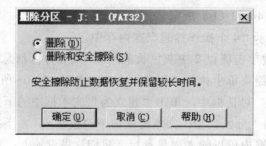

图 14-102（b）　确认删除

图 14-103 在弹出的快捷菜单中执行"创建"命令

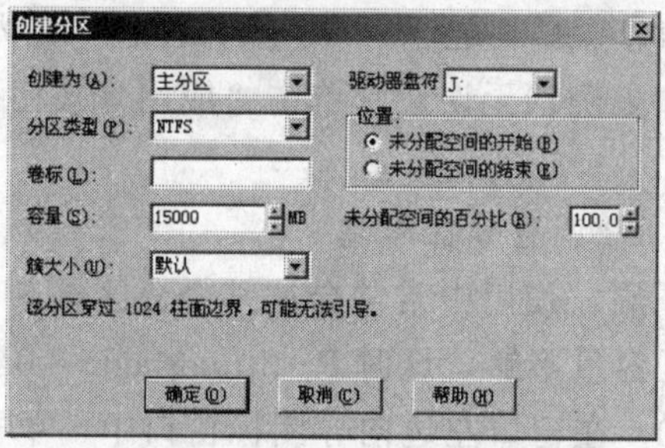

图 14-104 "创建分区"对话框中

单击"确定",返回 PartitionMagic 8.0 中文版的界面,如图 14-105 所示。

第一个主分区已建立好。参考以上的方法继续操作,直到划分完毕,如图 14-106 所示。

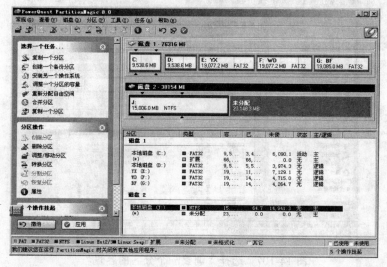

图 14-105 第一个主分区已建立好

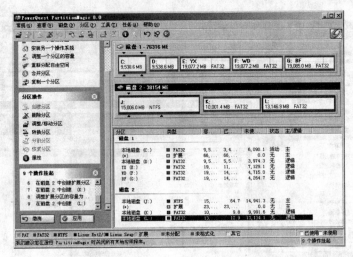

图 14-106　磁盘 2 已划分完毕

（3）激活分区。选定要激活的主分区，执行"分区"→"高级"→"设置激活"命令即可。

（4）执行操作。左侧信息窗口内显示"9 个操作挂起"在内存中。你可以单击"撤消"按钮取消不理想的操作。如果确认无误，则单击"应用"按钮，计算机才执行上述操作，使之生效。

7. 应用 PartitionMagic 8.0 调整分区容量

由于原来分区时考虑不周，使用中常常会被某个分区剩余空间不足所困扰，比如要安装新的操作系统，C 盘分区容量不够，这时 PartitionMagic 8.0 就可以大显身手了。

运行 PartitionMagic 8.0，在窗口左边向导图标窗口中，单击"调整一个分区的容量"，如图 14-107 所示。弹出"调整分区容量向导"窗口，单击"下一步"，向导提示你"选择将要调整分区容量的磁盘"，我们选择第二块硬盘，如图 14-108 所示。

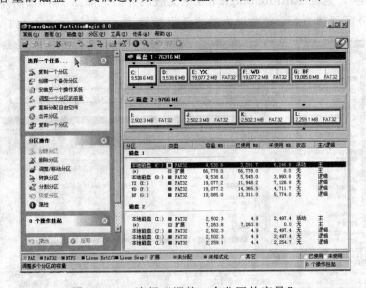

图 14-107　选择"调整一个分区的容量"

单击"下一步"，向导提示你"选择要调整容量的分区"，我们选择（J：）盘，如图 14-109 所示。

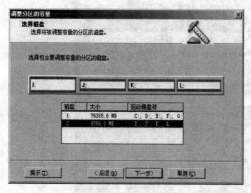

图 14-108　选择磁盘 2

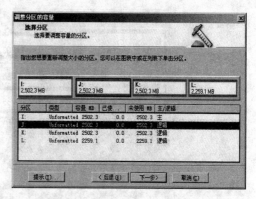

图 14-109　选择分区（J：）

单击"下一步"，向导提示你"指出新分区的容量"，如图 14-110 所示。图中显示出当前分区容量的大小，以及改变后的分区容量允许的最小和最大值。你可在"分区的新容量"处的文本框中输入改变后的分区容量。这里我们输入"3500"。

单击"下一步"，向导提示你选择"减少哪一个分区的容量"。你可以选择一个或多个分区，这里我们只选择一个（K：）盘，如图 14-111 所示。

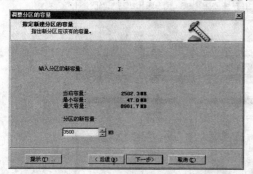

图 14-110　输入分区的新容量"3500"

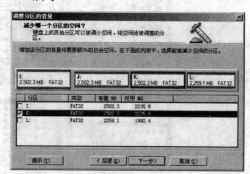

图 14-111　选择减少（K：）盘容量

单击"下一步"，向导要你"确认分区调整容量"，如图 14-112 所示。画面用调整之前和之后的对比显示了你所作的更改，在核对无误后就可以单击"完成"按钮回到主界面。如图 14-113 所示。

在图 14-113 左下角的信息窗口中显示 2 个操作挂起。也就是说以上的操作还只是对分区调整做了一个规划，要想让它起作用，请单击左下角的"应用"按钮，此时会弹出一个"应用更改"对话框，如图 14-114 所示。单击"是"按钮，系统开始执行变更，此时会弹出"过程"对话框，其中有 3 个显示操作过程的进度条，依次显示操作进程，完成后单击"确定"按钮，如图 14-115 所示。返回 PartitionMagic 8.0 中文版的界面。

关闭 PartitionMagic 8.0 中文版的界面窗口，或者执行"常规"→"退出"命令，弹出磁盘成功更新的"信息"窗口，如图 14-116 所示，并建议你创建一个急救修复磁盘。单击"确定"按钮，大功告成。

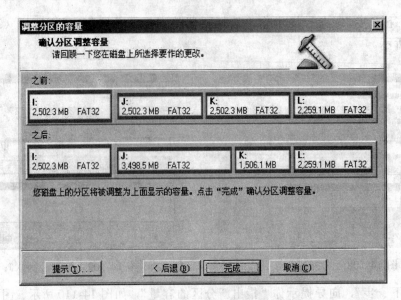

图 14-112　调整之前和之后的容量对比

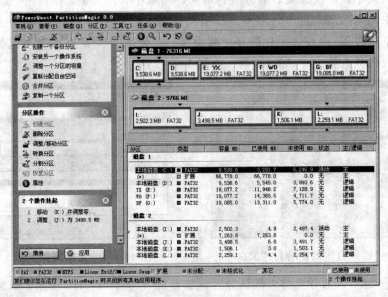

图 14-113　左下角显示 2 个操作挂起

图 14-114　确认更改

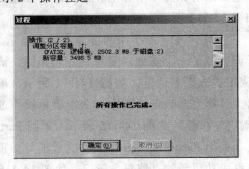

图 14-115　操作已完成

图 14-116　选择"调整一个分区的容量"

　　说明：调整两个分区，并不破坏两个分区中的数据，如果两个分区中有重要数据，记住要备份。警告：不论是调整分区，还是后面介绍的合并分区、分割分区、复制分区等，在最后执行分区操作的"过程"中，不要对计算机进行任何操作。另外操作"过程"耗时较长，在这个过程中一定不要断电。否则将会给硬盘造成伤害，当然一般可用 DiskGen 修复，但是硬盘上的数据将会丢失。

　　8. 应用 PartitionMagic 8.0 对分区进行合并与分割

　　早期的硬盘分区都比较小，已经不能适应现在的应用需求了，但可以使用 PartitionMagic 8.0 将两个较小的分区合并成一个大的分区。如果分区过大，也可以用 PartitionMagic 8.0 将它分割成几个较小的分区。这些操作，除了可以通过单击窗口左边向导图标命令外，还可直接选择欲操作的分区，通过右键的快捷菜单来进行。

　　（1）合并分区。在 PartitionMagic 8.0 主界面中，单击左边向导图标窗口中的"合并分区"命令，如图 14-117 所示。弹出"合并邻近分区"向导窗口，图 14-118 所示。

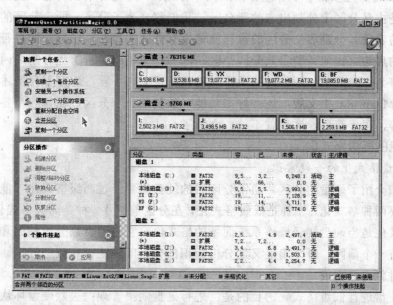

图 14-117　选择"合并分区"

　　单击"下一步"，向导提示你"选择将要合并分区的磁盘"，我们选择第二块硬盘后单击"下一步"，向导提示你"选择要合并的第一个分区"，我们选择（K:）盘，如图 14-119 所示。单击"下一步"，向导提示你"选择要合并的第二个分区"，我们选择（L:）盘，如图 14-120 所示。

　　单击"下一步"，向导提示你"输入文件夹名称"，用于存放第二个分区的文件。你可

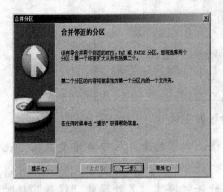

图 14-118 "合并邻近分区"向导

以输入任何一个名称，如图 14-121 所示。这里我们输入"LF"表示原（L:）盘中的文件。合并后你可以在新分区中的 LF 文件夹里找到原（L:）盘中的文件。

下一步向导提示你 PartitionMagic 8.0 具有更改驱动器盘符的功能。再单击"下一步"，如图 14-122 所示。向导用合并之前和之后的对比显示了你所作的更改，在核对无误后就可以单击"完成"按钮回到主界面。

以后操作和"调整分区容量"一样：PartitionMagic 8.0 界面左下角的信息窗口中显示 1 个操作挂起。要想让它起作用，请单击左下角的"应用"按钮，此时会弹出一个"应用更改"对话框。单击"是"按钮，系统开始执行变更，此时会弹出"过程"对话框，其中有 3 个显示操作过程的进度条，显示操作进程，完成后单击"确定"按钮回到主界面，如图 14-123 所示。

关闭 PartitionMagic 8.0 窗口，在弹出的对话框中单击"确定"按钮，合并分区结束。

（2）分割分区。在 PartitionMagic 8.0 中文版界面中，单击左边"分区操作"窗口中的"分割分区"命令，可以将一个分区分割成两个分区：一个是原有的分区，我们称之为父分区；另一个是由父分区上分割出来的新分区，我们称之为子分区。两个分区的容量总和等于原有分区的容量。分割后父分区的盘符就是原有分区的盘符，子分区的盘符排在原硬盘上所有分区的后边。比如某硬盘共分四个区：C、D、E、F，将 D 盘分割成两个分区，则子分区的盘符为 G。对于分割分区的操作与前面所述大同小异，这里不再赘述。

PartitionMagic 8.0 中文版，还有好多功能，如复制一个分区、创建一个备份分区、转换分区格式等，限于篇幅，这里就不一一介绍了。

二、硬盘的高级格式化

（一）硬盘格式化的一般常识

前面我们介绍了硬盘的分区，通常分区后的硬盘需要经过高级格式化才能使用。硬盘在使用前需要两种格式化，一种是低级格式化，在分区前；另一种是高级格式化在分区后。

低级格式化是为硬盘接受操作系统而做的格式化，它将硬盘划分出柱面和磁道，再将磁道划分为若干个扇区，每个扇区又划分出标识部分、间隔区、和数据区等。通常低级格式化在出厂时就已经完成。

对于旧硬盘进行低级格式化的目的是：进行磁盘缺损管理；去除硬盘坏块；去除硬盘引导区错误等。

需要强调的是，硬盘已经在出厂时就做过低级格式化，用户没有特殊理由尽量不做或少做低级格式化，因为它会减少硬盘的寿命。

高级格式化的目的是：彻底清除硬盘上的数据；生成引导信息；初始化文件分配表 FAT 和文件目录表 FDT；标注逻辑坏道等。高级格式化的方法可分为在 DOS 下面进行的格式化、在 Windows 下进行的格式化以及在分区和安装操作系统过程中进行的格式化。

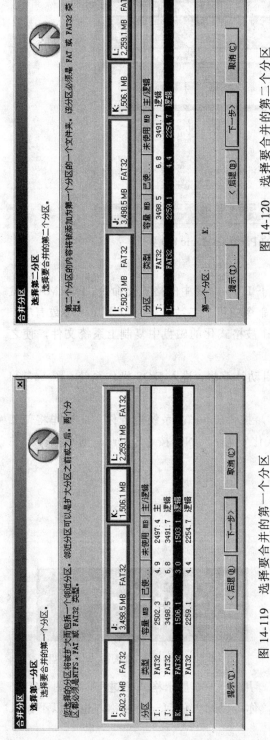

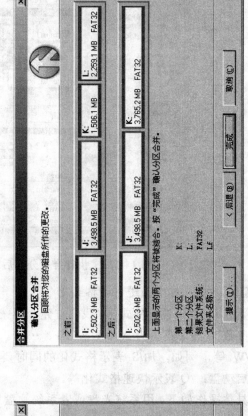

图 14-119　选择要合并的第一个分区

图 14-120　选择要合并的第二个分区

图 14-121　输入文件夹名称

图 14-122　确认分区合并

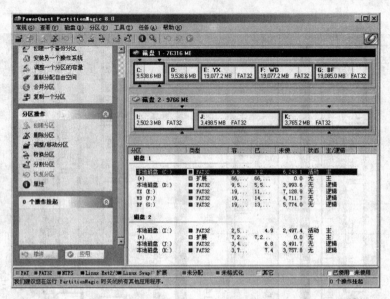

图 14-123　执行合并分区后的 PartitionMagic 8.0 界面

（二）在 DOS 下面进行的格式化

要在 DOS 下进行格式化，我们首先介绍一下 DOS 命令中的格式化命令：FORMAT [盘符] [参数]。其中盘符为 A：、C：、D：、……。命令中可加参数，也可以不加。参数有/S、/Q、/W 等，例如，加/S 表示格式化的同时要在被格式化的磁盘中复制上系统文件，使之成为启动盘；/Q 表示快速格式化等。

具体操作如下：用系统光盘或者系统软盘启动计算机，进入 DOS 操作系统，图 14-124 是用 Windows 98 启动盘启动后的画面。

在 A 盘提示符下输入命令"FORMAT C:"，按"Enter"。系统警告你，此操作将使 C 盘的数据全部丢失，确认是否对 C 盘进行格式化？输入"N"按"Enter"，则不执行；在这里我们输入"y"，如图 14-125 所示。

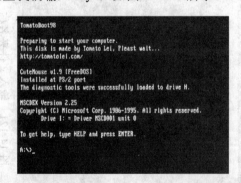

图 14-124　Windows 98 启动盘启动后的画面　　图 14-125　命令与确认格式化 C 盘

按"Enter"后系统开始对 C 盘进行格式化，用 0～100 显示格式化进程，如图 14-126（a）所示。格式化完毕后系统提示你输入卷标，你可以输入任何一个名称，也可以不输入而直接按"Enter"，如图 14-126（b）所示。

最后显示 C 盘信息，返回到 DOS 提示符，如图 14-126（c）所示。

（a）

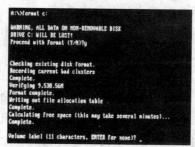
（b）

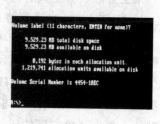
（c）

图 14-126　在 DOS 下格式化 C 盘的操作过程

至此格式化结束，你可以在（C:）盘上安装操作系统或者存储数据了。用同样地方法，如输入"Format D:"或"Format F:"命令等，格式化其他磁盘。

（三）在 Windows 下面进行的格式化

在 Windows 下进行格式化的操作方法简便直观，下面以在 Windows XP 下对 D 盘进行格式化为例加以介绍。

启动计算机进入 Windows XP 系统，双击桌面上"*我的电脑*"，在打开的窗口中右键单击（D:）盘图标，在弹出的快捷菜单中执行"格式化"命令，如图 14-127（a）所示。在弹出的"格式化磁盘 D"的对话框中，可以选择"FAT32"或"NTFS"文件系统；选择分配单元大小中有"512 字节""1024 字节"等，一般采用"默认配置大小"；还有加卷标、选择速度等，如图 14-127（b）所示。单击"开始"按钮，弹出警告对话框，如图 14-127（c）所示。最后单击"确定"按钮即可。

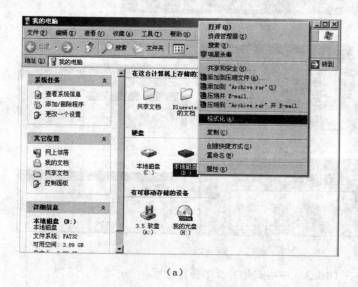
（a）

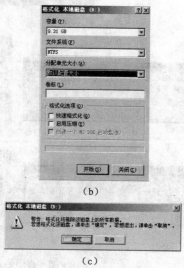
（b）

（c）

图 14-127　在 Windows 中格式化 D 盘的操作过程

说明：在 Windows 下系统一般不支持格式化 C 盘的命令。因为我们通常都是将 Windows 安装在 C 盘中，所以它是系统盘，当你对 C 盘执行格式化命令时，它不执行。如果你的计算机中装有多系统，那么，凡是装有操作系统的磁盘一般都不能格式化。

（四）在分区和安装操作系统过程中进行格式化

某些分区软件中具有格式化功能，下面介绍在分区过程中进行格式化的方法。

1. 在 DiskGen 中进行格式化

在 DiskGen 的操作界面中，选定要格式化的分区，我们这里选定第三个逻辑分区（即 F 盘），如图 14-128（a）所示。执行"分区"→"格式化"命令，弹出确认格式化的"信息"对话框，如图 14-128（b）所示。单击"是"按钮，弹出"设置簇大小"的对话框，如图 14-128（c）所示。可根据提示更改簇的大小，设置一个簇所含扇区的个数，一般采用默认。单击"确定"按钮，格式化开始，并显示进度指示，如图 14-128（d）所示。

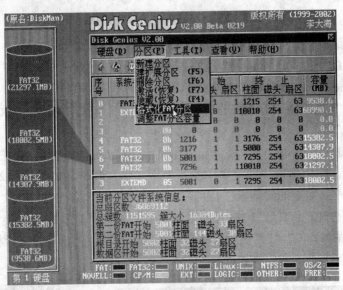

（a）

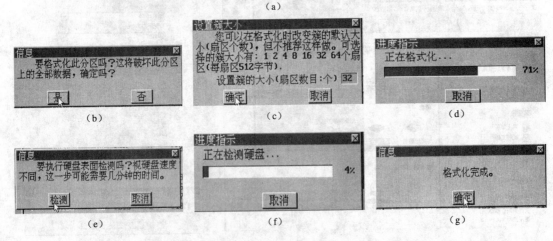

（b）　　　　　　　　（c）　　　　　　　　（d）

（e）　　　　　　　　（f）　　　　　　　　（g）

图 14-128　在 DiskGen 中格式化 F 盘的操作过程

完成进度后，弹出"信息"窗口，提示你检测硬盘，要花一些时间，如图 14-128（e）所示。如果你确信硬盘没问题，可以单击"取消"按钮忽略此过程；否则，单击"检测"按钮，如果硬盘有问题它会报告给你，如果硬盘没有问题如图 14-128（f）、（g）所示，格式化完成。

2. 在 PartitionMagic 8.0 中进行格式化

在 PartitionMagic 8.0 中文版的操作界面中，选定要格式化的分区。我们这里左键单击分区信息窗口中的上数第五行，或者条状图左起第四个长方形区域（即 F 盘），选定一个分区。

执行"作业"→"格式化"命令，如图 14-129（a）所示。或者用右键选定在的弹出的快捷菜单中执行"格式化"命令，如图 14-129（b）所示。

在弹出的"格式化分割磁区"对话框中，选择文件类型、加入卷标、输入"OK"。只有输入"OK"后"确定"按钮才能被激活，如图 14-129（c）所示。

单击"确定"按钮，返回到 PartitionMagic 8.0`中文版的操作界面，如图 14-129（d）所示，在右下角的信息栏中提示有"1 项预定作业"。单击"执行"按钮，格式化开始，并显示进度指示，格式化结束。

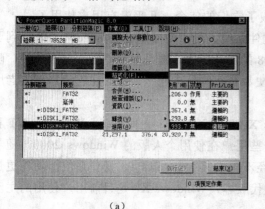

（a）

（b）

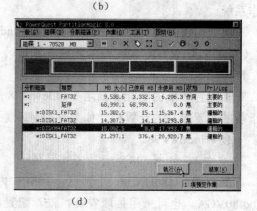

（c）　　　　　　　　　　　　　（d）

图 14-129　在 PartitionMagic 中格式化 F 盘的操作过程

说明：有些操作系统在安装过程中支持格式化命令。例如 Windows2000、WindowsXP，这里不再介绍。

第二节　系统软件、设备驱动程序和应用软件的安装

一、系统软件的安装

（一）常用操作系统简介

将一台计算机的硬件组装好，并对硬盘进行初始化后，接下来就是安装软件了。有了

软件的支持，计算机才能正常使用。

在安装软件过程中，首先必须安装系统软件，即操作系统。操作系统种类很多，一般个人计算机中安装的操作系统有 MS-DOS、Windows 系列、UNIX、Linux 及 MAC OS 等。

通常我们使用的操作系统一般为 Windows 系列，它们是由美国 Microsoft（微软）公司专门为微型计算机设计研发的，采用图形操作界面，可通过鼠标对计算机进行操作，与MS-DOS 的英文命令相比，更显示出 Windows 在操作上的方便与灵活，所以很受广大用户的欢迎。

随着时代的发展，Windows 版本总是不断地更新换代。它主要经历了 Windows 3.x、Windows 95、Windows NT、Windows 98、Windows me、Windows 2000、Windows XP、Windows 2003 等版本，即将面世的还有 Windows Vista。

目前 Windows 3.x、Windows 95 已经完成了它们的使命，几乎没有用户使用了。

Windows 98、Windows me 采用 FAT32 文件系统，在计算机使用上 Windows 98 得到了广泛的应用。虽然 Windows me 是 Windows 98 的后续版本，但是并没有吸引多少用户。随着时间的推移，Windows 98 也将逐渐退出历史舞台。但是那些广大的低配置计算机的老用户目前仍在使用它。

Windows NT、Windows 2000、Windows XP 采用了 NTFS 文件系统。Windows NT 和Windows 2000 主要用于服务器，但是也有一些用户在使用个人版的 Windows 2000。随着硬件配置的不断提高，新组装的裸机通常已经不再安装 Windows 98 操作系统，功能更加强大的 Windows XP 已成为 Windows 98 的换代版本，Windows XP 是目前用户使用的主流操作系统。

下面我们将详细介绍 Windows 98 及 Windows XP 的安装方法。

（二）中文 Windows98 第二版操作系统的安装

1. 需要安装 Windows 98 的情况

对于配置较低的老计算机当 Windows 98 的系统崩溃时，需要重新安装 Windows 98。对于新的配置较高的计算机，如果你想装双系统，比如 Windows 98 与 Windows XP 共存，需要安装 Windows 98。

2. 中文 Windows 98 运行的基本环境

最低配置：486DX/66 计算机；16MB 内存；硬盘有 150MB 剩余空间；显示器为640×480VGA。也可采用袖珍安装，推荐配置：奔腾（PENTIUM）机型以上的计算机；内存在 32MB 以上；硬盘至少有 200MB 以上剩余空间。

3. 安装 Windows 98 前应做好的准备工作

根据计算机的不同情况来说明安装前的准备工作。

（1）如果你的计算机具有完好的软驱和光驱，那么，需要有一张 Windows 98 启动（软）盘，和一张带有 Windows 98 安装程序的光盘（市场上有售）及该光盘的安装序列号即可。

（2）如果你的计算机中早已经备份了 Windows 98 安装程序（一般计算机经销商习惯做备份），那么只需要有一张 Windows 98 启动盘即可，或者有一张能启动 DOS 的光盘（软盘）也行。

（3）如果你的计算机具有完好的光驱而没有配置软驱（这是目前用户组装计算机的习惯），那么需要有一张带有 Windows 98 安装程序的启动光盘（市场上有售）即可。

（4）如果计算机中的 Windows 98 系统没有彻底崩溃，且计算机中早已经备份了 Windows 98 安装程序，那么什么都不需要准备，也可以覆盖安装 Windows 98，来修复系统中的错误。

4. 如何运行 Windows 98 安装程序

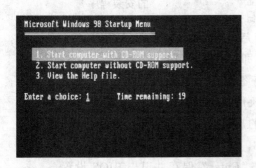

图 14-130　Windows 98 启动盘的菜单选项

根据上述不同情况来介绍如下几种运行 Windows 98 安装程序的方法。

（1）当你的计算机具有完好的软驱和光驱时，则进行如下操作。将 Windows 98 启动盘插入软驱中，打开计算机电源，启动时按"DEL"进入 BIOS，设置软盘启动，按"F10"，按"Enter"，保存并退出 BIOS 设置。计算机重新启动，自检后计算机从软盘启动，如图 14-130 所示。在这里我们用光标键（上、下箭头键），选择第一项，加载光驱，按"Enter"。

系统开始启动 DOS 并且加载光驱程序，出现"A:\>"符，如图 14-131（a）所示，画面中提示你光盘盘符为"I:"。这时将带有 Windows 98 安装程序的光盘插入光驱中。此时如果你的计算机 C 盘还没有格式化，请先执行格式化 C 盘的命令，C 盘格式化完毕后，再进行以下操作；如果你的计算机 C 盘已经格式化，则直接进行以下操作。

在软盘提示符"A:\>"下输入"I:"后按"Enter"。进入光盘根目录中，在光盘提示符 I:\>下输入"Setup"后按"Enter"，即可运行光盘中的 Windows 98 安装程序文件 Setup，如图 14-131（b）所示。接下来的安装过程将在后面专题介绍。

光盘盘符为"I:"

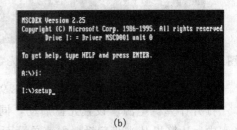

(a)　　　　　　　　　　　　　　　　　　(b)

图 14-131　运行光盘中 Windows 98 的安装程序

说明：光盘的盘符由硬盘的分区而定，假如你的硬盘中共有 3 个 FAT 分区 C、D、E，那么，F 是由 Windows 98 启动盘中的压缩包释放到内存中而产生的一个虚拟的分区，G 才是光盘的盘符。一般地，按英文字母顺序先排完所有 FAT 分区的盘符后，则是虚拟分区的盘符，最后为光驱的盘符。

（2）假定你的计算机中早已经备份了 Windows 98 安装程序，且存放在 G 盘根目录下的 Win98 文件夹中，则进行如下操作。

将 Windows 98 启动盘插入软驱中，开机，进入 BIOS，设置软盘启动，自检后计算机从软盘启动，如图 14-130 所示。在这里我们可用光标键选择第二项，不加载光驱，按"Enter"（选择第一项也行，只不过多耗费一点儿加载光驱的时间）。

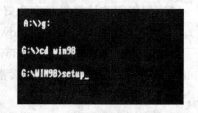

当出现"A:\>"符时，应首先格式化 C 盘。然后在软盘提示符"A:\>"下输入备份着 Windows 98 安装程序的盘符"G："按"Enter"。进入 G 盘根目

图 14-132　运行 G 盘中 Windows 98 的安装程序

录中，在 G 盘提示符"G:\>"下输入"cd win98"后按"Enter"。进入"Win98"文件夹中，在"G:\WIN98>"下输入"Setup"后按"Enter"即可，如图 14-132 所示。

说明： 通常我们提倡将 Windows 98 安装程序备份到计算机的逻辑盘中，然后再安装，这样好处有 3：安装速度快；省光驱；以后安装软件或重装系统都方便。

（3）当你手中有可运行 Windows 98 启动盘的启动光盘时，则进行如下操作。

打开计算机电源，启动时按"DEL"进入 BIOS，设置光盘启动，同时将可运行 Windows 98 启动盘的启动光盘插入光驱中，按"F10"，按"Enter"保存并退出 BIOS 设置。

计算机重新启动，自检后计算机从光盘启动，主菜单画面如图 14-133 所示。我们用鼠标或光标键选择第二行，则可进入如图 14-130 所示的 Windows 98 启动盘菜单选项画面，接下来仿上操作即可。

说明： 如果是带有 DOS 命令的启动光盘也行，如图 14-134 所示，单击第一行即可。

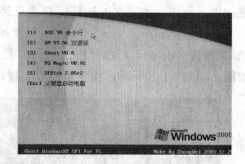

图 14-133　有 Windows 98 启动盘功能的光盘画面　　图 14-134　带有 DOS 的启动光盘主菜单画面

（4）当你手中有一张带有 Windows 98 安装程序的启动光盘时，则进行如下操作。

打开计算机电源，设置光盘启动，同时将带有 Windows 98 安装程序的启动光盘插入光驱中。计算机从光盘启动，主菜单画面如图 14-135 所示。在这里我们用鼠标或光标键选择第四项，则可直接启动 Windows 98 安装程序。

（5）当计算机中的 Windows 98 系统没有彻底崩溃，且计算机中有 Windows 98 安装程序的备份，可进行如下操作。

启动计算机，进入 Windows 98 系统，双击"*我的电脑*"→"G："→"Win98"，打开备份的"Win98"文件夹，如图 14-136 所示。双击 Setup 则直接进入 Windows 98 安装画面。

当然，也可以在 DOS 下进行覆盖安装，操作方法如下。启动计算机，进入 Windows 98 系统。单击"开始"→"关闭系统"，在弹出的"关闭"对话框中，单选"重新启动计算机

并切换到 MS-DOS 方式"，如图 14-137 所示。单击"是"按钮，进入 MS-DOS 画面。在提示符"C:\WINDOWS>"下输 "G:"按"Enter"。在 G 盘提示符"G:\>"下输入"cd win98"后按"Enter"。在"G:\WIN98>"下输入"Setup"后按"Enter"即可，如图 14-138 所示。

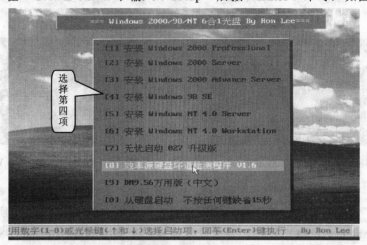

图 14-135　有 Windows 98 安装程序的启动光盘的画面

图 14-136　双击 Setup 进入 Windows 98

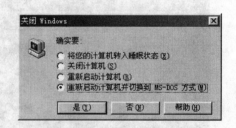

图 14-137　切换到 MS-DOC

　　说明：在 DOS 下执行 Setup 命令时可加一些参数，合理地添加一些参数可以加快安装的进程。例如执行 Setup/is 命令，则在安装过程中不进行磁盘扫描。有时由于某种原因，比如磁盘错误等，运行 Setup 命令后不能进入 Windows 98 安装画面，适当加些参数问题可能得到解决。表 14-3 中给出了部分不同的参数所表示的含义。

表 14-3　　　　　　　　　　Windows 98 安装命令 Setup 的部分参数表

参　　数	含　　义	参　　数	含　　义
id	跳过磁盘空间检查	im	跳过内存检查
ie	不制作启动盘	is	不执行磁盘扫描
ih	不检查注册表	iv	安装时不显示版本说明

5. 中文 Windows 98 第二版安装过程

　　假设已经把中文 Windows 98 第二版安装程序复制到"G:\Win98"文件夹中，下面我们介绍安装 Windows 98 的具体方法。

打开计算机，启动 DOS 系统后进入"G:\Win98"目录下执行 Setup 命令，按"Enter"后画面如图 14-139 所示。安装程序提示：程序将对系统进行常规检查，如果要继续安装，按"Enter"，如果要退出安装，按"Esc"。

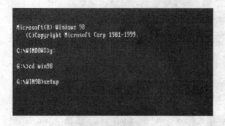

图 14-138　运行 G 盘中 Windows 98
的安装程序

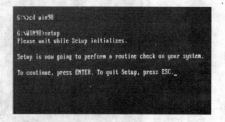

图 14-139　运行 G 盘中 Windows 98
的安装程序

按"Enter"，系统开始扫描磁盘，检查是否有错误，如图 14-140（a）所示。如果有错误，会出现 Problem Found 对话框，要求修复错误，若使用的是 Windows 98 启动盘，可以选择 FixIt 项，系统自动修复错误。如果不能修复，将自动退出安装，这种情况下你可以加参数 is，跳过磁盘检查直接进入安装。如果没有错误，磁盘扫描结束，如图 14-140（b）所示，"had no errors"表示没有错误。选择"Exit"或者按快捷键"X"（或"Esc"）退出扫描。

（a）

（b）

图 14-140　磁盘扫描

进入 Windows 98 安装程序的欢迎界面，如图 14-141（a）所示。单击"继续"按钮，或者直接按"Enter"，程序启动安装向导，如图 14-141（b）所示。向导提示你选择 Windows 98 安装目录，如图 14-141（c）所示。通常习惯单击"下一步"按钮，或者直接按"Enter"，采用默认安装；如果你想更改目录，比如装双系统，欲将其装在 D 盘，则单击"其他目录"后按"Enter"（或单击"下一步"），在下一画面的文本框中进行更改。

目录确定后按"Enter"（或单击"下一步"），系统开始检查磁盘空间，屏幕上会出现一个检查磁盘空间的进度条。接下来向导提示你选择安装方式，如图 14-141（d）所示。一般选择典型方式，即默认安装，按"Enter"即可；如果你想选择组件，则单击"自定义"后按"Enter"，在下一画面中进行更改。

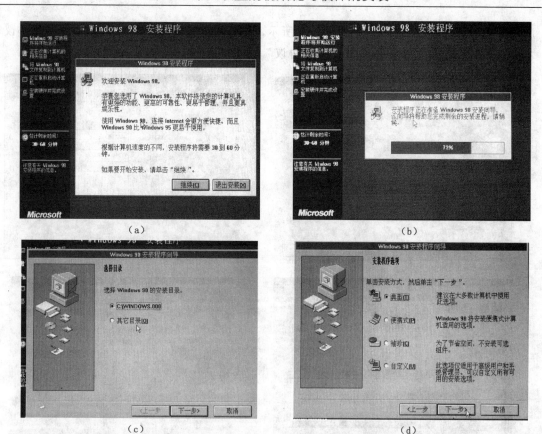

图 14-141　Windows 98 安装画面启动向导收集信息

　　我们直接按"Enter"选择默认的典型方式，出现的画面如图 14-142（a）所示。通常直接按"Enter"，若选择"显示组件列表"可在弹出的另一窗口中进行更改。

　　这里我们直接按"Enter"，画面如图 14-142（b）所示。输入计算机名称及所属工作组，如果不在局域网中你可以任意输入；如果在网络中，可以咨询网络管理员。

　　按"Enter"（或单击"下一步"），画面如图 14-142（c）所示。默认位置"中国"，按"Enter"，画面如图 14-142（d）所示。安装程序将为你创建一张 Windows 98 启动盘，如果你不想创建，也不能在这里单击取消，因为它将取消 Windows 98 的安装。按"Enter"继续。

　　弹出"请插入磁盘"的对话框，如图 14-142（e）所示。如果你不想创建 Windows 98 启动盘，单击"取消"按钮后按"Enter"，如图 14-142（f）所示。向导提示，下一步将复制文件，按"Enter"继续。

　　安装程序开始将"G:\Win98"文件夹中的文件复制到系统盘上 Windows 文件中。这一过程将持续一段时间,持续时间长短因计算机的配置而有所不同。同时画面上介绍 Windows 98 的功能，如图 14-143（a）所示。

　　复制完毕，向导提示重新启动计算机，如图 14-143（b）、（c）所示。按"Enter"确定即可。

　　重新启动后首次出现 Windows 98 界面，如图 14-44（a）所示。

　　接下来向导提示填入个人信息，如图 14-144（b）所示，公司可以不填。按"Enter"

后向导给出许可协议，如图 14-144（c）所示，你可以浏览协议内容，但是必须接受协议，才能激活"下一步"按钮。单击"接受协议"，按"Enter"继续。

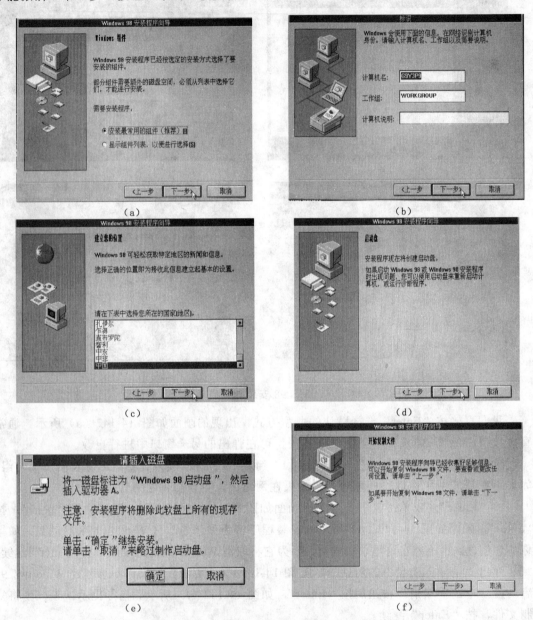

（a）

（b）

（c）

（d）

（e）

（f）

图 14-142　Windows 98 安装向导收集信息

　　随后的画面如图 14-144（d）所示。向导要求你输入 Windows 密钥，它是一个 25 位的密码（或称为序列号），一般可在 Windows 98 光盘包装的背面找到（网上也能找到一些通用序列号）。如果输入不正确，系统会弹出一个对话框让你重新输入，只有输入正确后单击"下一步"（或按"Enter"）向导才能完成，如图 14-145 所示。

　　单击"完成"按钮。以下过程基本上是自动运行，很少需要我们去操作。安装程序继续进行硬件设置，如图 14-146（a）、（b）所示。

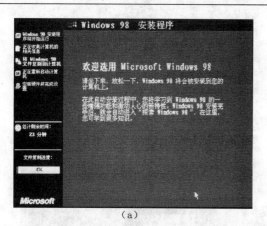

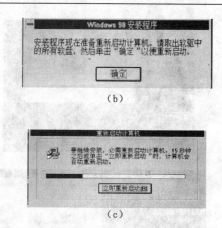

图 14-143 Windows 98 安装程序复制文件的过程

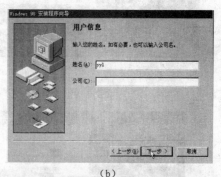

图 14-144 输入重要安装信息

此设置过程需要一些时间,一般时间不会太长。但是对于配置较低的计算机可能很慢。在此过程中,当计算机的红色硬盘指示灯几乎不亮,或者闪动很慢时,你可以按复位键重新启动计算机,可加快设置速度。

设置完自动重启计算机,启动后画面如图 14-146(c)、(d)所示。画面显示安装程序正在安装"时区"项目。可以设置时区和时间,按"Enter"(或单击"关闭"按钮)关闭窗口,继续

图 14-145 安装向导完成任务

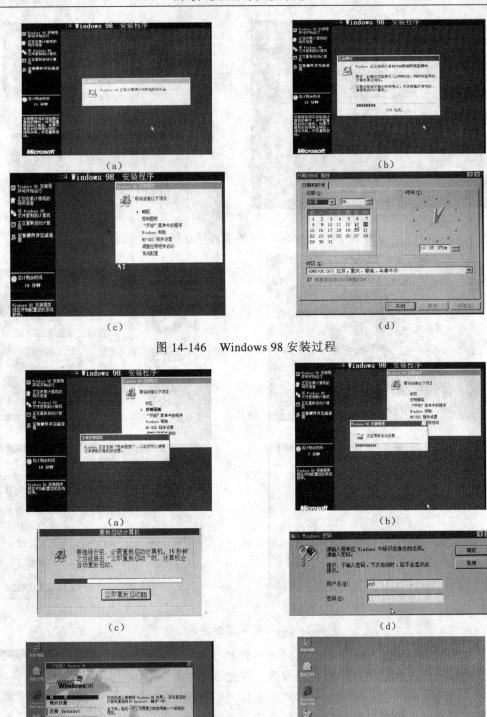

图 14-146　Windows 98 安装过程

图 14-147　完成硬件设置　Windows 98 安装结束

安装"控制面板","开始菜单"等项目,如图 14-147(a)所示。

当项目都安装完后,安装程序继续进行设置,如图 14-147(b)所示。设置完毕重新启动计算机出现 Windows 98 的启动画面,接着出现登录界面,如图 14-147(d)所示。如果是个人单机,首次使用时直接单击登录窗口上的"确定"按钮,以后启动 Windows 98 时就不会再出现登录窗口。

由于是第一次运行,Windows 98 会检测到一些硬件设备并启动安装硬件驱动程序的安装向导,对于硬件设备驱动程序的安装,我们将在后面专题介绍。

最后出现"欢迎进入 Windows 98"的欢迎画面,如图 14-147(e)所示。单击"每次 Windows 98 启动时显示此屏幕"前面的方框,去掉对勾,单击"关闭"按钮,显示 Windows 98 桌面,如图 14-147(f)所示,至此中文 Windows 98 第二版安装完毕。

说明:Windows 98 的版本不同,安装过程中先后次序也有所不同,但是大同小异。若采用默认安装,除一些必须的信息需要输入外,基本上是一直按"Enter",方法容易掌握。Windows me 与 Windows 98 属于同一级别,对于它的安装只要按照提示进行即可,这里不再叙述。

（三）中文版 Windows XP Professional 操作系统的安装

1. 中文 Windows XP 运行的基本环境

安装中文 Windows XP 操作系统的要求:CPU 为奔腾Ⅱ 300MHz 以上,内存为 128MB 以上,而且最好有 5GB 以上的可用磁盘空间。建议安装 Windows XP 系统的分区为 6～10GB。

2. Windows XP 安装方式

中文版 Windows XP 的安装可以通过多种方式进行,通常使用升级安装、全新安装和双系统共存安装 3 种方式:

（1）升级安装:是指用户的计算机上已安装了 Microsoft 公司其他版本的 Windows 操作系统,在原系统的支持下,覆盖原有系统而升级到 Windows XP 版本的安装。在 Windows 98/me /NT4.0/2000 中均可升级到 Windows XP 版本,但是在 Windows 3.x/95 中不能升级到 Windows XP 版本。

（2）全新安装:全新安装（又称作"干净安装"或"完全安装"）是指在没有任何操作系统的情况下安装 Windows XP 操作系统。比如用户新购买的计算机还未安装操作系统,或者机器上原有的操作系统已格式化掉,可以采用这种方式进行安装。

全新安装也有几种方式:如通过 Windows XP 安装光盘引导系统并自动运行安装程序;通过 Windows 98 启动（软或光）盘进行启动,然后在 DOS 下手工运行在光盘中或硬盘中的 Windows XP 安装程序等,如图 14-148 所示。

（3）双系统共存安装:指保留原有操作系统使之与新安装的 Windows XP 共存的安装方式。比如用户的计算机上已经安装了 Windows 98 操作系统,保留现有系统,将 Windows XP 安装在另一个独立的分区中,与 Windows 98 系统共同存在,但不会互相影响,计算机启动时用户可以任意选择所要使用的操作系统。

3. 全新安装中文版 Windows XP 操作系统

准备好一张中文版 Windows XP 安装光盘及产品密钥,按以下步骤进行安装。

（1）启动中文版 Windows XP 安装的程序。

方法一：让 Windows XP 安装光盘引导系统并自动运行安装程序。

具体操作：打开计算机进入 BIOS，设置启动顺序为 CD-ROM 优先，将 Windows XP 安装光盘插入到计算机的 CD-ROM 或 DVD-ROM 驱动器中。系统会自动进入 Windows XP 的安装画面，如图 14-149（a）所示。接下来的安装过程后面专题介绍。

方法二：在 DOS 下手工运行在光盘中的 Windows XP 安装程序。

具体操作：用 Windows 98 启动盘启动计算机，在 DOS 提示符"A:\>"下输入"smartdrv"按"Enter"。

说明：smartdrv.exe 是磁盘缓冲程序，可加速安装，如果不运行此程序，仅复制文件的步骤就需要两个小时以上。该程序文件可以从 Windows 98 操作系统的 Windows 文件夹中找到，复制到 Windows 98 启动盘中。

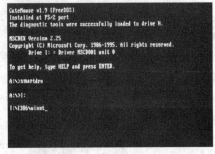

图 14-148　在 DOS 下启动 Windows XP 安装程序

然后输入光盘盘符"I:"后按"Enter"，在光盘提示符"I:\>"下输入"\I386\winnt"命令，如图 14-148 所示。

说明：Windows XP 的安装执行文件为"winnt.exe"，在安装光盘中的"i386"目录下。

按"Enter"后系统进入 Windows XP 的安装画面，如图 14-149（a）所示。

（2）中文版 Windows XP Professional 安装的全过程。

当系统进入 Windows XP 的安装画面后，安装程序将检测计算机的硬件配置，从安装光盘提取必要的安装文件，接着出现欢迎使用安装程序菜单，如图 14-149（b）所示。

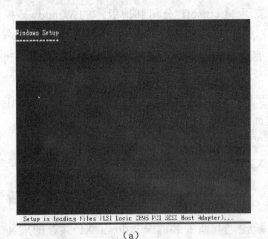

（a）

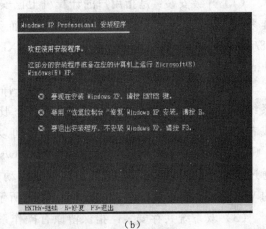

（b）

图 14-149　Windows XP Professional 安装程序欢迎画面

如果你想退出安装，请按"F3"，如果你需要修复操作系统，请按"R"。如果你想开始安装 Windows XP Professional，请按"Enter"继续，出现 Windows XP 许可协议，如图 14-150（a）所示。

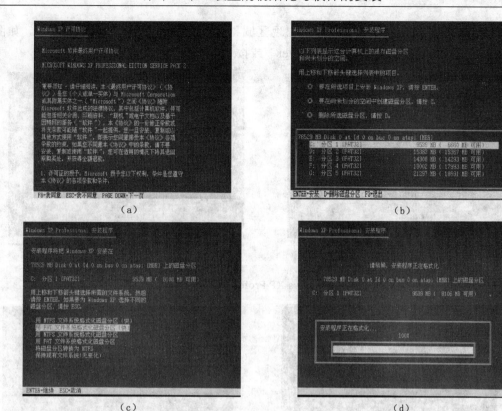

图 14-150 接受安装协议及磁盘分区与格式化画面

阅读 Windows XP 许可协议。按"PageDown"可往下翻页，按"PageUp"可往上翻页。如果你不同意该协议，请按"ESC"退出安装。如果你同意该协议，请按"F8"继续，出现显示硬盘分区信息的界面，如图 14-150（b）所示。

在此，如果你对现有分区不满意，可以重新分区，Windows XP 提供了非常方便、快捷的分区功能。移动上、下箭头键选择一个现有的磁盘分区，按"D"可删除所选磁盘分区，按"C"可在尚未划分的磁盘空间中创建磁盘分区。关于分区，这里不在介绍。

若要退出安装按"F3"，如果要在选定的磁盘分区上安装 Windows XP，请按"Enter"。继续按"Enter"，出现对所选分区格式化及设置文件系统的界面，如图 14-150（c）所示。若所选分区已经格式化，且不想改变原有文件系统，按上、下箭头键在 6 个选项中选择最后一个选项；若只想将原 FAT32 分区转换为 NTFS 分区则选择第五项；若要格式化所选分区，适当选择前 4 项中的一项。

当选择格式化选项按"Enter"后，会出现让你确认格式化的画面，你可以按"Esc"取消格式化。如果你确认格式化，按"Enter"，画面如图 14-150（d）所示。格式化完毕，按"Enter"后，安装程序将检测硬盘，如果硬盘通过检测，安装程序开始将光盘中的安装文件复制到硬盘上，此过程大概持续 10～20min，如图 14-151（a）所示。复制文件后出现重新启动计算机的提示，如图 14-151（b）所示。

重新启动后，显示 Windows XP Professional 的界面，如图 14-152（a）所示。随后出现 Windows XP Professional 安装窗口，系统继续安装程序，如图 14-152（b）所示。安装程

序将检测和安装设备，在这个过程中，出现区域和语言选项窗口，与产品密钥窗口，如图
14-152（c）、（d）。输入序列号，按"Enter"或按"下一步"继续。

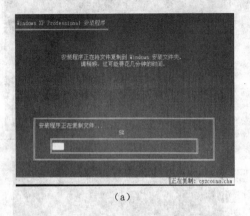 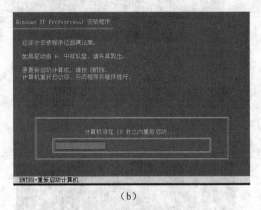

（a）　　　　　　　　　　　　（b）

图 14-151　Windows XP Professional 复制文件过程

 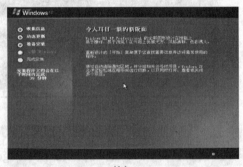

（a）　　　　　　　　　　　　（b）

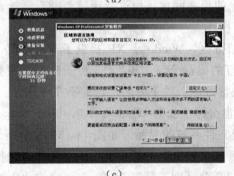 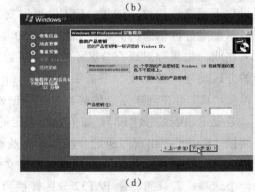

（c）　　　　　　　　　　　　（d）

图 14-152　Windows XP 安装及输入产品密钥过程

　　如图 14-153（a），请输入你的姓名和单位，如果你是家庭用户，单位栏可以空缺，单
击"下一步"继续，出现计算机名和系统管理员密码窗口如图 14-153（b）所示。在"计
算机名"栏中，输入你计算机的名称，它可以由字母、数字或其他字符组成。在"系统管
理员密码"栏中输入管理员密码，并在"确认密码"栏中重复输入相同的密码。一旦你输
入了密码，一定要记好它，你将会在登录系统及修复系统时被要求输入这个密码。当然你
也可以不输入密码。点击"下一步"继续，出现日期和时间设置窗口。如图 14-153（c）
所示。

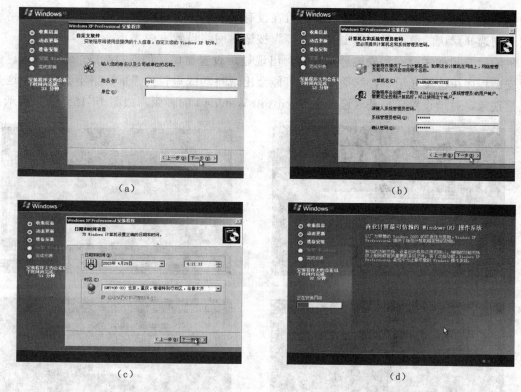

（a）　　　　　　　　　　　　　　（b）

（c）　　　　　　　　　　　　　　（d）

图 14-153　Windows XP Professional 安装及输入信息过程

你可以校正当前的日期、时间和时区，也可以在系统安装好以后再更改，点击"下一步"继续，安装程序将进行网络设置，安装 Windows XP Professional 组件，此过程将持续 10～30min。如图 14-153（d）所示。

接着出现网络设置窗口，如图 14-154（a）所示。

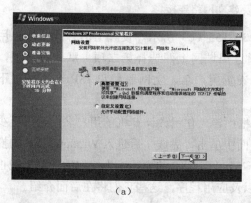　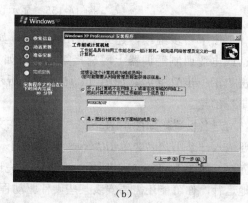

（a）　　　　　　　　　　　　　　（b）

图 14-154　网络设置窗口

设置窗口只有两个选项，如果你确定需要特殊的网络配置，你可以选择"自定义设置"选项进行设置，一般情况下选择默认的"典型设置"选项，单击"下一步"按钮后出现工作组或计算机域窗口，如图 14-154（b）所示。

如果你是计算机网络管理员，并需要立即配置这台计算机成为域成员，则选择第二项；

如果你的计算机不在网络上，或者计算机在没有域的网络上，或者你想以后再进行网络设置，则选择默认的第一项，单击"下一步"按钮，网络设置完成。

随后安装程序检测和安装显示设备，出现显示设置窗口，如图 14-155（a）所示。由于安装程序在检测显示器，这期间屏幕可能会出现抖动或短暂的黑屏，请不必惊慌，这是正常现象。显示设置后，是欢迎使用 Microsoft Windows 的画面，如图 14-155（b）所示。

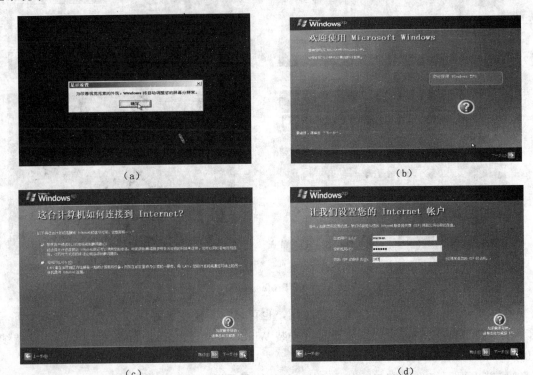

图 14-155　显示设置及建立网络连接

单击下一步继续，建立 Internet 连接，如图 14-155（c）所示。设置上网方式，如果用电话或电缆调制解调器上网选择第一项；如果通过局域网上网选择第二项。默认第一项，单击"下一步"继续。如图 14-155（d）所示，设置用户名、上网账号和 ISP 名，按"下一步"继续。

用户名设置，如图 14-156（a）所示，在文本框中输入使用该计算机的用户名，这里至少需要输入一个用户名。单击"下一步"，在下一画面中单击"完成"后进入 Windows XP 的操作界面，如图 14-156（b）所示。至此，已完成了 Windows XP 的安装。为使你的计算机能正常地运行，你可能还需要安装某些硬件驱动程序以及应用程序，这些我们将在后面介绍。

说明：Windows XP 的版本不同，安装过程中也有所不同，但是大同小异。Windows 2000 与 Windows XP 属于同一级别，对于它的安装这里不再叙述。

4. 升级到 Windows XP 的安装

因为升级安装是安装 Windows XP 较简单的方法。所以下面简要介绍操作步骤。

（1）启动计算机进入原系统。然后将 Windows XP 安装光盘插入到计算机的 CD-ROM 或 DVD-ROM 驱动器中。

（2）在出现的菜单上，单击"安装 Microsoft Windows XP"，如图 14-157 所示。

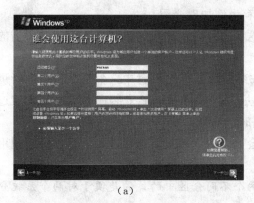

（a）　　　　　　　　　　　　　　　　　　　（b）

图 14-156　设置用户名，完成了 Windows XP 的安装

（3）在"欢迎使用 Windows 安装程序"页面上，单击"升级（推荐）"，如图 14-158 所示。然后单击"下一步"。（在此后的每个屏幕上都单击"下一步"。）

（4）在"许可协议"页面上接受协议。

（5）在"你的产品密钥"页面上的相应框中键入包含 25 个字符的产品密钥。

（6）在"获得更新的安装程序文件"页面上，选择所需的选项。如果你能够连接到 Internet，则选择"是"，可获取更新的文件；一般选择"否"。

（7）开始安装，安装过程需要一定的时间，期间计算机会进行几次重新启动，直至安装完成。

图 14-157　Windows XP 安装光盘菜单

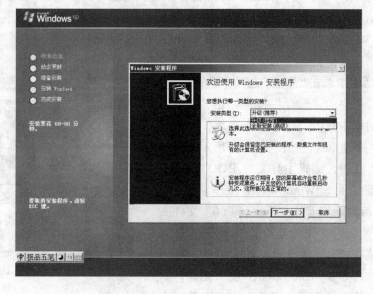

图 14-158　选择"升级（推荐）"

5. 双系统共存安装 Windows XP

仅以 Windows 98 和 Windows XP 双系统共存为例加以介绍。

（1）按照从低版本到高版本的顺序安装。这种安装方法比较简单，是人们通常习惯的安装方法，下面简要介绍具体安装思路。

首先依照前面所讲的方法将 Windows 98 安装在计算机的 C 盘中，然后依照前面所讲"全新安装中文版 Windows XP 操作系统"的方法，将 Windows XP 安装在 D 盘中。安装过程中所不同的是，当出现图 14-150（b）的画面时，选择 D 分区即可。

当安装完 Windows XP 后启动计算机，则会出现双系统菜单选项，以便选择你想使用的操作系统。

说明：将两个不同的操作系统分别安装在两个不同分区中的目的是便于对两个系统分别进行维护。

（2）按照从高版本到低版本的顺序安装双系统。当 Windows XP 用户由于某种原因需要使用 Windows 98 操作系统时，希望安装双系统，那么可以在保留原 Windows XP 操作系统的情况下，安装 Windows 98。下面简要介绍这种从高版本到低版本的顺序安装双系统的具体安装思路。

假定计算机的 C 盘中已经安装了 Windows XP 操作系统，然后依照前面所讲的方法，将 Windows 98 安装在 D 盘中。区别在于出现图 14-141（c）的画面时，单击"其他目录"后按"Enter"（或单击"下一步"），在下一画面的文本框中输入"D:\windows"后按"Enter"。

当安装完 Windows 98 后启动计算机，并不能出现双系统菜单，而是直接启动 Windows 98。再依照前面所讲"全新安装中文版 Windows XP 操作系统"的方法，安装 Windows XP，直到出现图 14-151（b）的画面。

当第一次重新启动计算机时，按"F8"，在"高级菜单选项"中选择"返回到启动菜单"，通常会出现三系统菜单选项：第一项为默认的、正处于安装过程中的 Windows XP 操作系统；第二项为用户原有的 Windows XP 操作系统；第三项为 Windows 98 操作系统。选择第二项，启动用户原有的 Windows XP 操作系统。

在原有的 Windows XP 操作系统中右键单击"我的电脑"，执行快捷菜单中的"属性"命令，在"系统属性"对话框中单击"高级"选项卡，单击"启动和故障恢复"栏中的"设置"按钮。在"启动和故障恢复"对话框中更改"默认操作系统"为原有的 Windows XP 操作系统，如图 14-159 所示。同时可单击"编辑"按钮，编辑引导文件 BOOT（不编辑也无妨碍），删除另一 Windows XP 操作系统。单击"确定"。然后删除 C 盘中"Windows 0"文件夹和以"$"开头的临时文件夹。

双系统安装完成。

说明：目前的好多 Windows XP 安装光盘，不适用于由高到低的安装方法。因为当安装到第一次

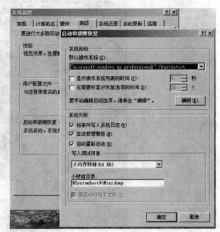

图 14-159 更改"默认操作系统"

启动时，进入启动菜单，你会发现只两个选项，没有原操作系统的选项。

6. Windows XP 操作系统的其他安装方法

（1）利用 Ghost 快速装机。Ghost 装机光盘，是把已经装好 Windows XP 操作系统及应用软件（但是删除了硬件驱动程序）的计算机系统盘，利用 Ghost 做好镜像，备份于光盘中，并做成启动光盘。用这种光盘装机，就是将该镜像做于另一台计算机中。只需一、二十分钟就可装好一台既有操作系统又有应用软件的计算机。安装方法一般会根据安装光盘的特点而有所不同，有的安装光盘自动运行 Ghost，无须任何操作；有的安装光盘需要安装者会使用 Ghost 软件。下面就后者介绍利用 Ghost 快速装机的方法。

将准备好的 Ghost 快速装机光盘插入 CD-ROM 或者 DVD-ROM 光驱中，设置 BIOS 为光盘启动，如图 14-160 所示，单击"Ghost V8.0"，启动 Ghost 软件，如图 14-161（a）所示。单击"Ok"或按"Enter"，如图 14-161（b）所示。

图 14-160　点击 Ghost V8.0

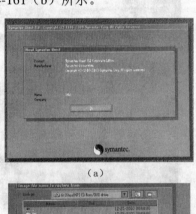

（a）

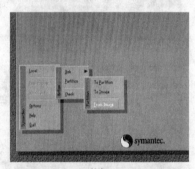

（b）

（c）

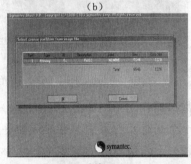

（d）

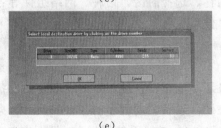

（e）

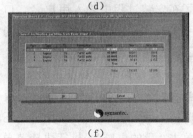

（f）

图 14-161　利用 Ghost 快速装机的操作过程

用光标移动键或鼠标在菜单中选择"Local（本地）"→"Partition（分区）"→"From Image（从镜像文件复制到磁盘分区）"命令，打开一个对话框，如图 14-161（c）所示。

对话框中显示的是光盘中的文件夹及文件，用光标键或鼠标选择镜像文件"XPGHOST.GHO"，按"Enter"或者鼠标单击"Open"按钮，如图 14-161（d）所示。

显示源镜像的信息，按"Enter"，如图 14-161（e）所示。选择目标磁盘，因为计算机中只有一块磁盘，直接按"Enter"，如图 14-161（f）所示。

用光标移动键或鼠标选择第一个分区，用"Tab"或鼠标选择"Ok"后，弹出对话框，如图 14-162（a）所示。此时程序询问是否在该分区载入数据，选择"Yes"系统开始将光盘中的镜像存放于计算机的 C 盘中，并覆盖掉 C 盘上的原有数据。如图 14-162（b）所示。

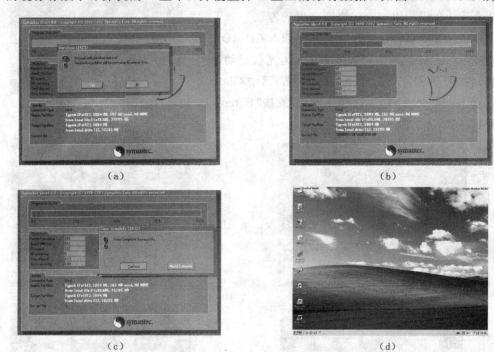

（a）　　　　　　　　　　　　　　（b）

（c）　　　　　　　　　　　　　　（d）

图 14-162　将光盘中的镜像做于计算机的 C 盘中

数据加载完毕，如图 14-162（c）所示。按"Enter"重启计算机，如图 14-162（d）所示，一个既有操作系统又有应用软件的 Windows XP 呈现在你的面前。

（2）无人值守自动安装 Windows XP。使用无人值守自动安装 Windows XP 光盘安装，免除了在安装过程中输入用户名、口令、公司名称、选择时区、语种、网络组件等各种繁琐的手工操作，实现系统安装过程的自动化和"傻瓜化"。

二、设备驱动程序的安装

（一）硬件设备驱动程序的概念

当我们安装完操作系统后，一般说来计算机还不能正常使用，还有许多硬件设备的驱动程序需要我们安装。如果我们在还没有安装完硬件设备驱动程序的 Windows 98 桌面上右键单击"我的电脑"，执行快捷菜单中的"属性"命令，在"系统属性"对话框中单击"设备管理器"选项卡，如图 14-163（a）所示。我们会看到带有黄色问号的其他设备，这表示一些硬件设备的驱动程序还没有安装好，从而使得 Windows 还不能认识它们。当所有硬件设备的驱动程序安装好以后，"设备管理器"画面如图 14-163（b）所示。

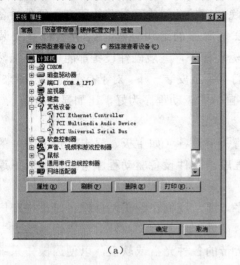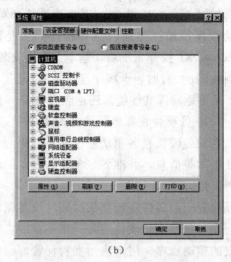

（a）　　　　　　　　　　　　　　　　　（b）

图 14-163　安装硬件驱动程序前后比较

1. 硬件设备驱动程序

硬件设备的驱动程序，是指对 BIOS 不能支持的硬件设备进行解释，从而使计算机能识别该设备，并保证它能正常工作，进一步充分发挥其性能的特殊程序。简单地说，硬件驱动程序是用来驱动硬件工作的特殊程序。

2. 装设备驱动程序的硬件

计算机的硬件设备都应该有它们的解释程序，才能使得它们正常工作。也就是说，所有硬件都应当有它们相应地驱动程序。由于早期计算机的设计者在设计时，已经将标准硬件列为 BIOS 能支持的硬件，如 CPU、内存、主板、显卡、软驱、键盘和显示器设备，除主板、显卡外，都不需要安装驱动程序，就能正常工作。对于其中的主板与显卡来说，BIOS 也能支持它们实现其最基本的功能。比如 BIOS 能支持显卡在 16 色模式下正常工作。

随着计算机技术的发展，新硬件不断增加。如光驱、硬盘、鼠标、声卡、网卡、Moden、打印机、扫描仪、USB 设备及数码设备等，为使 BIOS 和操作系统支持这些新增加设备，硬件厂商开发了相应地设备驱动程序。只有将相应地设备驱动程序安装在计算机的操作系统中，计算机才能认识该设备，使它能够正常工作。

但是，目前我们安装软件时，并不是所有新增加的硬件设备都需要安装驱动程序，这因操作系统而异。

在纯 DOS 模式下，光驱和鼠标等硬件设备需要加载驱动程序，才能使得它们正常工作。而有些新增加的硬件设备，厂商没有为它们开发 DOS 模式下的驱动程序，因此它们在 DOS 下不能使用。

在 Windows 操作系统中，微软公司将一些普通的、常用硬件设备驱动程序加在里面，也就是说，在安装 Windows 操作系统过程中同时也安装了这些硬件的设备驱动程序，如光驱和鼠标等，不用我们安装驱动程序就能正常使用。

随着时间的推移，技术的发展，在 Windows 98 操作系统中大多数硬件设备都需要安装驱动程序。如主板、显卡、声卡、网卡、Modem、打印机、扫描仪、USB 设备（包括 USB 鼠标）和数码设备等。

相比之下，Windows XP 操作系统开发的较晚，微软公司将开发前的所有各硬件设备的驱动程序都加在里面，这些程序一般是微软公司制作的通用性程序，所以目前安装完 Windows XP 操作系统后，基本上不用安装硬件驱动程序，一般硬件设备都能使用。当然也有例外，比如有时声卡程序没有带上，还需要我们再手工安装一下。对于有些硬件设备来说，为了更好地发挥其性能，还是应当安装一下设备自带的驱动程序为好，比如显卡设备。

3. 获得硬件设备驱动程序的途径

在安装硬件设备驱动程序前，首先应该弄清关键设备（如主板、显卡、声卡等）的厂商及版本等信息，并准备好各硬件设备的驱动程序。硬件设备驱动程序可以通过以下途径获得。

途径一：硬件厂商提供的硬件设备驱动程序。通常我们在购买硬件设备时，生产厂家都会在其包装中随硬件附带一张光盘或者软盘，盘内存储着生产商针对自己硬件特点专门开发的驱动程序。用户应当妥善保管好装机时所带的各种光盘或软盘，以便因操作系统出现故障而重装操作系统时使用。

途径二：操作系统本身附带的驱动程序。如果用户丢失了某硬件设备的驱动程序光盘或者软盘（很常见），你可以用 Windows 附带的驱动程序去替代。Windows 为好多硬件设备提供了通用设备驱动程序，如一些名厂商的显卡、声卡、打印机等设备的驱动程序。不过这些驱动程序是微软公司开发的，可能不如硬件生产商针对自己特点专门开发的驱动程序好，因此，通常只有在无法通过其他途径获得硬件设备驱动程序的情况下才使用它。

途径三：通过 Internet 下载硬件设备驱动程序。当你手头没有某一设备的驱动程序时，可以通过因特网下载一个该设备的驱动程序，大多硬件厂商会将他们的硬件设备驱动程序放在因特网上供广大用户下载。网上提供的版本较多，还可以下载一个升级版本，提高你的硬件性能。具体下载方法，可以通过搜索，也可以直接登陆提供驱动程序下载的网站，如"驱动之家"、"太平洋下载中心"等进行分类查找即可。

（二）硬件设备驱动程序的安装

1. 硬件设备驱动程序的安装原则

安装硬件设备驱动程序，应该注意安装顺序。特别是对那些不是很稳定的硬件，不注意安装顺序会造成部分硬件不能被 Windows 识别或者资源冲突，就有可能频繁地出现非法操作的提示、蓝屏、死机等现象。

因此，安装驱动程序时，通常应当遵循先安装集成设备，后安装内部板卡，最后才是外围设备的原则进行。即先安装主板芯片组驱动，其次安装显卡驱动，然后是声卡、网卡、内置 Modem 等板卡驱动，最后安装打印机等外设的驱动程序。

选择安装硬件设备驱动程序时，应该遵循新版本驱动优先，其次是厂商提供的驱动，最后是通用驱动程序的原则。当然如果安装上驱动程序后，Windows 仍然不能被识别该硬件时，只要安装上厂商提供的驱动程序就可以了。

2. 硬件设备驱动程序的安装方法

安装驱动程序有几种不同的方法，有的驱动程序的安装方法不唯一，有的驱动程序的安装就必须采用某种特定的方法才行。

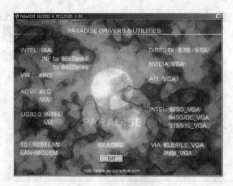

图 14-164　主板驱动程序光盘运行后的
安装菜单画面

（1）使用硬件驱动程序的安装菜单的安装方法。目前多数硬件生产商都为自己提供的硬件驱动程序光盘做一个可自动运行的安装画面，并为画面中的菜单项建立好超级链接。如图 14-164 所示。这是一张主板驱动程序光盘运行后的画面。

光盘中包含的驱动程序有 Intel（英特尔）芯片组程序 INF，其中只有 845 和 865 两款驱动程序。假如计算机主板的芯片组是 i865，则单击"for 865Senes"即可运行 865 芯片组驱动程序的安装程序。

VIA（威盛）芯片组程序 4IN1（称为 4 合 1）。假如计算机是 VIA 芯片组的主板，则单击"4IN1"即可运行 VIA 芯片组驱动程序的安装程序。

声卡驱动程序有瑞昱 ALC 全系列 AC97 声音芯片驱动程序；威盛 AC97 声音芯片驱动程序。

显卡驱动程序 VGA，有 nVidia、ATI 两个厂商的独立显卡驱动程序；有 Intel 集成显卡程序 865G、845G/GL 和 810/815 3 款；还有 VIA 两款集成显卡的驱动程序。假如计算机的显卡是集成在主板上的，芯片组为 Intel 的 845GL，则单击"845G/GL_VGA"即可运行显卡驱动程序的安装程序。

光盘中还包含了 USB2.0 驱动程序、网卡及调制解调器的驱动程序。

此外，光盘中还包含了 Intel（英特尔）加速器程序 IAA，该程序是 Intel 公司针对 i8×× 系列芯片组主板开发的一款加速驱动程序，安装它能减少 10%～20%的系统启动时间，同时也能提高应用软件的运行速度；光盘中还包含微软开发的 DIRECTX8.1B/9.0A 程序，安装它可以提高显卡 3D 效能及声卡多媒体效能。

一张光盘中有这么多的硬件驱动程序，你可一定要弄清计算机中硬件的厂商及型号，不要装错。例如 Intel 的芯片组的主板，在 Windows 98 操作系统中错装上 VIA 的 4IN1 驱动程序 Windows 有可能不认识光驱了。

下面以 Intel 845GL 芯片组主板的计算机在 Windows 98 操作系统中为例，介绍芯片组驱动程序的安装过程。

打开计算机，进入刚装完的 Windows 98 操作系统中，将主板生产商附带的光盘插入光驱中，计算机自动运行硬件驱动程序的安装菜单画面，如图 14-164 所示。

单击"for 845Senes"，打开安装程序的欢迎画面，如图 14-165（a）所示。单击"下一步"按钮，出现"许可协议"界面，如图 14-165（b）所示。单击"是"按钮，打开"自述文件信息"界面，如图 14-165（c）所示。单击"下一步"按钮，程序开始复制文件，如图 14-165（d）所示。复制完成后，安装程序提示重新启动计算机，如图 14-165（e）所示。单击"完成"按钮即可。

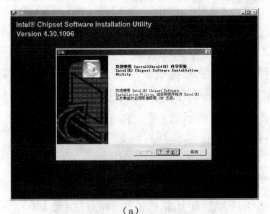

（a）

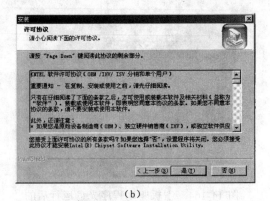

（b）

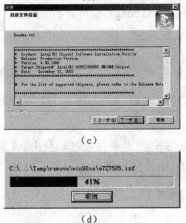

（c）

（d）

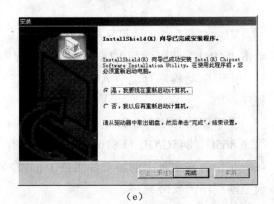

（e）

图 14-165　安装硬件驱动程序前后比较

（2）直接运行安装文件的安装方法。如果硬件驱动程序的光盘中没有可运行的安装菜单（早期一般情况是这样），或者你不想使用安装菜单，可直接浏览光盘或软盘，打开你所要安装的硬件驱动程序文件夹，找到安装程序文件，双击它即可运行安装程序。如果是下载的硬件驱动程序，一般为压缩包，解压后若能找到安装文件，直接运行它即可。

下面仍以 Intel 845GL 芯片组主板的计算机在 Windows 98 操作系统中为例，介绍声卡驱动程序的安装过程。

右键单击桌面任务栏中的"开始"按钮，在快捷菜单中执行"资源管理器"命令。打开"浏览"窗口，如图 14-164 所示。

在左边的"文件夹"栏内单击光盘盘符前面的"+"号（击后变为"−"号），打开光驱中主板生产商附带的光盘。光盘中显示诸多文件夹，单击文件夹"Audio"前面的"+"号（一般存放声卡驱动的文件夹习惯用"Audio"或"Sound"命名）。

在 Audio 文件夹中存放着两款声卡驱动，瑞昱的 ALC 全系列 AC97 声音芯片驱动程序和威盛 AC97 声音芯片驱动程序。因为该计算机主板集成的是瑞昱的 ALC 全系列 AC97 音效卡，所以单击文件夹"ALC_AC'97"前面的"+"号。又因为操作系统是 Windows 98，所以单击"Win9x_2000_xp"文件夹图标，右边窗口内显示了该文件夹中的所有文件，见图 14-166。

在右边窗口内找到安装程序文件 Setup（一般安装程序文件习惯用"Setup.exe"命名），双击"Setup"，安装程序开始运行，如图 14-167 所示，安装程序开始启动安装向导。

图 14-166　浏览光盘找声卡驱动程序的安装文件　　图 14-167　安装程序开始启动安装向导

首先出现的是安装瑞昱 AC'97 的欢迎界面，如图 14-168（a）所示。单击"下一步"按钮，开始复制文件，复制完毕后安装程序提示你重新启动计算机，如图 14-168（b）所示单击"完成"按钮即可。

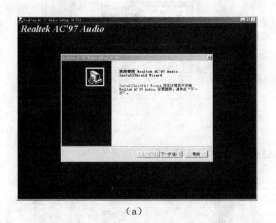

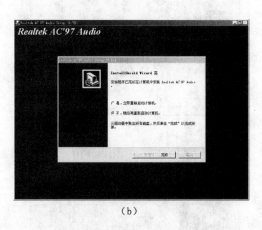

（a）　　　　　　　　　　　　　　　　　　　（b）

图 14-168　安装瑞昱 AC'97 声卡驱动程序的过程

（3）启动"添加硬件向导"安装硬件驱动程序的安装方法。有时在你所要安装的硬件驱动程序文件夹中，可能找不到可执行的安装程序文件。例如，图 14-164 所示的菜单中有 USB2.0 的安装选项，因为是 Intel 芯片组主板，应该单击"Intel"，安装该驱动程序。但是，当你单击"Intel"时，系统提示"没有找到安装文件"，原因是厂家附带的这张驱动程序光盘中的"J:\INTEL845\USB2.0\Win9XME"文件夹里只有驱动程序文件，根本就没有可执行的安装程序文件，如图 14-169 所示。这时就需要启动"添加硬件向导"，才能安装硬件驱动程序。启动"添加硬件向导"安装硬件驱动程序，是早期所使用安装方法。因为早期厂商提供的驱动程序文件夹中都没有可执行的安装程序文件。

目前也有好多小的硬件驱动程序中没有可执行的安装程序文件,如有的 USB 存储器的驱动程序、有的摄像头的驱动程序等。

我们仍以 Intel 845GL 芯片组主板的计算机在 Windows 98 操作系统中为例,介绍 USB2.0 驱动程序的安装过程。

首先启动"添加硬件向导",下面介绍两种启动方法。

方法一:双击桌面上"我的电脑"→双击"控制面板",如图 14-170(a)所示。双击"添加新硬件"即可启动"添加硬件向导",画面如图 14-171(a)所示。

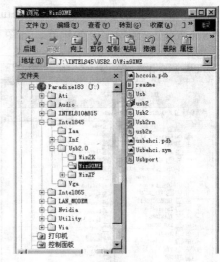

图 14-169 "J:\INTEL845\USB2.0\Win9XME" 中没有可执行的安装程序文件

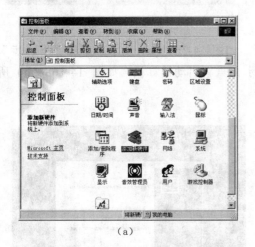

(a)

(b)

图 14-170 启动"添加硬件向导"的两种方法

(a)

(b)

图 14-171 "添加硬件向导"画面

方法二:右键单击桌面上"我的电脑",执行快捷菜单中的"属性"命令,在"系统属性"对话框中单击"设备管理器"选项卡。右键单击黄色问号"？"，在快捷菜单中执行"删除"命令，如图 14-170（b）所示。单击"刷新"按钮，启动"添加硬件向导"，画面如图 14-171（a）所示。

　　然后单击"下一步"按钮，如图 14-171（b）所示。如果选择默认的"搜索设备的最新驱动程序（推荐）"，单击"下一步"按钮，Windows 将自动进行搜索。如果搜索不到，会弹出"从磁盘安装"对话框，如图 14-172（c）所示。

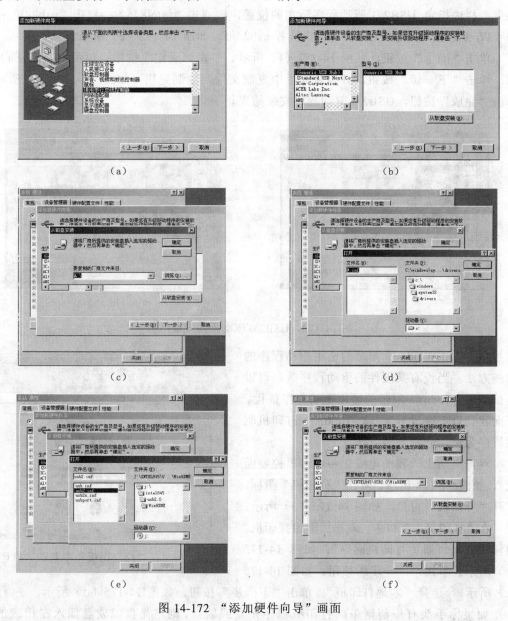

图 14-172　"添加硬件向导"画面

　　说明：在 Windows 98 中一般是搜索不到，如果是 Windows XP 系统中一般能搜索到。

　　在图 14-171（b）中，选择"显示指定位置的所有驱动程序列表……"，单击"下一步"按钮，如图 14-172（a）所示。选择"通用串行总线控制器"，单击"下一步"按钮，如图

14-172（b）所示。你可以从中选择生产商及 USB 驱动程序，不过这是早期微软开发的，没有我们所要安装的程序。如果随便选择一个单击"下一步"按钮，系统会弹出一个"警告"对话框，指出你所选择的程序可能无法正常运行，建议你不要安装它，并询问是否继续安装？单击"否"按钮，弹出"从软盘安装"对话框，如图 14-172（c）所示。在"从软盘安装"对话框中单击"浏览"按钮，弹出"打开"对话框，如图 14-172（d）所示。

在"打开"对话框中的"驱动器"栏内单击下拉按钮▼，选择光盘"j"；然后在"文件夹"栏内指定 USB2.0 驱动程序所在的位置，即双击"intel845"→双击"usb2.0"→双击"Win9XME"；在"文件名"栏内选择 usb2.inf，如图 14-172（e）所示。

单击"确定"按钮。如图 14-172（f）所示。单击"确定"按钮。如图 14-173（a）所示。单击"下一步"按钮，开始从光盘中复制文件，复制完毕，如图 14-173（b）所示，单击"完成"按钮，USB2.0 驱动程序安装结束。

（a）

（b）

图 14-173　USB2.0 驱动程序安装结束

（4）使用 Windows 附带的通用驱动程序的安装方法。当没有某硬件的驱动程序时，可以尝试使用 Windows 附带的通用驱动程序替代。下面我们以安装爱普生 LQ-1600KII 打印机驱动程序为例，介绍安装方法。

双击桌面上"我的电脑"→双击"控制面板"，如图 14-174 所示。双击"打印机"图标，打开"打印机"窗口，如图 14-175（a）所示。

在"打印机"窗口中，双击"添加打印机"图标，启动"添加打印机向导"，如图 14-175（b）所示。单击"下一步"按钮，如图 14-175（c）所示。 选择"本地打印机"，单击"下一步"按钮，如图 14-175（d）所示。

图 14-174　在"控制面板"中双击"打印机"

如果你手头有厂商附带的打印机程序光盘或软盘，则将光盘或软盘插入在相应的驱动器中，单击"从软盘安装"按钮，后面的操作可参考前面所讲的 USB2.0 启动程序的安装。

如果你手头没有厂商附带的打印机程序光盘或软盘，则在"生产商"栏内找到"Epson"

（爱普生），在"打印机"栏内找到"Epson LQ-1600KII"，选定后单击"下一步"按钮，如图 14-175（d）所示。

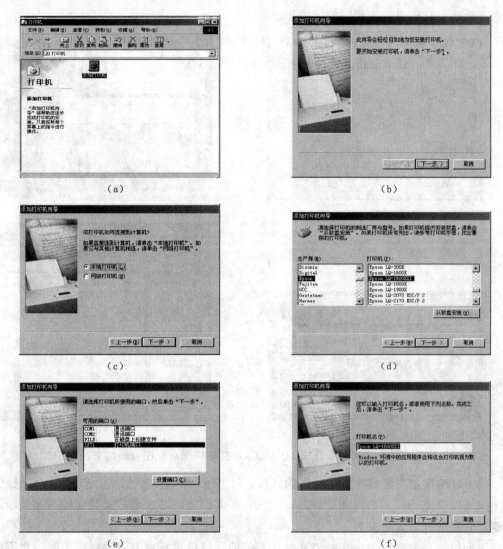

（a）　　　　　　　　　　　　　　　　（b）

（c）　　　　　　　　　　　　　　　　（d）

（e）　　　　　　　　　　　　　　　　（f）

图 14-175　"添加打印机向导"画面

　　默认打印机端口，单击"下一步"按钮，如图 14-175（e）所示。如果计算机连接了非一台打印机，设置默认的打印机，如图 14-175（f）所示，继续单击"下一步"按钮。

　　接下来向导建议你打印测试页，如图 14-176（a）所示。选择"是"，在安装完驱动程序后，打印机将打印测试页，并询问是否正确；在此，我们选择"否"，单击"完成"按钮。

　　系统要求将 Windows 98 第二版光盘插入 CD-ROM 中，如图 14-176（b）所示。原因是该程序在 Windows 98 第二版光盘中存放，插入该光盘单击"确定"按钮即可。如果计算机中备份了 Windows 98 第二版光盘，可以不插入光盘而直接单击"确定"，出现画面如图 14-176（c）所示。

　　如果你知道 Windows 98 第二版光盘备份在什么位置，则在"复制文件"栏内输入其路径，如"G:\Win98\Win98"。或者单击"浏览"按钮，查找到该备份也行。单击"确定"按钮，开始复制文件，复制结束后，打印机文件夹中多一个打印机图标，如图 14-176（d）所示。至此，打印机驱动程序安装完毕。

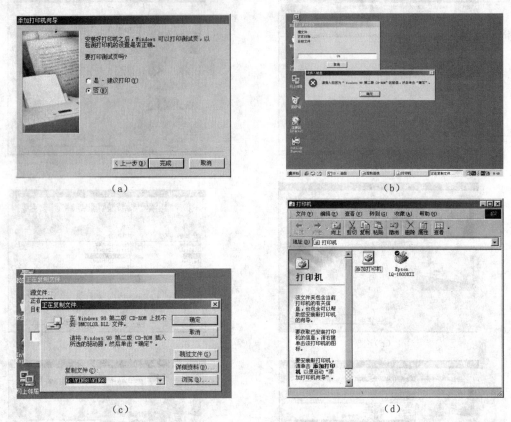

（a）

（b）

（c）

（d）

图 14-176　爱普生 LQ-1600KII 打印机驱动程序安装结束

（5）自动搜索安装硬件驱动程序的方法。与 Windows 98 相比，在 Windows XP 操作系统中安装硬件驱动程序显得非常容易。Windows XP 操作系统的搜索功能较为强大，通常只要让它自动搜索即可安装。

下面以一台安装完 Windows XP 操作系统的计算机更新显卡驱动程序为例，介绍自动搜索的安装方法。

首先将厂商提供的显卡驱动程序光盘插入光驱中，Windows XP 操作系统会自动启动安装菜单，如图 14-177（a）所示。如果你知道计算机中的显卡是 nVidia 的 FX5200，那么只要在图 14-177（a）的"产品分类"中单击下拉按钮，选择"显卡"，在图 14-177（b）的"产品名称"中单击下拉按钮，选择"FX5200"后，单击"安装"即可。

如果你不知道计算机中的显卡的厂商及名称，可以采用如下的自动搜索安装。

右键单击桌面上"我的电脑"，执行快捷菜单中的"属性"命令，在"系统属性"对话框中单击"硬件"选项卡，如图 14-177（c），单击"设备管理器"按钮。在弹出的"设备管理器"窗口中我们会看到带有黄色问号的设备，如图 14-177（d）所示。其中"？视频控制器（VGA 兼容）"表示显卡的驱动程序使用的是 Microsoft 公司开发的通用程序。

（a）

（b）

（c）

（d）

图 14-177　安装显卡驱动程序两种启动方法

右键单击黄色问号"？视频控制器（VGA 兼容）"，在快捷菜单中执行"更新驱动程序"命令，如图 14-177（d）所示，启动"硬件更新向导"，画面如图 14-178（a）所示。

默认"自动安装软件（推荐）"，单击"下一步"按钮，如图 14-178（b）所示，向导开始搜索。（假如你插错了光盘，会出现图 14-178（c）画面），当向导搜索到该程序后，自动复制文件，如图 14-178（d）所示，直到安装完成，如图 14-178（e）所示，单击"完成"按钮，如图 14-178（f）所示。

三、应用软件的安装

当我们安装好操作系统及所有的硬件驱动程序后，还必须安装上各种不同的应用软件，才能更好地充分发挥计算机的作用。

与系统软件相比，应用软件的安装较为简单些。除一些大型的应用软件安装过程中需要填一些信息、密钥及接受协议外，好多应用软件只要一直按"Enter"即可安装。例如，我们前面所讲的 Partition Magic 8.0 中文版的安装。

下面仅以 Microsoft Office 2003 软件包的安装为例，简要介绍应用软件的安装。

将 Office 2003 软件的安装光盘插入在 CD-ROM 或 DVD-ROM 中，会自动运行安装程序，如图 14-179（a）要求输入密钥。下一步要求输入个人信息，如图 14-179（b）所示。接下来接受协议，如图 14-179（c），下一步选择安装类型及安装位置如图 14-179（d）所示。我们选择"自定义安装"，默认安装位置。

图 14-178　自动安装显卡驱动程序

　　如图 14-180（a）所示，Microsoft Office 2003 软件包共包括 7 个应用程序，你可以根据需要取舍。我们这里去掉 Outlook，并选择应用程序的高级自定义，下一步如图 14-180（b）所示。

　　在高级自定义画面中，可以点击各项前面的"+"号，进一步选择程序中的内容和工具的安装。这里我们单击"Office 工具"前面的"+"号，如图 14-180（c）所示。

　　在 Office 工具中，单击"公式编辑器"的下拉按钮，可看到"从本机运行"表示安装公式编辑器；"在首次使用时安装"表示只安装公式编辑器的菜单命令按钮，并不安装公式编辑器，以后当你需要使用公式编辑器单击该项命令按钮时，Office 自动弹出对话框，要求你插入 Office 安装光盘，插入后自动安装。这里我们选择"从本机运行"，画面如图 14-180（d）所示。下一步如图 14-180（e）所示。单击"安装"按钮，开始复制文件，复制完毕，如图 14-180（f）所示。单击"完成"按钮，Microsoft Office 2003 软件包安装结束。

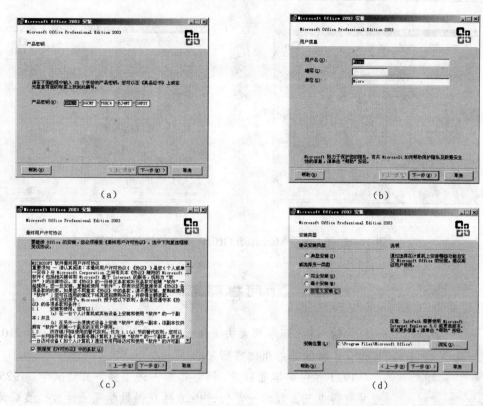

图 14-179　Microsoft Office 2003 软件包的安装

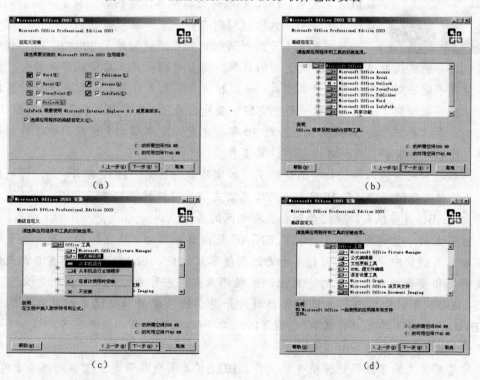

图 14-180（一）　Microsoft Office 2003 软件包的安装

（e）　　　　　　　　　　　　　　　　（f）

图 14-180（二）　Microsoft Office 2003 软件包的安装

约翰·V·阿塔那索夫小传

约翰·V·阿塔那索夫是保加利亚移民的后裔，1903 年 10 月 4 日出生于美国纽约州的哈密尔顿。

1921 年中学毕业以后，阿塔那索夫进了佛罗里达大学，1925 年毕业并取得电气工程学士学位；1926 年获得数学硕士学位；然后又进入威斯康辛大学，1930 年取得物理学博士学位。完成学业以后，他回到母校依阿华州立大学，同时在数学系和物理系任教。

阿塔那索夫开始对研制计算机感兴趣始于 20 世纪 30 年代中期，当时他指导研究生做课题时常常有大量的计算，而当时的计算工具难以满足需要。这段时间，他几乎把当时可用的各种计算工具——机械式和机电式计算器、穿孔卡片计算机、微分分析器等都研究了一遍，并第一个把它们明确地分成了"数字计算机"和"模拟计算机"两大类。在这些工作的基础上，20 世纪 30 年代末期，阿塔那索夫逐渐明确了他的目标：建造电子数字计算机，以根本上改善计算工具。

阿塔那索夫在他的学生贝利的帮助下开始实施他的计划。1939 年 11 月，样机就完成了。又经过几年的努力，到 1942 年，阿塔那索夫所设计的计算机终于完成。他把这台机器命名为"ABC 计算机"，以纪念他和贝尔之间的合作。

世界上第一台通用的电子计算机 ENIAC 是由普雷斯珀·埃克特和约翰·莫奇利从阿塔那索夫的研究中导出的。因此从历史的角度客观地说，ENIAC 是由阿塔纳索夫设计、由埃克特和莫奇利负责制成的。由此，阿塔那索夫被人称为"电子计算机之父"，声名大振。1952 年，他创办了兵器工程公司，开发了一台能跟踪及记录炮弹轨迹的计算机 FIRETRAC。1959 年公司被 AGC 收购，1961 年，阿塔那索夫离开这个公司，创办了一个名为"控制论"的咨询公司。

阿塔那索夫除了获得计算机先驱奖外，IEEE（美国电气及电子工程师协会）在 1990 年还授予阿塔那索夫"电气工程里程碑奖"。同年，布什总统亲自授予他全国技术奖章。

1978 年，他入选依阿华州发明家名人堂。1983 年，依阿华州立大学校友会授予他杰出成就奖。1995 年 6 月 15 日，阿塔那索夫在马里兰州的家中去世，享年 92 岁。

习 题

一、判断题（正确的在括号内划"√"，错误的划"×"）

1. 凡是硬盘都必须经过分区后才能使用。（ ）

2. 分区应该在低级格式化之前进行。（ ）

3. 分区的主要原因之一是作为不同用途的需要。（ ）

4. DiskGen 提供比 Fdisk 更灵活的分区操作，能同时在一个硬盘上划分多达 5 个主分区，从而创造了一台计算机上安装多个操作系统的条件。（ ）

5. PartitinMagic 不像 Fdisk 和 DiskMan 那样，只能在 DOS 环境下运行，除了 DOS 外，它还能在 Windows 95/98/me/ 2000 /XP 和 Lunix 操作系统中运行。（ ）

6. 应用 PartitinMagic 在 Windows 下调整两个分区，并不破坏两个分区中的数据，所以，如果两个分区中有重要数据，也没必要进行备份。（ ）

7. 用 Windows 98 启动盘启动计算机，并加载光驱，假如你的硬盘中共有 3 个 FAT 分区 C、D、E，那么，F 是光盘的盘符。（ ）

8. 安装 Windows XP 操作系统，至少需要有 64MB 内存。（ ）

9. 在 Windows 98/me /NT4.0/2000 中均可升级到 Windows XP 版本，但是在 Windows 3.x/95 中不能升级到 Windows XP 版本。（ ）

10. 启动"添加硬件向导"安装硬件驱动程序，是早期所使用安装方法。因为早期厂商提供的驱动程序文件夹中都没有可执行的安装程序文件。（ ）

二、填空题

1. 用 Windows 98 启动盘启动计算机后，首先出现启动选择菜单，共 3 项，全是英文，其中含义是：第一项为_____；第二项为_____；第三项为"帮助"。

2. DiskGen 具有回溯的功能，设置生效后，还可以执行_____命令将分区还原到没有更新前的状态。

3. Windows 98 的版本不同，安装过程中先后次序也有所不同，但是大同小异。若采用默认安装，除一些_____外，基本上是一直按"Enter"，方法容易掌握。

4. 如果你的计算机具有完好的软驱和光驱，那么，只要有一张 Windows 98 启动（软）盘，和一张带有 Windows 98 安装程序的光盘及_____即可安装 Windows 98 了。

5. 硬件设备的驱动程序，是指对 BIOS 不能支持的硬件设备进行解释，从而使计算机_____，并保证它能正常工作，进一步充分发挥其性能的特殊程序。

6. 中文版 Windows XP 的安装可以通过多种方式进行，通常使用_____、全新安装、_____安装 3 种方式。

三、单项选择题

1. 操作系统最多只允许 4 个分区，4 个分区是不能满足实际需求的，于是引入了（ ）的概念。

    A．主分区   B．扩展分区   C．逻辑分区   D．活动分区

2．在 DOS 下执行 Setup 命令安装 Windows 98 时，可适当加些参数，若不执行磁盘扫描，命令为（　　）。

    A．Setup/id   B．Setup/im   C．Setup/is   D．Setup/ih

3．安装硬件设备驱动程序，应该遵循安装顺序的原则，正确地安装顺序为（　　）。

    A．集成设备/内部板卡/外围设备   B．内部板卡/外围设备/集成设备

    C．内部板卡/集成设备/外围设备   D．外围设备/内部板卡/集成设备

4．在原系统的支持下，覆盖原有系统而达到安装 Windows XP 目的的安装方法称为（　　）。

    A．双系统共存安装   B．干净安装

    C．完全安装   D．升级安装

5．下列安装方式中，（　　）不是 Windows 98 安装程序选项中的安装方式。

    A．典型   B．便携   C．完全   D．袖珍

6．使用 DiskGen 创建 NTFS 文件系统的分区时，应在新建分区对话框中的"请输入系统标志"栏内输入（　　）。

    A．04   B．06   C．63   D．07

四、简答题

1．通常硬盘分区的总体思路是什么。

2．试述 Windows 98 启动盘制作方法。

3．简述分区软件 Fdisk 的启动方法。

4．Disk Genius 的主要功能及特点有哪些。

5．应用 PartitionMagic 8.0 软件，可以将一个分区分割成两个分区，简述父分区和子分区的概念；并说明分割后的分区的盘符是怎样排列的。

6．简述升级安装 Windows XP 的过程。

7．有哪几种高级格式方法。

8．硬件驱动程序的安装方法有哪些。

9．当"选择应用程序的高级自定义"安装 Office 2003 时，"在首次使用时安装"是什么意思。

第十五章　计算机的维护与维修方法

➡ **本章要点**

- 计算机系统故障的产生原因
- 计算机系统故障的检查诊断步骤和原则
- 常用维修方法和工具软件
- 计算机日常维护的注意事项
- 杀毒软件与防火墙的应用
- 计算机病毒的防治

➡ **本章学习目标**

- 了解计算机系统产生故障的原因
- 熟悉计算机的日常维护方法
- 掌握计算机维修的基本方法和原则
- 熟悉常用的工具软件及杀毒软件的使用方法
- 了解计算机病毒的防治知识

第一节　计算机系统故障的产生原因

我们在使用计算机时总会碰到各种各样的系统故障，因此如何正确、有效地排除故障并使它恢复正常就显得十分重要。其实只要熟悉计算机部件的基本情况，熟悉所使用的操作系统和应用软件，遵循一定的原则和思路，不断积累和总结经验，我们便能正确地判断出计算机产生故障的原因。

计算机系统故障按其发生的原因和产生的后果可分为两大类——硬故障和软故障。

一、硬故障

由器件或人为因素造成的硬件损坏，称之为硬故障。主要有以下几种情况：

（1）计算机板卡上的集成电路芯片和电容等元器件的种类、数量很多，如果制造工艺上存在缺陷就会造成其封装不严、虚焊、印刷板有裂痕及各种接插件接触不良等隐患。存在隐患的计算机在工作时就很容易出现故障。

（2）电气干扰和静电感应使器件击穿失效的情况也很常见。计算机的 MOS 器件氧化层很薄，经不起静电的冲击，实践表明，静电是造成计算机损坏的主要原因。当操作人员穿尼龙或丝绸工作服、橡胶鞋走动或长时间工作时，往往会因摩擦产生静电，对计算机造成损坏。此外，电网的电压忽高忽低、电源滤波器性能不佳、机房电气接触不良等原因都会造成计算机损坏或数据出错。Intel 公司对 10000 个 Intel8080 微处理器芯片经

1280 小时测试，发现 8 个片子失效，其中 5 个是因电源电压过高或过流而失效。Motorola 公司对 358 个微处理器芯片经 1000 小时的测试，测试结果有 9 个失效，大都是因电气干扰造成的。

（3）疲劳性故障、机械磨损是永久性的疲劳性损坏。电气、电子元器件长期使用会产生疲劳性损坏，如显像管荧光屏长期使用会导致其过亮或灯丝老化，发光会逐渐减弱；集成电路寿命到期以及外部设备机械组件的磨损；打印机断针、色带磨损；磁盘、磁头磨损或偏移，还有按键接触不良等。此类故障属于正常的寿命周期，应以更换和淘汰。

（4）环境条件方面的影响不可忽视。环境温度、湿度过高或过低，空气中灰尘大、强电磁场干扰都会使计算机功能不正常。环境温度过高，会使计算机的散热性变差，器件的可靠性降低。环境湿度过高，易引起腐蚀，使电路漏电；环境湿度过低，会使存储介质变形、翘曲，产生静电，造成元器件损坏。空气中灰尘大、强电磁场干扰很容易造成软盘或硬盘等磁介质损坏而产生数据信息丢失的系统故障。

（5）人为因素造成的故障必须重视。由于用户对计算机性能、操作方法不熟悉很可能会造成严重后果，比如接错电源，随便开、关计算机，使用中乱搬、乱动设备，硬盘磁头未推至安全区而造成的损坏，随意拔插外设板卡或电缆及盲目将 CPU 超频使用等，这些错误大多会造成破坏性故障。

二、软故障

除了硬故障，在计算机系统故障中更常见、出现频率更高的是软故障。软故障是由于操作人员对软件设置、使用不当或感染病毒造成的，计算机并没有出现硬件损坏。软故障多发生在新计算机、设备或刚刚接触使用计算机的新用户身上，主要有以下表现形式：

（1）由于操作人员对软件使用、设置不当或使用盗版软件造成系统软件和应用软件损坏，致使系统性能下降甚至"死机"。比如安装的操作系统或应用软件版本不兼容，未安装驱动程序或驱动程序之间产生冲突，系统配置错误包括 CMOS 中参数的设置错误，以及系统配置文件出错或文件丢失等。系统设置错误是引起计算机不能正常启动的原因之一，对于计算机使用人员来说，系统故障绝大多数都是由于这类软故障造成的。

（2）病毒引起的计算机系统故障随着互联网的普及而屡见不鲜。由于计算机病毒发作感染可执行文件，更改系统注册表，占用内存等系统资源从而引起计算机系统工作瘫痪。虽然此种故障可用硬件手段、杀毒软件和防病毒措施等进行杀毒和预防，但是面对层出不穷的病毒，广大的计算机用户还是防不胜防。

第二节　计算机系统故障的检查诊断步骤和原则

对计算机系统进行故障诊断是一项较为复杂而又细致的工作，除需要了解有关计算机原理的基本知识外，掌握一套正确的诊断步骤和原则是十分必要的。

虽然计算机系统故障五花八门，但如果对计算机系统的工作过程有一定的了解，遵循必要的步骤和原则，常见的计算机故障是不难排除的。

一、计算机系统故障的诊断步骤

对于计算机系统故障要尽可能遵循以下诊断步骤。

1．了解情况

在诊断前，要与用户及时沟通、交流，详细了解故障的现象，故障发生前后的变化情况，作出初步的故障部位判断。诊断前与用户的沟通极为重要，这样不仅可以快速确定故障部位，而且可以防止盲目通电开机造成损坏部位扩大。

2．复现故障

在与用户充分沟通的情况下，通电开机复现故障以确认故障现象是否存在，以便对所见现象进行初步的判断，确定下一步的操作，同时注意观察是否还有其他故障存在。

3．判断、维修

对所见的故障现象进行判断、定位，找出产生故障的原因，并进行必要的修复。在进行判断维修的过程中，应遵循计算机系统故障诊断的原则和注意事项。

4．检验

维修后应当进行检验，确认所发现的故障已解决，且用户的计算机不存在其他可见的故障。

二、微机系统故障诊断的原则

1．要"安全第一"

在计算机检修过程中，无论是计算机系统本身，还是所使用的检修设备，它们既有强电系统，又有弱电系统，注意检修中的安全是十分重要的问题。在维修工作中的安全问题主要有 3 方面，即维修人员的人身安全、被维修的计算机系统的安全、所使用的维修设备特别是贵重仪表的安全。

在进行维修的实际操作过程中，必须特别注意计算机机内高压系统。比如显示器内就具有 10kV 以上的阳极高压，这样高的电压无论是对人体还是计算机或维修设备都将是很危险的，必须引起高度重视。

2．要"先问、先看、先想后做"

先问：先向用户了解清楚故障现象，初步判断故障部位、原因，切忌盲目通电开机。

先看：就是观察。比如计算机周围的环境情况、位置、电源、连接、其他设备、温度与湿度等；计算机内部的环境情况如灰尘、连接、器件的颜色、部件的形状、指示灯的状态等；计算机所表现的现象、显示的内容及它们与正常情况下的异同；计算机的软硬件配置、安装了何种硬件、资源的使用情况；使用的是使种操作系统，其上又安装了何种应用软件；硬件的设置驱动程序版本等。

先想：在检修之前，要头脑冷静，不盲目动手，经过仔细分析判断故障现象和原因后，考虑好维修的方案和步骤，准备好所需资料、工具、仪器，清楚检修过程中每个操作步骤的目的、危害和挽救方法，再实际动手。也可以说是先分析判断，再进行维修。

3．要"先软后硬"

从实际情况来看计算机系统发生的故障绝大多数都属于软件故障，无论从维修和费用等角度考虑，都应先从操作系统上、软件上来分析原因，注意尽量通过识别文本、图像、声音等线索找到所提示的潜在故障点，而不要急于去打开机箱。如计算机不能识别硬盘，则应先检查 CMOS 的设置是否正确，然后再分析具体是硬盘的问题还是设置的问题，即发生任何故障都应首先排除由软件引起的故障，当确认软件环境正常时，故障现象不能消失，再从硬件方面着手检查。

4. 要抓"主要矛盾"

计算机系统故障的现象和原因种类较多,性质各异,有时可能会看到一台计算机有两个或两个以上的故障现象,如启动过程中无显示,但计算机也在启动,同时启动完后,有死机的现象等。这时先要集中力量解决主要矛盾,首先判断、维修主要的故障现象,当修复后,再维修次要的故障现象。有时次要的故障现象不是独立存在的,往往主要故障解决后,次要故障也消失了。

5. 要"由易到难,由表及里"

由易到难:先排除简单容易的故障,如接触不良、保险丝发热熔断等;再解决难度较大的问题。尤其当计算机的故障较多时,应先易后难地排除故障。在解决简单故障的过程中,难度较大的问题往往也可能变得容易了。

由表及里:一般来说,主机可靠性高于外部设备,应采取先外设后主机、由外到里、逐步缩小范围、直到找到故障点的原则。因为有些故障是由连接电缆外接插头引起的,如键盘失灵、显示器偏色等很多故障现象都由此而生,可先解决这些外部设备问题,再排除其他设备故障,最后排除主机故障。

第三节 常用维修方法和工具软件

一、计算机的常用维修方法

计算机的故障可分为软故障和硬故障两种,对于软故障只要找到原因通过软件重装、重设或杀毒就可以使计算机恢复正常。如果是硬故障就比较麻烦,首先要进行故障的定位,确定发生故障的部件。对于计算机故障维修来说这是最重要和关键的一步,因为计算机硬故障的维修通常是板卡级的维修,只要找出有故障的部件,用好的部件替换就可以了。在故障诊断中常用的方法主要有以下几种。

1. 直观检查法

直观检查法通过看、听、闻、摸等方式检查比较明显的故障,这是计算机硬故障维修过程中最基本也是最常用的方法,简便易行,是查找故障的第一步。

眼看:检查各种连接线是否接好,是否电缆损坏、断线,是否有插头歪斜、松动等接触不良现象,供电电压是否正常,各种风扇是否正常运转,电阻、电容、芯片表面引脚是否生锈、烧焦、断裂、脱焊和虚焊,是否有异物掉进主板的元器件之间等。

耳听:一般要听电源风扇、磁盘驱动器有无异常的声音,根据 BIOS 报警声或 Debug 卡可判断故障发生的部位。

鼻闻:辨闻主机、板卡中是否有烧焦的气味,便于发现故障和确定短路所在。

手摸:计算机部件正常工作状态下,手摸表面仅仅会感觉微热,如果烫手说明部件工作不正常。另外还可以按压、晃动板卡检查其是否松动或接触不良。

特别需要提醒的是仔细观察是维修诊断过程中第一要素,观察一定要全面、认真。

2. 最小系统与逐步添加法

对于开机后无任何显示和报警信息的计算机,最好采用最小系统法进行诊断,即只保留电源、主板、CPU、内存，通电后通过喇叭报警来判断最小系统是否正常，如果顺利通过可依次增加显示卡、显示器、键盘，最后是硬盘和其他插卡，这样可以很快确定故障的位置和部件。同样的对于软故障诊断也可以借鉴此种方法，既在硬盘中只保留一个基本的、干净的操作系统，然后根据需要，加载应用程序来发现软件冲突或软、硬件间的冲突问题。

3. 插拔替换法

将被怀疑的部件或线缆重新插拔，以排除松动或接触不良的原因。如果经过插拔后不能排除故障，就用好的部件去代替怀疑有故障的部件，以判断故障现象是否消失的一种维修方法。替换的顺序一般按先简单后复杂的顺序进行替换。如先内存与CPU、后主板，此方法的缺点是必须手里有同型号的或不同型号同一类型的好的部件。

4. 屏蔽隔离法

屏蔽隔离法是对怀疑存在故障或相互冲突的软、硬件进行屏蔽隔离，即对软件采取停用或者干脆卸载，对于各种插卡部件可以直接拆除。

5. 故障复现法

对于偶然、不经常发作的故障现象比较难以诊断和维修，一般要想办法创造条件使故障频繁出现，以便尽早发现问题。针对计算机部件故障发生的原因，通常可采取对怀疑的部件敲打振动、适当的扭曲来检查接头松动、焊点虚焊等引起的接触不良故障。利用电烙铁或电吹风进行加热，看故障是否因温度的升高而出现，这种方法对查找个别元器件因温度稳定性差而产生的故障十分有效。

总之，在计算机故障的维修过程中，应该认真观察，冷静分析，细心操作，视具体情况不同灵活采取相应的方法，相信通过实践经验的积累，绝大部分的故障都是可以自己解决的。

二、常用工具软件

俗话说"工欲善其事，必先利其器"，在计算机的维修、维护当中，使用功能强大、软硬件信息检测全面、使用简单灵活的工具软件，即可以提高计算机系统的性能，帮助用户更好地使用、维护计算机，又可以在故障检测中提供准确的信息，便于用户确定故障原因。在恢复和重装系统中更是工具软件大显身手的时候。

1. 超级兔子

超级兔子是一个比较全面的系统维护工具软件。点击桌面上的超级兔子快捷图标🐰，可以打开如图15-1所示的窗口，共有8大组件。

超级兔子可以清理系统、注册表里面的垃圾文件，可以提供强有力的软件卸载功能，彻底清除软件在计算机内的所有记录，还可以优化、设置系统大多数的选项，打造一个属于自己的系统。超级兔子上网精灵和IE修复专家具有IE保护、修补IE漏洞、禁止恶意网页攻击以及端口过滤等功能。单击图15-1的"超级兔子系统检测"选项可以显示系统软、硬件信息，还能对CPU、显卡、硬盘的速度和键盘按键进行测试，由此检测计算机的性能，如图15-2所示。

2. 诺顿计算机大师

诺顿计算机大师是整合了诺顿防病毒、实用工具、恢复工具、诊断工具4大功能的工具软件，能自动检测并修复Windows操作系统问题，可进行磁盘碎片的快速整理及优化硬盘，有效地提升计算机运行速度和资源利用。由于整合了诺顿防病毒功能，可自动防护蠕虫、特洛伊木马和未知病毒的攻击。

图 15-1　超级兔子组件

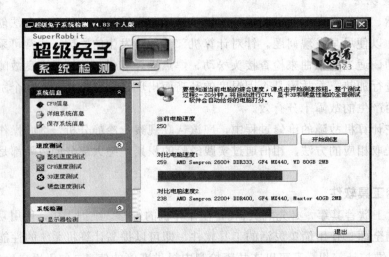

图 15-2　超级兔子系统检测

3．Ghost

Ghost 原来是基于 DOS 操作系统的系统备份恢复工具软件，现可以在 Windows 操作系统下运行。它能够提供硬盘数据和系统的完整备份和恢复，支持包括 FAT、FAT32、NTFS 等多种磁盘文件系统格式。

Ghost 即可以实现本地计算机上的硬盘操作，也可通过点对点模式或者广播方式对网络计算机上的硬盘进行操作。它可以实现分区对分区、硬盘对硬盘的完全拷贝，还可以将硬盘或分区内容备份成镜像文件备份，在需要时快速恢复，是重装系统的一种好方法。

4．Windows 优化大师

Windows 优化大师能运行在 Windows 98/2000/XP 等多个操作系统平台，可实现系统清理、系统维护、系统优化等多个功能，简便易用。优化大师可以针对各种硬件平台进行检测，提供系统软、硬件信息，修复因非正常关机、磁盘逻辑坏道等造成的磁盘问题，自动清理垃圾文件，进行内存整理，实现操作系统的性能优化，针对某些漏洞和网络流氓程序可提供全面的系统安全设置，使计算机始终保持在最佳状态。

5．PCTOOLS

在 DOS 操作系统时代曾经大名鼎鼎的 PCTOOLS，经过多次版本更新，已从初期的单纯的磁盘文件操作发展到如今具有磁盘维护、桌面管理、支持网络通信等多种功能的工具软件。它的用户界面友好，操作和使用相当灵活、方便，使一般用户也能进行一些诸如编辑 EXE 文件、软件汉化、恢复被删除的数据等工作。利用 PCTOOLS 的 MAP 功能可以查看磁盘各种状态，比如是否有坏的扇区、可用空间、文件分配表、BOOT 区等文件的分布状况。PCTOOLS还提供了磁盘初始化、硬盘磁头复位、查找字符串和打印文件清单等其他功能。

6．Windows 的自带工具

Windows 操作系统中已经自带了许多有用的工具软件，如图 15-3 所示，可以满足一般的系统维护要求。在控制面板中的计算机管理项目中还可以查看计算机系统的硬件信息，如图 15-4 所示，如果硬件出现故障会及时给出相应的提示。

图 15-3　系统工具

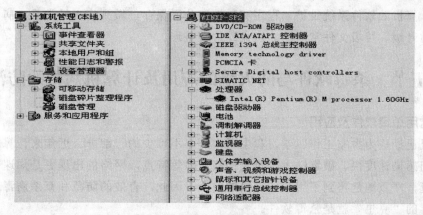

图 15-4　计算机系统硬件信息

第四节　计算机日常维护的注意事项

做好计算机的日常维护，对于保证计算机系统安全可靠运行，延长计算机的使用寿命是十分必要的。在计算机的日常维护中一定要注意以下事项：

一、创造计算机使用的安全环境，切实做好"五防"工作

防高温：计算机中的 CPU、存储器等部件都是发热大户，为保证计算机的正常散热，环境温度不能太高，有条件时，计算机机房应安装空调。

防静电：物体和人所带的静电，有可能造成计算机芯片的损坏。尤其冬天更应注意，如果用户需要打开计算机机箱插拔其中的部件，应该首先用手接触暖气管或其他接地金属物体，释放身体上的静电。

防潮湿：环境湿度过高易引起芯片引脚和电路的氧化锈蚀，而环境湿度过低易产生静电，相对湿度应保持在 30%～80%。

防强磁：强磁场能使存储器数据丢失、信息出错和显示屏幕出现抖动、扭曲等，因而计算机在摆放时，一定要远离变压器等强磁场设备。

防灰尘：出于散热考虑，计算机设备不可能完全密封。计算机中灰尘累积容易腐蚀配件，造成短路或断路，所以要定期除尘。

二、养成良好的使用习惯至关重要

正确执行开、关机顺序。开机的顺序是：先开外设如打印机、扫描仪等，然后再开主机；关机顺序则相反，这样可尽量减少电源通断时冲击电流对主机的损害。同样也不要频繁地开、关计算机。

计算机工作时，尤其是当磁盘指示灯闪烁表示磁盘正进行读、写操作时，应保持平稳，不要轻易搬动，不要突然关机，这样可能会损坏磁头。为避免突然断电造成数据丢失和磁盘损坏，应保持电源插座接触良好，与其他电器电源应尽量分开使用。最好能配备 UPS 不间断电源。

爱惜维护外部设备，如经常保持键盘清洁，按键时注意力度适中，避免摔碰鼠标和强力拉扯引线。光盘在不用的时候应该从光驱中取出，还要避免使用劣质光盘。

留心计算机的软件系统维护，程序和数据应分区保存，做到病毒经常杀、病毒库常更新、软件常升级、垃圾文件常清除、磁盘碎片常整理。

第五节　杀毒软件与防火墙的应用及计算机病毒的防治

一、常用杀毒软件及应用

计算机已经成为大家工作、学习和生活中所必不可少的一部分。近年来计算机病毒的传播呈现出感染速度快、破坏性大、难于彻底清除等特点，网络的出现更是加速了计算机病毒的蔓延，严重地危害到了用户计算机的安全。因此，有效的防范和查杀病毒已经迫在眉睫。病毒的"克星"就是杀毒软件。

杀毒软件的种类繁多，新技术不断涌现，功能日益全面和强大，但特征归纳起来有 3 个方面：

（1）查毒。计算机杀毒软件的首要功能就是查毒，所谓查毒是指发现和追踪病毒来源。通过查毒应该能准确地发现计算机系统是否感染有病毒，并准确查找出病毒的来源，给出报告。

（2）杀毒。杀毒软件是专门用来对付计算机病毒的。不但要查找出病毒，还应该从被感染对象中清除病毒，恢复被病毒感染前的原始信息，恢复过程不能破坏未被病毒修改的内容。感染对象包括：内存、引导区（含主引导区）、可执行文件、文档文件以及网络等，这是杀毒软件的重要功能。

（3）防毒。防毒是指根据系统特性，采取相应的系统安全措施预防病毒侵入计算机，对计算机的输入、输出进行监测预警，在病毒侵入系统时发出警报，记录携带病毒的文件，隔离病毒源。杀毒是治标，防毒才是根本。

中国的杀毒软件市场从 20 世纪 90 年代开始至今，Kill 一统天下的局面早已被打破，瑞星、金山、江民等国内杀毒软件厂商，以及赛门铁克、卡巴斯基等国外企业逐渐占据市场大部分份额。

1. 瑞星杀毒软件

瑞星科技股份有限公司作为国内最大的反病毒专业企业，建成国内极具竞争力的研究、开发、营销、服务网络。瑞星系列软件是瑞星公司开发的查杀病毒软件，其中瑞星杀毒软件 2006，内含瑞星个人防火墙，具备第七代极速引擎，内嵌"木马墙"技术，彻底解决账号、密码丢失问题。它具备未知病毒查杀功能，可疑文件定位功能，主动漏洞扫描、修补功能，IP 攻击追踪功能，数据修复功能，支持日志管理系统，提供在线专家门诊。

2. 金山毒霸

金山软件公司创建于 1988 年，其产品线覆盖了桌面办公、信息安全、实用工具、游戏娱乐和行业应用等诸多领域，自主研发了适用于个人用户和企业级用户的 WPS Office、金山词霸、金山毒霸、剑侠情缘等系列知名产品。其中金山毒霸 2006 是一款功能强大、方便易用的个人及家庭反病毒产品，它能保护您的计算机免受病毒、黑客、垃圾邮件、木马和间谍软件等网络危害，能自动扫描计算机系统漏洞，抢先式文件实时防毒，可保障在 Windows 未完全启动时即开始保护用户的计算机系统，更加有效的拦截随机加载的病毒，使用户避免"带毒杀毒"的危险。金山毒霸 2006 采用全新的垃圾邮件过滤引擎，保护用户重要的私密数据（如银行账号、信用卡号、网游账号）等，一旦木马或间谍软件试图通过邮件盗取这些数据，金山毒霸 2006 会报警并提示用户。

3. 江民杀毒软件

江民新科技术有限公司成立于 1996 年，是国内首个亚洲反病毒协会会员企业。江民杀毒软件 KV2007 可有效清除 20 多万种的已知计算机病毒、蠕虫、木马、黑客程序、网页病毒、邮件病毒、脚本病毒等，全方位主动防御未知病毒，新增流氓软件清理功能。KV2007 新推出第三代 BOOTSCAN 系统启动前杀毒功能，支持全中文菜单式操作，使用更方便，杀毒更彻底。新增可升级光盘启动杀毒功能，可在系统瘫痪状态下从光盘启动计算机并升级病毒库进行杀毒。KV2007 具有反黑客、反木马、漏洞扫描、垃圾邮件识别、硬盘数据恢复、网银网游密码保护、IE 助手、系统诊断、文件粉碎、可疑文件强力删除、反网络钓鱼等功能，为保护互联网时代的计算机安全提供了完整的解决方案。

4. 熊猫卫士

Panda 软件公司是欧洲第一位的计算机安全产品公司，2002 年初方正科技正式入资熊猫中国。熊猫卫士是 Panda 软件公司在中国推出的反病毒产品，方正熊猫钛金版 2006 防病毒+防间谍软件基于"安装即忘"的理念专为家庭用户而设计，能自动检测并清除各种类型病毒、蠕虫和木马，无需任何人工干预，可以提供自动、永久的保护，防止各种类型病毒、间谍软件的入侵。它采用了入侵防护 TruPreventTM 技术，使您在抵御未知新病毒的时候获得额外的附加保护，并有效阻止黑客、网络钓鱼及其他在线欺诈的攻击。

5. 诺顿杀毒

赛门铁克（Symantec）成立于 1982 年，是互联网安全技术的全球领导厂商，为企业、个人用户和服务供应商提供广泛的内容和网络安全软件及硬件的解决方案。赛门铁克旗下的诺顿品牌是个人安全产品全球零售市场的领导者，在行业中屡获奖项。最新推出的 Norton Anti Virus 诺顿防病毒软件 2007，资源占用得到极大的改善，内存占用有效地控制在了 10～15MB，全新后台扫描功能只占用很小的资源，自动防护功能可以在计算机启动的同时自动运行，自动清除各种木马软件、广告软件、间谍软件等恶意黑客工具，恶意代码防护功能可以检测到用于非法保存 Internet 访问信息的恶意代码，并可根据用户的指示加以清除。

6. 卡巴斯基

卡巴斯基实验室（Kaspersky Lab）于 1997 年成立，创始人之一尤金·卡巴斯基（Eugene Kaspersky）是计算机反病毒引擎研究中比较著名的人物，开发出的 AVP 反病毒引擎和病毒库，一直以其严谨的结构、彻底的查杀能力为业界称道。卡巴斯基杀毒软件近年来在国内发展势头迅猛，其中卡巴斯基互联网安全套装 6.0 个人版是为计算机提供信息安全保障的组合解决方案，它结合了所有卡巴斯基实验室的最新技术，提供针对恶意代码、网络攻击以及垃圾邮件的保护，它所具有的主动防御功能可以通过分析安装在计算机上应用程序的行为，监控系统注册表的改变。这些组件使用启发式分析，有助于及时发现隐蔽威胁以及各种类型的恶意程序。所有的这些程序组件可以无缝接合，从而避免了不必要的系统冲突，确保系统高效运行。

7. 杀毒软件的使用

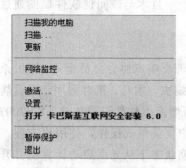

图 15-5　卡巴斯基安全套装 6.0

市场上杀毒软件虽然种类繁多，但安装和使用方法大都比较简单，下面就以目前比较流行的卡巴斯基杀毒软件为例，介绍杀毒软件的设置和使用方法。

卡巴斯基安装成功后，会在系统任务栏区显示软件图标，用鼠标右键点击此图标会自动弹出如图 15-5 所示的快捷菜单。

用户利用快捷菜单可以很方便地实现各种功能，选择"打开卡巴斯基互联网安全套装 6.0"选项可以进入软件主界面，如图 15-6 所示。

卡巴斯基的主界面比较简单，它分为左右两个窗口，左边窗口是导航栏，主要有保护、扫描、服务、注意等组件；右边窗口部分是通知面板界面，它显示的是左边窗口被选择组件的相关信息。可以通过这个窗口实现文件保护、病毒扫描等操作。

单击图 15-5 快捷菜单中的"扫描我的电脑"或"扫描……"选项，可以实现整个计算机系统或某个磁盘的扫描，如图 15-7 所示。

图 15-6 卡巴斯基主界面

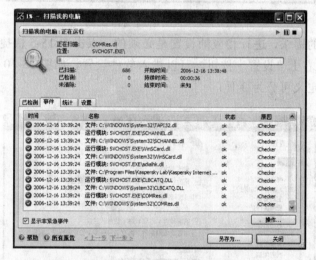

图 15-7 卡巴斯基运行扫描

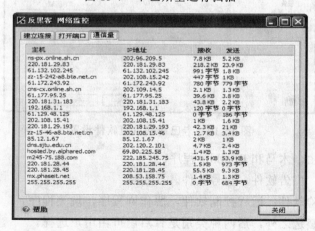

图 15-8 卡巴斯基通信量监测

单击图 15-5 快捷菜单中的"网络监控"选项，就可以实现网络监控功能，如图 15-8 和图 15-9 所示。

图 15-9　卡巴斯基端口监测

　　为满足个性化的需求，进行相应的设置是必须的，点击图 15-5 快捷菜单的"设置"选项或图 15-6 主界面右上"设置"按钮，可以进入软件设置，如图 15-10 所示。卡巴斯基对于"风险软件"的定义可分为 3 种：

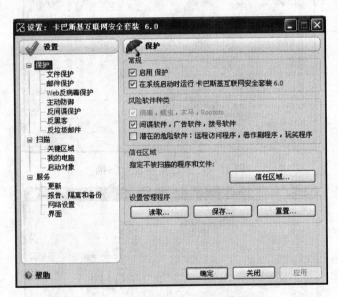

图 15-10　卡巴斯基风险软件设置

　　（1）病毒，蠕虫，木马和 Rootkits 程序。
　　（2）间谍软件，广告软件，拨号软件。
　　（3）潜在的危险软件：远程控制软件，恶作剧程序，玩笑程序。
　　除了第一类是必选之外，后两种类别是否启用可由用户选择。
　　为了应对目前国内日益泛滥的流氓软件，建议用户启用"间谍软件，广告软件，拨号软件"选项，当遇到流氓软件侵扰时，卡巴斯基会自动弹出警告提示："检测到广告程序"，如图 15-11 所示。

单击图 15-11 中的"拒绝"按钮，自动弹出图 15-12 所示窗口。

图 15-11 卡巴斯基反病毒保护警告提示窗口　　　图 15-12 卡巴斯基反病毒拒绝访问提示

我们也可以将某些程序设置为不用软件监控和扫描的信任程序，将其放置在信任区域里，方法是单击图 15-10 中的"信任区域……"按钮，弹出如图 15-13 所示窗口对话框，用"添加"按钮添加信任程序。

在卡巴斯基提供的保护中最有特点的就是主动防御，它可以使计算机免受已知威胁和未知新威胁的感染。它含有 4 个项目：程序活动分析、程序完整性保护、注册表防护和 Office 防护。如图 15-14 所示，用户可根据需要自行选择。

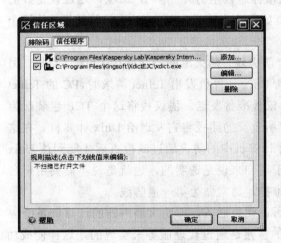

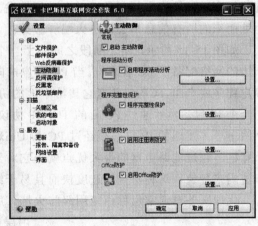

图 15-13 卡巴斯基信任程序设置　　　　　　图 15-14 卡巴斯基主动防御设置

需要提醒的是主动防御既然是防护未知病毒，那么误报也自然难免。如果安全级别设置得很高，比如 4 种保护功能全开，卡巴斯基对计算机资源占用率较高，会使计算机系统运行速度变慢。因而杀毒软件的设置应该根据自己的计算机配置和使用情况确定，如果仅仅是一般用户建议使用默认设置即可。

用户如要更新病毒库和获得技术支持，必须使用激活码激活，详细信息可以通过点击图 15-6 主界面窗口中的"帮助按钮"查询。

面对目前反病毒软件市场异常火暴的景象，用户在选购反病毒软件时需综合考虑各种因素，比如查杀毒能力是否全面、强大，使用是否方便，升级服务是否及时、简捷，当然价格因素也是必须考虑的。

二、防火墙及应用

随着计算机网络迅速扩展，越来越多的用户习惯到 Internet 上漫游，随之而来的网络安全问题已经日益突出地摆在各类用户的面前。以目前流行的互联网技术来说还存在许多漏洞，很多别有用心的网络黑客们利用各种工具和手段，通过网络对用户的计算机进行扫描、篡改、窃取数据等种种破坏活动。据调查互联网上 30%以上的用户曾经遭受过黑客的攻击，造成的损失不可估量。从目前看，最好的应付策略就是安装网络防火墙。

防火墙的本义原是指古代人们房屋之间修建的防止火灾蔓延的隔断墙，这里借用"防火墙"只是一种形象的说法，其实它是一种由计算机硬件和软件结合的安全措施，使互联网与内部网之间建立起一个安全网关（Scurity Gateway）。在互联网上防火墙是一种非常有效的网络安全模型。一般的防火墙都可以达到以下目的：一是可以限制他人非法进入内部网络；二是限定用户访问特殊站点；三是为监视 Internet 安全提供方便。防火墙正在成为控制网络系统访问的非常流行的方法。事实上，在 Internet 上的 Web 网站中，超过 1/3 的 Web 网站都是由某种形式的防火墙加以保护的。

一套完整的防火墙系统通常是由屏蔽路由器和代理服务器两部分组成的。互联网中所有往来的信息都被分割成一定长度的信息包，包中包括发送者的 IP 地址和接收者的 IP 地址。屏蔽路由器就是一个多端口的 IP 路由器，它从每一个到来的 IP 包包头取得信息，例如协议号、收发报文的 IP 地址和端口号、连接标志以至另外一些 IP 选项，通过设定好的过滤规则进行检查来判断是否对之进行转发。如果防火墙设定某一 IP 为危险的话，从这个地址而来的所有信息都会被防火墙屏蔽掉。

如图 15-15 所示，两个网段之间隔了一个防火墙，防火墙的一端联接 Unix 计算机，另一边的网络配备了 PC 客户机。当 PC 客户机向 Unix 计算机发出 Telnet 请求时，PC 的 Telnet 客户程序就产生 TCP 包并把它传给本地的协议栈准备发送。协议栈将这个 TCP 包装配为一个个 IP 包，然后通过 PC 机的 TCP/IP 协议所定义的路径将它发送给 Unix 计算机。在这个例子里，发送的 IP 包必须经过 PC 和 Unix 计算机中的防火墙过滤检查后才能到达 Unix 计算机。包过滤路由器的最大优点就是它对于用户来说是透明的，也就是说不需要用户名和密码来登录。这种防火墙速度快而且易于维护，通常做为第一道防线。

代理服务器通常也称作应用级防火墙。所谓代理服务，即防火墙内外的计算机系统应用层的链接是通过代理服务来实现的，这样便成功地实现了防火墙内外计算机网络的隔离，使从外面来的访问者只能看到代理服务器而看不见任何的内部资源，诸如用户的 IP 等，而内部客户根本感觉不到它的存在，可以自由访问外部站点。代理服务是设置在 Internet 防火墙网关上的应用，可实现较强的数据流监控、过滤、记录和报告等功能，网管员可以控制某些特定的应用程序或者特定服务，如超文本传输（http）、远程文件传输（FTP）等。

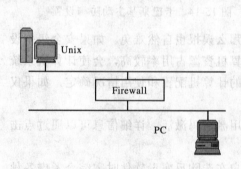

图 15-15 防火墙结构示意图

通常意义上的防火墙是通过硬件和软件的结合

来达到隔离内、外部网络的目的，但架设防火墙投资较大，而且防火墙需要运行于一台独立的计算机上，一般小型企业和个人很难承受。

防火墙可以是精心配置的网关，也可以是非常简单的过滤器，实现的功能都是监测并过滤所有通向外部网和从外部网传来的信息，从而保护内部敏感的数据不被偷窃和破坏，并记录通信发生的时间和操作等，因而依靠纯软件的方式也可以实现防火墙的简易功能，且价格很便宜，适合于广大计算机用户安装和使用。所谓软件方式就是通过安装在计算机系统里的一段"代码墙"，把计算机和网络分隔开，它按照一定的规则检查到达防火墙两端的所有数据包，从而决定是否拦截，阻止一些非法用户对计算机的访问。

软件防火墙系统资源占用低、效率高，为便于广大个人用户使用，防火墙一般都具有设置界面简单易懂，规则设定灵活有效的特点。国外在该领域发展得比较快，知名的品牌也比较多，如 ZoneAlarm、Outpost Firewall、Norton Personal Firewall、BlackICE PC Protection 等。

国内的研发虽然起步比较晚，但也涌现了天网防火墙、江民黑客防火墙、瑞星防火墙这样的优秀品牌，而且在实用性能上并不比国外知名品牌逊色。其中天网防火墙（SkyNet-Firewall）个人版（简称为天网防火墙）是一款由天网安全实验室制作的给个人计算机使用的网络安全程序。它根据系统管理者设定的安全规则（Security Rules）把守网络，提供强大的访问控制、应用选通、信息过滤等功能。它可以帮你抵挡网络入侵和攻击，防止信息泄露，并可与天网安全实验室的网站相配合，根据可疑的攻击信息，找到攻击者。

天网防火墙安装比较简单，重起后只要打开天网防火墙就能起作用，在默认情况下，它的作用就很强大。下面我们再来介绍一下天网防火墙的一些简单设置。鼠标右击任务栏中防火墙图标，在弹出的快捷菜单中选择"系统设置"选项，打开如图 15-16 所示的系统设置面板。

图 15-16　天网防火墙系统设置面板

1．IP 规则介绍

IP 规则是针对整个系统的网络层数据包监控而设置的，利用自定义 IP 规则，用户可针对个人不同的网络状态，设置自己的 IP 安全规则。实际上天网防火墙个人版本身已经默认设置了相当好的缺省规则，一般用户并不需要做任何 IP 规则修改，就可以直接使用。用户可以点击"IP 规则管理"按钮或者在"安全级别"中点击"自定义"安全级别进入 IP 规则设置界面。IP 规则设置的操作界面如图 15-17 所示。

2. 网络访问监控功能

应用程序网络使用状态功能是天网防火墙个人版首创的功能。用户可以控制应用程序访问权限，还能够监视到所有开放端口连接的应用程序及它们使用的数据传输通信协议，如图 15-18 所示。任何不明程序的数据传输通信协议端口，例如特洛伊木马等，都可以在应用程序网络状态下一览无遗。用户可以根据要求在自定义 IP 规则里封锁某些端口以及禁止某些 IP 访问来保护计算机免受攻击。

图 15-17　天网防火墙 IP 规则设置

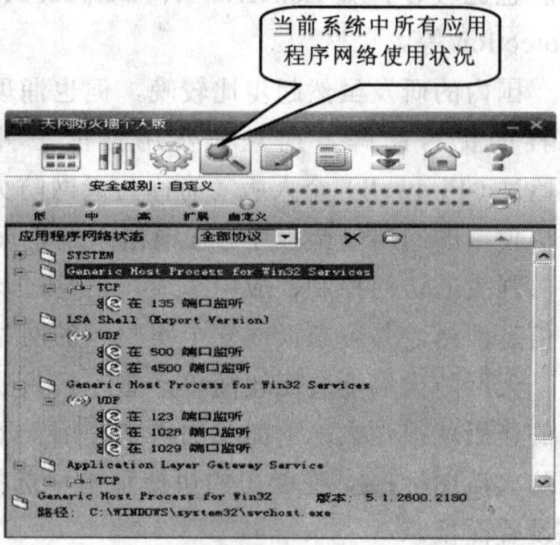

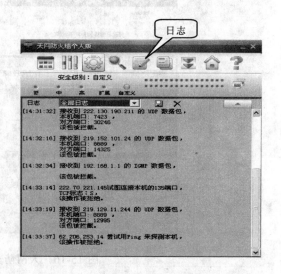

图 15-18　天网防火墙端口监听

3. 日志查看与分析

如图 15-19 所示，天网防火墙个人版将会把所有不合规则的数据传输封包拦截并且记录下来，如果您选择了监视 TCP 和 UDP 数据传输封包，那您发送和接收的每个数据传输封包也将被记录下来。每条记录从左至右分别是发送/接收时间、发送 IP 地址、数据传输封包类型、本机通信端口、对方通信端口、标志位。

以上只是对天网防火墙的使用做了简单的介绍，如果想深入了解天网防火墙全部功能，可以使用帮助或通过天网资讯通查询，如图 15-20 所示。

4. Windows 防火墙

图 15-19　天网防火墙日志

实际上 Windows 操作系统已经内置了防火墙，可以通过控制面板中的 Windows 防火墙来打开，如图 15-21 所示。

图 15-20　天网防火墙资讯通窗口

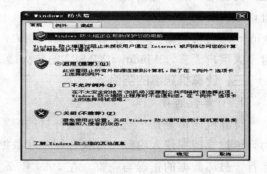

图 15-21　Windows 防火墙

就防火墙功能而言，专门的防火墙对双向流量都进行审核，拥有更复杂的控制列表，而 Windows 防火墙在原则上只对由外向内的未经请求的通信流量进行阻截，对主动请求由内向外的通信流量及其应答则完全不加限制，这一点是它们之间最大的区别。

Windows 防火墙使用的全状态数据包监测技术会把所有由本机发起的网络连接生成一张表，并用这张表跟所有的入站数据包作对比，如果入站的数据包是为了响应本机的请求，那么就被允许进入。

在防火墙设置中您可以添加程序和端口，允许特定类型的传入通信。端口或者服务可以在"例外"选项卡中设置或者通过指定应用程序的方法设置，如果开放端口的服务不是一个应用程序如 IIS 服务，可以直接设置开放的协议和端口号。

Windows XP SP2 的防火墙可以精确的设置对某台计算机或者某些子网是否允许连接，方法是单击图 15-22 中的"编辑（E）……"按钮，在弹出的编辑程序窗口中单击"更改范围"按钮，打开如图 15-23 所示的更改范围面板进行设置。如果没有开启服务，则所有连接都将被拒绝。

图 15-22　Windows 防火墙"例外"选项面板

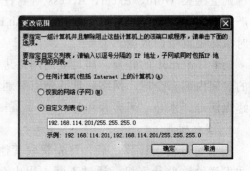

图 15-23　更改范围面板

Windows XP SP2 的防火墙日志记录可以帮助确定入站通信的来源，并提供有关被阻止的通信的详细信息，通过分析日志可以搜集某项应用软件服务端（如 QQ 服务器）的 IP 地址，检查是否有木马悄悄开放了后门，确定某个软件建立连接时所需要的端口号，还可以查询攻击者的 IP 地址。

Windows 自带的防火墙具有较高的防范能力，性能几乎不逊色于其他专业防火墙，所以针对个人用户而言，Windows XP SP2 的防火墙是值得一试的。

三、计算机病毒的防治

1. 计算机病毒定义

计算机病毒是指一些人出于某种目的编写的一种特殊的计算机程序，具有自我复制能力，通过非授权侵入隐藏在可执行程序和数据文件中，它能影响计算机软件、硬件的正常运行，破坏数据的正确与完整。在 1994 年 2 月 18 日，我国正式颁布实施了《中华人民共和国计算机信息系统安全保护条例》（以下简称《条例》），其中计算机病毒被明确定义为"计算机病毒，是编制或者在计算机程序中插入的破坏计算机功能或者破坏数据，影响计算机使用并且能够自我复制的一组计算机指令或者程序代码"。"病毒"一词是借用生物病毒的概念，就是指计算机病毒能够像生物学上所称的病毒一样，在计算机系统内生存、繁殖和传播，以致对计算机系统资源造成严重的破坏，使计算机系统的正常工作陷于瘫痪。其与医学上的"病毒"不同，它不是天然存在的，是某些人利用计算机软、硬件所固有的脆弱性，编制特殊功能的程序，计算机一旦有了病毒就会很快扩散，具有很强的传染性，这一特点是病毒与正常程序的本质区别。

2. 计算机病毒起源与发展

计算机病毒的来源多种多样，有的是计算机工作人员或业余爱好者为了炫耀自己的高超技术和智慧而制造出来的，目的是为了开玩笑或恶作剧，有的则是软件公司为保护自己的产品免被非法拷贝而制造的报复性惩罚（如巴基斯坦病毒）。更多的情况就是出于特殊目的的蓄意破坏。

1987 年，第一个计算机病毒 C-BRAIN（巴基斯坦）出现，目的主要是为了防止软件被任意盗拷。随之而来世界各地的计算机用户几乎同时发现了形形色色的计算机病毒，如黑色星期五、米开朗基罗、大麻等。自 Windows 操作系统诞生以来，专门针对它的病毒也开始出现，如宏病毒。传统的文件型病毒只会感染扩展名为 exe 和 com 的执行文件，而宏病毒则会感染 Word、Excel、Access 等软件储存的资料文件。CIH 病毒是迄今为止破坏最为严重的病毒，发作时可破坏计算机 Flash BIOS 芯片中的系统程序，导致主板无法启动，同时破坏硬盘中的数据。

随着 Internet 的普及，病毒利用网络进行快速而大规模的传播，从而使网络病毒在极短的时间内遍布全球。网络病毒除带有普通病毒的共同特点外，也表现了一些新的特性，如蠕虫病毒、木马、黑客软件等。

3. 蠕虫病毒

蠕虫病毒侵入计算机后，首先获取其他计算机的 IP 地址，然后利用系统漏洞将自身副本发送给这些计算机，通过不断占用内存资源从而造成 PC 和服务器负荷过重而死机。因为蠕虫病毒通过网络、电子邮件和其他的传播方式进行传播，所以蠕虫从一台计算机传染到另一台计算机的传播速度是非常快的。比较著名的爱虫病毒和尼姆达病毒就属于蠕虫病毒。

4. 木马病毒

木马病毒源自古希腊特洛伊战争中著名的"木马计"，它是指未经用户同意进行非授权操作的一种恶意程序。木马程序不能独立侵入计算机，它们常常被伪装成正常软件，通过电子邮件附件等多种方式进行传播。木马病毒一旦发作，就在用户的计算机里运行客户端程序，设置后门，定时地发送该用户的隐私到木马程序指定的地址，并可任意地控制此计算机，盗取用户资料，删除硬盘上的数据，使系统瘫痪，危害极大。

5. 黑客软件

一般是由黑客或者恶意程序安装到计算机中，用来盗窃信息、引起系统故障和完全控制计算机的恶意程序。黑客软件本身并不是一种病毒，它实质上是一种通信软件，是被别有用心的人利用它的独特特点通过网络非法进入他人计算机系统，获取或篡改各种数据，危害信息安全。因为其危害性较大，反病毒厂商将其列入病毒范围。

6. 计算机病毒的特征

计算机病毒虽然千变万化，但它们都具有共同的特征，那就是传染性、破坏性、隐蔽性、寄生性、潜伏性、触发性。

（1）传染性。传染性是病毒的基本特征。病毒一进入计算机，就开始寻找可无感染的病毒程序或者去替换磁盘引导区中的正常记录或者存储信息的媒介，确定目标后将自身代码插入其中，实现自我复制，达到传染的目的。是否具有传染性是判别一个程序是否为计算机病毒的首要条件。

（2）破坏性。计算机病毒主要是降低计算机工作效率，破坏计算机系统，表现为占用系统资源、破坏数据、干扰计算机的正常运行，严重的可导致计算机系统崩溃。破坏性是计算机病毒的根本目的。

（3）隐蔽性。大多数病毒一般只有几百或几 k 字节，具有短小精悍的特点，通常隐藏在磁盘的引导扇区中，或可执行程序及数据文件中，或磁盘上某些被标志为坏簇的扇区中，目的是不让用户发现它的存在。

（4）寄生性。计算机病毒寄生在其他可执行程序中，病毒程序与正常程序是不容易区别开来的，不单独存在，不易被发现。寄生性是计算机病毒生存的基本方式。

（5）潜伏性。大多数病毒感染计算机后，并不立即发作，有的计算机病毒会在计算机内潜伏几天甚至更长时间，只有在满足其特定条件时才会发作。一般来说潜伏的时间越长，传播的范围越广。

（6）触发性。计算机病毒对用户来说是未知的，触发也是不用用户许可的。病毒一般都在程序中设定了触发条件，一旦这些条件得到满足，计算机病毒立即会发作，比如时间炸弹等。

7. 计算机感染病毒常见症状

计算机感染病毒后会有一些比较明显的异常情况，通过分析和利用杀毒软件查杀，就可以尽早地发现和清除它们。

（1）由于病毒修改了硬盘的引导信息或删除了某些启动文件，导致计算机不能正常启动。

（2）病毒打开了许多文件或占用了大量内存和 CPU 资源，计算机运行速度明显下降，系统内存容量、磁盘空间突然变小，程序装入打开时间明显变长，启动应用程序出现"非法错误"对话框。

（3）由于病毒占用了内存，在后台运行了大量非法操作，计算机发出异样声音，显示器上经常出现奇怪的信息或异常显示，硬盘被频繁访问，硬盘灯狂闪。

（4）由于病毒修改驱动程序，计算机不识别硬盘，软驱、光驱丢失，某些外设不能正常工作，如打印机不能连打等。

（5）由于病毒修改、删除文件或数据，会导致用户的文件和目录丢失，未经授权文件内容、名称、扩展名、日期和属性被更改，出现不知来源的隐藏文件，可执行程序的大小改变等。

（6）由于蠕虫、木马病毒侵入，计算机在未经用户授权的情况下，会发生有程序试图访问互联网，收件箱内收到了大量没有发送地址和主题的邮件或朋友或熟人告诉您收到了您从来没有发送过的电子邮件等情况。

值得注意的是计算机出故障不只是因为感染病毒这一个原因，事实上有 90%以上系统异常情况，是由误操作和软硬件故障引起的。所以在您系统出现异常情况后，不要急于下断言，应仔细分析故障的特征，利用杀毒软件进行全盘扫描，来确定是否真的由病毒引起的。

8．计算机病毒的防治

计算机病毒的防治策略要从预防、检测、杀毒 3 方面综合考虑，缺一不可，这其中预防是关键。把好入口这一关，往往可以起到事半功倍的效果。

（1）建立完善的规章制度，加强宣传教育，防患于未然。计算机应有专门人员管理维护，尽量不要使用软盘启动计算机，避免在无防毒软件的计算机上使用无保护可移动磁盘，不准安装或使用来历不明的软件等。

（2）在计算机上安装反病毒软件和网络防火墙软件。购买或在网上下载有关在线检测病毒的软件或防火墙，将其设置成在线检测状态，让您的计算机从开机以后就一直受到保护，当遇到病毒感染时会立即报警，病毒很难入侵到计算机内部。

通常，防病毒程序都能够设置成在计算机每次启动时扫描系统或者定期扫描。推荐至少每周进行一次全盘扫描，以便及时发现病毒并消除病毒。

（3）防病毒程序定期升级和更新。不要认为安装了杀毒软件就万事大吉，随着各种新病毒的不断出现，反病毒软件必须经常升级才能达到杀除病毒的目的。病毒爆发期间，一天可能需要多次更新反病毒数据库。

（4）拷贝新数据到计算机时，先杀毒后使用。对新购买的系统、软件或来路不明的软件，在使用之前一定要先扫描文件和磁盘（软盘，光盘，闪盘等），确信无病毒时，才准其在计算机上使用。从互联网或者局域网中下载文件或数据时，首先应使用杀毒软件扫描通过。

有选择的访问网站。如果有的网站建议您安装程序，请务必检查该网站是否具有安全认证。很多网站上都包含有恶意脚本病毒或者互联网蠕虫病毒。

（5）定期备份数据。系统中的数据要定期进行备份，凡不需要再写入数据的磁盘都应具有写保护。用户及系统中的重要数据，比如硬盘引导区和主引导扇区要及时、定期备份，万一发生数据毁坏，保留备份将使病毒感染可能引起的损失降到最低。

对一些要长时间保留的重要资料，如软件安装包，软盘、计算机的各种板卡及外部设备的驱动程序必须要有永久保留备份的处理，妥善保存在安全的地方，不要仅仅保存在硬盘上。

从"干净"未染毒的操作系统中，创建应急启动盘，以应付突如其来的系统崩溃灾难。

（6）区别使用，层次清楚。在条件许可的情况下应将计算机应用的对象分开，如财务应用、业务资料处理等所用计算机与上网查资料、学生学习、多媒体应用等计算机分开使用，同一计算机系统文件和用户数据存放在不同的分区和不同的子目录中，层次清楚，从而降低重要数据资料被计算机病毒入侵所造成的损失。

（7）不要轻易打开附件中的文档文件。谨慎使用电子邮件。接收邮件时，在您不确定的情况下，不要打开电子邮件的附件，即使该邮件来自于您认识的人士，尤其不要轻易执行附件中的 exe 和 com 等可执行程序，这些附件极有可能带有计算机病毒或是黑客程序。对于发送过来的电子函件及相关附件的文档，首先保存到本地硬盘，待用计算机病毒软件检查无毒后才可以打开使用。

（8）定期检查计算机中安装的程序列表，定期更新操作系统。为了堵住系统漏洞，避免被不怀好意的人非法侵入计算机，建议使用 Windows 系统自带的更新工具定期更新操作系统。

（9）从授权的代理商那里购买经许可授权的正版软件。即使最权威的、最可靠的预防措施也不能保证计算机 100%不受病毒攻击和特洛依木马感染，但是如果您应用了以上这些策略的话，可以有效减小受病毒攻击的危险，从而降低因病毒感染而带来的损失。

肯·奥尔森小传

肯·奥尔森于 1926 年 1 月 20 日出生于美国康涅格狄州的 Bridgeport，中学毕业后，奥尔森加入了美国海军服役。1947 年秋天，他在海军服役期满。由于在海军服役期内积累的电子技术经验，奥尔森顺利地进入麻省理工学院（MIT）学习，并获得了麻省理工学院电气工程学士和硕士学位。

1957 年 8 月，奥尔森用 7 万美元在马萨诸塞州梅纳德镇一家 19 世纪的废弃毛纺厂里开办了自己的公司——数字设备公司（英文缩写为 DEC），当时只有 3 名员工，主要生产一种测试存储器的设备。一年后，奥尔森等人悄悄开始了研制计算机的历程。1959 年，DEC 公司第一台计算机装配完成，基本套用 TX-0 型计算机的线路设计，实现了晶体管器件高速运算性能。奥尔森称其为"程序数据处理机"，简称 PDP-1。PDP-1 计算机共卖出 50 多台，它使 DEC 在第 5 个年头就创造了 650 万美元的销售额。1965 年，DEC 公司不失时机地生产了一种价格最低、功能最强大的 PDP-8 型集成电路计算机，被新闻传媒称作迷你机（Mini），即小型机。这种机器，长 61cm，宽 48cm，高 26cm，可以放在一张稍大的桌上，售价也只有 25000 美元，被公认为第一台标准小型机。成千上万家企业、学校和科研部门转而购买小型计算机。到 20 世纪 60 年代末，DEC 公司依托小型机正式崛起，并带动约 70 多家计算机公司研制和生产。整个 20 世纪 70 年代，DEC 公司集中力量开发 PDP-11 和 VAX-11/780 两大系列小型机。小型机大规模地普及，DEC 公司的销售额以平均年增 36%的速度高速增长。至 1981 年，这家公司在整个计算机行业已经仅次于 IBM，在小型机行业则独占鳌头。

PDP 系列计算机开发成功的重大意义在于，小型化把计算机从专业机构的象牙塔中解放出来，直接交给广大非专业计算机人员使用，发动了一次解放生产力的革命。1987 年，DEC 公司年收入超过 100 亿美元，员工达到 12 万人，到达了辉煌的顶峰，奥尔森也因此被誉为"小型机之父"。

习 题

一、**判断题**(正确的在括号内画"√"，错误的画"×")

1. 绝大多数系统故障都是软故障造成的。( )

2. 计算机系统故障诊断的原则中有抓"主要矛盾"，因而在查找故障时应先主机后外设。( )

3. 因为计算机系统中已经配备了风扇等散热设备，所以不用考虑环境温度。( )

4. 杀毒软件可以查杀所有的已知和未知病毒。( )

5. 防火墙是一种由计算机硬件和软件结合的安全措施，使互联网与内部网之间建立起一个安全网关。( )

6. Windows XP 自身不带防火墙，必须另外安装专业防火墙软件。( )

7. 计算机病毒是某些人编制的特殊功能的程序，与正常程序没有本质区别。( )

8. 蠕虫是通过网络、电子邮件和其他的传播方式进行传播的，所以蠕虫从一台计算机传染到另一台计算机的传播速度是非常快的。( )

9. 木马病毒是指未经用户同意进行非授权操作的一种恶意程序，通过电子邮件附件等多种方式进行传播。( )

10. 防病毒程序需要定期升级和更新。( )

二、**填空题**

1. 正确执行开、关机顺序是先_____再开_____；关机顺序则相反。

2. 杀毒软件特征：查毒、杀毒、_____。

3. 一套完整的防火墙系统通常是由_____和_____两部分组成的。

4. 黑客软件本身并不是一种病毒，它实质上是一种_____软件。

5. 计算机病毒的防治策略要从预防、检测、杀毒 3 方面综合考虑，这其中_____是关键。

三、**选择题**

1. 计算机系统故障按其发生的原因和产生的后果可分为两大类：( )。

    A. 硬故障和软故障   B. 真故障和假故障

    C. 可修故障和不可修故障   D. 人为故障和自然故障

2. 关于计算机系统故障诊断的原则叙述中正确的是（   ）。

    A. 先硬后软   B. 先做后想

    C. 由里及表   D. 安全第一

3. 下面列出的工具软件哪个不是 Windows XP 操作系统中自带的（   ）。

    A. 磁盘清理   B. 系统还原

    C. 碎片整理   D. 杀毒

4. 关于计算机病毒特征叙述中不正确的是（   ）。

    A. 传染性   B. 隐蔽性   C. 破坏性   D. 不可预见性

四、简述题

1. 试述计算机系统故障的诊断步骤。

2. 试述计算机的常用维修方法。

3. 计算机的日常维护注意事项中的"五防"分别是什么。

4. 试述计算机病毒的防治方法。

五、实训操作题

1. 上网下载并安装常用的工具软件，熟悉软件设置和使用方法，并与 Windows 的自带工具软件相比较，说明各自的特点。

2. 上网下载并安装常用的杀毒软件，熟悉软件设置和使用方法，比较各自的特点。

3. 通过查找和维修预设故障计算机，了解计算机系统故障的诊断步骤，学习常用维修方法。

第十六章　计算机及其外设的维修实例

➡ **本章要点**
- 用实例说明主机的故障现象、原因和维修方法
- 用实例说明常用外设的故障现象、原因和维修方法
- 详细说明 BIOS 故障报警的含义
- 以计算机启动故障为例说明综合类故障的维修方法

➡ **本章学习目标**
- 熟悉主机、外设常见的故障现象
- 了解主机、外设常见故障的发生原因
- 掌握主机、外设常见故障的维修方法
- 掌握综合类故障的维修方法
- 了解各类计算机故障的处理方法

第一节　主机的维修实例

一、板卡维修实例

主板与插接在上面的 CPU、内存、显卡及各种扩展卡是构成一个完整计算机系统最基本的部分，它们性能的高低直接决定了计算机的品质。由于板卡集成度较高，本身故障率一般不高，常见的故障一般都是由于驱动程序安装或 BIOS 设置错误、接触不良、兼容性不好等原因造成的。

故障现象一：板卡接触不良，开机黑屏，有蜂鸣声。

故障分析与处理：显卡、内存等与主板接触不良导致计算机开机黑屏、不能启动是最常见的故障之一。这主要是由于板卡没有插到位、主板或插卡变形、插卡金手指氧化及灰尘累积等原因造成，一般可采取以下的方法解决。如关闭电源，打开机箱，将插卡拔出，用毛刷将主板、插卡上的灰尘清理干净，然后用橡皮擦仔细的擦拭板卡的金手指来除锈，再将插卡重新安装好，上紧螺丝。要特别注意的是，主板和插卡安装不到位或有变形时，不要强行上紧螺丝，否则极易造成接触不良。

故障现象二：换上独立显卡后开机黑屏。

故障分析与处理：此类故障一般是由于独立显卡与主板上的集成显卡冲突造成的，解决的方法是仔细查看主板说明书上的跳线说明，通过改变跳线屏蔽掉主板上的集成显卡，有些主板可以通过 CMOS 设置来停用主板上的集成显卡。

故障现象三：安装显卡驱动程序后出现死机。

故障分析与处理：如果安装的显卡驱动程序错误或设置不正确很容易引发系统死机故障，一般可将计算机重启后按"F8"进入安全模式，重新安装驱动和设置即可。如果由于显卡问题而无法进入安全模式，可采用先更换其他型号的显卡，在安装其驱动程序后关机，再插入该显卡的方式解决。如果安装驱动程序始终出错，或系统载入显卡驱动程序并运行一段时间后，驱动程序自动丢失，那就是显卡质量不佳或显卡与主板不兼容，这只能通过更换来解决。

故障现象四：安装网卡后，显示出现花屏。

故障分析与处理：主板插卡过多或过密时，信号电磁场互相干扰，从而使显卡出现故障。解决的方法是减少主板的插卡数量，合理安排插卡的位置，将相互有影响的插卡尽量安排得远一点，避免板卡间因彼此的电磁干扰而产生故障。

故障现象五：设置 CMOS 后开机无显示。

故障分析与处理：CMOS 设置中的参数如 CPU、磁盘、内存类型与实际的配置不相符时有可能会引发不显示故障。对此只要采用放电法清除主板的 CMOS 设置，恢复其最初状态即可解决问题。清除 CMOS 的跳线一般在主板的锂电池附近，此跳线默认位置插在 1-2 的针脚上，只要将跳线帽改插在 2-3 的针脚上，短路几秒种，再将跳线帽改插在 1-2 针脚即可清除主板 CMOS 设置。对于以前的老主板如若找不到该跳线，只要在主板上找到一粒纽扣式的电池，即 CMOS 电池，将其取下，待开机显示进入 CMOS 设置后关机，将电池再装上去就可以清除 CMOS 设置了。对于因发生故障而引起的主板自动采取保护措施导致计算机无法启动，或系统设置 BIOS 密码而无法进入时，CMOS 放电法都是很有效的。

故障现象六：CMOS 参数无法保存，开机后提示"CMOS Battery State Low"。

故障分析与处理：这种现象大都是由于主板电池电压不足造成的，更换电池即可。如果问题依然存在，则要仔细检查主板上的 CMOS 跳线，看是否错误地将主板上的 CMOS 跳线设置为了清除状态。

故障现象七：计算机启动后运行到 BIOS 处死机。

故障分析与处理：由于主板上的二级高速缓存芯片 Cache 出现损坏，系统自检无法通过。对于此类故障的临时解决方法是启动计算机进入 CMOS 设置，禁止 L2 Cache 高速缓存。当然，这样做对计算机的运行速度是肯定会有影响的。

故障现象八：主板上跳线错误，计算机不能正常启动。

故障分析与处理：很多老主板都有设定 CPU 核心电压、外频和倍频的跳线或者 DIP 开关，如果设置错误，计算机就不能正常启动，因而在安装主板和维修时一定要按说明书要求注意正确跳线。

故障现象九：Windows 2000 安装中反复出现蓝屏错误。

故障分析与处理：一般老主板 BIOS 版本太低不能很好支持 Windows 2000 操作系统，因而在安装 Windows 2000 操作系统前应先升级主板 BIOS，一些旧设备的驱动程序如果不兼容也应该升级。

故障现象十：老主板不认大硬盘。

故障分析与处理：早期的主板最大能识别的硬盘容量只有 8.4GB，而现在硬盘的容量已经大大超过了这个界限。解决这个问题的方法是升级主板的 BIOS 或利用硬盘自带的 DM

分区软件进行分区。

故障现象十一：主板防病毒设置未关闭，导致系统无法安装。

故障分析与处理：有些主板 CMOS 设置中防病毒设置默认为 Enabled，当安装系统软件时主板会把软件正常的访问和修改注册表视为病毒行为加以阻止。解决的办法是进入 CMOS 设置程序，将"BIOS Features Setup（BIOS 功能设置）"中的"Virus Warning（病毒警告）"选项由"Enabled（允许）"改为"Disabled（禁止）"后，重新启动计算机，即可解决此问题。

故障现象十二：接口或 I/O 设备运行不正常。

故障分析与处理：集成在主板上的 COM 口、打印机并行口和 IDE 口由于用户经常插拔，尤其是带电插拔很容易造成损坏。处理的办法是先通过主板跳线或 CMOS 设置来禁止主板上自带的 COM 口、并行口、IDE 口等接口，然后在 PCI 扩展槽中插上一块多功能转接卡即可。

故障现象十三：使用集成显卡的计算机更换内存后开机黑屏。

故障分析与处理：对于使用集成显卡的主板来说，在共享系统内存时，往往只能共享插在第一条内存插槽 DIMM1 上的内存。当 DIMM1 上没有插内存时，集成显卡无法从物理内存中取得显存，故开机时黑屏，所以重点检查一下内存条是否插在了标注为 DIMM 1 的第一条内存插槽上即可。特别提醒的是插入内存条时一定要注意方向，一旦插反内存条很容易烧毁。

故障现象十四：内存混用后，系统出现频繁死机。

故障分析与处理：内存是计算机中最常升级的部件，在升级过程中，由于内存品牌、速度、容量的不同，内存的混插容易出现不兼容现象，从而导致系统工作出现不稳定。解决的方法通常是将速度较快的内存插在第一个插槽上，在主板 CMOS 设置中采用"就低"原则，将有关内存的参数设得保守一些，比如在 DDR266 的内存和 DDR400 内存混用的情况下，可将各项内存参数按 DDR266 的要求进行设定，同时应将 CMOS 里"Advanced Chipest Features"选项中的"DRAM Timing By SPD"自动侦测模式修改为"Disable"，以免引起混乱。

故障现象十五：启动时内存要自检 3 遍才能通过。

故障分析与处理：产生这种现象的原因是因为主板 CMOS 中的内存自检次数设置问题，并不是真的出了故障。只需进入 CMOS 设置把"Quick boot"快速启动项设置为"able"，以后开机自检就只检测一遍内存了。

故障现象十六：CPU 散热风扇导致计算机不断重启。

故障分析与处理：CPU 随着工艺和集成度的不断提高，核心发热已是一个比较严峻的问题，因此目前的 CPU 对散热风扇的要求越来越高。当散热风扇安装不当时，散热器与 CPU 的核心芯片不能完全接触，会导致主板侦测 CPU 过热，重启保护。因而安装 CPU 风扇时一定要特别细心，先在 CPU 核心芯片上涂上硅胶，然后细心地将风扇装上，别忘了把风扇的扣环扣好。

二、电源维修实例

电源作为计算机的动力源泉在计算机系统占据着重要地位。计算机电源采用的都是四路开关稳压电源，电源功率在 200～250W 之间，开关电源可向主板提供±5V 和±12V 的直流电压，其中+5V 是向主板的各种板卡及键盘供电，-5V 用于板卡上的锁相式数据分离电路，+12V 是向软、硬盘驱动器和光驱等供电，-12V 用于为异步通信适配器提供 EIA 接口电源。所有电源均带有过压和过载保护，若使用中发生直流过压和过载故障，一般电源会自动关闭，直至故障排除为止。

故障现象一：冬季出现计算机启动失败，反复重启或关机。

故障分析与处理：计算机电源电压工作范围一般在 180～240V 之间，当电压低于 180V 时，开关电源输出电压过低或保护，这时主机容易重启或自动关机。由于冬季供暖锅炉投入运行，导致电网电压远低于 180V 从而使计算机反复重启或关机。配备一台 UPS 稳压电源故障可以解决。

故障现象二：通电后自动启动。

故障分析与处理：如果没有在 BIOS 设置来电开机，计算机便通电启动。这主要是由于电源本身的抗干扰能力较差，当主机接通电源时，会产生一个瞬间的冲击电流，就可能使电源误认为是开机信号，从而导致通电后计算机自动启动。这个故障可以通过设置 BIOS 参数来解决，方法是计算机启动后进入 BIOS 设置，找到"Power Management Setup（电源管理设置）"设置项，在其中有个"PWRON After PWR-Fail"的设置选项，其选项分别为"On"、"Off"和"Former-Sts（恢复到断电前状态）"，将它设置为"Off"，这样在打开电源开关或停电后突然来电等情况下，计算机就不会自动启动了。

故障现象三：新买的计算机运行大型程序时速度特别慢。

故障分析与处理：排除病毒和其他硬件的可能后，打开机箱就可以发现，运行 Photoshop 等软件时 CPU 风扇的速度变慢。其原因是由于电源功率不够，当系统资源消耗较大时，CPU 本身的温度就会升高。为了保护 CPU 的安全，CPU 就会自动降低运行频率，从而导致计算机运行速度变慢，换上额定功率 250W 的电源故障即可消失。

故障现象四：计算机出现找不到硬盘的故障。

故障分析与处理：排除硬盘故障后，用万用表检测硬盘电源插头，电压只有+10.2V 左右，超出了 ATX 2.1 电源电压容差标准。因为供电电压达不到标准，导致硬盘达不到额定转速，硬盘自然不能正常工作。更换电源后，故障可排除。

故障现象五：电源风扇噪声很大。

故障分析与处理：主要是由于风扇集结灰尘或电机轴承松动、偏差，电源风扇转动不畅造成的，解决的方法是用毛刷或皮老虎清理风扇风叶和轴承上的灰尘。撕开风扇上不干胶标签，挑出橡胶密封片，找到电机轴承，加几滴润滑油，使润滑油沿着轴承均匀流入，最后装上橡胶密封片，贴好不干胶标签即可。

故障现象六：计算机自动开机。

故障分析与处理：计算机关机后电源插头并没有拔，计算机能够自动开机，说明在电源管理中设置了该项功能。查看 CMOS 设置中的电源管理设定"Power Management Setup"选项，其中"Resume On Ring/LAN"项如果默认值为"Enabled"，当有电压不稳等外界干扰时，计算机内置的调制解调器接收到错误信号就很容易导致主机自动开机。将其设置更改为"Disabled"即可。

第二节 外设的维修实例

一、显示器维修实例

在所有的计算机外设中，最引人注意的非显示器莫属了，如同一张脸对一个人的意义一样，显示器是计算机系统不可或缺的组成部分。目前常用的是 CRT 显示器和液晶显示器，下面介绍一些显示器常见故障和解决方法。

故障现象一： 显示屏幕上下或左右滚动不能稳定。

故障分析与处理： 产生这种故障的原因是场频或行频同步电路工作点漂移，使显卡的视频信号与显示器的扫描信号不同步造成的。解决此问题的方法是打开显示器后盖，找到标示为"H.HOLD"或"V.HOLD"的电阻，仔细调整即可。

故障现象二： 显示器字迹模糊、亮度偏低。

故障分析与处理： 产生这种故障的原因是由于显示器聚焦电压发生变化或者 CRT 显示器长期使用，荧光粉发光效率减弱造成的。解决的方法是打开显示器后盖，在电路板上找到行输出变压器，微调行输出变压器上的"Focus"聚焦旋钮直至图像清晰为止。如果仍然不行可断电后将显像管尾部电路板小心拔出，注意不要左右摇晃，以免折断显像管尾部的抽气封口而造成显像管报废，用电烙铁和吸锡器拆下连接显像管的管座，更换一只新的同类管座即可。

对于亮度偏低这种情况可以通过微调加速极电压解决，具体方法是调整行输出变压器上的"Screen"电位器，将亮度适当调高，加速极电压的调整不能超过允许范围。由于 CRT 显示器内有高压元件，用户在调整相关元件时，一定要注意自身安全。

故障现象三： 显象管出现"啪啪"高压打火现象。

故障分析与处理： 显像管高压打火故障是显示器维修中最常见的问题之一，其主要表现为荧光屏光栅出现许多无规律的亮点，严重时呈点状的线，有时还可听见机内"啪啪"作响。显像管高压产生打火的部位较多，主要有显像管高压嘴或高压帽打火，高压包高压引线端打火，显像管座内高压打火等。显像管座的打火一般在聚焦级，产生显像管座内部打火的原因主要是显示器使用的环境过于潮湿或长期不用造成的。修理的方法是关掉电源，将管座从尾板上拆下，用小刀或细砂纸将管脚的锈迹刮去，再用纯酒精清洗干净，并把管座塑料内壁的锈迹用酒精清洗干净，然后用电吹风吹干，重新装好即可。

故障现象四： 显示器被磁化产生色斑。

故障分析与处理： 显示器四周或某一角出现色斑主要是受到磁场干扰，也就是通常所说的被磁化了。解决的方法是首先应该使显示器远离电视机、音箱（特别是使用了大功率的外磁式扬声器）、磁疗器等磁性物体；其次使用显示器自带的消磁功能进行消磁，15 英寸及以上的显示器大多带有自动消磁功能，如三星显示器的 OSD 菜单中就有消磁菜单，选择它后，显示器画面一抖动，消磁的过程就完成了。如果显示器被磁化得比较严重，上面的方法不能彻底解决问题，可使用消磁的专门工具——消磁棒来解决。

故障现象五： CRT 显示器有闪烁现象但无法调整刷新频率。

故障分析与处理： CRT 显示器出现闪烁现象主要是由于显示器刷新率太低造成的，出于安全起见对于 Windows 系统不能识别的显示器，一律按照最保守的默认状态设置为 60Hz。为了避免显示器闪烁伤害眼睛，应将刷新率调高一些，一般设置为 75 Hz 以上，但也不要设置的太高，否则有可能会烧坏显示器或缩短其使用寿命。在"显示属性"中显示器刷新频率无法调整，是因为没有选择正确的显示器类型或者显卡的驱动程序安装不正确造成的。如果使用的显示器是 Windows 不能识别的，可以选择一个性能接近的产品替代，最好的解决方法就是安装厂家提供的显示器和显卡的驱动程序。

故障现象六：一台型号为 AOC LM-500 的液晶显示器，只要启动或重启计算机，就会出现近似"花屏"的故障现象，但持续的时间很短且不太明显，绝大部分时间屏幕显示是正常的。

故障分析与处理：当模拟同步信号频率不断变化时，如果液晶显示器的同步电路不能及时调整，那么液晶显示器本身的时钟频率就很难与输入模拟信号的时钟频率保持百分之百的同步，这样就会出现短暂花屏现象。解决的方法是找到液晶显示器印刷电路板上的输入控制电路单元，用微型十字螺丝刀将微型半可调电位器 WR604 做微调，使液晶显示器时钟频率与信号的时钟频率同步即可。

故障现象七：计算机更换 LCD 屏后，开机自检正常，但进入 Windows 桌面时发生黑屏。

故障分析与处理：出现这种问题往往是因为系统的刷新率或分辨率设置超出了显示器的支持范围造成的。对于设置错误造成的计算机黑屏，解决的方法是在安全模式下进入，重新设置分辨率。具体操作步骤是重启计算机，按下键盘上的"F8"，选择以安全模式进入。在系统桌面上用鼠标右键单击空白处，在弹出的菜单中选择"属性"，在出现的"显示属性"设置界面右下角选择"高级"选项，这时会出现显示卡的设置界面，将"适配器"下的"刷新速度"更改为"默认的适配器"，保存后退出。再重新启动计算机，应该已经能够正常进入 Windows 桌面，然后将分辨率改为合适的即可。

二、打印机维修实例

随着计算机的普及和办公条件的改善，打印机已成为计算机最常备的外设之一。由于行业需求、打印成本等多方面因素，无论是针式打印机、喷墨打印机、激光打印机都在各自的领域大显身手，下面就这 3 种打印机的一些维修实例加以介绍。

故障现象一：发出打印命令后，系统提示打印机是否联机及电缆连接是否正常。

故障分析与处理：打印机不能正常打印，首先检查打印机是否处于联机状态。正常情况下打印机的联机灯应处于常亮状态，如果该指示灯不亮或处于闪烁状态，则说明联机不正常，应重点检查打印机电源是否接通、打印机电缆是否正确连接等。如果联机指示灯正常，可以打印测试页测试打印机是否正常。如果确认打印机本身没有故障，就应该检查打印机设置是否正确，主要有两项，首先当前打印机是否为默认打印机，是否设置为暂停打印；其次在 CMOS 设置里看一下打印接口设置是否正确，一般打印接口有以下四种模式"SPP"（标准并行口）、"EPP"（增强并行口）、"ECP"（扩展并行口）、"ECP+EPP"，如果你的打印机型号较老，则建议设为"SPP"模式，而目前主流的打印机则建议设为"ECP+EPP"模式。

故障现象二：针式打印机总是处于缺纸状态，装上打印纸也报缺纸，或不能自动装打印纸。

故障分析与处理：一般针式打印机检测是否缺纸是依靠安装在滚筒下面的一个光电传感器，如果光电传感器附有灰尘、纸屑使传感器表面脏污，不能正确地感光，就会出现误报。解决这类故障的方法是先取下导纸板，打开后盖，用摄子夹着干净小棉球轻轻擦净传感器表面。如果仍没有解决故障，有可能是传感器损坏，需要更换。

故障现象三：针式打印机打印时感觉打印头移动摩擦力很大，发出异常的声音或在原处震动。

故障分析与处理：打印头导轨长时间滑动会变得干涩，打印头移动时就会受阻，打印头驱动电机长时间过载有可能烧坏驱动电路。解决这类故障，可在打印导轨上滴几滴仪表润滑油，并来回移动打印头，使其均匀。

故障现象四：打印蜡纸时蜡纸总是打皱，影响油印效果。

故障分析与处理：打印蜡纸是针式打印机主要任务之一，由于蜡纸较厚且质地较软，如果压纸滚轴没有调整好或导纸板弯曲，就可能导致蜡纸不能平整进入，出现打皱。解决这类故障，可以去掉蜡纸里面的棉纸，反复调整压纸滚轴，保证蜡纸平整进入。

故障现象五：打印头断针。

故障分析与处理：打印头断针是针式打印机最常见的故障之一，由于针式打印机是依靠打印针击打色带形成的点阵来实现打印的，在长时间使用后，尤其是经常打印蜡纸等质地较厚的纸张或卡纸后强行抽出，极易造成断针。如果断针较少，可运行"断针即时打"等断针免维护小程序，既可检测、报告故障针号又可使用其他针替代打印。当然如果断针的数目较多，那就只能动手更换断针了。

故障现象六：喷墨打印机打印字符残缺不全，并且字符不清晰。

故障分析与处理：发生此现象可能是因为墨盒墨水将尽，也可能是由于打印机长时间不用喷嘴堵塞造成的。解决此问题的方法是更换新墨盒或注墨水，如果墨水未用完，可以断定是喷嘴堵塞。这种情况可先用针管将墨盒内残余墨水尽量抽出，加注清洗液，然后不断按打印机的清洗键对其进行清洗打印，正常之后换上好墨盒就可以使用了。也可以取下墨盒或喷嘴，把喷嘴放在温水中浸泡一会儿，注意一定不要把电路板部分也浸在水中。如果堵塞严重，可以用脱脂棉沾酒精轻轻擦洗喷头和底座接触面，待酒精挥发后正确安装好喷头即可。

故障现象七：喷墨打印机更换新墨盒后，开机时面板上的"墨尽"灯仍然亮。

故障分析与处理：正常情况下，当墨水已用完时"墨尽"灯才会亮，更换新墨盒后发生这种现象，有可能是墨盒未装好或是在关机状态下自行拿下旧墨盒，更换上新的墨盒。因为重新更换墨盒后，打印机将对墨水输送系统进行充墨，而这一过程在关机状态下将无法进行，使得打印机无法检测到重新安装上的墨盒。另外，有些打印机对墨水容量的计量是使用打印机内部的电子计数器来进行计数的，在墨盒更换过程中，打印机将对其内部的电子计数器进行复位，从而确认安装了新的墨盒。解决的方法是打开电源，将打印头移动到墨盒更换位置，将墨盒安装好后，让打印机进行充墨，充墨过程结束后，此故障可排除。

故障现象八：激光打印机打印纸张出现污点。

故障分析与处理：若污点有规律的出现在纸张的某个部位有可能是感光鼓表面划伤或有污染、清洁刮刀损坏、定影轧辊表面橡胶老化、定影器中热敏电阻损坏等多种原因。若是无规律的出现在纸张上，则可能是搓纸轮被墨粉污染所致。解决的方法就是清洁和更换。

故障现象九：激光打印机卡纸。

故障分析与处理：打印机最常见的故障之一是卡纸，卡纸大多出在进纸和出纸通道。出现这种故障时，操作面板上指示灯会发亮，并向主机发出一个报警信号。卡纸原因有很多，例如纸张输出路径内有杂物、纸盒不进纸、传感器故障等，其中进纸部位卡纸，多半是因搓纸轮过脏或机械磨损所致。排除这种故障的方法十分简单，关掉计算机，拆开定影部分，再取出卡纸。但要注意，必须按进纸方向取纸，不可反方向转动任何旋钮，在排除被卡纸张时要细心，尽量不要撕碎纸张。在清理这类卡纸情况时，一是要注意高温，防止被烫伤；二是要注意上下定影部分，严防刮破上定影纸筒和下定影胶轮。

三、键盘鼠标维修实例

1．键盘维修

键盘是计算机系统必备的输入设备，尤其在文字输入领域，敲击键盘仍然是大多数用户最主要的手段。由于键盘使用率很高，时间一长，难免会出现这样那样的故障，下面就键盘常见的故障和维修做个简介。

故障现象一：计算机开机自检时，屏幕提示出现"Keyboard error"错误。

故障分析与处理：键盘自检出错是一种很常见的故障，其中的原因主要有键盘接口接触不良，例如键盘接口的插针弯曲、键盘或主板接口损坏等；键盘硬件故障，例如键盘的物理损坏等。从实际维修经验来看产生此类故障的大多数原因是键盘线折断或接触不良，所以应重点检查键盘与主机接口的插头是否接触良好，再重新启动系统，开机时注意键盘右上角的 3 个灯是否闪烁。如果没有闪烁，可使用万用表测量机箱上的键盘接口，如果开机时测量到第 1、2、5 芯的某个电压相对于第 4 芯为 0V，说明主板接口线路有断线。当然条件许可最好用替换法来确认，就是更换一个使用正常的键盘，再开机试验，若故障消失，则说明原键盘自身存在硬件问题；若故障依旧，则说明是主板接口问题，必须检修或更换主板。

故障现象二：使用中突然出现死机现象，但重启后计算机却出现黑屏，无法正常启动。

故障分析与处理：利用替换法依次排除可能导致计算机黑屏的配件，如内存、显卡、CPU 等造成的故障原因后，最后发现是由于键盘电路短路从而导致计算机出现黑屏。短路的原因是使用者饮用的咖啡不小心洒在了键盘上造成的。提醒计算机使用者最好不要在计算机前吃喝，以免饮料进入键盘造成短路。尤其是*笔记本电脑*键盘所使用的按键上面涂有导电胶，如果渗水，导电胶容易溶解掉，按键就会出现故障，而且*笔记本电脑*的构造很精巧紧凑，渗水键盘不好轻易取下，一旦进水渗到计算机的核心电路部分，损失更是不可预计。

故障现象三：按键字母与显示字母不同、同时出现多个字母或某一排键失效。

故障分析与处理：出现此故障的原因是键盘内部的线路可能有短路或断路现象发生，

有可能是键盘内部混入杂物造成的。解决的方法是拆开键盘对内部进行清理，平时在键盘附近应保持整洁，像灰尘、纸屑、大头针、书钉之类的东西，一旦积累在键盘中，就很容易出现导致键盘乱码。定期的清理是必要的。

故障现象四： 按键不能弹起（多见于"Enter"、"空格"、"Shift"、"Alt"、"Ctrl"等常用键）。

故障分析与处理： 键盘上的"Enter"、"空格"、"Shift"、"Alt"、"Ctrl"等常用键，由于使用频率高，使得键下面的导电橡胶老化，失去弹性，导致按键不能弹起。如果能单独调整每个导电橡胶的位置，可以将一些不常用的按键导电橡胶与其调换。一些廉价键盘为降低成本在制作时减少了导电橡胶数量，这会使键盘的按键寿命大大缩短，因而在购买时要特别注意。

2．鼠标维修实例

Windows 系统诞生以后，鼠标就成为计算机的必备外设。目前大多数软件都支持鼠标操作，随着使用频率的提高，鼠标出现故障的概率也大大增加了。鼠标出现的故障主要表现为鼠标不动或迟滞、按键失效、断线、机械定位系统脏污等。还有一些故障是内部电路虚焊，主要集中在发光二极管、IC 电路等部位。

故障现象一： Windows 无法识别鼠标。

故障分析与处理： Windows 无法识别鼠标是因为主机与鼠标的通信发生了故障。Windows 不认鼠标有可能是软件或硬件两方面原因，软件原因主要有鼠标驱动程序与其他软件冲突、感染病毒等多种情况；硬件故障大多是鼠标线路接触不良造成的。由于使用中反复拖拽、扭曲，在鼠标电缆引出端很容易造成断线，此种故障维修方法很简单，将引出端两侧约 4cm 电缆线剪掉，再重新焊接上即可，注意四条线不要接错。

故障现象二： Windows 能识别鼠标，但无法移动或不易控制。

故障分析与处理： 鼠标出现不能移动、灵活性下降、反应迟钝或定位不准等现象。这种故障多出现在机械式鼠标上，主要是因为鼠标里的机械定位滚动轴上积聚了过多污垢而导致传动失灵，造成滚动不灵活。解决的方法是把鼠标背面的活动底板向 Open 方向旋转，将滚动球卸下来，用干净的布蘸上中性洗涤剂对滚动球进行清洗，用小刀之类的利器把鼠标内部的 X 轴和 Y 轴两根摩擦轴棍中的脏物轻轻刮下来，再利用皮老虎把鼠标内部吹干净，特别注意要把小轮两旁的两个电子元件上的灰尘吹去，装好滚动球就可以了。

故障现象三： 鼠标按键失灵。

故障分析与处理： 按键失灵或无法正常弹起多为微动开关中的内部接触不良或簧片断裂造成的。一般多为左键失灵，如果是三键鼠标，可以将中间的键拆下来应急。对于两键鼠标一时无法找到代用品的可以考虑将左右键交换，方法是在控制面板中的"鼠标属性"对话框中设置左手习惯。通过这样的方法就可以用鼠标右键来代替左键。

故障现象四： 鼠标位置经常无故发生飘移。

故障分析与处理： 这种故障经常出现在光电鼠标中，主要原因是光路屏蔽不好，当周围有强光干扰时，就很容易影响到鼠标内部光信号的传输，由此产生的干扰脉冲便会导致鼠标误动作。为了防止外界光线的影响，要加强透镜组件的裸露部分的不透光处理，使光线在暗箱中传递，避免外界的杂散光影响。

四、音箱、麦克维修实例

音箱、麦克是多媒体计算机的重要组成部分，它的好坏直接影响人们对多媒体效果的欣赏。下面就音箱、麦克的一些常见故障的维修做一个简单的介绍。

故障现象一：计算机接上音箱时出现啸叫、"嗡嗡"、"沙沙"等各种噪声。

故障分析与处理：导致计算机出现噪声的原因大致有以下几种：

（1）可能是主板、电源的滤波电路性能不良，无法滤除显卡等插卡带来的高、低频电磁干扰信号造成的影响。缩短 IDE 电缆线和 CPU 风扇电源线均可减少相应设备的影响，对于电源滤波不良所导致的噪声必要时可换个电源。

（2）检查一下音箱和声卡的连线是否接错。声卡有两个音频输出插孔，即 Line Out 和 SPK，Line Out 插孔输出未经放大的音频信号，用于接有源音箱或放大器；SPK 插孔输出经声卡内置放大器放大的音频信号，用于接无源音箱或喇叭。如果错误地将有源音箱的输入线插在 SPK 插孔上，由于阻抗不匹配，音频信号包括噪声信号经放大带来失真便会产生噪声。

（3）Windows XP 系统自带的驱动程序与声卡兼容性不好也容易产生噪声。Windows XP 对硬件驱动程序兼容性要求较高，一些较早声卡的驱动程序往往无法得到支持。安装声卡驱动程序时，要选择"厂家提供的驱动程序"，而不要选"Windows 默认的驱动程序"。如果用"添加新硬件"方式安装，要选择"从磁盘安装"，而不从列表框中选择。

故障现象二：音箱不能正常发声。

故障分析与处理：系统在安装声卡驱动程序时，安装程序大都会选择 DMA、IRQ 及 I/O 地址参数的默认值进行安装，但有时这种默认值会与其他设备发生冲突，从而导致声卡不能正常发声。解决的方法是打开控制面板中的"系统属性"面板，单击"硬件"选项卡中的"设备管理器"按钮，弹出的 "设备管理器"窗口可以显示出计算机中所有硬件设备的资源使用情况，检查是否出现该声卡以及该声卡旁是否有感叹号，如果有感叹号说明与其他设备存在冲突，可通过手工调整来消除冲突。

故障现象三：Windows 98 下播放 CD 时音箱无声音。

故障分析与处理：对于预装 Windows XP 的计算机，已经不用再安装光驱和声卡之间的音频线了，播放 CD 时都采用 XP 本身提供的数字音频功能直接播放。而 Windows 98 不具备数字音频的功能，这时使用一条 4 芯音频线连接 CD-ROM 的音频输出和声卡上的 CD-in 即可，此线在购买 CD-ROM 驱动器时会随同提供。

故障现象四：麦克、音箱插在前置的音频接口中无法正常使用。

故障分析与处理：一般情况下，主板并不同时支持前置和后置音频设备同时使用，当默认的音频插口是后置时，使用前置的音频插口会因为主板不支持而无法使用。解决的方法是通过改变主板短接的跳线，重新设置输出信号为前置的音频端口。

故障现象五：麦克无法录音。

故障分析与处理：在排除麦克本身故障以后，故障的原因应该出在麦克插孔或系统的录音设置上。解决的方法是检查麦克插孔是否正确，如果没有问题，可双击任务栏中的喇叭图标，在弹出的音量控制对话框中执行"选项/属性"菜单命令，弹出"属性"对话框，在这个对话框的录音区域中勾选"麦克风"项，再点击"确定"按钮返回音量控制界面，然后将多出来的"麦克风"项中的静音勾选掉，这样麦克就可以使用了。

第三节 综合性故障维修实例

一、从 BIOS 启动报警声中判断故障

计算机正常启动时，如果没有任何声音或发出一次又一次重复的报警声时，就说明你的计算机存在某些问题。实际上 BIOS 在自检过程中发现主板、CPU、内存、显示卡、软硬盘驱动器、键盘等存在问题，系统将给出提示信息或鸣笛警告，通过 BIOS 启动报警声，可以准确地查找出故障所在部位并将其排除。BIOS 的鸣笛警告信息因为生产商不同而有区别。

1. Award BIOS

- 1 短：系统启动正常，表明计算机没有任何问题。
- 2 短：常规错误。解决方法：进入 CMOS Setup，重新设置不正确的选项。
- 1 长 1 短：RAM 或主板出错。解决方法：换一条内存试试，若仍然不行，只好更换主板。
- 1 长 2 短：显示器或显卡错误。解决方法：检查显卡是否接触不良。
- 1 长 3 短：主板上键盘控制器错误。解决方法：检查主板。
- 1 长 9 短：主板 Flash RAM 或 EPROM 错误，BIOS 损坏。解决方法：换块 Flash RAM 试试。
- 不断地响（长声）：内存条未插紧或损坏。解决方法：重插内存条，若仍然不行，更换内存条。
- 不停地响：电源、显示器未和显卡连接好。解决方法：检查所有的插头。
- 重复短响：电源有问题。
- 无声音无显示：电源有问题。

2. AWI BIOS

- 1 短：内存刷新失败，内存损坏比较严重。解决方法：更换内存条。
- 2 短：内存奇偶校验错误。解决方法：进入 CMOS 设置，将 ECC 校验关闭。一般来说，内存条有奇偶校验并且在 CMOS 设置中打开奇偶校验，这对计算机系统的稳定性是有好处的，所以最根本的解决办法还是更换一条内存。
- 3 短：系统基本内存（第 1 个 64KB）检查失败。
- 4 短：系统时钟出错。解决方法：维修或更换主板。
- 5 短：CPU 错误。有可能不是 CPU 本身出错，而是 CPU 插座或其他地方有问题，如果此 CPU 在其他主板上正常，则肯定是主板有错误。
- 6 短：键盘控制器错误。如果键盘没插上，就会有报错声；如果键盘连接正常但有错误提示，则不妨换一个好的键盘试试；否则就是键盘控制芯片或相关的部位有问题了。
- 7 短：系统实模式错误，不能切换到保护模式。属于主板有错误。

- 8 短：显存读/写错误，显卡上的存储芯片可能有损坏。解决方法：如果存储片是可插拔的，只要找出坏片并更换即可，否则显卡需要维修或更换。
- 9 短：ROM BIOS 故障。解决方法：换块同类型的好 BIOS 试试，如果证明 BIOS 有问题，可以采用重写方法恢复。
- 10 短声：寄存器读/写错误。解决方法：只能维修或更换主板。
- 11 短声：高速缓存错误。
- 无 beep 响铃声和屏幕显示：首先应该检查一下电源是否接好，若不是电源问题就需找到主板上清除 CMOS 设置的跳线，清除 CMOS 设置，让 BIOS 回到出厂时状态。

3. Phoenix BIOS

- 1 短：系统启动正常。
- 1 短 1 短 1 短：系统加电自检初始化失败。
- 1 短 1 短 2 短：主板错误。
- 1 短 1 短 3 短：CMOS 损坏或电池错误。
- 1 短 1 短 4 短：ROM BIOS 校验失败。
- 1 短 2 短 1 短：系统时钟错误。
- 1 短 2 短 2 短：DMA 通道初始化失败。
- 1 短 2 短 3 短：DMA 页寄存器错误。
- 1 短 3 短 1 短：RAM 刷新错误。
- 1 短 3 短 2 短：基本内存错误。（内存损坏或 RAS 设置错误）
- 1 短 3 短 3 短：基本内存错误。（很可能是 DIMM 槽上的内存损坏）
- 1 短 4 短 1 短：基本内存地址线错误。
- 1 短 4 短 2 短：基本内存（第一个 64KB）有奇偶校验错误。
- 1 短 4 短 3 短：EISA 时序器错误。
- 1 短 4 短 4 短：EASA NMI 口错误。
- 2 短 1 短 2 短到 2 短 4 短 4 短（即所有开始为 2 短的声音的组合）：基本内存错误。
- 3 短 1 短 1 短：从 DMA 寄存器错误。
- 3 短 1 短 2 短：主 DMA 寄存器错误。
- 3 短 1 短 3 短：主中断处理寄存器错误。
- 3 短 1 短 4 短：从中断处理寄存器错误。
- 3 短 2 短 4 短：键盘控制器错误。
- 3 短 3 短 4 短：显示卡内存错误。
- 3 短 4 短 2 短：显示错误。
- 3 短 4 短 3 短：未发现显示只读存储器。
- 4 短 2 短 1 短：时钟错误。
- 4 短 2 短 2 短：关机错误。
- 4 短 2 短 3 短：A20 门错误。

- 4 短 2 短 4 短：保护模式中断错误。
- 4 短 3 短 1 短：内存错误。
- 4 短 4 短 1 短：串行口（DM 口、鼠标口）错误。
- 4 短 4 短 2 短：并行口（LPT 口、打印口）错误。
- 4 短 4 短 3 短：数字协处理器错误。
- 4 短 3 短 3 短：时钟 2 错误。
- 4 短 3 短 4 短：实时钟错误。

我们可以根据报警声音长短、数目来判断问题出在什么地方。

二、从计算机启动自检时屏幕提示中判断故障

1．CMOS battery failed

中文：CMOS 电池失效。

原因：说明 CMOS 电池的电力已经不足，请更换新的电池。

2．CMOS check sum error – Defaults loaded

中文：CMOS 执行全部检查时发现错误，载入预设的系统设定值。

原因：通常发生这种现象是由于电池电力不足造成的，所以不妨先换个电池试试看。如果问题依然存在的话，那就说明 CMOS RAM 可能有问题。

3．Press ESC to skip memory test

中文：正在进行内存检查，可按"ESC"跳过。

原因：如果在 BIOS 内并没有设定快速加电自检的话，那么开机就会执行内存的测试，可按"ESC"跳过或到 COMS 设置中选择"BIOS FEATURS SETUP"，将其中的"Quick Power On Self Test"设为"Enable"，存储后重新启动即可。

4．Keyboard error or no keyboard present

中文：键盘错误或者未接键盘。

原因：检查一下键盘的连线是否松动或者损坏。

5．Hard disk install failure

中文：硬盘安装失败。

原因：这是由于硬盘的电源线或数据线未接好或者硬盘跳线设置不当造成的。可以检查一下硬盘的各根连线是否插好，看看同一根数据线上的两个硬盘是否都设成了 Master 或 Slave。

6．Secondary slave hard fail

中文：检测从盘失败。

原因：出现此故障原因有两条。① CMOS 设置不当，如果没有从盘而在 CMOS 里设置为有从盘，就会出现错误提示。解决的方法是进入 COMS 设置选择"IDE HDD AUTO DETECTION"进行硬盘自动侦测；② 硬盘的电源线、数据线可能未接好或者硬盘跳线设置不当，解决方法参照第 5 条。

7．Hard disk(s) diagnosis fail

中文：执行硬盘诊断时发生错误。

原因：出现这个提示一般来说是硬盘本身出现故障了。我们可以把硬盘放到另一台计

算机上试一试，如果问题仍然存在，那就只好送修了。

8．Floppy Disk(s) fail 或 Floppy Disk(s) fail(80) 或 Floppy Disk(s) fail(40)

中文：无法驱动软盘驱动器。

原因：检查软驱的电源线和数据线有没有松动或者接错。

9．Memory test fail

中文：内存检测失败。

原因：通常是因为内存不兼容或故障所导致。解决的方法是重新插拔一下内存条或更换一条。

10．Override enable – Defaults loaded

中文：当前 CMOS 设定无法启动系统，载入 BIOS 中的预设值以便启动系统。

原因：一般是由于 COMS 内的设定出现错误。解决的方法是进入 COMS 设置选择"LOAD SETUP DEFAULTS"载入系统原来的设定值然后重新启动即可。

11．Press TAB to show POST screen

中文：按 TAB 键可以切换屏幕显示。

原因：有一些 OEM 厂商会用自己设计的显示画面来取代 BIOS 预设的开机显示画面，而此提示就是告诉使用者可以按 TAB 把厂商的自定义画面和 BIOS 预设的开机画面进行切换。

12．Resuming from disk，Press TAB to show POST screen

中文：从硬盘恢复开机，按 TAB 显示开机自检画面。

原因：这是因为有的主板的 BIOS 提供了 Suspend to disk（将硬盘挂起）的功能，如果我们用 Suspend to disk 方式关机，那么我们在下次开机时就会显示此提示消息。

13．Hareware Monitor found an error，enter POWER MANAGEMENT SETUP for details，Press F1 to continue，DEL to enter SETUP

中文：监视功能发现错误，进入 POWER MANAGEMENT SETUP 察看详细资料，按"F1"继续开机，按"DEL"进入 COMS 设置。

原因：有的主板具备硬件的监视功能，可以设定主板与 CPU 的温度监视、电压调整器的电压输出监视和对各个风扇转速的监视，当上述监视功能在开机时发觉有异常情况时，便会出现上述这段话，这时可以进入 COMS 设置选择"POWER MANAGEMENT SETUP"，在右面的"Fan Monitor"、"Thermal Monitor"和"Voltage Monitor"察看是哪部分发出了异常，然后再加以解决。

三、启动类综合故障

所谓启动类综合故障是指从计算机开机到自检完成这一段过程中所发生的故障，这也是计算机使用中最容易出现故障的时刻。

故障的主要形式有：

- 主机不能加电如电源不通、开机跳闸等。
- 开机无显示、开机报警等。
- 不能进入 BIOS、自检报错或死机、自检所显示的配置与实际不符等。
- 反复重启。

- 计算机噪音大、自动（定时）开机等其他故障。

诊断方法：按上一章介绍的计算机系统故障的检查诊断步骤和原则，采用正确的维修方法，仔细了解情况，认真分析故障原因，大多数的故障都是可以解决的。以启动故障来说应重点做好以下工作。

1．通电前的环境检查

- 环境的温、湿度是否在正常的范围。
- 检查市电是否在（1±10%）×220V 范围内，是否有波动，如果是通过稳压设备获得，要注意用户所用的稳压设备是否完好。
- 供电线路上是否接有漏电保护器，是否有地线等，在无地线的环境中，触摸主机的金属部分，会有麻手的感觉。
- 电源线与电源插座和主机之间是否接触良好，二者不应有过松或插不到位的现象。

2．断电后的计算机设备检查

- 计算机设备内外是否有变形、变色、异味等现象。
- 开关、按钮通断是否正常 是否有接触不良现象。
- 电源线、信号线连接是否正确，有没有断路、短路等现象。
- 计算机部件安装是否正确，如内存的安装一般是从第一个插槽开始顺序安装，特别注意主板上的跳接线设置是否正确。
- 机箱内是否有螺丝等异物造成短路。
- 检查是否有灰尘积累，板卡金手指是否有锈等。

通过除尘、除锈和重新插拔内存、CPU 等部件，往往可以很轻松地解决接触不良造成的系统故障，不要忘记这类故障是占很大比例的。

3．通电后的检查

通电后，注意计算机部件及其他设备是否有变形、变色、异味、温度异常等现象发生，一旦出现应立即断电。

- 按下电源开关或复位按钮时，观察各指示灯是否正常闪亮，如果没有反应一般是开关接触不好或电源损坏。
- 电源和 CPU 的风扇是否正常工作，注意有没有只动作一下即停止的现象，如有则可能存在短路现象。
- 倾听风扇、驱动器等的电机是否有正常的运转声音，噪音很大一般是风扇原因，如果硬盘驱动器出现异常声音则表明硬盘有坏道或损坏。
- 主机能加电，但无显示，应注意倾听和观察主机能否正常自检，如自检完成的鸣叫声、硬盘灯的正常闪烁，如果有表明是显示器出现故障。如果不能完成正常自检可参照本章开始时介绍的内容对照查找，通过选择推荐设置或清 CMOS 设置来解决故障。
- 检查计算机在最小系统下有无报警声音，最小系统检查正常后再逐步加入其他的板卡及设备，可以很快确定有故障的部件或设备。

四、解决多硬盘盘符混乱问题

计算机中加装双硬盘以后，如果原来的硬盘存在多个分区，会引起盘符的交错，使原硬盘的盘符发生变化。当 Windows 找不到软件安装时默认的相关系统文件的位置时，就可能导致操作系统及应用程序不能正常启动和应用。

　　一般情况下，安装第二块硬盘后，硬盘的分区这样变化，原来的 C 盘还是被认为是 C 盘，而第二块硬盘的主分区会被认为是 D 盘，第一块硬盘的其他分区从 E 盘开始算起，然后是第二块硬盘的其他分区。要想解决这个问题，可以采用以下几种方法：

　　1．Windows 9x/me 系统下屏蔽硬盘法

　　将两块硬盘设置好主从关系并正确连接，然后开机进入 BIOS 设置程序。在 "Standard CMOS Features" 选项中将第一块硬盘设置为 "User" 或 "Auto"，从盘参数项设为 "NONE"，屏蔽掉从盘。保存设置后重新启动，这样尽管 BIOS 无法发现这块硬盘，但 Windows 9x/me 的即插即用功能会自动检测到第二块硬盘，并自动分配盘符，硬盘盘符就会按照主、从盘的分区顺序排列好。

　　2．利用 Fdisk 或 PartitionMagic 工具重新分区法

　　设置好主从关系并正确连接硬盘后，使用 Fdisk 或 PartitionMagic 软件将从盘不划分主 DOS 分区，全部划为扩展分区，则从盘的盘符就会按顺序排在主盘后面。

　　3．Windows 2000/XP 操作系统设置法

　　Windows 2000/XP 一般不会产生盘符交叉的问题，但前提是安装 Windows 2000/XP 时只安装了一块硬盘，安装结束后才挂上第二块硬盘。假如是在添加第二块硬盘后安装 Windows 2000/XP 的话，那么仍然会产生盘符交叉。

　　以 Windows XP 为例，我们可以进入 "控制面板→管理工具→计算机管理" 窗口，在 "计算机管理" 下选择 "磁盘管理"，右键选中需要调整的分区，选择 "更改驱动器名和路径" 选项，点击 "更改" 按钮，然后重新指派一个驱动器号，再对其他分区重复执行该命令即可。

五、微机硬件资源的冲突与解决方法

　　造成计算机硬件资源冲突的主要原因是新添加的硬件占用了原有设备的 IRQ 中断、DMA 通道、I/O 地址等计算机资源，在新旧硬件之间发生了资源冲突，这将导致一或多个硬件设备无法正常工作，系统经常出现死机、黑屏现象。

　　资源冲突的检查方法可以用前面介绍过的控制面板或用鼠标右击 "我的电脑"，从弹出的快捷菜单中选择 "属性" 选项，打开 "系统属性" 面板后选择 "硬件" 选项卡，选择 "设备管理器" 就可以查看硬件设备的工作状态了。一般来说，如果系统硬件有问题，通常会出现以下两种提示符：

　　（1）出现黄色的 "？"，它的含义为硬件驱动程序错误或资源冲突，主要原因是系统没有正确识别该硬件或驱动程序不正确。

　　（2）出现红色 "×" 号，它的含义为这个设备不能工作或该设备不存在，主要原因是硬件损坏或该硬件与系统存在着严重的冲突。

　　对于硬件资源冲突一般可用以下 4 种方法来解决。

　　（1）重新安装驱动程序。利用厂家提供的驱动程序或上网下载该设备的最新驱动程序重新安装。首先在 "设备管理器" 窗口删除该设备，然后点击 "刷新" 按钮，按提示重新安装驱动程序。

（2）改变系统识别顺序或更换插槽。如果插卡的兼容性不好，可以更换插卡的顺序，让系统依次识别，这对避免自动分配造成的冲突很有帮助。另外主板上有多个 PCI 插槽，更换插槽，反复实验往往也能收到很好的效果。

（3）手工修改中断、通道、地址的值。在"设备管理器"窗口手工修改该设备的 IRQ 中断、DMA 通道、I/O 地址的值，通过强制手段可以解决系统自动分配所带来的冲突问题。

（4）设置 BIOS。当以上方法都无法解决系统冲突问题时，可以试着在 BIOS 中屏蔽某些不用的设备端口，例如串口（COM1、COM2）、并口（LPT1）及红外线接口等，这样有可能避免设备之间发生的冲突。

罗伯特·梅特卡尔夫小传

罗伯特·梅特卡尔夫于 1947 年出生在美国纽约，曾获得哈佛大学应用数学硕士学位。毕业后自我推荐作为一名"网络开发人员"加入了施乐公司 PARC 研究中心。1973 年，梅特卡尔夫研制出如何构件局域网方法，将公司内部的数百台"阿托"个人计算机连接在一起，他将该网络称为"以太网"（Ethernet）。1979 年，以太网成为了人们广泛接受的 10Mbit/s 的商业标准。

1979 年，梅特卡尔夫创立了 3COM 网络公司，大批生产以太网网卡；1983 年以太网被 IEEE 接受为国际标准。到现在，已经有数以万计台计算机通过以太网方式连接为局域网，并以此连接到因特网。梅特卡尔夫被公认是"以太网之父"。

因特网迅猛的增长态势，被梅特卡尔夫概括为："网络的价值等于上网人数的平方。"这个概括后来被人称为"梅特卡尔夫定律"，认为是 IT 业继"摩尔定律"后又一重大定律。梅特卡尔夫本人拥有 4 项以太网专利，于 1999～2000 年任《Info World》报社 CEO。2006 年美国总统布什向这位以太网发明人颁发了美国国家技术奖章，以表彰他在以太网的发明、标准化以及商业化进程中所发挥的领导作用。

习　题

一、判断题（正确的在括号内画"√"，错误的画"×"）

1. 计算机部件大都由集成电路组成，没有很深的专业知识是无法维修的，必须请专业人员。（　　）

2. 开机没有任何显示一定是电源故障。（　　）

3. 由于板卡集成度较高，本身故障率一般不高，常见的故障一般都是由于驱动程序安装或 BIOS 设置错误、接触不良、兼容性不好等原因造成的。（　　）

4. CRT 显示器内有高压元件，一般不要轻易打开维修。（　　）

5. CRT 显示器有闪烁现象是正常的，不能调节。（　　）

6. 针式打印机打印头断针必须更换打印头或断针解决。（　　）